中国特色学徒制试点
学徒岗位教材

养鸡(蛋鸡)学徒岗位群手册

蒋晓新 张东升 许 芸 主编

中国农业大学出版社
·北京·

内 容 简 介

本教材是教育部第二批现代学徒制试点项目成果。根据畜牧兽医专业学徒岗位群人才培养、成长规律和过程特点，由企业主导，校企合作开发，为畜牧兽医专业学生在养鸡(蛋鸡)岗位现代学徒形式下的培养提供支持。教材以现代养鸡企业饲养管理流程为主线，典型工作任务为载体，在“工”与“学”交替中实现理论与实践有机融合，达到岗位学习和岗位指导相互贯通的目的。充分体现以学生为主体，学校和企业双主体双重育人，实现校、企、学生(学徒)三赢，为全国中高职院校畜牧兽医专业学徒制培养提供示范和指导。

图书在版编目(CIP)数据

养鸡(蛋鸡)学徒岗位群手册/蒋晓新，张东升，许芸主编，--北京：中国农业大学出版社，2023.8

ISBN 978-7-5655-2866-8

Ⅰ.①养… Ⅱ.①蒋…②张…③许… Ⅲ.①卵用鸡-饲养管理-高等职业教育-教材 Ⅳ.①S831.4

中国版本图书馆 CIP 数据核字(2022)第 173879 号

书　　名　养鸡(蛋鸡)学徒岗位群手册
Yangji(Danji) Xuetu Gangweiqun Shouce

作　　者　蒋晓新　张东升　许　芸　主编

策划编辑　张　玉　　**责任编辑**　田树君
封面设计　李尘工作室
出版发行　中国农业大学出版社
社　　址　北京市海淀区圆明园西路 2 号　　**邮政编码**　100193
电　　话　发行部 010-62733489，1190　　读者服务部 010-62732336
编辑部 010-62732617，2618　　出　版　部 010-62733440
网　　址　http://www.caupress.cn　　**E-mail** cbsszs@cau.edu.cn
经　　销　新华书店
印　　刷　河北朗祥印刷有限公司
版　　次　2024 年 1 月第 1 版　　2024 年 1 月第 1 次印刷
规　　格　180 mm×255 mm　　16 开本　　24.25 印张　　605 千字
定　　价　69.00 元

编审人员

主　编　蒋晓新（新疆农业职业技术学院）
张东升（新疆正大畜牧有限公司）
许　芸（新疆农业职业技术学院）

副主编　牛彦兵（新疆农业职业技术学院）
马　扬（新疆农业职业技术学院）
王世伟（新疆正大畜牧有限公司）
姚泽民（新疆泰昆集团股份有限公司）

参　编　孜耐提（新疆农业职业技术学院）
席继峰（新疆农业职业技术学院）
李　毅（新疆农业职业技术学院）
杨力伟（新疆农业职业技术学院）
王　胜（新疆洛浦县职业高中）
郭凌云（新疆正大畜牧有限公司）
昌　虎（新疆正大畜牧有限公司）
张　湛（新疆正大畜牧有限公司）
张　健（新疆泰昆集团股份有限公司）
崔军健（新疆泰昆集团股份有限公司）
张玉玺（新疆泰昆集团股份有限公司）
李元俊（新疆泰昆集团股份有限公司）

主　审　邓双义（新疆农业职业技术学院）

前　言

本学徒制教材系畜牧兽医专业群现代学徒制系列教材，是教育部第二批现代学徒制试点项目成果。由企业主导，校企合作开发，为畜牧兽医专业学生在养鸡（蛋鸡）岗位现代学徒形式下的培养提供支持。教材以现代养鸡企业饲养管理流程为主线，典型工作任务为载体，在“工”与“学”交替中实现理论与实践有机融合，使岗位学习和岗位指导相互贯通。

本教材以党的二十大报告中提出的“统筹职业教育、高等教育、继续教育协同创新，推进职普融通、产教融合、科教融汇，优化职业教育类型定位”为指导，以培养更多应用型、技能型人才为目标，体例遵循畜牧兽医专业群学徒人才培养、成长规律和过程特点，按照职业岗位群工作任务和工作过程、融入国家职业资格标准的教学内容标准文本。本教材根据现代化蛋鸡企业岗位群特点、生产工艺流程，按照蛋鸡饲养与管理岗、繁育岗、疾病防治技术岗进行资源开发，学徒经过岗前培训、岗上指导的规范化学徒学习后，可独自顶岗和胜任岗位工作。教材体现学校和企业作为双重责任人才培养主体，既满足学校人才培养规定相关知识、技能、素质标准的要求，又满足企业人才岗位能力培养规定的要求，达到校、企、学生（学徒）三赢。为全国中高职院校畜牧兽医专业学徒制人才培养提供示范和指导。

本教材由新疆农业职业技术学院与新疆泰昆集团股份有限公司、新疆正大畜牧有限公司共同组建教师、企业专家团队，在对蛋鸡生产行业需求及学徒制人才培养模式充分论证基础上，经过认真讨论，制订出了编写提纲，分工编写。参加编写的人员是：张东升、姚泽民、郭凌云负责步入企业内容编写；杨力伟、张湛、张健负责认识岗位内容编写；学徒实训岗位群中，蒋晓新、许芸、王世伟、昌虎、张玉玺、李元俊负责蛋鸡饲养与管理岗位内容编写；孜耐提、席继峰、李毅负责种鸡繁育岗位内容编写；

牛彦兵、马扬、王胜、崔军健负责疾病防治技术岗位内容编写，最后由蒋晓新负责统稿。

本学徒培养课程已经实现网络在线教育。我们按照企业岗位生产和技术要求，并结合学徒在企业岗位特点，已经开发出了具有现代学徒培养过程教材及支撑知识体系的电子教材。学习者可以利用手机客户端直接阅读、检索和查看相关视频。该教材既适合于在学徒制岗位上的学习和授课，也适用于企业作为员工培训的教材。

本教材内容充实简要，理论联系实际，在内容编排上做了大胆的尝试。但由于编者水平有限，错误之处在所难免，恳切希望广大师生和企业同行提出宝贵意见。

编　者

2023 年 7 月

目 录

第一部分

步入企业

The first part
The first part
The first part
The first part

入职培训专题一
我国蛋鸡产业发展机遇挑战

农业农村现代化是中国式现代化伟大艰巨的基础工程，我国蛋鸡产业的高质量发展在建设现代化产业体系和全面实现乡村振兴中承担着重要作用。当前，我国蛋鸡产业链正面临上下游继续优化，智能化、集团化、数字化加速，新零售、新消费主体不断崛起的新局面。2023 年在国际禽流感疫情对蛋鸡产业持续影响和“双碳”目标要求下，技术协同创新将继续成为蛋鸡养殖业产业转型的重要驱动，并不断深化。

一、世界蛋鸡行业概况

全球蛋鸡存栏大约 38.5 亿只，其中亚洲约占 60%，美洲约占 20%，欧洲约占 15%，非洲约占 4.5%，大洋洲约占 0.5%。中国蛋鸡存栏 13.5 亿只，约占全球 35%。在 2022 年世界十大鸡蛋生产国排名中，中国第一，鸡蛋产量 2 840 万 t；美国第二，鸡蛋产量 670 万 t；印度第三，鸡蛋产量 570 万 t。*Poultry International* 发布了 2022 年全球蛋鸡企业 TOP 30 生产企业排行榜，共有 3 家中国企业上榜，分别是北京德青源（第 5 位）、四川圣迪乐（第 12 位）、山西晋龙（第 15 位）。三家企业 2021 年蛋鸡存栏量分别达到 2 060 万只、1 300 万只、1 200 万只。全球著名蛋鸡育种公司有美国海兰国际、德国罗曼、荷兰汉德克等；我国育种公司主要有北京华都峪口、河北大午等育种企业。目前世界蛋鸡产业呈现以下特点：

1. 全球鸡蛋产量稳定增长

2022 年全球禽蛋总产量约为 9 520 万 t，其中鸡蛋产量约占 93.2%，达到了 8 868 万 t，较 2021 年相比增长了约 62 万 t，增幅约 0.7%，增速放缓，但仍保持了上涨的态势，对比 1990—2022 年全球禽蛋和鸡蛋产量图 1-1-1 所示。

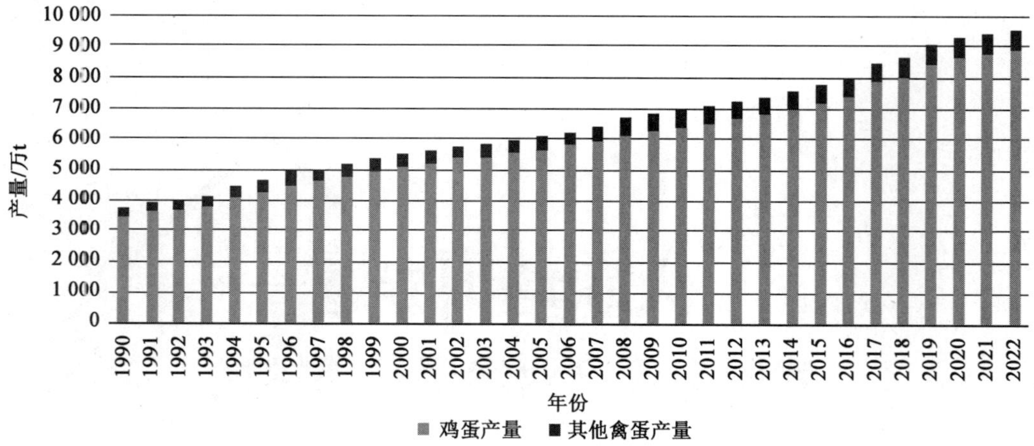

图 1-1-1　1990—2022 年全球禽蛋和鸡蛋产量

数据来源：FAO

2. 全球鸡蛋贸易量小幅增长

2022 年全球鸡蛋进口量约 173 万 t，较 2021 年增长了约 0.6%，出口约 245 万 t，较 2021 年增长了约 0.7%，鸡蛋进口、出口量都小幅增长，对比 1990—2022 年全球鸡蛋进出口量及其增长率如图 1-1-2 所示。

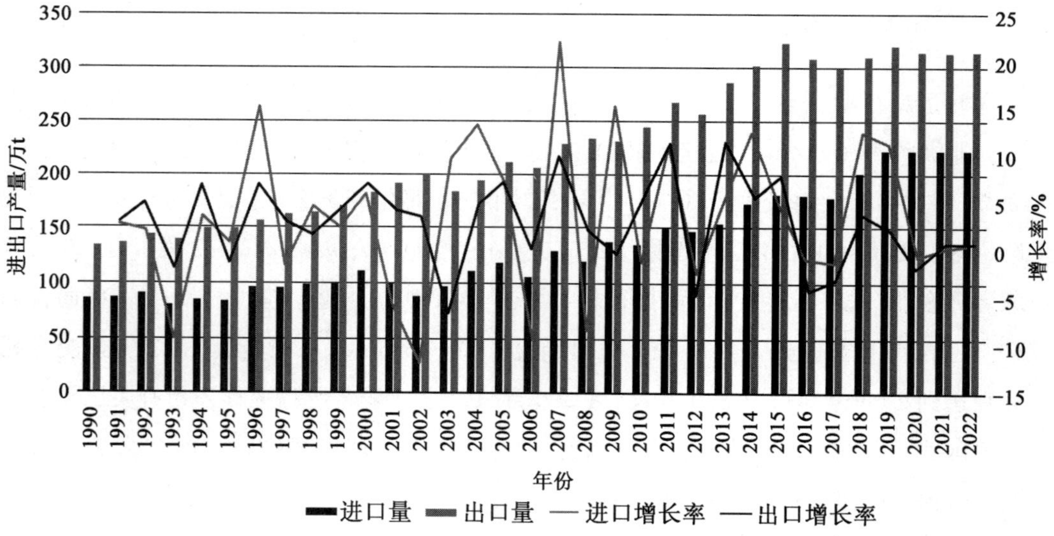

图 1-1-2　1990—2022 年全球鸡蛋进出口量及其增长率

数据来源：OECD-FAO

3. 祖代蛋种鸡进口量大幅下降

我国引入国外主要蛋种鸡品种包括美国海兰国际公司的海兰系列、德国罗曼家禽育种公司的罗曼系列和荷兰汉德克育种公司的伊莎系列等，其中海兰系列蛋鸡品种是国内市场占有率最高的国外品种。2022 年受到国际禽流感影响，中国从美国引进祖代蛋种鸡 40 160 羽，占比 61%；从加拿大引进祖代蛋种鸡 26 039 羽，占比 39%。对比 2011—2022 祖代蛋种鸡进口量如图 1-1-3 所示。

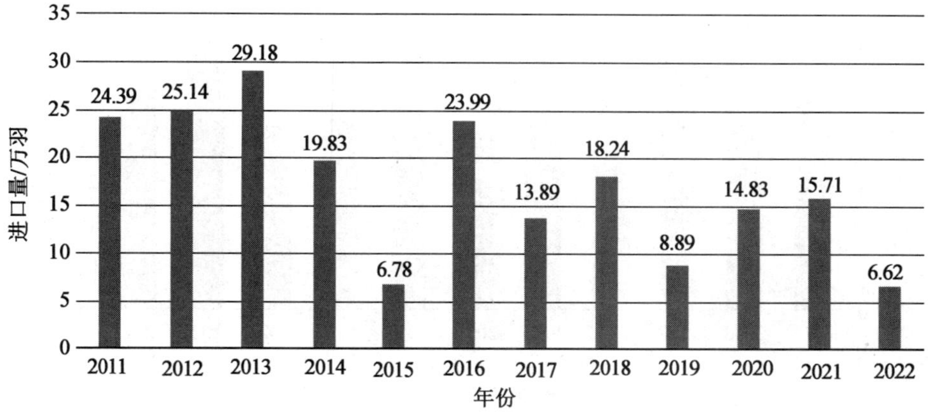

图 1-1-3　2011—2022 祖代蛋种鸡进口量

数据来源：中国畜牧业协会

4. 父母代蛋种鸡存栏量增长

2022 年受鸡饲料价格上升等因素的影响，鸡蛋价格全年高位运行。在鸡蛋价格上升的带动下，蛋鸡养殖企业补栏意愿增强，蛋鸡雏鸡的需求量增加导致父母代种鸡存栏量上升。2022 年父母代产蛋种鸡存栏量约 1 550 万套，同比增加 3.3%，对比 2016—2022 父母代产蛋种鸡平均存栏量如图 1-1-4 所示。

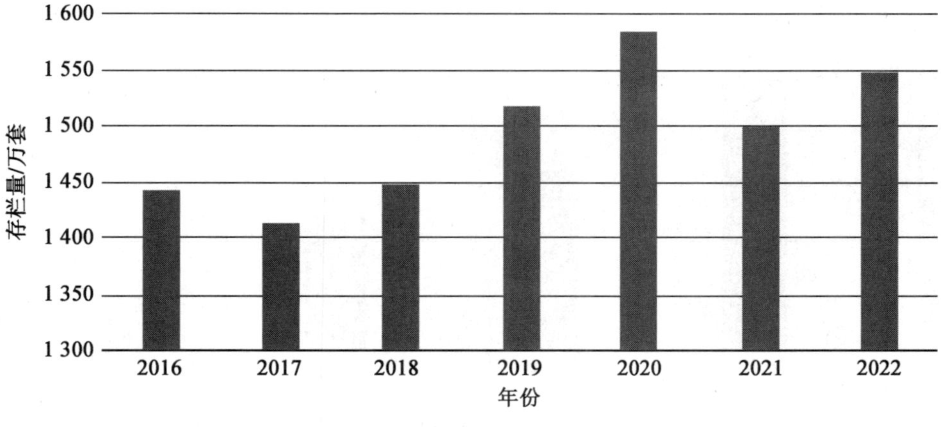

图 1-1-4　2016—2022 父母代产蛋种鸡平均存栏量

数据来源：中国畜牧业协会、BOABC

5. 蛋鸡养殖利润上涨

2022 年鸡蛋出场价为 9.3 元/kg，同比上涨 8.1%。淘汰鸡的平均价格为 11.1 元/kg，同比上涨 5.4%。蛋鸡养殖全程利润为 37.5 元/羽，同比增加约 85%。对比 2012—2022 年蛋鸡养殖效益如图图 1-1-5 所示。

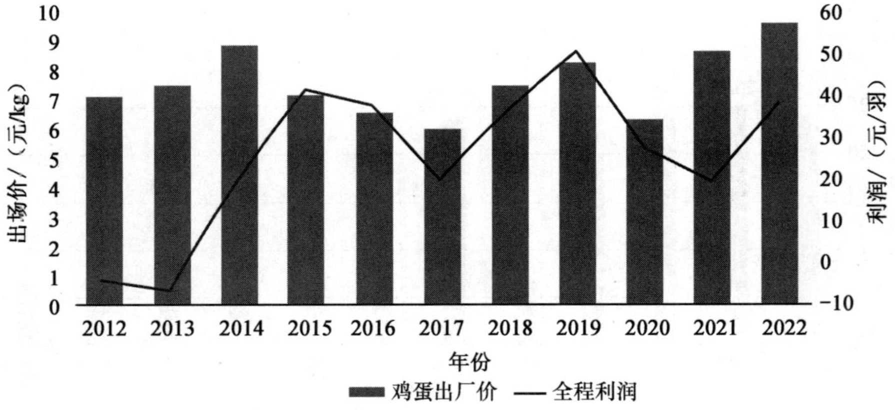

图 1-1-5　2012—2022 年蛋鸡养殖效益

数据来源：BOABC

6. 蛋制品深加工潜力发展空间大

鸡蛋的消费方式分为鲜蛋消费和蛋制品消费，从蛋制品消费角度来看，日本、美国与欧盟的蛋制品消费在鸡蛋消费中的占比分别为 50%、33%、25%，而在我国这一数据仅为 5%～7%，未来中国蛋制品深加工行业有很大的发展空间，如图 1-1-6 所示。

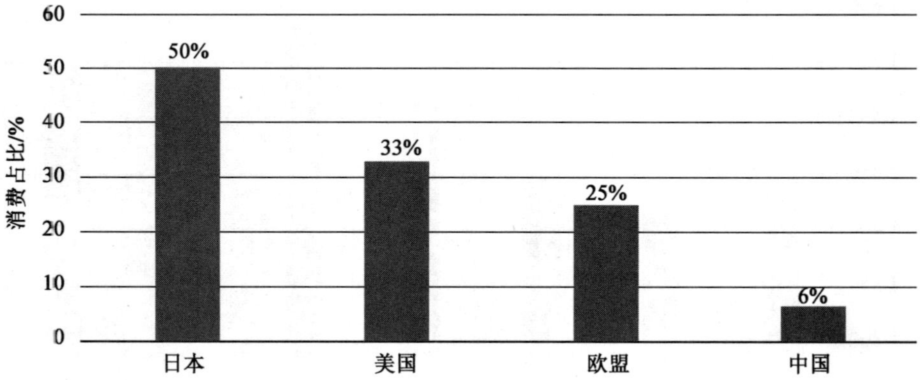

图 1-1-6　深加工蛋制品消费占比

数据来源：BOABC、蛋品世界

二、我国蛋鸡产业发展现状

我国是全球鸡蛋第一大生产国和消费国，自 1985 年开始鸡蛋产量连续居于世界首位。我国蛋鸡产业的养殖模式经历了四个发展阶段：第一阶段，20 世纪 80 年代以前，传统农户散养模式；第二阶段，20 世纪 80 年代至 90 年代中期，专门化养鸡场（户）模式；第三阶段，20 世纪 90 年代中期至 21 世纪初，“公司＋农户”模式成为行业发展潮流；第四阶段，21 世纪初至今，“一体化生产基地模式”“公司＋农户”“专门化养殖场（户）”并存。

蛋鸡养殖业是一个以纵向血缘关系为纽带的多元的代际畜禽产业，从原种鸡、曾祖代蛋种鸡、祖代蛋种鸡、父母代蛋种鸡、商品代蛋鸡到鸡蛋产品是一个完整、系统的代次繁育流程。根据中国畜牧业协会数据：2021 年全国祖代蛋鸡 93.81 万套，其中祖代后备蛋种鸡存栏 32.08 万套，同比增加 25.95%；祖代在产蛋种鸡存栏 61.73 万套；父母代蛋种鸡在产存栏量 1 500.37 万套；商品代蛋雏鸡供应量 11.59 亿只；在产蛋鸡存栏共计 10.50 亿只，平均单产 17.65 kg。

1. 我国蛋鸡产业发展整体特点

目前我国蛋鸡行业已基本完成了良种化、专业化、设施化和市场化，形成了较为完善的业内分工体系，将朝着“适度规模化、管理家庭化、模式农场化、生产专业化、服务社会化、产品品牌化”等方向发展。

（1）商品代蛋鸡产业的特点　从养殖规模的角度，我国商品代蛋鸡养殖主体仍以中小规模养殖场（户）为主，蛋鸡产业总体呈现“小规模、大群体”的行业格局。根据《中国畜牧兽医年鉴（2021 年）》数据，全国范围内的蛋鸡饲养规模场（户）共 9 194 525 个，其中 10 万羽以下的中小规模蛋鸡养殖场（户）数量占比达到 99.98%。

从蛋鸡生产性能角度，我国蛋鸡产业生产水平整体不断提高，在蛋鸡养殖技术、饲料营养技术、疾病防控技术和环境控制技术等方面都取得长足发展，72 周龄产蛋重达到 17 kg 以上，死淘率也逐年下降，产蛋周期逐步延长。

（2）蛋种鸡产业的特点　我国蛋种鸡产业整体水平提升较快，主要有蛋鸡育种与制种一体化和引种与制种专业化两种类型的经营模式，蛋种鸡产业的集中度越来越高。蛋种鸡企业饲养管理技术、技术队伍建设、品质管理、市场营销、技术服务水平和品牌建设等方面也显著提高。主要呈现如下特点：

一是国内蛋鸡育种企业实力增强，市场占有率逐步提高。为提升我国蛋鸡的市场竞争力，农业部于 2012 年起陆续启动实施《全国蛋鸡遗传改良计划（2012—2020）》和《全国蛋鸡遗传改良计划（2021—2035）》，大力支持培育具有重大应用前景的蛋鸡新品种。在国家政策鼓励、科研院所技术支持和国内蛋鸡育种企业的努力下，我国蛋鸡育种企业先后成功培育出京红（粉）系列、大午系列、农大系列和新杨系列等优良品种。

二是国外引进蛋鸡品种品牌优势明显，市场认可度高，引进品种仍然是我国规模化蛋鸡养殖企业的主流品种。主要原因是国外引进品种在产蛋性能、垂直传播疾病净化水平等主要方面优于国产品种，市场认可度更高，引进后产能利用率显著高于国产品种。

三是蛋种鸡企业数量继续减少，特别是单一的祖代养殖或父母代养殖模式企业大幅减少。蛋鸡育种企业的生产经营形成育种、祖代和父母代一体化模式成为主流，主要销售商品代雏鸡。

2. 我国蛋鸡行业养殖情况

根据中国畜牧业协会统计数据，近10年来，在产祖代蛋种鸡年平均存栏量基本维持在50万～65万套，并随行业周期而波动，海兰、罗曼、伊莎一直是我国引进祖代蛋种鸡的主要品种。父母代蛋种鸡存栏量是蛋鸡行业的一个重要先导性指标，反映整个行业对市场的供应能力。根据中国畜牧业协会禽业分会数据，父母代蛋种鸡需求量常年维持在1 400万～1 600万套，可以稳定供应10亿羽以上商品代母雏。祖代与父母代蛋种鸡主要采用笼养、大笼自然交配、全网面高床平养等三种养殖方式。其中笼养模式包括传统笼养、富集型笼养及大型笼养均有使用。

商品代蛋鸡产业处于蛋鸡行业的下游，也是与居民日常消费关联最为紧密的一个环节，存栏数量近年来整体呈平稳波动趋势。蛋鸡育雏育成阶段的生长发育状况直接影响蛋鸡产蛋期的主要生产性能水平，对鸡舍、设备、养殖管理技术等方面有更高的要求，将蛋鸡的育雏育成环节交由专业的商品代育成鸡场完成，成为蛋鸡产业链中相对独立专业的一个产业形式，也是我国蛋鸡产业专业化分工的体现。我国商品代蛋鸡养殖基本为两阶段全程笼养模式，鸡舍类型为全密闭鸡舍、半开放式鸡舍和开放式鸡舍三种类型。标准化鸡舍基本的生产设施包括八大系统，即喂料系统、饮水系统、光照系统、集蛋系统、清粪系统、通风系统、降温系统和运行自动化系统。规模化蛋种鸡及商品代蛋鸡孵化多采用多阶段巷道式孵化和单阶段大箱体孵化方式。

学习、培训心得

学习时间			
方式			
其他学习资源			
是否接受培训	1. 是　　　2. 否	培训人	

【学习摘要】

____

____

____

收获：______________________________

____

____

____

签名：

入职培训专题二

养鸡企业管理文化

第一节　我国养鸡企业的组织构架

一、禽业公司（鸡场）组织机构管理模式

（1）“禽业有限责任公司（场）”组织机构按“A 管理模式”要求，采用“扁平式机构”模式进行设置。不同禽养殖企业管理模式依据企业规模、性质进行编制，图 1-2-1 所示为某种禽业公司（场）组织机构。

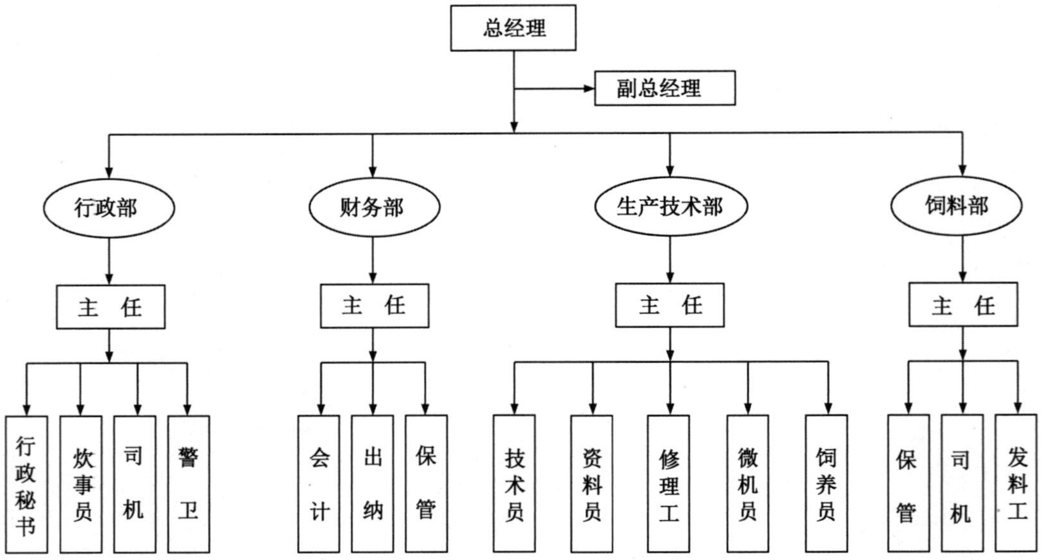

图 1-2-1　企业公司（鸡场）组织机构

（2）鸡场按管理职能分为四个部门：技术部、生产部、财务部、后勤部。各部门设部门经理（主任）一名（财务总监可兼任财务部经理），主管本部门工作，直接上级为总经理。根据企业规模，生产部经理可由副总经理兼任，技术部经理可由副总经理兼任。

（3）鸡场总经理负责财务总监和副总经理管理，副总经理分别负责技术部、生产部和后勤部工作。副总经理依据岗位描述和总经理授权履行管理职责。

（4）鸡场总经理、财务总监和两名副总经理以及部门经理（人）组成鸡场管理团队，参加鸡场行政管理例会，共同进行鸡场生产经营管理的重大决策。

（5）在鸡场组织机构的设置和运营过程中，每人只能有一位直接上级，并听命于直接上级的管理。正常情况下，上级不能越级指挥，可以越级了解情况；下级不能越级汇报，可以越级投诉。

（6）鸡场中每人的工作业绩由直接上级进行考核评定，下级必须服从上级。

（7）部门中各岗位的人数依据实际工作量逐步到位。

二、部门业务职能

（一）财务部

1. 行政

（1）负责鸡场行政事务管理工作。

（2）负责各项行政管理制度的制订、汇编及督办、奖罚工作。

（3）负责公章、文件（拟、收、发、存）、合同及档案管理工作。

（4）负责会议组织、记录及会议纪要整理、上报、存档工作。

（5）负责劳动人事、员工招聘、培训、考核、考勤管理工作。

（6）负责办公用品、劳保用品、福利物品及车辆的管理工作。

（7）负责场区卫生及安全管理、社会公益工作。

（8）负责客户及来访人员的咨询、接待及服务业务。

（9）负责有关法律事务工作及各种证照的申办、管理工作。

（10）负责报纸、杂志、信函的征订、接收、发放和存档管理工作。

（11）负责广告、宣传、文化娱乐及公共关系工作。

（12）负责对外对口部门（行政、保险、交通等部门）的相关业务工作。

2. 财务

（1）负责鸡场各项财务业务的操作及管理工作。

（2）负责生产经营过程中财和物的运作管理工作。

（3）负责各项财务核算程序和财务管理制度的拟订及监督执行工作。

（4）负责资金运作计划的制订、上报、落实、监督执行工作。

（5）负责各项经营活动成果预算及分析总结工作。

（6）分析、拟订各项成本费用标准，监督、控制各项成本费用目标。

（7）负责客户及来访人员的咨询、接待及相关业务服务工作。

（8）负责鸡场对外对口部门（财务、工商、税务、银行、审计、劳资等部门）的相关业务工作。

3. 说明

财务部由总经理负责，设财务总监一名，设会计、出纳统计、保管三个岗位。财务会计 1 人，出纳统计 1 人，保管 1 人，也可依据企业情况安排人数。

（二）技术部

（1）负责鸡场生产相关技术工作。

（2）进行生产技术资料的记录、采集、整理、分析、汇编及存档管理。

（3）制订生产管理技术规程，并监督、检查执行情况，对违反规程的行为及时纠正、制止和处罚并填报处罚单。

（4）拟订饲养、育种、繁殖、疫病防治等技术方案，经批准后，负责组织实施，并做好各项育种记录及系谱档案的整理、分析和管理工作。

（5）负责鸡场卫生防疫、疫病诊治、卫生管理，及时准确做好各项记录，认真分析原因、不断总结提高。

（6）拟订药品需求计划、监督把关药品质量，对药品的库存风险负责。

（7）负责鸡场生产技术报表工作，按要求及时、准确填报报表及生产技术指标分析报告。

（8）调查、分析、总结生产中出现的技术事故，并划分事故责任。

（9）负责鸡场科学试验工作，积极做好科研工作。

（三）生产部

（1）负责鸡场各鸡群的日常饲养管理工作。

（2）负责鸡场生产区内安全生产、综合治理、环境卫生及绿化管理工作。

（3）拟订饲料需求计划，把关饲料原料入库质量并负责饲料在运输、存放、使用过程中的质量监控，对饲料质量拥有否决权，并承担相应责任。

（4）负责鸡场各类饲料的生产加工和投放管理工作。

（5）负责鸡场各类饲料的采购和计划管理工作。

（6）负责各鸡群所需饲料的保存、保管和协助盘点等工作。

（四）后勤部

（1）负责鸡场安全保卫，鸡场大门警卫和人员车辆的进出的消毒工作。

（2）负责鸡场食堂的日常管理工作。

（3）负责全场水、电、暖正常供给和设施、设备的维修与保养工作。

（4）负责全场环境卫生，鸡粪清理拉运工作。

说明：

副总经理负责鸡场的后勤保障工作，下设后勤部主任 1 人，负责后勤部日常管理工作，警卫 3 人，炊事员 1 人，水电修理 2 人，司炉工 1 人，积肥班设班长 1 人（兼），员工 2 人，司机 1～2 人。

第二节　我国养鸡业企业的经营模式

一、鸡场生产

鸡场经营内容较为复杂，一定要编制好各项计划，才能保证鸡场工作的正常运转。

（一）鸡群更新周转计划

在自繁自养的鸡场（多日龄鸡场）中，鸡群的构成为：种公鸡、种母鸡、产蛋母鸡、后备鸡、雏鸡。制订鸡群更新周转计划时，要确定鸡群的饲养期。鸡群的饲养期一般划分为：雏鸡 0～6 周龄，后备鸡 7～20 周龄，产蛋鸡 21～72 周龄，种鸡 21～64 周龄。

根据种鸡、蛋鸡的使用年限来制订合理的鸡群更新计划。种鸡、蛋鸡一般每年更新一次，但在特殊情况下，如种蛋不足，采取人工强制换羽后继续使用，最好不要超过 2 年。

（二）年度产品生产计划

1. 蛋鸡场的主要产品是鸡蛋，联产品是淘汰种鸡，副产品是鸡粪

蛋鸡按每饲养日即每只鸡日产蛋克数估算出每日每月产蛋总重量，按产蛋重量制订出产蛋计划。基本指标是按每饲养日即每只鸡日产蛋克数，计算出每只每月产蛋重量，按饲养日计算每只鸡产蛋数，按笼位计算每鸡位产蛋数。有了这些数据就可以计算每只鸡产蛋个数和产蛋率。产蛋计划可根据月平均饲养产蛋母鸡数和历年的生产水平，按月规定产蛋率和各月产蛋数。

制订种鸡场种蛋生产计划步骤方法如下：

（1）根据种鸡的生产性能和鸡场的生产实际确定月平均产蛋率和种蛋合格率。

（2）计算每月每只鸡产蛋量和每月每只产种蛋数。

每月每只鸡产蛋量＝月平均产蛋率×本月天数

每月每只鸡产种蛋数＝每月每只鸡产蛋量×月平均种蛋合格率

（3）根据种鸡群周转计划中的月平均饲养母鸡数，计算月产蛋量和月产种蛋数。

月产蛋量＝每月每只鸡产蛋量×月平均饲养母鸡只数

月产种蛋数＝每月每只鸡产种蛋数×月平均饲养母鸡只数

(4) 统计全年总计概数。根据种鸡群周转计划资料，编制种蛋生产计划。

2. 产蛋计划

根据周转计划和每月平均饲养的产蛋母鸡数及其一定的产蛋率计划出各月的产蛋数，如饲养几个品种的鸡场可按不同品种分别制订各月的产蛋计划，最后汇总成全部的产蛋计划。

鸡的产蛋性能受品种、饲料质量、疫病和外界环境等多种因素的影响，但可通过认真查阅过去积累的资料并进行分析，结合本场的饲养管理条件，制订出较为切合实际的产蛋计划。

3. 孵化生产计划

种鸡场应根据本场的生产任务和外销雏鸡数，结合当年饲养品种的生产水平和孵化设备及技术条件等情况，并参照历年孵化成绩，制订全年孵化生产计划。

(1) 根据种鸡场孵化成绩和孵化设备条件确定月平均孵化率。

(2) 根据种蛋生产计划，计算每月每只母鸡提供雏鸡数和每月总出雏数。

每月每只母鸡提供雏鸡数＝平均每只鸡产种蛋数×平均孵化率

每月总出雏数＝每月每只母鸡提供雏鸡数×月平均饲养母鸡数

(3) 统计全年总计概数。根据鸡群周转计划资料，假设在鸡场全年孵化生产的情况下，编制孵化生产计划。

在制订孵化生产计划的同时对孵化工作也要有具体安排，包括入孵的批次、入孵日期、入孵数量、照蛋、落盘、出雏日期等，以便统筹安排生产和销售工作。此外虽然鸡的孵化期为 21 天，但照蛋预热及出雏后期的处理工作也要一定的时间，在安排入孵工作时也要予以考虑。

一般要求的孵化技术指标是：全年平均受精率，蛋用鸡种蛋 85%～90%，肉用鸡种蛋 80%以上；受精蛋孵化率，蛋用鸡种蛋 88%以上；出壳雏鸡的弱残次率不应超过 4%。

制订孵化生产计划时，必须根据孵化设备的生产能力及种蛋生产量（包括购入种蛋数）和市场对雏鸡需求的预测来制订。

4. 饲料供应计划

饲料是养鸡生产的物质基础，也是鸡场养鸡生产总支出中占比例最大的部分，占 60%～80%。因此，做好鸡场周密的饲料供应计划是提高鸡的生产性能，降低饲养成本，增加经济收入的一项措施。

饲料计划一般根据每月各组鸡数乘以各组鸡的平均采食量，求出每个月的饲料需要量，根据饲料配方中各种饲料原料的配合比例，算出每月所需各种饲料原料的数量。每个鸡场年初都必须制订所需饲料的数量和比例的详细计划，防止饲料不足或比例不稳而影响生产的正常进行。目的在于合理利用饲料，既要喂好鸡，又要获得良好的生产性能，节约饲料。

饲料供应计划根据各类鸡每天每只平均耗料标准和鸡群周转计划，计算出各种饲料的每月需要量，并要有一定的库存数（能保证有一个月的耗料量），也不能一次进料过多，防止饲料发热、虫蛀、霉变，减少不必要的损失。同时要求供应的饲料品种要相对稳定。

例如：一般每只鸡全程需要的饲料量：蛋用型鸡育雏期 1 kg/只，蛋用型鸡育成期 8～91 kg/只，蛋用型母鸡产蛋期 39～421 kg/只。据此可推算出，每天每周及每月鸡场需要量，再根据饲料配方，计算出每月各饲料原料需要量，将每月各饲料原料用量填入年度饲料计划表。

二、蛋鸡场管理

蛋鸡场经营管理的主要任务是充分调动场内人员的生产积极性，充分利用场内的房舍、设备等条件，最大限度地发挥各种鸡群的生产潜力，以达到提高产品的产量和质量，降低生产成本，最终使企业获得利润。经营管理的重要性还在于充分利用房舍、设备等条件下，只要改善经营管理，往往可以使企业获得更多的经济效益，甚至能使亏损的养鸡企业很快转亏为盈。

（一）蛋鸡场的经营方向

蛋鸡场的经营方向，大体上可分为专业化鸡场和综合性鸡场。

1. 专业化鸡场

专业化鸡场可分为蛋种鸡场、蛋鸡场两大类。

（1）蛋种鸡场　蛋种鸡场的主要任务是培养、繁殖优良蛋鸡种，向社会提供种蛋或种雏。这类鸡场对养鸡业实行良种化，对提高养鸡业的生产水平有着重要作用，但这类鸡场投资大，技术要求高，通常由国家或经济技术基础好的集体单位经营。

（2）蛋鸡场　专门饲养商品蛋鸡，向社会提供食用商品蛋和淘汰母鸡。这类鸡场规模可大可小，国家、集体、个人均可经营，但一般饲养规模以 5 万～10 万只为宜，太小不能产生规模效益，太大难以管理。这类鸡场多向种鸡场购进商品代雏鸡或青年鸡，但也有些鸡场饲养部分父母代种鸡，进行自繁自养。

2. 综合性鸡场

综合性鸡场的特点是投资大，生产规模大，经营项目多，集约化程度高，形成供应、生产、加工、销售一体化的联合企业体系，是现代化养鸡场的代表。

鸡场经营方向的确定，要进行市场调查和市场预测。只有经营方向正确，产品适销对路，符合社会发展需要，鸡场才有发展前途，并从中获得利润，这也是鸡场经营决策的依据和经营成败的关键。

市场调查的内容：①鸡蛋、雏鸡的供求关系；②市场销售渠道、销售方法和销售价格；③产品的竞争能力；④农贸市场鸡蛋、种雏、商品代雏鸡的成交情况；⑤养鸡设备供应情况等。

（二）行政管理

为了保障鸡场生产正常而有秩序地进行，必须建立一个精干的组织机构和一套科学、合理、健全的规章制度。

在制订每项规章制度时，要经过工作人员认真讨论，取得一致认识，提高工作人员执行各项规章制度的自觉性。领导要经常检查规章制度执行情况。为了使规章制度切实得到执行，还可适当运用经济手段。

1. 防疫卫生制度

根据本场的实际情况，制订并严格执行卫生防疫制度，是搞好养鸡生产的重要保证。蛋种鸡场、蛋鸡场防疫卫生制度基本上有以下几项内容：

（1）搞好环境卫生和消毒工作　生产区内定期消毒、鸡舍周围 10 m 以内每月清扫消毒一次，整个生产区域每年大消毒并深翻一次；非生产人员未经许可，一律不得进入生产区；饲养员回家休假回场后须隔离 24 h 方能入舍工作；凡场内职工一律不准饲养家禽，并且不准把外界禽类制品带入场内；要和周围乡、村集体饲养场和农民搞好禽病联防工作；场内饲料道、粪道分开，合理处理好鸡粪，防止污染道路和水源；鸡舍和运动场保持清洁干燥，做到五个干净（即鸡体、饲料、饮水、饲喂器具、工具）。

（2）进出鸡场严格消毒　全场人员上班时必须进入消毒室，并经淋浴消毒更换内外衣及鞋帽后，才能进入鸡舍；鸡场的进出口都要设置消毒池，并且经常更换消毒液；鸡笼、车辆来往严格消毒，严禁进入生产区和鸡舍，各棚舍的用具固定专用，并要进行定期消毒；鸡群转棚或淘汰后，对鸡舍内的设备做好清洗、消毒、再熏蒸消毒。

（3）鸡群保健　做好各类鸡群的保健卡，以便根据各鸡群的健康状况及各类疾病的发病规律，适时有效地做好防疫工作；定期称重，采血测定抗体水平，从中了解各类鸡群的免疫状况和生长情况；经常观察鸡群动态，发现异常查明原因，并采取纠正措施；规定专人负责死鸡的处理工作，把死鸡装入密闭容器内从鸡舍送兽医室解剖后，作焚烧或深埋处理，使用后的容器、用具立即进行消毒；发现传染病时，及时进行小区封锁，查明病原，切断传染源和传染途径，严禁人员随便出入，同时采取紧急防疫措施，迅速扑灭。

（4）制订合理的免疫程序　根据上级兽医部门颁布的统一防疫法规，结合本场防疫经验制订合理的免疫程序。

2. 物资财产管理制度

各种生产用具，必须登记造册，落实专人保管，各组需购的物资，必须先制订计划，报场部主管领导批准，才能购买，严格执行物资保管、领用制度，没有手续不能领用或借用；凡是物资带出场外，一律凭出门证；职工要爱护公物，珍惜国家或集体财产，对故意损坏公物者，要按质论价赔偿。

3. 车辆管理制度

车辆必须服从调度员调度，出车前开好出车单，方能出车。车辆固定人员，专人使用，未经场部批准不准在外过夜；驾驶员严禁酒后开车；做好汽油领发登记，签名手续，全年的车辆维修费和耗油量进行定额承包，实行奖赔制度。

4. 奖惩制度

对完成任务，成绩显著的班组或个人，对防止重大事故发生做出贡献者，向场部提出合理化建议者，生产科研上有创造发明并使全场取得经济效益者，均应给予精神和物质奖励，但对那些违反场规，不遵守纪律者要给予应有的处罚，甚至开除出场。

5. 考勤制度

干部、职工上下班一律要实行考勤制度，上班时间不得随便离开工作岗位，休息要听从领导统一安排，一般每月回家休息一次。

6. 学习制度

定期或不定期组织职工参加政治和文化学习，传达上级指示和学习有关方针政策，布置近期阶段工作要点，表扬好事，提高职工的素质。

（三）生产技术管理

生产技术管理是完成生产任务和生产计划的重要环节和可靠保证。

1. 生产技术管理的主要内容

（1）制订技术标准和劳动定额。

（2）制订鸡群周转计划。

（3）制订全场综合性防疫措施、鸡病免疫程序和紧急疫情的控制措施。

（4）做好兽药、疫苗的保管工作。

（5）汇总技术资料和建立技术档案。

（6）推广场内先进经验和国内的先进技术。

（7）改进和调整饲料营养、提高饲料报酬。

（8）检查和监督各项技术措施的执行、监测生产设备的运转状况。

（9）通过调查研究，提出技术改进建议。

（10）经常检查岗位责任制的执行情况，作为晋升、奖惩的依据。

（11）制订技术操作规程。

技术操作规程是鸡场生产中按照科学原理制订的日常作业的技术规范。鸡场饲养管理中的各项技术措施，均要通过技术操作规程加以贯彻，而且技术操作规程也是检查生产的依据。

技术操作规程按不同的生产部门，生产周期和鸡群的不同的饲养阶段制订，如孵化技术操作规程、育雏技术操作规程、育成技术操作规程与产蛋期的技术操作规程等。由于各个场的条件、特点不同，应结合本场的实际情况制订，并按不同的生产环节与内容，分段条例，这样比较容易制订得系统全面，条文要求简明具体，切合实际。

2. 孵化技术操作规程

（1）种蛋的选择标准，贮存要求、消毒方法。

（2）种蛋入孵前箱体的预热要求及整个孵化期内安全操作技术要点。

（3）孵化期内，温度、湿度、翻蛋、出雏情况的必要记录。

（4）照蛋、落盘、出雏箱的消毒，出雏箱内取鸡的技术要求。

（5）雏鸡干毛期内的技术管理措施和急救等技术操作要求。

（6）孵化期内断电或发生故障时的具体技术措施。

3. 育雏技术操作规程

（1）育雏前棚舍、设备、用具的准备、消毒方法、步骤及措施。

（2）育雏前棚舍升温的要求（要具体，如育雏温度标准，各周的温度范围及其调节的方法等）。

（3）育雏前饲料、药物、垫料的准备工作要求。

（4）育雏期的饲喂、防疫和免疫等技术操作要求（如要限饲的还要加上限饲技术的内容）。

（5）育雏期的棚舍卫生、饮水卫生的技术操作要求。

（6）育雏期断喙的技术要求及转棚措施。

（7）育雏期必须按要求进行数据记录。

4. 种鸡技术操作规程内容

（1）收集种蛋及种蛋消毒操作技术要求。

（2）种蛋的保管及运输操作要求。

（3）产蛋期定期称重和喂料的操作要求。

（4）观察鸡群动态、处理淘汰鸡、弱鸡的操作要求。

（5）防寒、防暑、灯光控制的具体要求。

（6）防疫、防病和种蛋卫生的技术操作要求。

（7）鸡舍设备的保养、维修的技术措施和要求。

（8）数据收集与记录的具体要求。

三、提高鸡场经济效益的途径

（一）挖掘鸡场生产潜力

充分挖掘鸡场的丰产潜力，增加生产，厉行节约，尽量减少饲料、能源等各种消耗，就有可能利用现有的鸡舍设备创造更多的产值。

要增产节约，必须充分依靠和发挥鸡场全体工作人员的积极性及创造性，并采取行之有效的措施。

生产临界值的计算

最低产蛋量＝（$A\times B\times F$）/（$E\times C$）×100％

生产成本界限＝（$A\times B$）/（$C\times D$）

日产蛋量界限＝（$A\times B$）/（$C\times E$）

耗料界限＝$E\times D\times C/A$

饲料占成本比率＝$A\times B/E\times D$

A：每千克饲料价格（元/kg）　　B：每只每日饲料消耗量［kg/（只·天）］

C：饲料占成本比例（％）　　D：每只每日产蛋重［kg/（只·天）］

E：每千克单价（元/kg）　　F：每千克蛋克数（kg/枚）

（二）饲养优良的高产鸡群

饲养优良的高产品种，在同样的鸡群数量和饲养管理的条件下，就能使产品产量大幅度提高，从而使饲料开支减少，经济效益提高。

（三）鸡场要有一定的规模

鸡场规模过小，实得利润一般少于应得的利润，也不能创造高额的利润，特别在产品价格较低的情况下，所得的利润更少。据对养鸡场的经济调查表明，利润的增加与鸡场规模成正比。因为规模较大的鸡场，即使单位产品价格较低时，也可获得可观的利润，即所谓的规模效益。

（四）安排好鸡群周转，充分利用鸡舍面积或笼位

鸡群进场、出场应有周密的计划，如期周转鸡群，不使鸡舍空着。因为鸡舍饲养量不足，同样要支付折旧等费用，无形中增加了成本。

（五）防止饲料浪费

饲料是鸡场生产费用中主要的开支，如浪费2％的饲料，会使费用增加1.3％，应采取各种有效措施，尽量杜绝饲料的浪费现象。

（六）防止能源浪费

鸡场的水、电、煤用量很大，占总支出中相当多的费用，这方面往往被忽视，浪费相当大，要想方设法节约能源，以减少不必要的开支。

第三节 禽养殖企业管理文化

一、禽养殖企业管理文化内涵

1. 禽养殖企业文化

禽养殖企业文化是指禽养殖企业在生产经营实践中逐步形成的，为全体员工所认同并遵守的、带有本组织特点的使命、愿景、宗旨、精神、价值观和经营理念，以及这些理念在生产经营实践、管理制度、员工行为方式与企业对外形象体现的总和。企业文化是企业的灵魂，是推动企业发展的不竭动力。它包含着非常丰富的内容，其核心是企业的精神和价值观。这里的价值观不是泛指企业管理中的各种文化现象，而是企业或企业中的员工在从事商品生产与经营中所持有的价值观念。

2. 禽养殖企业精神

禽养殖企业精神是指企业基于禽养殖企业自身特定的性质、任务、宗旨、时代要求和发展方向，并经过精心培养而形成的企业成员群体的精神风貌。

企业精神要通过企业全体职工有意识的禽生产实践活动体现出来。因此，它又是企业职工观念意识和进取心理的外化。企业精神是企业文化的核心，在整个企业文化中起着支配的地位。企业精神以价值观念为基础，以价值目标为动力，对企业经营哲学、管理制度、道德风尚、团体意识和企业形象起着决定性的作用。可以说，企业精神是企业的灵魂。企业精神通常用一些既富于哲理，又简洁明快的语言予以表达，便于职工铭记在心，时刻用于激励自己；也便于对外宣传，容易在人们脑海里形成印象，从而在社会上形成个性鲜明的企业形象。

3. 禽养殖企业道德

禽养殖企业道德是指调整禽养殖企业与其他企业之间、企业与顾客之间、企业内部职工之间关系的行为规范的总和。它是从伦理关系的角度，以善与恶、公与私、荣与辱、诚实与虚伪等道德范畴为标准来评价和规范企业。

4. 禽养殖企业团体意识

禽养殖企业团体意识是企业内部凝聚力形成的重要心理因素。团体意识的形成使禽养殖企业的每个职工把自己的工作和禽生产行为都看成是实现企业目标的一个组成部分，使他们对自己作为企业的成员而感到自豪，对企业的成就产生荣誉感，从而把企业看成是自己利益的共同体和归属。因此，他们就会为实现企业的目标而努力奋斗，自觉地克服与实现企业目标不一致的行为。

5. 禽养殖企业形象

禽养殖企业形象是企业通过外部特征和经营实力表现出来的，被消费者和公众所认同的企业总体印象。由外部特征表现出来的企业的形象称表层形象，如招牌、门面、徽标、广告、商标、服饰、营业环境等，这些都给人以直观的感觉，容易形成印象；通过经营实力表现出来的形象称深层形象，它是企业内部要素的集中体现，如人员素质、生产经营能力、管理水平、资本实力、产品质量等。表层形象是以深层形象为基础，没有深层形象这个基础，表层形象就是虚假的，也不能长久地保持。流通企业由于主要是经营商品和提供服务，与顾客接触较多，所以表层形象显得格外重要，但这绝不是说深层形象可以放在次要的位置。

二、禽养殖企业文化的功能

禽养殖企业文化的功能有导向功能、激励功能、调适功能、辐射功能。

三、培育共同价值的观念

作为禽养殖企业文化核心的价值观念的培养，是企业文化建设的一项基础工作。企业价值观念的培育是一个由服从，经过认同，最后达到内化的过程。服从是在培育的初期，通过某种外部作用（如人生观教育）使企业中的成员被动地接受某种价值观念，并以此来约束自己的思想和行为；认同是受外界影响（如模范人物的感召）而自觉地接受某种价值观念，但对这一观念未能真正地理解和接受；内化不仅是自愿地接受某种价值观念，而且对它的正确性有真正的理解，并按照这一价值观念自觉地约束自己的思想和行为。

企业价值观念的培育是一个长期的过程。在这个过程中，企业组织中个体成员价值观念的转变还可能由于环境因素的影响而出现反复，这更增加了价值观念培育的复杂性。价值观念的培育，需要企业领导深入细致的思想工作，善于把高度抽象的思维逻辑变成员工可以接受的基本观点。这其中，思想政治工作十分重要，它能唤起职工对自己生活和工作意义的深思，对自己事业的信念和追求。

四、构塑禽养殖企业精神

禽养殖企业精神构塑是在企业领导者的倡导下，根据企业的特点、任务和发展走向，使建立在企业价值观念基础上的内在的信念和追求，通过企业群体行为和外部表象而外化，形成企业的精神状态。

企业精神与企业价值观是既有区别，又密切相关的两个概念，价值观是企业精神的前提，企业精神是价值观的集中体现。价值观具有分散性和内隐性，如存在价值、工作价值、质量价值等，它是人们的信念和追求。但企业精神则不同，它比较外露，容易被人们所感觉。企业价值观和企业精神共同构成了企业文化的核心。

五、创新型企业文化

创新型企业文化是指创新已经成为企业的核心价值观，创新理念已得到员工的普遍认同，人们坚信只有创新，企业才能生存，才能发展。企业管理人员十分注重创新，并不断倡导创新，企业管理人员和广大员工都积极创新，敢于进取，敢冒风险，创新思想已渗透到企业上上下下人员的意识深处，并已化为企业员工的行为习惯。一个组织的核心竞争力往往体现在对创新文化的培育上。在与顾客的互动中，一方面输出组织对创新的实践，另一方面汲取对方对创新的需求。组织正是在这种创新的正反馈中不断地发展、壮大的。组织学习和创新是这种文化提倡的重要内容，组织鼓励不断创新并把这些思想表达出来。经营管理者深刻认识到只有不断创新，才能使核心竞争力动态化，同时使竞争对手难以跟踪模仿，从而创造持续竞争优势。

六、企业文化案例

1. 正大集团企业文化

“正大集团企业文化”可以概括为诚信、合作、勤奋、求变、报恩等几个方面。

（1）诚信　“诚信”是“正大文化”的核心之一，包括“忠诚”和“守信”两个方面。“忠诚”表现为企业对国家的忠诚、员工对公司的忠诚、下级对上级的忠诚等。“守信”表现为企业对客户的守信、企业对合作伙伴的守信、企业对员工的守信以及上级对下级的守信等。围绕“诚信”，企业与员工、合作伙伴结成利益共同体，企业与员工、与合作伙伴共同成长，为国家经济发展和人民生活的改善做出贡献。“诚信”是“正大文化”中的一个信条，也成为“正大文化”中的一个激励因素。

（2）合作　“合作”是“正大文化”的重要组成部分。“合作”包括了与商业伙伴的合作、与政府的合作以及领导之间、员工之间的合作等。“合作”就是寻求共同利益，实现“双赢”或者“多赢”。有时为了实现合作需要做出牺牲，因此“谦让”就成为成功合作的前提。通过与一流的合作伙伴合作，正大集团得以进入许多新的产业领域发展，成为泰国最大的便利店经营者（与“7-Eleven”合作）、中国最大的鸡肉食品生产者（与美国“艾维茵”育种公司合作）；通过与所在地政府的合作，使得正大集团始终赢得比较好的发展环境；通过领导层以及员工之间的合作，使正大集团的员工队伍保持了长期的稳定。

（3）勤奋　“勤奋”是“正大文化”的核心和基石之一。“勤奋”包括勤奋工作和勤奋学习。勤奋是成功的必要条件，勤能补拙，可以使外行变专家、使落后变先进。“勤奋”是正大集团员工的一条准则。因为勤于学习，正大集团能够进入很多自己未曾进入的领域并获得成功；因为勤奋工作，正大集团的员工总是十分吃苦耐劳，并成绩卓著；因为勤于在工作中学习，谢国民先生从一个“小学毕业生”成为世界“养鸡大王”，进而获得多个知名大学的“博士”学位。

（4）求变　“求变”在时间上表现为“与时俱进”，在空间上表现为“本土化”，在集团内部表现为革旧立新。作为一个多元经营的集团，正大集团适应世界产业的发展与变迁，不断开拓新的产业领域，事业规模不断扩大；作为一个跨国企业集团，正大集团不断适应所在国家和地区的社会文化，获得了生存和发展，并为当地的经济和社会发展做出了贡献。在集团内部，随着经营规模的扩大和发展战略的调整，不断对组织结构、管理模式进行的改革使正大集团这一拥有80多年历史的老企业始终保持了年轻的活力。

（5）报恩　知恩达理是华人文化的重要特征之一，包括企业对国家、社会的报恩、对员工的报恩，也包括员工对企业、对家庭、对国家的报恩。所有的成就都是企业、员工、社会、家庭共同努力的结果，无论做什么都要念及恩惠。如果不顺应这人性中善良的一面，将不能有所成就，即使成功也仅仅是昙花一现。“报恩”文化的传承使正大集团长期以来保持了较强的凝聚力，核心成员和高层管理人员始终保持了较大的稳定性；“报恩”文化也使得集团的发展始终能够和社会发展的主流合拍，为所在国的经济进步和社会稳定做出了贡献。

2. 泰昆集团企业文化

（1）泰昆企业标志的含义

椭圆形：泰昆集团由多个事业线子公司组成，象征着团结一致，共同发展。

绿色：象征着天然、健康、安全，表现出泰昆人致力打造绿色健康食品的坚定信心，并象征富有朝气的企业活力。

雄鹰：象征着自由、力量、勇猛和胜利。鹰告诉人类，要活得精彩和有意义，就要像它们一样，徘徊了很久不要紧，关键是要一直擦亮双眼，看清自己的目标，然后以极速朝着目标进攻。

翅膀：象征着追梦、超越、自由。四条带状曲线代表着泰昆集团拥有由多项事业构成的完整产业链，各公司共同协作发展，共同丰满整个集团公司的羽翼，带着梦想，共同超越巅峰，在无垠的天空中自由地翱翔。

（2）泰昆愿景　成为最受尊重的农牧企业；打造一流农牧企业，制造绿色健康食品。

（3）企业核心价值观　爱与支持、创值分享、说事实、负责任。

3. 客户观

持续为客户创造价值 。

4. 人才观

坦诚正直、勇于担当；持续学习、团队至上。

制造绿色健康食品，打造一流农牧企业，是每一位泰昆人共同肩负的使命，成为泰昆百年发展路上的栋梁，成就自己，成就泰昆。

学习、培训心得

学习时间			
方式			
其他学习资源			
是否接受培训	1. 是　　　　2. 否	培训人	

【学习摘要】

____

____

____

收获：______________________________

____

____

____

签名：

入职培训专题三
养鸡企业人力资源建设与个人职业生涯发展

第一节　我国养鸡行业人力资源管理及建设

人力资源管理，就是指运用现代化的科学方法，对与一定物力相结合的人力进行合理的培训、组织和调配，使人力、物力经常保持最佳比例，同时对人的思想、心理和行为进行恰当的诱导、控制和协调，充分发挥人的主观能动性，使人尽其才，事得其人，人事相宜，以实现组织目标。

一、人力资源管理

人力资源管理，是在经济学与人本思想指导下，通过招聘、甄选、培训、报酬等管理形式对组织内外相关人力资源进行有效运用，满足组织当前及未来发展的需要，保证组织目标实现与成员发展的最大化。就是预测组织人力资源需求并做出人力需求计划、招聘选择人员并进行有效组织、考核绩效支付报酬并进行有效激励、结合组织与个人需要进行有效开发以便实现最优组织绩效的全过程。把人力资源管理分九大模块：即人力资源战略与规划；人力资源组织设计与工作分析；招聘管理；薪酬与福利；绩效管理；员工发展与培训；企业文化；员工关系；人力资源信息系统。

二、人力资源基础建设

（一）第一阶段：定编

1. 编制组织机构图、岗位图

确立公司人力资源管理建设的整体框架，完成组织机构图、岗位图，明确部门编制。

2. 编制制度

明确公司人事管理制度框架并分配各具体制度编制任务。

（二）第二阶段：定岗

1. 编制职务说明书

根据现有的组织机构、岗位的设立，各部门进行职务调查和分析，编制每个岗位的职务说明书。

2. 制订人员调配方案及招聘方案

根据各部门调查结果，分析现有人力资源分布状况，制订人员调配方案及招聘方案并行调整。

（三）第三阶段：定薪

1. 编制公司薪资方案

根据职务说明书，进行岗位评估，确定各岗位的等级，由此确定工资等级，编制薪资方案（基础工资）部分。

2. 编制绩效考核方案

根据职务说明书，设定各岗位的年度工作目标，实现目标管理，确定绩效考核的标准，编制员工考核办法，以此决定奖金的发放、晋升的标准。

（四）第四阶段：定制

建立和完善公司的人力资源规划、人力资源信息系统、招聘录用程序、培训与开发规划、员工的激励措施、人事调整制度、员工的福利计划、劳动合同等人力资源的其他内容。

三、人才培养

（一）培训需求

（1）缺少团队合作与关爱精神，部门间内耗较严重，部门内部矛盾较多，无法充分发挥每一个人才的作用。

（2）中层干部缺少有效的管理技巧与沟通能力，缺少真正合格的团队领导人、新人培训师。

（3）各层次职员对 ISO 9001 质量管理、ISO 14001 环境管理、ISO 18001 职业安全健康管理等国际注册知识及专业知识较缺乏，多数只能专精某一项具体事务，缺少复合型人才。

（4）公司员工希望能获得长期、系统的培训，以实现个人能力、综合素质的持续提升。

（二）年度培训重点

（1）企业文化塑造；

（2）团队合作精神；

（3）培训技巧；

（4）管理与沟通技巧；

（5）统计技术；

（6）国际认证知识；

（7）各岗位对应的专业知识。

（三）培训方式

（1）外聘请讲师集中培训、个别外训、内训形式相结合，逐步培养内部讲师，开展内部培训，扩大培训效果。

（2）对内部讲师进行考核、定级、提供一定的培训津贴，以提高公司内部培训水平。

（3）将培训结果逐步纳入考核体系中，形成自主参加培训的良好氛围。

（四）培训预算

公司正步入稳定发展、不断扩大的阶段，在此期间，不但将面临大批新进人员的全方位培训、稀缺人才的内部培养问题，还将面临公司全体职员综合素质提升、专业素质训练的问题，如仍单纯依靠原有的培训专员安排课程、内部员工充数上课的方式，将完全无法发挥培训应起的效果。因此需由公司提供一定的培训预算，由公司人力资源部根据各部门的情况进行统筹安排、考核，方可取得预期效果。

第二节　职业生涯发展规划

一、职业生涯规划内涵

职业生涯规划是指在客观分析个人的性格、资质、人生态度、个人潜能等因素的基础上，结合社会的人才需求期望，采取有效的职业发展策略，选择合适的职业发展道路，一步步攀登事业的阶梯，取得事业上的成功，实现人生价值的过程。

一个人事业的成败，很大程度上取决于有无正确适当的目标。首先，在对自己有了较为客观分析的基础上，结合自己的最佳才能、最优性格、所学专业、最大兴趣等因素为自己设定职业生涯目标，这是职业生涯规划的核心。其次，在人生目标的指导下，将其细划为短期目标、中期目标和长期目标，然后分期逐步实施。再次，进行初次择业，采取实现目标的措施。在选择工作时，要对受聘单位的工作性质、企业文化、企业精神和员工的整体素质做一个总体上的领会，尽量选择那些能发挥个人能量、能实现职业生涯目标的工作。最后，对自己的职业生涯规划进行评估、调整和回馈，并最终选定自己的“职业锚”。职业生涯设计并不是一成不变的，影响个人职业生涯规划的不可测因素很多，在这种状况下，要使职业生涯规划行之有效，就必须对人生目标、职业生涯路线、实施计划与措施进行及时的评估与调整。了解自己的性格特质，适合的岗位特质，心态等对择业的影响。扩宽思路通过对自己的性格、心态的了解，对适合自己的岗位特质，工作特质的理解，认识到更多的可能性，从而拓宽自己的思路和择业范围。

规划职业生涯报告应该包括个人优劣势、适合的工作、适合的职业、适合的工作环境、发展建议等。

二、如何制订个人发展规划

1. 分析角色加以定位

制订一个明确的实施计划，先要明确给自己定位。一定要明确根据计划你要做什么；应该清楚地知道自己的职业环境，自己将会有怎样的发展机遇；不论未来是就业或者创业，都需要为自己的未来预留发展空间。体现个人价值首先要明确个人价值。要清楚自己究竟想做什么，能做什么。所有的职场中人都应自问：我的定位是什么？核心竞争力有哪些？身价有多少？这些可以凭借自己的职业大环境来做评估，衡量并确定自己在该行业领域内的薪资价值。一般来说，衡量个人价值一方面根据自己的市场竞争力，另一方面则是市场需求。构成竞争力的基本要素是个人素质（包括知识、经验、技能、阅历及解决问题、处理人际关系的能力）、工作绩效、职位高低、知名度等。

2. 根据自己的特点和现实条件，确立自己的职业生涯目标

对于职场中人来说，工作有连续性和阶段性之分。很多人在每年的过渡中都不会对自己的职业发展有清醒而详细的规划统筹。制订规划时，应从职业发展前景和职业环境上着手。是否计划改变自己的职业环境？是否计划改善自己的职位？是否计划增长自己的薪资？这些问题都应该纳入自己的考虑范围，并做出详细指标。

3. 详细分解目标，制订可操作的短期目标与相应的教育或培训计划

从小职员一跃成为老总的可能性实在微乎其微，那么制订能逐步实现的阶梯性可操作目标，无疑是每个职场人士最切实可行的职业规划方案。按季度进行时间划分是操作性最为便利的方式。同时要注意，制订细化目标是明智之举，但如果目标过于细碎，却并不利于职业前景发展的顺利操作。因为不可预知因素和其他职场上的旁枝末节会打乱自己的发展计划。

4. 根据个人需要和现实变化，不断调整职业发展目标与计划

职场上常说，计划赶不上变化。对于自己碰到的问题和环境，需要及时调整发展规划，一成不变的发展计划有时形同虚设。

三、禽养殖企业人才成长阶梯

1. 职业发展通道

企业人才培养分两个通道，即技术通道和管理通道。两个通道均从大学生入职开始，从培训期（3 个月）至见习技术员（1 年）、初级技术员，自初级技术员开始区分两个通道（图 1-3-1）。

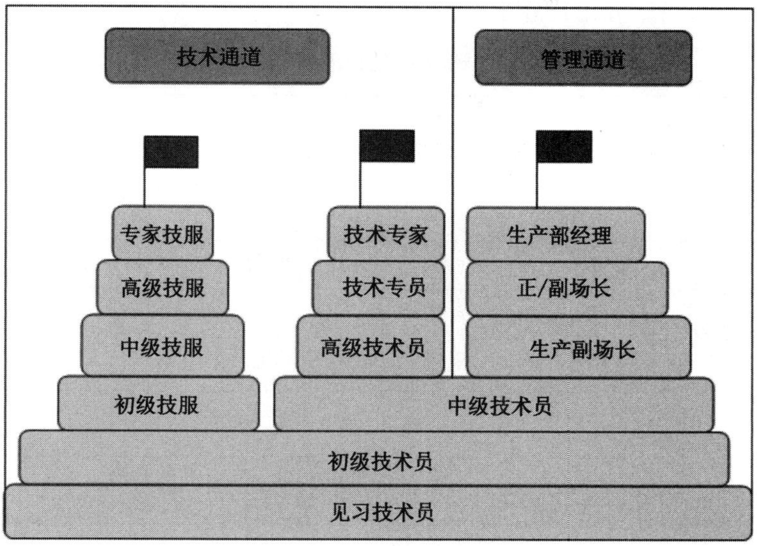

图 1-3-1　职业发展通道

专业技术类的又分三个通道：

（1）技术服务通道　初级技服、中级技服、高级技服、专家技服。

（2）专业技术通道　见习技术员、初级技术员、中级技术员、高级技术员、技术专员、技术专家。

（3）管理通道　见习技术员、初级技术员、中级技术员、生产副场长、正/副场长、生产部经理。

2. 能力素质要求

见习技术员：了解、熟悉公司文化，场规、场纪，会基本养殖操作。

初级技术员：对养殖技术有更深入的了解，能独立指导 2 栋以上饲养人员开展生产养殖工作。

中级技术员：对养殖技术经验有一定的积累，能独立指导 4 栋以上饲养人员开展生产养殖工作。

高级技术员：在养殖技术方面积累的丰富的实践经验，能独立指导 6 栋以上饲养人员开展生产养殖工作。

技术专员：在养殖技术方面经验丰富，可跨场指导、交流、分享养殖经验。

生产副场长：具备规模化养殖、全场养殖技术和生产现场管理的能力，可独立制订单场养殖方案、督促执行并及时纠偏，有成熟的解决生产现场和技术问题的能力。

正/副场长：具备成熟的独立经营管理一个规模化养殖场的能力，在生产业绩、团队管理、人员绩效、案例管理上卓有成效。

生产部经理：在生产场长岗位工作满 2 年以上，技术方面在关键环节或局部问题上，能组织相关人员研究论证并推广。

学习、培训心得

学习时间			
方式			
其他学习资源			
是否接受培训	1. 是　　2. 否	培训人	

【学习摘要】

收获：

签名：

个人发展规划

【个人发展规划】

签名：

入职培训专题四

养鸡企业财务管理流程

养鸡企业财务管理制度、流程因禽养殖生产企业性质、大小、规模等有所不同，财务制度差异较大，以下是某企业财务制度，结合学徒岗位工作进行摘录，具体内容仅供学习参考。

一、财务制度依据

为规范公司财务管理及有效控制费用支出；审核各项资金使用和费用开支；办理日常现金收付、费用报销、税费交纳、银行票据结算，保管库存现金及银行空白票据；做好公司筹融资工作；处理、协调与工商、税务、金融等部门间的关系，依法纳税；保证公司的合法利益，及时掌握分公司的经营状况，特制订本流程。

二、财务报销分类

根据相关的法律、法规及公司的实际情况，将财务报销分为日常办公费用报销、工薪福利及相关费用报销、税费支出及专项支出等，以下分别说明各项支出具体的财务报销制度和报销流程。所有款项的支付，须经公司总经理批准。财务部经理应委派专人直接从银行获取各银行账户对账单，并核对每月的银行对账单和银行存款日记账，编制银行存款余额调节表；同时应不定期盘点出纳保管的现金以保证账目相符。

三、日常办公费用报销

1. 公司用品采购和管理

公司办公用品、会议用品及其他用品由办公室统一采购、管理。

2. 借款流程

(1) 借款人按规定填写“借款单”，注明借款事由、借款金额（大小写须完全一致，不得涂改）、支票或现金。

（2）审批流程：部门经理审核签字→财务复核→总经理审批。

（3）财务付款：借款人凭审批后的借款单到财务部办理领款手续。

3. 日常费用

日常费用主要包括差旅费、电话费、交通费、办公费、低值易耗品、业务招待费、培训费及资料费等。

4. 费用报销的一般规定

（1）报销人必须取得相应的合法票据。

（2）填写报销单应注意：根据费用性质填写对应单据；严格按单据要求项目认真写，注明附件张数；金额大小写须完全一致（不得涂改）；简述费用内容或事由。

（3）按规定的审批程序报批。

（4）报销 5 000 元以上需提前一天通知财务部以便备款。

（5）各类报销单据必须分门别类、按照出差的时间先后顺序粘贴整齐，方便财务部门复核，否则财务部门有权拒签。

5. 差旅费报销流程

（1）出差申请　拟出差人员首先填写“出差申请表”，详细注明出差地点、目的、行程安排、交通工具及预计差旅费用项目等，出差申请单由总经理批准。

（2）借支差旅费　出差人员将审批过的“出差申请表”交财务部，按借款管理规定办理借款手续，出纳按规定支付所借款项。

（3）购票　出差人员持审批过的出差申请复印件，到行政部订票。

（4）返回报销　出差人员应在回公司后五个工作日内办理报销事宜，根据差旅费用标准填写“差旅费报销单”，部门经理审核签字，财务部审核签字，总经理审批；原则上前款未清者不予办理新的借支。

6. 费用标准

（1）招待费　为了规范招待费的支出，大额招待费应事前征得总经理的同意。

（2）培训费　为了便于公司根据需要统筹安排，此费用由公司行政部统一管理，各部门培训需求应及时报送行政部。行政部根据实际需要编制培训计划报总经理审批。

（3）资料费　在保证满足需要的前提下，尽量节约成本，注意资源共享。

（4）公司伙食费开支　公司负责员工午餐伙食费，标准为每人每月 600 元，由公司统一支付，不发放给个人。

（5）员工通信费补助报销标准　每人每月不超过 300 元，采用实名制以合法凭证实报实销。

7. 其他费用

根据实际需要据实支付。

8. 付款流程

(1) 由经办人整理发票等资料并填写费用报销单（填写规范参照日常费用报销一般规定）。

(2) 按审批程序审批：主管部门经理审核签字→财务复核→总经理审批。

(3) 财务部根据审批后的报销单金额付款。

(4) 若需提前借款，应按借款规定办理借支公司手续，并在5个工作日内办理报销手续。

9. 报销时间的具体规定

每个会计年度终结前，财务部应提前通知公司各部门将应在当期报销的各类费用在最后一个月度会计结账之前完成报销流程并报销。无法取得相关票据的，应根据各类证据合理估计应报销金额，并在完成当期企业所得税汇算清缴之前补办报销流程。如果实际报销金额与估计金额差异过大，应调整所属会计年度会计报表。

四、工薪福利及相关费用

1. 工薪福利等支出

包括工资、临时工资、离职工资、社会保险及其他福利费等。

2. 公司于每月26日发放工资流程如下

行政部核对考勤（包含人员变动、额度变动、捐款、社会保险等信息）→财务部会计人员进行工资核算（编制成标准格式的工资领取表）→财务经理审核工资编制的准确性→总经理审批→财务部出纳发放工资。

3. 临时工资及其离职人员及公司辞退员工的支付

临时工资及其离职人员及公司辞退员工的支付在按审批程序审批后进行支付。

4. 按公司规定

员工试用期限满后，公司根据其工作表现办理转正手续，转正后的工资按入职时承诺工资调整。

5. 社会保险支付

社会保险支付由行政部根据每月社保部门的“保险清单”和“参保人员清单”后汇总、整理本月符合社保办理条件的员工，每月25日之前上交财务部上月的“社保统计表”。

五、财务用章制度

(1) 财务专用章、公司法人章、支付密码器及支票必须分开保管，公司法人章由公司财务部或董事长指定专人保管，财务专用章和支付密码器由财务总监保管，支票由出纳负责保管。财务总监或出纳不在公司期间，印章应由法定代表人指定的专人保管。印章代管须办理交接手续。

（2）财务部原则上不得将已加盖财务专用章及公司法人章的支票预留在公司，如因工作需要，需先填好限额，并经公司总经理批准。

（3）开具的支票须写明经批准同意的收款人全称，收取的发票抬头须与收款人相符。如收款人因特殊情况需要公司予以配合支付给第三者，必须有收款人的书面通知、第三者同意代收的书面文件并经公司总经理批准。

（4）往来款项的冲转（指非正常经营业务），须与涉及的第三方达成书面一致协议，并经公司总经理批准。

（5）非正常经营业务调出资金须经过公司总经理批准。

（6）用以支付各种款项的原始凭证必须保存原件，复印件不得作为原始凭证。如遇特殊情况须经公司总经理批准。

六、行政费用报销制度

（1）公司行政费用现金支出范围为：向职工支付工资、奖金、津贴、差旅费，向个人支付的其他款项及不够支票起点 100 元的零星开支。

（2）公司职员报销行政费用应填写报销单，由经办人员填写，公司主管领导签字认可后报送财务部按照本制度有关规定进行审核，并按规定进行审批支付。

（3）应酬、礼品费用支出实行一票一单、事前申报制，批准后方可实施。

（4）凡未具备报销条件（如没有对方单位的收款凭证），需领用支票或现金者必须填写借款单。借款单留财务存底，待借款还回时财务开冲账收据给经办人。

（5）支票领用单、借款单必须由经办人填写，公司总经理签字，财务审核后，由财务部直接支付。

（6）银行支票如发生丢失，有关责任人应及时向财务部和开户银行报告。如系空白支票所造成的损失，丢失人员负有赔偿责任。

（7）其他有关费用及成本支出的程序以公司规定为准。

七、财产管理制度

1. 公司财产的范围

（1）公司财产包括固定资产和低值易耗品。

（2）凡公司购入或自制的机器设备、动力设备、运输设备、工具仪器、管理用具、房屋建筑物等，同时具备单项价值在 2 000 元以上和耐用年限在一年以上的列为固定资产。

（3）凡单项价值在 2 000 元以下或价值在 2 000 元以上，但耐用年限不足一年的用品用具均属低值易耗品，按照第一条相关规定办理。

2. 公司财务部负责公司所有财产的会计核算及管理

（1）公司本部使用的所有固定资产及公司所有办公用品用具由财务部统一管理。

（2）财务部负责公司财产的业务核算，应设立台账，登记公司财产的购入、使用及库存情况，负责组织公司财产的保管、维修并制订相应的措施、办法。

（3）财产在公司内部之间转移使用应办理移交手续，移交手续由财产统一管理部门办理，送财务部备案。

（4）财务部应定期进行财产清查盘点工作，年终必须进行一次全面的盘点清查。

（5）财产盘点清查后发现盘盈、盘亏和毁损的，均应填报损益报告表，书面说明亏损原因。对因个人失职造成财产损失的，必须追究主管人员和经办人员的责任。

（6）凡已达到自然报废条件的固定资产，应由财务部进行评估，评估情况上报公司领导，由公司主管领导决定处理意见。

（7）凡尚未达到自然报废条件，但已不能正常使用的固定资产，使用部门应查明原因，如实上报；属个人责任事故的应由有关责任人员负责赔偿损失；属自然灾害或其他不可抗力原因造成损失的，应上报总经理，决定处理意见。

学习、培训心得

学习时间			
方式			
其他学习资源			
是否接受培训	1. 是　　2. 否	培训人	

【学习摘要】

____

____

____

收获：______________________________

____

____

____

签名：

The second part

The second part

第二部分

认识岗位

The second part

The second part

入职培训专题一
认识学徒业务岗位

一、基于集约化畜牧企业学徒制岗位的确定

现代畜牧企业集约化、自动化生产的特点，生产各环节“牵一发而动全身”，要求岗位技术人才熟悉掌握生产全过程；高职层次技术管理复合型和具备创新创业能力的培养目标，进一步要求全岗位、多循环的实景培养。养禽与禽病防治现代学徒制人才培养梳理集约化养鸡场种鸡饲养、孵化、肉鸡饲养、蛋鸡饲养、产品收获检验、疾病预防等岗位，合并确定“养、繁、孵化、防治”四大岗位。“养、繁、孵化、防治”岗位相对独立又紧密联系，通过现代学徒制人才培养形式，学生在现代畜牧企业学习周期长，充分保证了四个岗位的全覆盖学习，通过轮岗在不同生产周期不同岗位的交叉学习，校内生产性实践和企业真实环境四岗的循环学习。通过对准岗位的现代学徒制形式培养，毕业生职业综合能力全面提升，为成长为技术管理人员和提升创新创业能力奠定了较好的基础。见表 2-1-1 至表 2-1-5。

表 2-1-1　学徒岗位对应核心能力与证书要求

序号	学徒制岗位	核心能力名称	对应的专业课程	对应职业资格证书
1	养	1. 各阶段家禽饲养； 2. 家禽生产管理能力	种鸡饲养、蛋鸡饲养技术、肉鸡饲养技术、鸡场建设与环境控制鸡场生产管理、现代养鸡企业文化	家禽饲养工
2	繁	1. 家禽人工输精操作； 2. 家禽育种能力	家禽实用繁育技术	家禽繁殖工
3	孵化	1. 种蛋机器孵化过程控制、管理； 2. 孵化设备操作、运行	家禽实用繁育技术	孵化工
4	防治	1. 禽病诊疗能力； 2. 畜禽疫病预防与处置能力	兽医基础、动物诊疗技术、鸡普通病防治、鸡流行病预防	兽医防治员

表 2-1-2　蛋鸡饲养与管理岗现代学徒制岗位标准

<table>
<tr><td>学徒岗位名称</td><td colspan="3">蛋鸡饲养与管理岗位</td></tr>
<tr><td>学徒培养时间</td><td>10 周</td><td>起止时间</td><td>年　月　日 — 月　日</td></tr>
<tr><td rowspan="4">学徒培养目标</td><td>专业知识</td><td>1. 蛋种鸡各阶段饲养管理规程；
2. 蛋鸡各阶段饲养管理规程</td><td>学习产出目标：能制订 5 000 只规模以上鸡场各阶段饲养管理规程</td></tr>
<tr><td>专业技能</td><td>1. 雏鸡的挑选技术；
2. 育雏技术；
3. 育成鸡饲养关键技术；
4. 产蛋鸡饲养关键技术；
5. 种公鸡饲养关键技术</td><td>训练产出目标：
1. 能够快速挑选、识别雏鸡；
2. 育雏成活率≥90%以上；
3. 育成鸡死淘率≤95%；
4. 高峰产蛋率达到全场平均水平；
5. 种公鸡死淘率≤各鸡舍平均值</td></tr>
<tr><td>岗位综合能力</td><td>1. 全周期生产计划编制能力；
2. 种鸡鸡舍一个生产周期管控能力；
3. 蛋鸡鸡舍一个产蛋周期管控能力</td><td>训练产出目标：能独立进行整栋鸡舍的管控</td></tr>
<tr><td>职业素养</td><td>1. 吃苦耐劳素质；
2. 畜禽科学生产职业素养；
3. 认真负责的工作态度、合作精神和竞争意识；
4. 职业病防护意识
5. 职业人基础素质</td><td>培养产出目标：企业评价考核良好以上</td></tr>
<tr><td rowspan="4">学徒工作任务清单</td><td>工作任务 1：</td><td>育雏</td><td>产出目标：完成育雏规模 10 000 羽育雏任务，育雏效果的评价成活率>90%</td></tr>
<tr><td>工作任务 2：</td><td>育成鸡饲养</td><td>产出目标：完成一个周期育成、青年鸡养殖规模 5 000 羽饲养任务，育成鸡饲养效果的评价成活率>95%</td></tr>
<tr><td>工作任务 3：</td><td>产蛋鸡饲养</td><td>产出目标：完成一个周期产蛋鸡养殖规模 5 000 羽饲养任务，高峰产蛋率达到全场平均水平</td></tr>
<tr><td>工作任务 4：</td><td>种鸡饲养</td><td>产出目标：完成一个周期产蛋鸡养殖规模 2 000 羽饲养任务，种公鸡死淘率≤各鸡舍平均值</td></tr>
</table>

续表 2-1-2

学徒岗位名称	蛋鸡饲养与管理		
学徒培养时间	10 周	起止时间	年　月　日—　月　日
合作企业与学徒岗位标准	企业员工规模	100 人以上	
	企业管理文化	爱与支持、创值分享、说事实、负责任、不断创新、正直诚信	
	学徒岗位技术要求	能独立承担饲养各项技术管理工作，养殖成活率高于企业标准；发病率低于企业要求标准	
	学徒岗位安全要求	岗位安全生产无事故	
	企业师傅资质与能力要求	1. 企业 5 年以上工作经历或取得中级以上职称； 2. 能对学生进行业务指导和组织管理，与学校指导教师、学生进行沟通、交流，掌握学生的思想和工作动态； 3. 能尽职尽责全过程进行学徒学习评定	
	企业需提供食宿条件	按照企业正式员工标准提供食宿	
	学生教学及管理	学徒期间在岗位技能学习、协岗、顶岗、就业见习期间推行“双导师”管理，即学校专业指导老师，企业师傅。双导师分工负责，指导完成学生培养，提高职业综合能力，实现高质量对口就业	

表 2-1-3　种鸡繁育技术岗位现代学徒制岗位标准

学徒岗位名称	种鸡繁育技术岗位		
学徒培养时间	3 周	起止时间	年　月　日—　月　日
学徒培养目标	专业知识	1. 公、母鸡生殖生理； 2. 种公鸡精液物理特性； 3. 精液物理、外观评定方法； 4. 精液活力、密度评定方法； 5. 稀释液种类及稀释方法	学习产出目标：能制订种鸡场蛋种鸡繁殖操作规程
	专业技能	1. 采精前的准备； 2. 采精操作； 3. 精液品质常规检查； 4. 完成活力密度检查； 5. 母鸡保定技术； 6. 母鸡人工输精技术	训练产出目标：按照企业标准快速准确完成种鸡场人工采精、输精操作，达到企业员工用时平均水平
	岗位综合能力	种鸡人工输精技术	训练产出目标：能对存栏规模 5 000 只以上蛋鸡进行饲养管理和繁殖操作
	职业素养	1. 吃苦耐劳素质； 2. 畜禽科学生产职业素养； 3. 认真负责的工作态度、合作精神和竞争意识； 4. 职业病防护意识； 5. 职业人基础素质	培养产出目标：企业评价考核良好以上

续表 2-1-3

学徒岗位名称	种鸡繁育技术岗位		
学徒培养时间	3 周	起止时间	年 月 日 — 月 日
学徒工作任务清单	工作任务 1：	种公鸡采精	产出目标：按照企业操作标准完成种公鸡采精调教和采精操作
	工作任务 2：	精液品质检查	产出目标：按照企业标准对精液品质快速做出判断
	工作任务 3：	母鸡人工输精	产出目标：按照企业标准对母鸡进行人工输精操作
合作企业与学徒岗位标准	企业员工规模	100 人	
	企业管理文化	爱与支持、创值分享、说事实、负责任、不断创新、正直诚信	
	学徒岗位技术要求	能独立承担种公鸡人工采精，精液品质检查、母鸡人工输精操作	
	学徒岗位安全要求	岗位安全生产无事故	
	企业师傅资质与能力要求	1. 企业 5 年以上工作经历或取得中级以上职称； 2. 能对学生进行业务指导和组织管理，与学校指导教师、学生进行沟通、交流，掌握学生的思想和工作动态； 3. 能尽职尽责全过程进行学徒学习评定	
	企业需提供食宿条件	按照企业正式员工标准提供食宿	
	学生教学及管理	学徒期间在岗位技能学习、协岗、顶岗、就业见习期间推行“双导师”管理，即学校专业指导老师，企业师傅。双导师分工负责，指导完成学生培养，提高职业综合能力，实现高质量对口就业	

表 2-1-4　孵化岗位现代学徒制岗位标准

学徒岗位名称	孵化岗位		
学徒培养时间	5 周	起止时间	年 月 日 — 月 日
学徒培养目标	专业知识	1. 种蛋运输标准及工作要求； 2. 种蛋选择与贮存工作理论； 3. 消毒药品种类和实用；消毒原理及方法； 4. 孵化器械清洗、消毒方法及原理； 5. 种蛋孵化、胚胎发育原理； 6. 雏禽雌雄鉴别理论	学习产出目标：完成学校理论测试，达到良好以上

续表 2-1-4

学徒岗位名称	孵化岗位		
学徒培养时间	5 周	起止时间	年　月　日 — 月　日
学徒培养目标	专业技能	1. 种蛋运输操作； 2. 种蛋选择； 3. 完成种蛋贮存； 4. 种蛋消毒操作； 5. 完成种蛋恒温孵化操作； 6. 完成种蛋变温孵化操作； 7. 独立完成孵化器械清洗、消毒操作	训练产出目标：按照技能考核标准，完成对应技能，达到良好以上
	岗位综合能力	种蛋孵化管理	训练产出目标：按照企业生产过程，以项目任务形式完成岗前培训、岗上技术指导、协岗任务、顶岗任务完成，完成1～2 批孵化工作，孵化率达到95%以上
	职业素养	1. 吃苦耐劳素质； 2. 畜禽科学生产职业素养； 3. 认真负责的工作态度、合作精神和竞争意识； 4. 职业病防护意识； 5. 职业人基础素质	培养产出目标：企业评价考核良好以上
学徒工作任务清单	工作任务 1：	种蛋运输和接收	产出目标：按照企业操作标准完成种蛋运输、接收等规范操作
	工作任务 2：	种蛋选择与消毒	产出目标：按照企业标准完成种蛋选择和消毒操作
	工作任务 3：	种蛋的贮存与入孵	产出目标：按照企业标准完成种蛋贮存与入孵
	工作任务 4：	种蛋孵化管理	产出目标：按照企业标准完成种蛋孵化操作
	工作任务 5：	初生雏处理	产出目标：按照企业标准完成初生雏挑选、免疫、助产等操作

续表 2-1-4

学徒岗位名称	孵化岗位		
学徒培养时间	5 周	起止时间	年　月　日 — 月　日
合作企业与学徒岗位标准	企业员工规模	50 人	
	企业管理文化	爱与支持、创值分享、说事实、负责任、不断创新、正直诚信	
	学徒岗位技术要求	能独立承担孵化过程各项操作	
	学徒岗位安全要求	岗位安全生产无事故	
	企业师傅资质与能力要求	1. 企业 5 年以上工作经历或取得中级以上职称； 2. 能对学生进行业务指导和组织管理，与学校指导教师、学生进行沟通、交流，掌握学生的思想和工作动态； 3. 能尽职尽责全过程进行学徒学习评定	
	企业需提供食宿条件	按照企业正式员工标准提供食宿	
	学生教学及管理	学徒期间在岗位技能学习、协岗、顶岗、就业见习期间推行“双导师”管理，即学校专业指导老师，企业师傅。双导师分工负责，指导完成学生培养，提高职业综合能力，实现高质量对口就业	

表 2-1-5　鸡疾病防治技术岗位现代学徒制岗位标准

学徒岗位名称	鸡疾病防治技术岗位		
学徒培养时间	10 周	起止时间	年　月　日 — 月　日
学徒培养目标	专业知识	1. 鸡场免疫方法； 2. 鸡各阶段常见病治疗方法； 3. 常见药用药基础理论； 4. 给药基本方法	学习产出目标： 1. 能够针对鸡群制订免疫方案； 2. 能够针对鸡群制订治疗方案
	专业技能	1. 蛋鸡免疫方案制订； 2. 蛋鸡常见病免疫技术； 3. 蛋鸡常见病诊断及治疗技术； 4. 给药技术	训练产出目标：按照技能考核标准，实施免疫、治疗操作，达到良好以上
	岗位综合能力	蛋鸡各阶段综合防疫能力	训练产出目标：按照技能考核标准，实施免疫操作，达到良好以上
	职业素养	1. 吃苦耐劳素质； 2. 畜禽科学生产职业素养； 3. 认真负责的工作态度、合作精神和竞争意识； 4. 职业病防护意识； 5. 职业人基础素质	培养产出目标：企业评价考核良好以上

续表 2-1-5

学徒岗位名称	鸡疾病防治技术岗位		
学徒培养时间	10 周	起止时间	年 月 日 — 月 日
学徒工作任务清单	工作任务 1：	免疫方案制订	产出目标：免疫方案制订
	工作任务 2：	常见病免疫	产出目标：免疫程序、计划制订
	工作任务 3：	鸡常见疾病防治	产出目标：常见病诊断、治疗
合作企业与学徒岗位标准	企业员工规模	500 人	
	企业管理文化	爱与支持、创值分享、说事实、负责任、不断创新、正直诚信	
	学徒岗位技术要求	1. 能独立承担饲养各项技术管理工作，养殖成活率高于企业标准； 2. 发病率低于企业要求标准	
	学徒岗位安全要求	岗位安全生产无事故	
	企业师傅资质与能力要求	1. 企业 5 年以上工作经历或取得中级以上职称； 2. 能对学生进行业务指导和组织管理，与学校指导教师、学生进行沟通、交流，掌握学生的思想和工作动态； 3. 采取现场授课方式进行专业技术指导、职业综合能力培养指导、就业指导；顶岗实习全过程进行评定	
	企业需提供食宿条件	按照企业正式员工标准提供食宿	
	学生教学及管理	学徒期间在岗位技能学习、协岗、顶岗、就业见习期间推行“双导师”管理，即学校专业指导老师，企业师傅。双导师分工负责，指导完成学生培养，提高职业综合能力，实现高质量对口就业	

二、学徒人才培养模式与课程体系设计

1. 基于学徒制岗位的校企“四阶段二层次”人才培养模式

畜牧兽医专业养禽与禽病防治方向现代学徒制设计和拟实施校企合作、以师带徒，“四阶段二层次”人才培养模式。以校企合作为主线，学生入校即明确学徒身份，以专任教师为主校内拜师、以企业教师为主企业拜师，分基础素质培养、专业基础能力培养、岗位技术能力培养和岗位综合能力培养四个阶段，分校内学徒和企业学徒两个层次，“双学徒”培养。见图 2-1-1。

2. 双主体课程体系构建

彻底打破传统畜牧专业“两段式”“四段式”课程体系，构建适合现代学徒制的“模块＋融合＋项目化”专业课程体系。见图 2-1-2。

“模块”是指设置饲养、繁育、兽医三大模块化课程，三大模块分别包含 5 门、2 门、3 门学徒岗位实训课程。企业学徒过程中，可以根据学徒进驻企业岗位先后顺序进行先后组合学习。

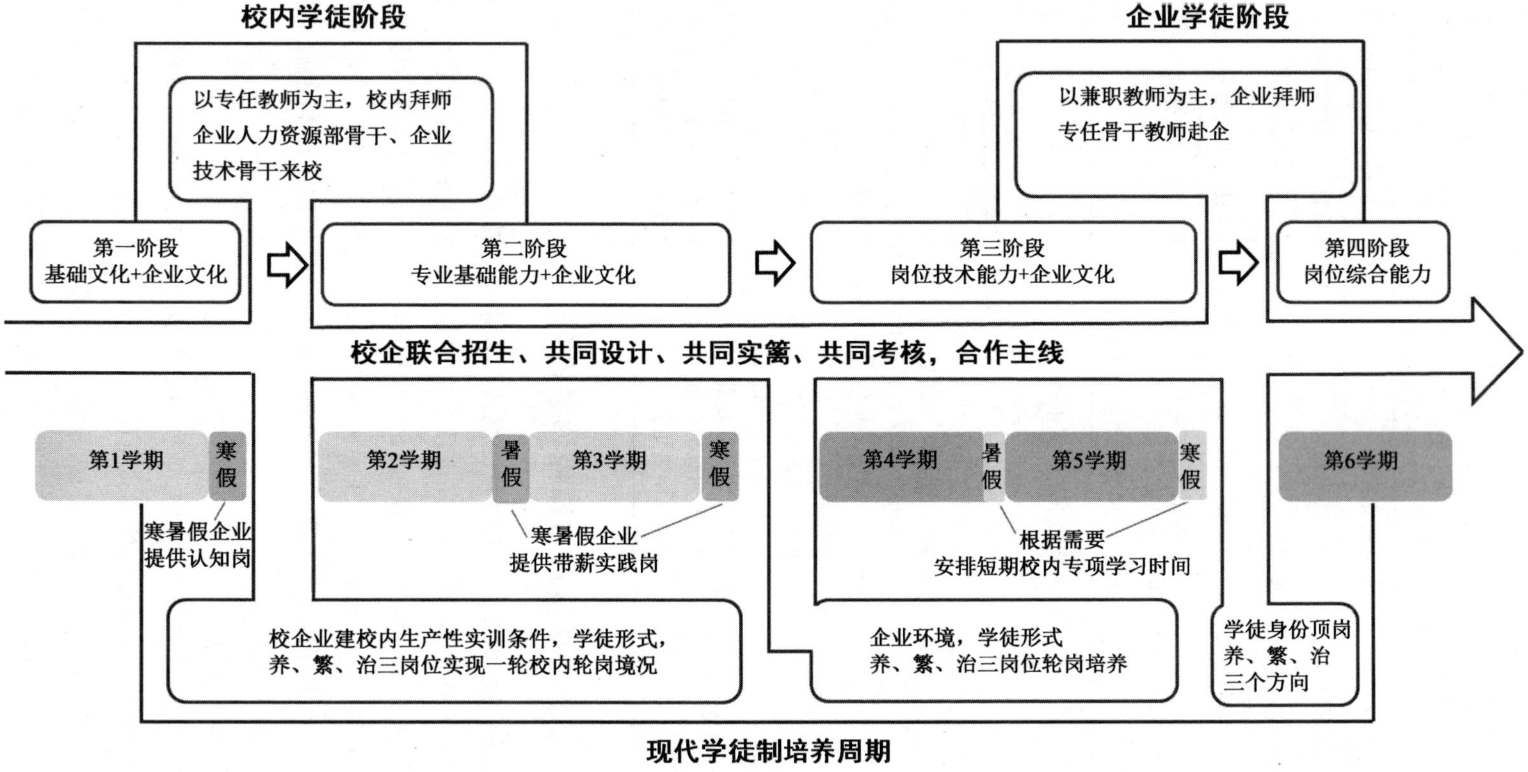

图2-1-1 畜牧兽医专业养禽与禽病防治方向“四阶段二层次” 现代学徒制人才培养模式

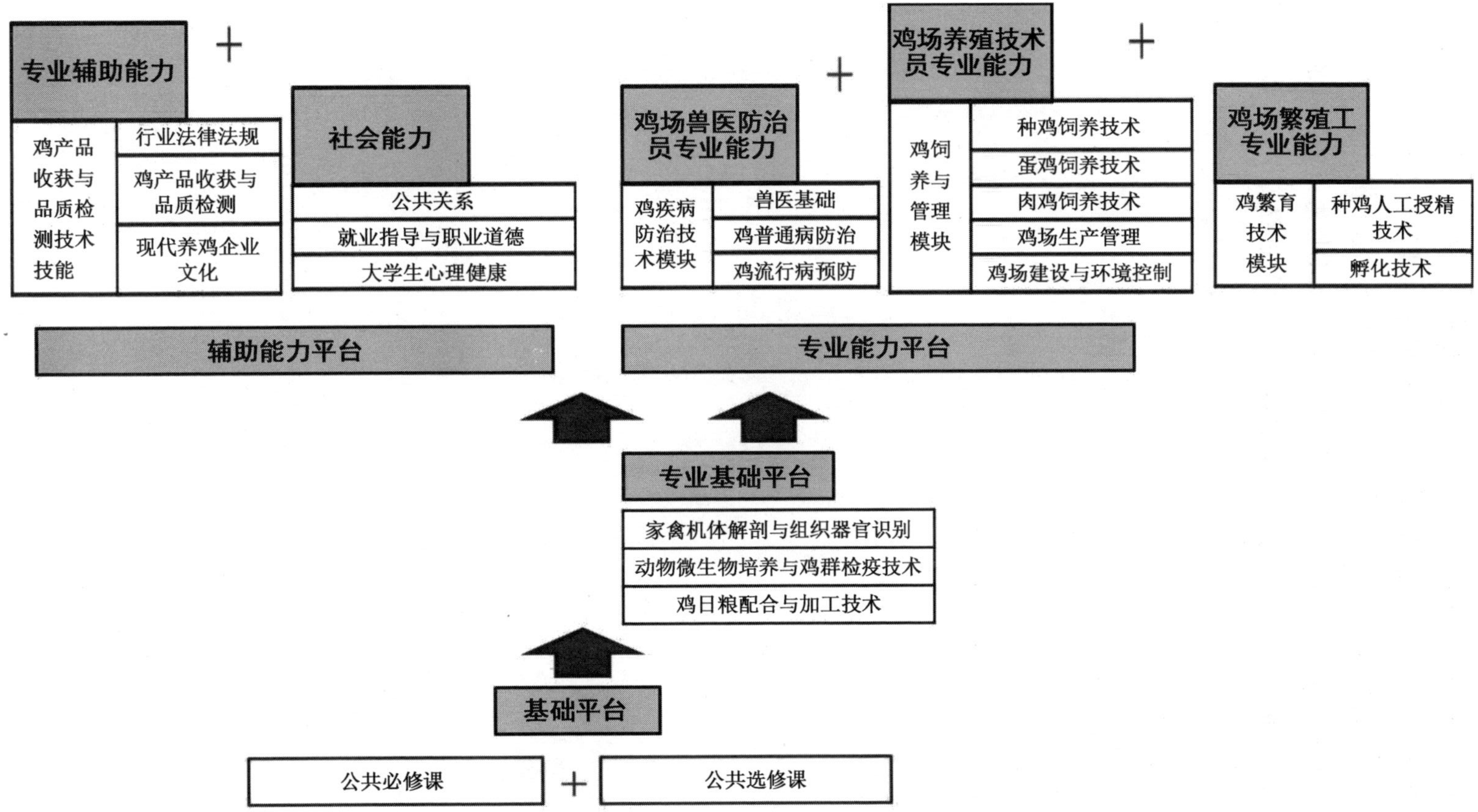

图2-1-2　畜牧兽医专业养禽与禽病防治方向现代学徒制课程体系

“融合”是指养、繁、治三个模块课程融合家畜饲养员、畜禽繁殖工、兽医防治员职业资格标准，相关学徒制课程通过即可获取相应职业证书；同时，融合支撑学生综合素质和创新能力培养的企业管理文化、社会能力和专业拓展能力模块课程。

“项目化”是指将现代企业养、繁、治岗位内容按照实际工作过程梳理，明确在企业学徒制人才培养期间要完成的核心实训任务，明确企业师傅以师带徒的教学目标。建立与工作过程相统一的专业课程体系和实践体系，学习过程工作化，以适应学徒工学结合、岗位成才的需求。

入职培训专题二
岗位工作技术设备与安全生产

第一节　岗位工作技术设备

一、我国养鸡设施设备发展概述

家禽养殖作为农业生产的重要组成部分，尤其是蛋鸡业和肉鸡业为人类日常生活提供了大量优质的鸡蛋、鸡肉等营养物质。而随着科技进步和产业发展，将现代化科学技术知识应用到家禽饲养设备（即鸡群自动化饲养设备）中，人管设备、设备养鸡，已成为产业转型升级和实现农业现代化的关键。国外发达国家鸡群自动化饲养设备的研发和应用起步较早，已有近 60 年的发展历史，形成了比较完善的研究、设计及生产体系。而国内鸡群自动化饲养设备基本处于引进国外设备并模仿生产阶段，缺乏系统的理论设计依据和关键技术研发，同时国内各大专院校缺乏相对应的家禽养殖装备相关专业，未能给国内家禽养殖装备提供可靠、有效的科学理论依据和人才支撑，严重影响到家禽业养殖装备的创新和发展。

现代化养殖企业采用密闭式笼养饲养模式，禽生产现代化设备包括喂料系统、集蛋系统、饮水系统、清粪系统、通风降温系统、消毒系统、照明系统、电气控制系统、报警系统及物联网系统的自动化控制。

养鸡设备包括：供暖设备、通风设备、供水设备、喂料设备、集蛋设备、清粪设备、笼具、光照设备等。

自动化设备饲养模式阶段从 20 世纪 90 年代开始，随着网络信息技术的发展，计算机控制技术在畜牧业中得到高度应用。从工程学角度可以分为科学计算、生产管理、流程控制；从畜牧养殖角度可以分为遗传育种计算、饲料配方设计、辅助生产管理、控制生产过程；从网络角度可以分为局域网和Internet；从畜牧场建设角度可以分为畜牧场、饲料厂的设计。计算机控制技术将养鸡设备各相关独立子系统有效地统一起来，为现代化鸡群自动化饲养模式，甚至远程饲养模式奠定了基础。这一阶段主要体现在引进国外层叠式自动化高密度设备，蛋鸡饲养密度可达每平方米150羽以上；饲养员劳动强度大幅度降低，人均饲养鸡只数量可达100 000羽/天。此饲养模式特点：电气自动化、计算机等新兴科学技术兴起，机械加工工艺的改善促使工厂化等自动化饲养模式，如图2-2-1、图2-2-2所示。

图2-2-1　新疆正大现代化示范场外景

图2-2-2　新疆正大现代化示范场外景

二、养鸡工程5.0饲养模式已经拉开序幕

养鸡工程5.0饲养是指鸡场利用信息物理融合原理，采用分布式控制技术，将原有分散在各单元鸡舍的独立控制器整合，通过工业以太网及远程控制技术，将分布在每栋鸡舍中的各传感器所采集数据直接传送到农场中央控制器中，实现鸡场信息与硬件系统的高度融合，通过对数据的实时储存、分析和优化，寻找鸡群最佳生长小气候环境模式。同时，预留ERP管理系统接口，为鸡场实现产业链信息化管理提供支持。可利用移动终端（如手机App等）实时观察管理系统所属鸡场中某一栋鸡舍与鸡群生产信息，包括：环境参数、耗料量等。同时可通过移动终端发布控制指令，修改、调整鸡场的各项活动。可以说，未来的养鸡过程是饲养工程师在云平台利用人工智能技术处理分析通过物联网采集的各种饲养相关大数据技术参数，优化所采集到数据并通过边缘计算后执行相应动作的饲养过程。见图2-2-3、图2-2-4。

此饲养模式的特点：应用互联网＋、大数据、人工智能、物联网等科学技术，鸡群饲养过程中各种参数可通过云平台进行收集并分析处理，给出最优的饲养参数，指导饲养工程师更好地饲养鸡群，以求得到更好的饲养经济效益。通过物联网，设施设备的实时运行过程可远程可视化监控，故障可实时逐级远程报警，及时通知饲养员、鸡场投资者，极大程度降低故障引起的经济损失；通过大数据技术，累计不同批次的饲养参数及得到的经济效益，快速准确对比分析得出更好的饲养工艺供饲养工程师参

图 2-2-3　自动化养殖生产设施

图 2-2-4　智能化畜禽养殖场

考，改善饲养过程中如舍内小气候环境、饲料营养成分等，以得到更好的经济投资回报；随着营养科学的发展，可根据人类各种不同需求定制不同营养成分的鸡蛋，并人性化包装设计等。

举例：

2017 年 9 月，由温氏股份牵头的国家重点研发计划“智能农机装备”重点专项“设施畜禽养殖智能化精细生产管理技术装备研发”项目启动。时隔半年之后，广东（国际）现代农牧装备产业园一期项目开工建设，温氏股份南牧公司将引进比利时、意大利等国外高新技术，采取智能化生产、信息化管理的手段，打造现代化环保型生产线，为畜禽养殖智能化精细生产提供强大的设备支撑，是温氏股份推动传统养殖业向现代农业转型升级的有力保障。

第二节　畜禽养殖企业安全生产

“安全生产”是指在社会生产活动中，通过人、机、物料、环境、方法的和谐运作，使生产过程中潜在的各种事故风险和伤害因素始终处于有效控制状态，切实保护劳动者的生命安全和身体健康。也就是说，为了使劳动过程在符合安全要求的物质条件和工作秩序下进行，防止人身伤亡财产损失等生产事故，消除或控制危险有害因素，保障劳动者的安全健康和设备设施免受损坏、环境免受破坏的一切行为。

安全生产是安全与生产的统一，其宗旨是安全促进生产，生产必须安全。搞好安全工作，改善劳动条件，可以调动职工的生产积极性；避免职工伤亡，可以减少劳动力的损失；减少财产损失，可以增加企业效益，无疑会促进生产的发展；而生产必须安全，则是因为安全是生产的前提条件，没有安全就无法生产。

一、基本方针

《中华人民共和国安全生产法》确定的安全生产管理基本方针为“安全第一、预防为主、综合治理”。

要求在生产过程中，必须坚持“以人为本”的原则。在生产与安全的关系中，一切以安全为重，安全必须排在第一位。必须预先分析危险源，预测和评价危险、有害因素，掌握危险出现的规律和变化，采取相应的预防措施，将危险和安全隐患消灭在萌芽状态，企业的各级管理人员，坚持“管生产必须管安全”和“谁主管、谁负责”的原则，全面履行安全生产责任。

二、基本原则

“管生产必须管安全”的原则：指工程项目各级领导和全体员工在生产过程中必须坚持在抓生产的同时抓好安全工作。实现了安全与生产的统一，生产和安全是一个有机的整体，两者不能分割更不能对立起来应将安全寓于生产之中。

“安全具有否决权”的原则：指安全生产工作是衡量工程项目管理的一项基本内容，它要求对各项指标考核，评优创先时首先必须考虑安全指标的完成情况。安全指标没有实现，即使其他指标顺利完成，仍无法实现项目的最优化，安全具有一票否决的作用。

三、安全生产本质

第一，保护劳动者的生命安全和职业健康是安全生产最根本、最深刻的内涵，是安全生产本质的核心。它充分揭示了安全生产以人为本的导向性和目的性，它是我们党和政府以人为本的执政本质、以人为本的科学发展观的本质、以人为本构建和谐社会的本质在安全生产领域的鲜明体现。

第二，突出强调了最大限度的保护。所谓最大限度的保护，是指在现实经济社会所能提供的客观条件的基础上，尽最大的努力，采取加强安全生产的一切措施，保护劳动者的生命安全和职业健康。

第三，突出了在生产过程中的保护。生产过程是劳动者进行劳动生产的主要时空，因而也是保护其生命安全和职业健康的主要时空，安全生产的以人为本，最集中地体现在生产过程中的以人为本。同时，它还从深层次揭示了安全与生产的关系。在劳动者的生命和职业健康面前，生产过程应该是安全地进行生产的过程，安全是生产的前提，安全又贯穿于生产过程的始终。二者发生矛盾，当然是生产服从于安全，当然是安全第一。这种服从，是一种铁律，是对劳动者生命和健康的尊重，是对生产力最主要最活跃因素的尊重。如果不尊重，生产也将被迫中断，这就是人们不愿见到的事故发生的强迫性力量。

第四，突出了一定历史条件下的保护。这个一定的历史条件，主要是指特定历史时期的社会生产力发展水平和社会文明程度。强调一定历史条件的现实意义在于：一是有助于加强安全生产工作的现实紧迫性。我国是一个正在工业化的发展中大国，经济持续快速发展与安全生产基础薄弱形成了比较突出的矛盾，处在事故的“易发期”，搞不好，就会发生事故甚至重大事故，对劳动者的生命安全和职业健康威胁很大，立足现实条件，充分利用和发挥现实条件，加强安全生产工作，是我们的当务之急。二是，最大限度保护是引力、是需求、是目的，它能够催生、推动现实条件向更高层次、更为先进的历史条件形态转化，从而为不断满足最大限度保护劳动者的生命安全和职业健康这一根本需求提供新的条件、新的手段、新的动力。

入职培训专题三
岗位业务能力要求和培养目标

一、培养目标

联合现代养禽生产企业，采用现代学徒制人才培养形式，培养爱国爱疆、维护祖国统一、民族团结，理想信念坚定、德技并修、全面发展，具有一定的科学文化水平、良好的职业道德和工匠精神、较强的就业创业能力，掌握现代禽业生产基础知识和综合职业能力，能够在现代化禽养殖企业，从事禽饲养、禽繁育、禽疫病诊疗等岗位工作的高素质技术技能人才。

二、培养规格

（一）素质

1. 思想政治素质

（1）热爱社会主义祖国，坚定拥护中国共产党领导。

（2）树立中国特色社会主义共同理想，践行社会主义核心价值观，具有深厚的爱国情感和中华民族自豪感。

（3）具有科学的世界观、人生观和价值观。

（4）崇尚宪法、遵守法律、遵规守纪；具有社会责任感和社会参与意识。

2. 文化素质

（1）具备先进科学知识、科学意识和科学态度。

（2）具有良好的文化素养、丰富的人文知识和文明的行为举止。

（3）积极接纳、融入企业团队、文化。

3. 职业素质

（1）具有学农、爱农、务农的职业理念和服务“三农”的职业追求。

（2）具有吃苦耐劳、奉献、知行合一、创新的精神。

（3）具有团队合作精神，有基本的人际和社会交往能力。

（4）有正确的就业观念，善于自学、勇于改革，具有较强的创新能力和创业能力。

（5）具备追求卓越、敬业守信、质量至上、精益求精的工匠精神。

（6）树立畜禽科学养殖，畜产品安全生产职业素养。具有安全生产与环保节能意识。

（7）爱企如家，勇创佳绩，积极投身企业发展。

4. 身心素质

（1）具有健康的身体，养成良好的体育锻炼意识与习惯。

（2）具有乐观、向上的心理品质，健全的人格，良好的心理素质。

（3）具有良好的行为习惯和自我管理能力，对工作、学习、生活中出现的挫折和压力，能够进行心理调适和情绪管理。

（4）具有一定的审美和人文素养。

（二）知识

（1）掌握常用公文写作格式、方法、技巧知识及专业论文写作的基本要求。

（2）掌握家禽解剖生理、动物微生物、动物病理、动物药理基本知识。

（3）掌握不同家禽生物学特性，营养生理特点，环境管理特点。

（4）掌握动物营养、动物饲料及饲料配合技术理论知识。

（5）掌握家禽生殖生理、遗传基本规律，育种基本原理和基础知识。

（6）掌握现代养禽场规划布局、圈舍设计和环境控制技术理论知识。

（7）掌握家禽常见普通病防治、流行病预防技术理论知识。

（8）掌握禽养殖企业生产经营管理基本知识。

（9）了解畜牧业法律、法规基本知识。

（三）学徒岗位实践能力标准

1. “养”的岗位（表 2-3-1）

表 2-3-1　家禽饲养岗位要求

学徒岗位名称：家禽饲养技术岗位 工作任务与过程描述	要求具有的职业能力名称	综合职业能力（技术）要求	技能要求（名称）
根据养殖场饲养技术员岗位要求和养殖企业工作实际，按照国家相关标准进行鸡的饲养与管理；禽养殖环境控制；禽生产管理等生产各环节技术工作。达到高级家禽饲养工职业岗位的任职要求	禽饲料配方配制能力	1. 饲料原料识别：根据给定饲料原料外形观察、色泽、气味分析等能够初步判断饲料原料名称。 2. 饲料营养成分分析：掌握实验室分析技术，能够对饲料能量、粗蛋白含量、水分等进行测定。 3. 选用一种计算机软件对饲料配方进行设计，并对配方进行理论数值检验。 4. 饲养试验设计检验饲料配方应用效果。确定试验性状的选择，分试验、对照组进行试验，及时收集数据，适时进行数据整理分析	饲草料原料检测、分析；禽饲料配方设计；禽饲料配方加工调制；配方饲喂效果分析
	禽饲养管理能力	1. 了解禽生物学特性及消化生理。 2. 熟知禽不同生长及生产阶段营养需要特点。 3. 掌握雏禽培育方法，成禽饲养管理技术要领。 4. 雏禽培育 掌握（1）雏鸡开食，（2）雏鸡开饮，（3）雏鸡断喙。 5. 成禽饲喂 （1）成禽（肉鸡、蛋鸡为重点）饲养管理技术规程编写、执行，（2）成禽饲草料依据配方调制和具体饲喂操作。 6. 禽场环境卫生与经营管理 禽场环境控制，卫生环境处理，卫生消毒措施，制度等；禽养殖场生产经营管理，经济效益分析等	不同阶段家禽饲养管理技术；雏禽培育、护理；禽场环境控制；禽场生产经营管理
	家禽生产计划编制能力	1. 养禽场繁殖配种计划编制 2. 养禽场饲草料供给计划编制	繁殖计划编制；饲草料供给计划编制
	家禽标准化规模养殖场规划布局设计能力	1. 养殖场选址 依据养殖场选址遵循的原则，正确选择适应养殖生产的场址。 2. 养殖场不同用途圈舍面积、数量确定。 3. 养殖场规划布局草图绘制	标准化规模养殖场场址选择；圈舍设施、布局设计；养殖场规划布局草图绘制

2. “繁”的岗位（表2-3-2）

表2-3-2 家禽繁育岗位要求

学徒岗位名称	家禽繁育岗位	要求具有的职业能力名称	综合职业能力（技术）要求	技能要求（名称）
工作任务与过程描述				
根据禽养殖企业禽育种、繁殖技术岗位要求，结合工作实际，按照家禽育种规范操作，进行家禽选种、选配、选育；家禽人工授精；达到高级家禽繁殖工等职业岗位的任职要求		家禽育种能力	熟练根据企业育种对象及工作需要，对种禽进行鉴定、系谱及档案建立等基础工作；以及禽繁殖计划制订等关键技术工作等	禽育种技能
		禽人工输精能力	1. 公禽采精 利用采精设备，采取公禽精液，并进行精液品质检查；根据检查结果做精液适当稀释后保存或输精使用。 2. 给母禽输精	公禽采精技能；禽人工输精技能

3. “孵化”的岗位（表2-3-3）

表2-3-3 孵化岗位要求

学徒岗位名称	孵化岗位	要求具有的职业能力名称	综合职业能力（技术）要求	技能要求（名称）
工作任务与过程描述				
根据禽养殖企业孵化岗位要求，结合工作实际，根据种禽蛋孵化场对孵化工上岗技术要求，按照孵化操作标准要求，从事机器孵化等工作。达到高级家禽孵化工等职业岗位的任职要求		种禽蛋机器孵化操作能力	1. 种蛋选择 依据种禽蛋选择标准选出符合孵化要求的种蛋。 2. 孵化机操作 严格按照孵化及出雏设备操作要领进行孵化设备孵前试运行、上蛋，孵化过程温湿度控制、孵化早期照蛋、第19天落盘、第21天出雏等孵化具体工作。 3. 雏鸡健雏选择、雌雄鉴别及首免 出雏当日及时依据标准进行健雏选择、雌雄鉴别、鸡马立克病疫苗免疫注射等工作。 4. 雏鸡装箱和运输 对完成首免的健雏及时装箱，调整好运输温湿度，确保雏鸡运输安全	种蛋选择；孵化机操作；雏鸡雌雄鉴别；雏禽首免技能；畜禽运输

4. “防治”的岗位（表 2-3-4）

表 2-3-4　防治岗位要求

学徒岗位名称	疾病防治岗	要求具有的职业能力名称	综合职业能力（技术）要求	技能要求（名称）
工作任务与过程描述				
根据养殖企业兽医岗位要求，结合工作实际．按照兽医岗位操作规范，进行家禽传染病预防；寄生虫病预防；动物防疫；疫病处置等工作。达到高级兽医防治员职业岗位的任职要求		兽医诊疗能力	1. 病畜临床检查 应用临床一般检查法、系统检查法对病畜进行检查，并结合血粪尿实验室化验和问诊情况能够初步判定病禽疾病。 2. 病历与处方 结合临床检查结果填写病历，初步诊断病禽所患疾病，并能够对症开写治疗处方。 3. 临床治疗 根据处方要求，选择适当的给药方式，对病禽按照疗程进行治疗	病畜临床检查；病历与处方开写；临床给药
		家禽疫病预防与处置能力	1. 家禽病尸临床剖检、病料采集与送检 依照家禽病尸剖检程序和技术要求进行剖检，观察脏器病理变化，对疫病做出初步诊断；对于非一类传染病的疑似病例个体，为进一步确诊，需采集病料送检。 2. 家禽传染病血清学诊断 根据初报情况，对送检病料选用凝集反应、沉淀反应、中和反应、补体结合反应、免疫标记技术试验方法之一进行血清学诊断，判明病原微生物，进而确诊相应疫病。 3. 家禽寄生虫病实验室诊断 对送检病料进行虫卵检查或血涂片镜检，判断寄生虫虫卵、虫体，进而对家禽所发寄生虫病做出科学诊断。 4. 动物疫病调查与疫情处置 依据规定的疫病调查方法制订调查计划，开展调查，及时填写调查表，撰写调查报告。对于发现的疫情能够制订紧急防疫措施控制疫情蔓延，并及时上报上级主管部门	家禽病尸临床剖检；病料采集；家禽传染病血清学诊断；家禽寄生虫病实验室诊断；动物疫病调查分析；疫情处置

入职培训专题四
制订学徒培养计划

一、学徒学习和工作计划

畜牧兽医专业（禽生产与疾病防治方向）设计“校企合作，以师带徒，四阶段二层次”人才培养模式。第一阶段在新生入校第一学期，重点在学生人文、思想素质和基础素质（计算机、外语）培养；第二阶段在教学第二、第三学期，校企合作，引入企业文化，重在学生专业基础、专业技术单项技能的训练和培养；第三阶段在第四、第五学期，学生完全进入企业以跟岗锻炼的形式进行一个循环的轮岗，身份是学徒，在企业师傅指导下，在干中学，在学中干，完成岗位综合技术的学习并积累岗位工作经验；第四阶段学生在企业顶岗工作，确定一个专业方向选择一个技术岗位以准技术员的身份带薪上岗，承担一定的工作任务，企业进行绩效考核，经过努力完成对学生综合职业能力培养和职业资格鉴定。学生经过由学徒跟岗到准员工顶岗两个层次的学习，培养专业综合能力，完成职业素质和职业岗位能力的培养，成为高素质高技能的畜牧兽医专门化人才。见图 2-4-1。

1. 理论教学活动安排

（1）理论教学活动包括学校“双师型”教师、聘请的企业专家和优秀技术人员对学生进行室内理论授课和在生产中进行的现场专业技术理论授课。课程内容以“实用、够用”为原则。

（2）第一学年教学在学校进行，突出课堂理论教学，重点是打造学生宽厚的知识平台。第二学年理论教学与实践教学并行或交叉在一起，教学场所设在企业，重点完成与畜禽生产实践密切联系的专业课程教学。本着专业理论与实践紧密结合，相互促进的原则，主要采用“融合式”教学方式开展教学。在教学活动中注重培养学生自我学习，自我提高的学习精神。第三学年主要强化外语与计算机，要求学生考试过级。

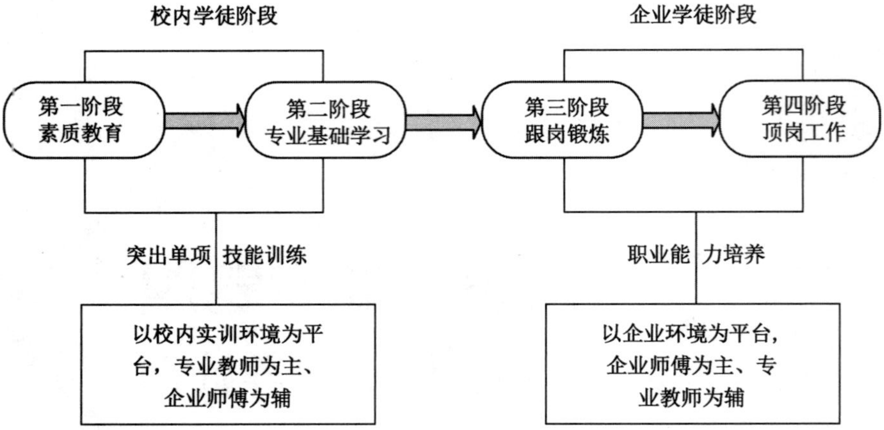

图 2-4-1　人才培养模式

（3）现场专业技术理论课，是按照“建构”职业教育理论“可对较复杂专业技术理论采用真实场景教学”所设置的“认知学徒”课。是在学生顶岗参加生产中由专业指导教师、优秀生产技术人员负责，根据技术岗位工作需要，阶段性地直接在生产过程中对学生开展的专业技术理论现场教学，目的是在“现实场景”中培养学生专业能力，使之逐步得到提高，贯穿于三年教学活动中。

（4）企业学徒形式完成的核心课程，校企教师联合开发建设成在线开放课程，支撑学生企业学徒阶段通过网络开展系统补充学习。

2. 实践教学、工作活动安排

学徒制办学更加突出的是实践教学三年间不断线，学生边学习理论边实践。

（1）第二学年，在实践与理论教学“融合式”安排中，实践教学按照鸡场生产划分为三个大技术岗位，实行专业指导教师与技术员、技术工人“以师带徒”指导制，安排学生进入生产岗位跟岗进行锻炼。

（2）第三学年，学生经过第二学年跟岗锻炼后，可根据工作岗位需要和个人志向，选择具体岗位，直接承担养鸡生产中某一具体任务，在技术指导教师和专业技术人员指导下积极开展工作，并逐步向全面胜任专业技术岗位过渡。

（3）专业劳动与教学机动时间。跟岗与顶岗工作学习时间较长，隐含着一定的机动性，因此专业劳动时间和教学机动时间可以与其结合在一起。

（4）实践教学活动场所设在养鸡企业中，管理主体是企业，教学主体是“师傅”，学校委派优秀的“双师型”教师在企业中兼职，进行教学组织，并做好协调、沟通工作。

（5）学生在教学实践活动中的专业技术考核，由养鸡企业和学校协同完成。考核按企业管理制度考核结果、工作表现鉴定、阶段性实践学习总结、答辩、技能操作鉴定等形式综合评价其专业知识技能、工作态度、职业道德以及工作能力等。

3. 学徒企业工作流程

(1) 确定学徒企业（表 2-4-1）

表 2-4-1　学徒岗位登记表

<table>
<tr><td>学徒企业</td><td colspan="3">（公章名称）</td></tr>
<tr><td>企业详细地址</td><td colspan="3">（到门牌号）</td></tr>
<tr><td colspan="4">学徒企业资质</td></tr>
<tr><td>企业联系人</td><td></td><td>企业性质</td><td></td></tr>
<tr><td>联系人手机号码</td><td></td><td>企业固定电话</td><td></td></tr>
<tr><td>邮政编码</td><td></td><td>联系人邮箱</td><td></td></tr>
<tr><td>营业执照
复印件

组织机构代码证
复印件</td><td colspan="3">粘贴复印件位置</td></tr>
</table>

(2) 学徒确定岗位（表 2-4-2）

表 2-4-2　根据企业生产岗位群特点设置以下岗位

序号	面向的职业岗位	技能证书/职业资格证书	选择岗位
1	禽饲养技术岗位	家禽饲养工	
2	禽繁育岗位	家禽繁殖工	
3	孵化岗位	孵化工	
4	疾病防治岗位	动物疾病防治员	

根据企业生产变化需要，岗位可以进行增减。

（3）根据岗位确定双导师（表 2-4-3）

表 2-4-3　双导师认定表

岗位____________________

尊敬的学校专业教研室和企业负责人，请在下面签字，并留好您的联系方式，以确定您与学生的指导关系，方便学生联系您。

专业教研室负责人 签字：	专业教研室负责人联系方式：	
	电话	
	QQ	
	微信	
企业负责人（场长） 签字：	企业负责人联系方式：	
	电话	
	QQ	
	微信	

尊敬的专业指导教师，请在下面签字，并留好您的联系方式，以确定您与学生的指导关系，方便学生联系您。谢谢！

学校指导教师签字	学校指导教师联系方式：	
	电话	
	QQ	
	微信	

尊敬的企业技术骨干，我们万分感谢您担任我们毕业生指导教师，请在下面签字，并留好您的联系方式，以确定您与学生指导关系，方便学生联系您。谢谢！

企业师傅签字	企业指导教师联系方式：	
	电话	
	QQ	
	微信	

（4）企业师傅申报认定（表 2-4-4）

表 2-4-4　企业师傅认定表

No. ________

<table>
<tr><td>姓名</td><td colspan="2"></td><td>性别</td><td></td><td>年龄</td><td colspan="2"></td><td rowspan="3">照片</td></tr>
<tr><td colspan="2">工作单位</td><td colspan="3"></td><td colspan="2">技术职务资格</td><td></td></tr>
<tr><td colspan="2">通信地址</td><td colspan="3"></td><td colspan="2">邮政编码</td><td></td></tr>
<tr><td colspan="2">邮箱</td><td colspan="3"></td><td colspan="2">最高学历、学位</td><td colspan="2"></td></tr>
<tr><td colspan="2">专业技术职称</td><td colspan="3"></td><td colspan="2">毕业学校及时间</td><td colspan="2"></td></tr>
<tr><td colspan="2">技术、专业特长</td><td colspan="3"></td><td colspan="2">现从事技术岗位</td><td colspan="2"></td></tr>
<tr><td colspan="2">主要工作业绩</td><td colspan="7"></td></tr>
<tr><td colspan="2">企业意见</td><td colspan="7">盖　章
年　　月　　日</td></tr>
<tr><td colspan="2">合作院系意见</td><td colspan="7">专业教研室意见：
年　　月　　日</td></tr>
</table>

（5）学徒岗位学习方式及要求（表 2-4-5）

表 2-4-5　学徒岗位学习方式及要求

学徒岗位名称	
学徒时间	年　月　日 至　年　月　日

学徒岗位学习、工作计划（学徒岗位前，在指导下完成，企业和学校审核确认）

【学徒岗位环境要求】____

____。

【学徒岗位任务】____

____。

【学徒岗位目标】（岗位要掌握的专业能力）

____

____。

【学徒岗位素质目标】____

____。

【学徒岗位技能目标】____

____。

【学徒岗位知识目标】____

____

____。

分周学习计划：（分周计划每周理论学习计划、技能学习计划、综合素质提高目标，在师傅和学校指导老师指导下填写）

学习方式	1. ____________ 2. ____________ 3. ____________ 4. ____________ 5. ____________
学校指导教师意见	签字：
企业师傅意见	签字：
学徒单位意见	签章：
学院意见	签字：　　签章：

（6）学徒岗位周学习计划（表 2-4-6）

表 2-4-6 学徒岗位周学习计划

第____周 ________年____月____日	
学徒岗位	
岗位学习目标	1. 综合能力目标： 2. 理论知识目标： 3. 技能目标：

学习记录：（按照实践学习项目实施具体情况记录时间、地点、内容及学习体会）

一、企业师傅负责

【岗前培训内容】

【岗上技术指导内容】

【职业素质培养】在完成岗位任务中完成职业素质培养

【学习体会】

企业师傅评定：

学习、工作态度（30 分）：	好 较好 一般 较差
技能掌握（40 分）：	完成好 完成较好 基本完成 未完成
企业表现（30 分）：	好 较好 一般 较差
本周综合评价（100 分）：	1. 优秀 2. 良好 3. 合格 4. 不合格 得分：______

企业指导教师评语：

指导教师签名________

续表 2-4-6

二、学校指导老师负责完成

【知识学习任务目标】

1. 内容：________________________ 学习形式：____________

2. 内容：________________________ 学习形式：____________

3. 内容：________________________ 学习形式：____________

4. 内容：________________________ 学习形式：____________

5. 内容：________________________ 学习形式：____________

【知识拓展学习】

1.

2.

3.

4.

5.

【知识内容考核评价】

考核形式：

1. 理论试卷；2. 口述问答；3. 大作业；4. 网上测试；5. 其他

【思想素质评价】

学校指导教师评定	
理论知识学习态（20 分）：	好 较好 一般 较差
作业成绩（30 分）：	完成好 完成较好 基本完成 未完成
理论测试（50 分）：	好 较好 一般 较差
本周综合评价（100 分）：	1. 优秀 2. 良好 3. 合格 4. 不合格 得分：______

学校指导教师评语：

指导教师签名________

采用学校、企业双主题考核：（优秀≥90 分；良好 80～89 分；合格 60～79 分；不合格≤59 分）

本周综合评价：1. 优秀 2. 良好 3. 合格 4. 不合格 得分：______

（7）学徒顶岗阶段工作计划（表 2-4-7）

表 2-4-7　学徒顶岗阶段工作计划（准员工）

第____个月　________年____月____日　至　____月____日	
学徒岗位	
顶岗任务	

学习记录：（按照实践学习项目实施具体情况记录时间、地点、内容及学习体会）

【顶岗任务完成情况】主要生产业绩和生产水平

【职业素质培养】在完成岗位任务中完成职业素质培养

本周企业评定：	
工作态度（30 分）：	好　较好　一般　较差
工作业绩（40 分）：	完成好　完成较好　基本完成　未完成
团队活动（30 分）：	好　较好　一般　较差
本周综合评价（100 分）：	1. 优秀　2. 良好　3. 合格　4. 不合格　　得分：______
企业师傅评语： 指导教师签名________	

二、专题研修计划

学徒入校后，在学习专业知识及基本技能同时，接受企业专题培训不间断。学生在学校和企业间交替式学习（表 2-4-8 和表 2-4-9）。

表 2-4-8　专题研修安排计划

序号	课程名称	学时	教学内容（工作任务）	教学要求（工作标准）	培训教师	学徒管理
1	岗前培训课程	30（3 周）	1. 职业道德教育 2. 企业制度 3. 企业文化 4. 安全生产	熟知工作须知； 职业素养有所提升	企业领导 企业师傅	校企联合
2	饲养技术课程	50（5 周）	1. 饲养技术 2. 管理技术	饲养、管理企业需求（高级）标准	企业师傅	校企联合
3	禽繁殖技术课程	30（4 周）	1. 家禽育种技术 2. 繁殖技术 3. 孵化技术	企业需求（初级）标准	企业师傅	校企联合
4	防疫技术课程	30（4 周）	1. 疾病预防 2. 疾病治疗	企业基本需求、要求	企业师傅	校企联合
5	考核	10（半周）	学生素质、能力增值程度	企业评价、带教师傅评价、学生自评	企业师傅与学校指导教师	校企联合

表 2-4-9　专题研修记录单

专题研修内容	年　月　日　至　年　月　日		
地点			
		主讲人	

【研修内容摘要】

____

____

____

收获：____________________________________

____

____

____

签名：

三、选拔对象、条件及人数

（一）选拔对象

拟参加新疆农业职业技术学院和新疆泰昆集团股份有限公司畜牧兽医专业（禽生产与疾病防治方向）招生招工考试学生。

（二）选拔条件

（1）思想端正，有良好的道德品质和文明的行为习惯；

（2）身体健康；

（3）达到招录基础分数线；

（4）热爱畜牧事业，具有合作意识和团队精神；

（5）有责任感和奉献精神，品行端正；

（6）自愿参加，入选后同意参加现代学徒制培训；

（7）毕业后（学成后），自愿到新疆泰昆集团股份有限公司工作。

（三）选拔人数

根据当年计划人数确定。

四、选拔程序

单招面试（或统招填报志愿）、学院审核、企业综合考核，确定人选、签订学徒协议。

学徒师傅聘任标准

为深化落实推动教育部《关于委托开展职业教育现代学徒制理论研究与实践探索工作的通知》（教职成司函〔2013〕250号），以禽养殖企业用人需求与岗位资格标准为服务目标，丰富中国特色职业教育体系内涵。并使畜牧兽医专业的现代学徒制改革顺利开展并取得实效，确保企业师资水平能够满足本专业现代学徒制教学的需要，特制订本标准。

一、聘任对象

畜牧兽医专业（禽生产与疾病防治方向）现代学徒制企业师傅的聘请对象主要是新疆泰昆集团股份有限公司各分公司有丰富饲养、繁殖、兽医工作经验的在职人员。

二、聘任条件

（1）对培养畜牧兽医学生有充分热情，具有良好的政治思想素质和职业道德。

（2）具备丰富的处理问题能力，善于沟通和表达，掌握并灵活运用行业知识进行技能的传授和讲解能力。

（3）工作经历（工种）成绩突出，师傅在现代化禽养殖企业相关岗位上具有 3 年以上生产经验，且师傅具备较高企业生产能力和技术水平，具有较好语言表达能力和知识技能传授能力。善于“传、帮、带”，在近三年在企业生产工作中，没有违纪、违章、违规行为；年度优秀职工优先聘任。

（4）取得家禽饲养工、家畜繁殖工、动物疫病防治员的高级及以上职业技能等级证书，或具备中级以上畜牧师、兽医师，或有生产独特专长的能工巧匠。

（5）接受过专门的企业导师内训。

（6）有制订、实施培训方案的能力，具备良好的语言表达能力和沟通交流能力。

（7）身体健康，心理健康，能坚持正常工作，男性 60 岁以下、女性 50 岁以下。

三、评聘程序

由企业各分公司先行推荐。

获得推选的师傅需填写“师傅申报认定表”由单位和合作院校共同审核。

经评审通过的师傅，发放聘书，聘期为三年。聘书加盖学院和企业公章。

四、奖励办法

师傅带徒弟期间学院和企业根据工作量核定、发放相关教学工作津贴。

对于师傅带徒弟期间表现优秀的人员给予精神奖励，由单位和学院统一发文表彰，发给获奖证书。

将优秀师傅的评选获奖情况计入个人档案，作为晋职晋级的考核依据之一。

第三部分

学徒实训岗位群

The third part

The third part

The third part

The third part

实训岗位一 蛋鸡饲养与管理岗位

【学徒环境】

学徒在具备一定的现代企业文化的蛋鸡养殖企业，根据鸡养殖阶段和岗位任务，企业达到一定生产规模，要求企业拥有一定现代化养殖装备，且生产管理工艺先进、技术水平较高，在当地养鸡业具有一定示范带动和影响力。

【岗位目标】

面向现代家禽生产企业，培养拥护党的基本路线，德智体全面发展，具有良好职业道德和法制观念，具备扎实职业发展基础和基本职业素质，掌握现代家禽生产基础知识和综合职业能力，能够在现代化畜禽养殖企业，从事家禽饲养岗位工作的高级技术技能人才。能独立胜任现代化鸡养殖企业各生产环节组织、管理。

【岗位综合目标】

（1）具备良好个人综合素质。

（2）达到国家高级家禽饲养工职业标准。

（3）具备独立承担家禽饲养岗位管理能力。

【知识目标】

一、职业道德

1. 职业道德基本知识

2. 职业守则

（1）诚实守信，尽职尽责。

（2）尊重科学，科教兴农。

（3）遵纪守法，爱岗敬业。

（4）团结协作，求实奉献。

（5）规范操作，保护生态。

二、基础知识

1. 安全知识

（1）安全生产常识。

（2）养禽机械设备使用常识。

2. 专业基础知识

（1）家禽解剖生理知识。

（2）家禽遗传育种知识。

（3）家禽营养与饲料知识。

（4）家禽环境控制与保护知识。

（5）家禽饲养管理知识。

（6）家禽疫病预防知识。

3. 相关法律、法规知识

（1）《中华人民共和国劳动法》的相关知识。

（2）《中华人民共和国农业法》的相关知识。

（3）《饲料及饲料添加剂管理条例》的相关知识。

（4）《饲料及饲料添加剂使用规范》的相关知识。

（5）《动物防疫法》的相关知识。

（6）《兽药管理条例》的相关知识。

（7）《中华人民共和国环境保护法》的相关知识。

（8）《无公害农产品管理办法》的相关知识。

【技术目标】

（1）鸡各阶段饲养、管理技术。

（2）鸡场消毒、防疫技术。

（3）鸡只免疫、疾病预防技术。

（4）生物安全预防技术。

（5）畜禽场环境控制技术。

（6）鸡场安全生产技术。

【国家职业目标】

国家高级家禽饲养工职业标准（摘录）见表 3-1-1。

表 3-1-1 国家高级家禽饲养工职业标准（摘录）

职业功能	工作内容	技能要求	相关知识
一、家禽饲养	（一）饲料调制	1. 能按配方配制饲料 2. 能补充和调制各种饲料添加剂	1. 家禽饲料配制技术 2. 家禽饲料和添加剂使用知识
	（二）饲喂技术	1. 能确定家禽每天的饲料需要量、饲喂次数和饲喂时间 2. 能进行限制饲喂操作 3. 能实施肉用禽肥育及人工填饲操作	1. 家禽的消化特点和饲料需要量标准 2. 家禽限制饲养方法 3. 肉用家禽肥育方法和人工填饲方法
二、家禽管理	（一）生产准备	1. 能安装调试各种生产设备 2. 能维修禽舍及其设施 3. 能检验和校正各种生产设备、器具	1. 主要生产设备的安装调试方法 2. 禽舍主要设施、设备、器具的使用知识
	（二）禽舍环境调控	1. 能确定家禽各阶段的温湿度标准 2. 能计算禽舍通风量 3. 能制订家禽光照方案	1. 各生产阶段家禽的环境温湿度需要标准 2. 家禽对通风和光照的要求标准
	（三）生产阶段管理	1. 能对禽群进行检查、挑选和分群工作 2. 能测定、统计体重均匀度和调整禽群 3. 能统计各种生产数据	1. 优劣家禽的外形区别 2. 家禽体重均匀度的测定方法 3. 主要生产数据统计方法
三、家禽疫病预防	（一）养禽场卫生控制	1. 能制订养禽场各区域隔离措施 2. 能对饮用水源进行消毒处理 3. 能对禽粪及废弃物进行生物学处理 4. 能操作污染物排放设备	1. 养禽场的区域隔离措施 2. 饮用水源的消毒处理方法 3. 禽粪的生物学处理方法 4. 污染物排放设备的使用知识
	（二）禽病预防	1. 能确定免疫用疫苗的种类及使用方法 2. 能确定预防投药、驱虫的时间和方法 3. 能临床诊断家禽的常见疾病	1. 家禽免疫与疫苗使用 2. 家禽常见疾病预防及诊断知识

学徒任务一　育　　雏

【专业知识准备】

一、雏鸡饲养技术规范

1. 开饮

在鸡出壳后 24 h 内及早饮水。

（1）水温　在雏鸡入舍前 4 h 将水灌入饮水器内。这样可有充分时间利用育雏舍的热量使水温升高。水温应该是 20 ℃以上，并且要用新鲜水，不用陈水。

（2）饮水的消毒　很多鸡场在不同时间内在饮水中添加消毒剂，这样做可减少疾病造成的损失。但饮水免疫前一天水线严禁添加消毒药，同时要对水线进行反冲洗，否则降低疫苗效果，甚至使疫苗完全无效。

（3）充足的饮水　要保证雏鸡饮水，仅仅提供足够数量饮水还是不够的。仔细观察，有些鸡看起来好像在饮水，其实这些鸡没有靠上饮水器。如果在生产中是个普遍问题，就要增加饮水器数量，并检查 1～3 日龄光照强度是否足够。

（4）饮水量（表 3-1-2）

表 3-1-2　100 只雏鸡每天的饮水量　　L

室温	1 周	2 周	3 周	4 周	5 周	6 周
10～20 ℃及以下	2.27	3.97	5.22	6.13	7.04	7.72
20～32 ℃	3.90	6.81	9.01	10.60	12.11	12.32

（5）饮水控制方法

①接雏后第一次饮水（开饮）中需加 2.5％葡萄糖或 5％的白糖。

②同饮开食。安排人员对每只雏鸡进行教鸡饮水（将鸡喙轻按至水中，等待 2 s）。

③饮水器摆放均匀，放平放稳，每套饮水器可供 50 只鸡饮用，随着鸡日龄的增长，逐渐换成中饮水器和大饮水器，每套大饮水器可供 35～40 只鸡饮用，使水槽上沿与鸡背相平。如图 3-1-1 至图 3-1-5 所示。

④饮水器不能断水，注意水质卫生。饮水器每天清洗、消毒两次（免疫前、中、后共 3 天不消毒）。水箱、供水管道每周清洗、消毒一次。

⑤贮水缸、桶等存水时间不能超过 3 天，每次饮水投药后及时清洗干净再使用。

⑥每天记录饮水量。

图 3-1-1　饮水密度

图 3-1-2　饮水器高度

图 3-1-3　自动饮水器

图 3-1-4　人工助饮

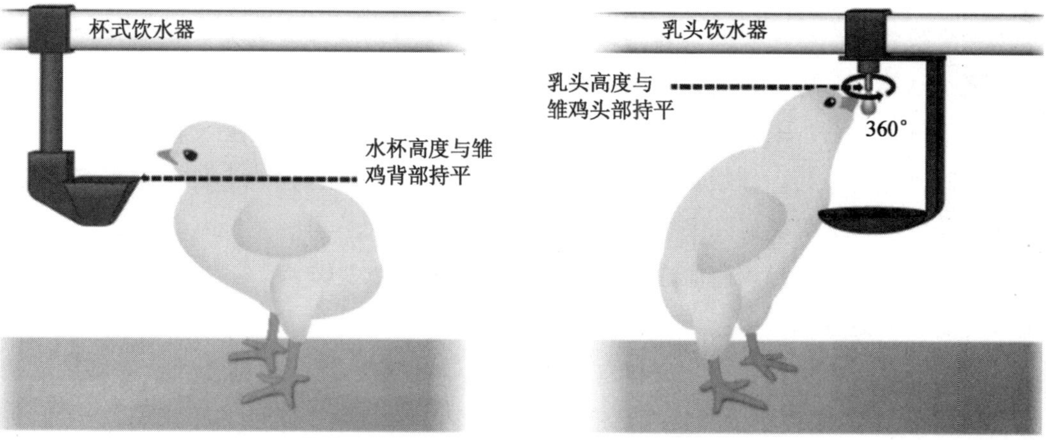

图 3-1-5　最佳饮水高度

2. 喂料

（1）开食时间　雏鸡饲喂的第一步是开食，开食是指雏鸡出壳后第一次吃料。雏鸡孵出后，体内蛋黄还没有完全吸收，肠胃发育还不宜于消化饲料，蛋黄仍能满足一定时间的营养需要，刚出壳的雏鸡喜欢沉睡，还没有求食表现。但开食过晚会消耗雏鸡体力，影响生长发育。正常情况下，在孵出后 24～36 h 开食为宜。

（2）饲喂方法　小鸡能跟随人的声音和撒食声音去寻找食物，很快地建立起条件反射。应尽力争取在 1 天之内使所有的雏鸡都开食，为培育整齐的鸡群打下良好的基础。开食头 3 天采用 24 h 光照，这样便于雏鸡有较多的时间自由学习采食，熟悉环境。育雏的第一天要多次检查雏鸡的嗉囊，以鉴定是否已经开食和开食后是否吃饱，最初的几天，每隔 3 h 喂 1 次，每昼夜 8 次；以后随着日龄增长逐步减少到春夏季每天 6～7 次，冬季、早春 5～8 次。3～8 周龄时改夜间不喂，每天 4 h 1 次，每昼夜 4～5 次。如图 3-1-6、图 3-1-7 所示。

图 3-1-6　地面平养喂料

图 3-1-7　网上平养喂料

（3）喂料量　从进鸡开始，料线和开食盘联合应用，开食盘要加到大约差一指满，每天至少换料 3 次，注意开食盘内的清洁卫生，没料的要及时补充，杜绝开食盘内断料。夏季从第 4 日龄开始向完全使用料线过渡，先撤出 1/3 的开食盘；6 日龄时，再撤出 1/3 的开食盘；7 日龄时，开食盘全部撤出。冬季根据鸡舍温度及扩栏速度适当调整。雏鸡营养要全面，饲喂量要恰当，还要求能达到各个品种的生长发育指标按照正常耗料量饲喂，如果长时间采食不完，应立即查找原因。或者是饲料突然改变，雏鸡不能立即适应；或者是饲料腐败变质，也可能是雏鸡感染疾病，处于潜伏期。这几种情况都要及时处理。

雏鸡开食开水情况检查：嗉囊检查是判断小鸡是否发现了饲料和饮水的有效方法。在放鸡后 12 h 随机抽取 100 只鸡。检查时，最少有 95％的小鸡嗉囊应该是饱满的、柔软的、有弹性的。如果嗉囊是硬的，这就表明小鸡饮水量不足。

方法：检查嗉囊饱食程度（表 3-1-3）

（4）饲喂空间　必须备足料槽，保证喂食时雏鸡都能站在料槽边。料槽不足时，必然有一些弱雏和胆小的雏鸡站立一边，吃不上料或吃强鸡剩料，导致雏鸡生长发育参差不齐，出现较多的弱雏。

表 3-1-3　嗉囊饱食度检查

状态	饱满 有水有料	饱满但发硬 有料没水	饱满但发软 有水没料	空的 没水没料	鸡爪发凉 垫料温度低
比例/%					

（5）称重　7 日龄体重是对育雏管理成功与否最好的体现。早期应激的影响可能暂时不易察觉，但是以后和对鸡群生产性能产生负影响的时候就能发现。研究表明，7 日龄的体重每增加 1 g，6 周体重会增加 6 g 以上。7 日龄的体重目标应该是 1 日龄体重的 2 倍。如果没能达到该目标，应该重新检查进鸡前的准备工作和育雏方法。早期体重不足的主要原因是采食量低。

称重要求：要求每栋鸡舍 7 日龄称重时间应在早晨喂料前称重。要求配备方便、易携带、准确的鸡秤，并注意维护和校对。称鸡的时候要在每栏随机称取 1%～2%。准确记录鸡数和体重，计算平均体重。

（6）断喙　操作步骤：专人调试断喙器，以利于保持刀片与孔板的距离一致。刀片温度保持暗红色（700 ℃左右）。断喙时一手拇指顶住鸡头的后部，食指轻轻按压鸡的咽喉；另一手轻抚住鸡身。将鸡喙放到合适的孔眼，上喙断喙长约 1/2，下喙比上喙稍长，刀片与鸡喙接触 2～3 s。

（7）注意事项

断喙前，配电盘及断喙器要检修好，防止漏电及损坏。

断喙顺序：先雄后雌。

断喙过程中，要有专人巡查，有流血者应及时止血。

同栏鸡，断喙人员不要太多，同栏人要相互检查，以保证断喙的一致性。

刀片与鸡喙接触 2～3 s，时间短则止血效果不好，且有再生的可能。时间长则鸡喙变得敏感，而长得奇形怪状。

断喙不可匆忙进行，动作要轻，注意手劲儿。

断喙结束后，断喙器要擦拭干净，检修、消毒后备用。

（8）雏鸡日粮　配合雏鸡饲料时，重点在蛋白质、维生素和矿物质的需要。日粮中粗蛋白质含量在 6 周龄内应为 20%左右。要重点满足蛋氨酸和赖氨酸两种限制性氨基酸的需要。另外，在雏鸡日粮中还应该添加足够的维生素和微量元素添加剂。

二、育雏期管理规范

1. 进雏前准备工作

进雏前准备工作，如表 3-1-4 所示。

表 3-1-4　进雏前 24 h 工作检查表

项目	标　　准	备　注
育雏面积、挡帘位置	根据所选的育雏面积(冬季:1/3,夏季:1/2 育雏)悬挂挡帘	
育雏挡帘密闭性	挡帘制作精细,密闭性良好,保证没有大的漏风处,能为育雏小环境保证温度	
育雏栏是否做好	根据进鸡数量及育雏面积制作隔栏,一般做 3 个大栏,隔成 6 个小栏	
育雏栏制作是否符合要求	育雏栏制作精细,高度 40 cm 左右,连接处没有可以跑出鸡的缝隙,均匀分布	
温、湿度探头悬挂位置合理与否	温度探头 3 个应均匀分布于鸡舍前中后部,探头应挂在鸡背高度,进雏时高度与水线上沿接近,温度探头悬挂避开热源和排风扇。相对湿度探头应该挂在鸡舍前端的 1/4 处,离地 1.2 m	
是否校对过温、湿度探头	用风速仪校对温、湿度探头,并重新设定环境控制器上显示的探头数值	
风机有效功率测定与否	风扇额定功率$=\pi r^2\times$平均风速$\times$3 600(单位:m^3/h)	
环境控制器运行是否正常	温度、湿度、通风符合设定	
环境控制器设定是否完毕	每批清零,热启动,进鸡前根据每栋鸡舍情况按要求进行设定	
垫料是否平整	没有大的坑洼,整个育雏区厚度均匀	
垫料厚度	3～6 kg/m^2,厚 7～10 cm,冬季选择上限	
水线高度	乳头距垫料 6～8 cm	
水杯内、水球饮水器内是否有水	进鸡前将水杯及水球饮水器内加水,水温 21 ℃左右	
水流量/水压	小于 20 mL/min	
料线高度	比较深的料盘底部接触地面,但是不能被垫料埋没;比较浅的料盘底放在垫料上面	
料线料盘	80～100 只/盘	
开食盘或一次性垫纸	75～100 只/盘;一次性垫纸铺在料线下方,宽 1 m	
开食盘位置	靠近水源,分布在水线两侧	
开食盘加料	距离料盘边缘大约差 1 指满,至少每天 3 次,保证饲料新鲜	
暖风机、暖风炉、锅炉运转状态正常与否	能自动准确地响应设定要求	
环境温度	用风速仪测定环境温度,鸡背高度要求温度为 32～34 ℃,前、中、后三个区的温差不超过±1 ℃	

续表 3-1-4

项目	标　　准	备　注
垫料温度	把风速仪放在垫料上测定垫料温度，风速仪开10 min左右，数值不再变化为准。垫料温度要在30～32 ℃，垫料温度要均匀，前、中、后三个区的温差不超过±1 ℃	
湿度	鸡舍湿度要求在40%～65%范围内	
光照强度	40～50 lx	
进鸡时称重的鸡秤是否准备好	进鸡前到达指定鸡舍，由专人负责校对秤、称重	

2. 温度控制

（1）温度要求　鸡需要保温培育。1～2天，采用35～36 ℃，3～4天采用33～34 ℃，5～7天，采用32～33 ℃，以后每周降低2～3 ℃，至室温达18～20 ℃恒温。降温幅度可据季节而定，夏天降3 ℃/天，冬春降2 ℃/天，如图3-1-8所示。

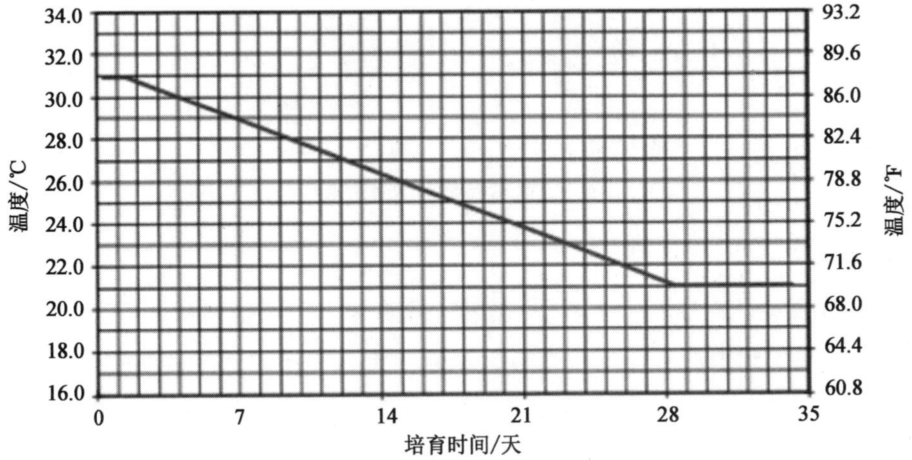

图 3-1-8　温度变化

（2）看鸡施温　温度调节不仅要根据温度表上的读数，还要随时察看雏鸡行为，以便看鸡施温。

育雏舍调温原则：外界气温低时，舍温稍高些；外界气温高时，舍温要低些；弱雏要高一些，健雏可低些；夜间宜高，白天宜低些。无论是保温伞育雏，还是多层育雏，都应该有一些温度差别，因为即使同一群雏鸡，个体之间对温度要求也并非一致。

温度适宜时，育雏室内除了要求适宜的温度外，还必须注意室温平稳均匀，切忌时高时低，雏鸡精神活泼，食欲良好，饮水适度，羽毛光亮整洁，雏鸡分布均匀，休息时伏卧于网上或垫料上，头向前伸，嘴贴地，有时翅膀延伸开，侧卧睡觉。

查雏鸡分布：进鸡后 2 h 由指定的生产主管进舍查鸡，不能因为忙于进鸡而忽视已经入舍的鸡，观察鸡群确保它们温度舒适。此时观察鸡群要领如下。

鸡太热时就会远离热源，喘气，表现得十分安静，翅膀可能下垂。鸡太冷的话会聚集在热源周围，扎堆而且表现得不安，比较吵。温度合适的话鸡会均匀地分布，表现出各式各样的行为（吃料、喝水、休息和嬉戏），轻轻地叫。通过观察小鸡来调解育雏器温度，尽量让小鸡舒服，但是要注意不能过热。用图 3-1-9 来举例说明了如何观察小鸡以及正确的育雏温度。

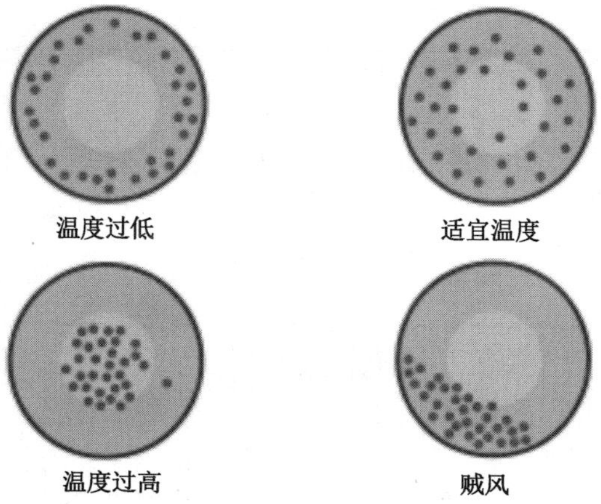

图 3-1-9　育雏不同情况下雏鸡分布情况

3. 湿度

育雏舍的湿度一般控制在 60%～70%，雏鸡 10 天内为 65%～70%，10 天后为 55%～60%。在实际生产中还要视季节、饲养和雏鸡体质而适当调整。如果空气湿度超过 80%或低于 40%并与温度、通风共同发生作用时可能造成危害。当湿度大、温度又很高，加上通风不良的情况下，雏鸡体热不能正常散发，引起食欲下降，生长缓慢，抵抗力减弱，并使舍内垫料发霉，寄生虫、病原菌趁机滋生繁殖，导致雏鸡发病；湿度过小，空气干燥，加上高温和通风过速，使雏鸡体内水分大量散发，腹腔剩余卵黄吸收不良，绒毛干枯，体形瘦弱，食欲下降，频频饮水，如这时饮水供应短缺，则易造成脱水而死亡。随着雏鸡日龄的增长，饮水量增加，粪中水分蒸发得多，环境湿度大。尤其阴雨天更应注意防止潮湿，不要让饮水器溢水，以免垫料腐烂发霉。

温度过低时，雏鸡聚集在热源周围或扎堆，发出尖叫声；温度过高时，小鸡远离热源，张口喘气，饮水增加。

4. 密度

饲养密度与雏鸡的发育、鸡舍的利用关系密切。

密度过大，室内空气不好，影响雏鸡发育，雏鸡互相挤压在一起抢食，体重大小不均，影响鸡群的健康，还易发生啄癖。

密度过小，鸡舍利用率低，成本高。密度的大小，应根据雏鸡日龄大小、品种、饲养方式、季节和通风条件等进行调整。雏鸡1～2周龄饲养密度笼养60只/m^2，平养30只/m^2，3～4周龄笼养40只/m^2，平养25只/m^2。如图3-1-10、图3-1-11所示。

图 3-1-10　平养密度

图 3-1-11　笼养密度

5. 通风

经常保持室内空气新鲜是雏鸡正常生长发育的重要条件之一，如图3-1-12所示。正常大气中氧气含量约为21%，二氧化碳含量约0.03%。雏鸡比其他家禽的体温高、呼吸快、代谢机能旺盛，单位体重排出的二氧化碳比大家畜高2倍以上。雏鸡每千克体重每小时需氧量约740 mL，呼出二氧化碳量约710 mL。

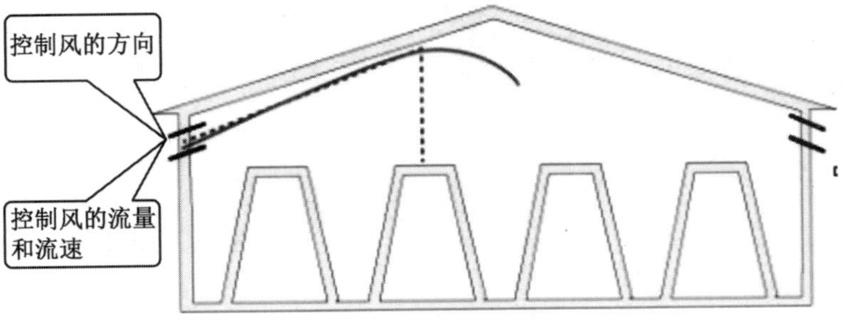

图 3-1-12　风向示意图

育雏室温、湿度比较高，鸡粪内含有20%～21%尚未消化的营养物质和垫料分解产生大量的氨和硫化氢。雏鸡对氨相当敏感，氨的浓度应低于20 ppm（1 ppm=1 μL/L）。育雏室内氨的浓度偏高会刺激感觉器官，削弱雏鸡的抵抗力，导致发生呼吸道疾病，降低饲料转化率，影响生长发育，持续时间一长，雏鸡肺部发生充血、水肿，鸡新城疫等传染病感染率增高。二氧化碳育雏室内允许浓度为0.3%，浓度达到7%～8%时会引起雏鸡窒息。育雏室二氧化碳浓度一般不会超过允许浓度。

硫化氢较空气为重，无色，有腐败的臭蛋气味，育雏室内允许浓度在 5 ppm 以下，硫化氢的毒性很大，育雏室在一般通风情况下很少超过允许浓度。

育雏室内通风不良时，二氧化碳、氨、硫化氢浓度增大，氧气逐渐减少，空气变得混浊。通风目的是满足雏鸡对氧气的需要，排除有害气体和湿气。

当人进入鸡舍内受氨气刺激眼睛流泪时，说明氨气的浓度已超过 5 ppm，这时应马上打开风机通风换气，清除粪便。否则，就会引起雏鸡患病。

6. 光照

育雏前 3 天，24 h 光照，灯光越亮越好，使雏鸡尽快地适应新环境。第 4 天改为 22 h，光照强度降为 20 lx 即可，一周后降为 20 h，第二周起改为 18 h。育雏期使用这种递减式的光照程序，目的是有更多的时间采食饮水，以期早期达到目标体重，形成良好的体型。如图 3-1-13 所示。

7. 剪冠、断喙、断趾、修整

（1）剪冠　在密闭式鸡舍内饲养的公鸡，冠子较大，而且往往倒向一侧，既影响公鸡的视线，也不利于种公鸡的活动、饮食和配种，冠子大也容易受伤。大冠公鸡刺痘不及时，夏天易被蚊虫叮咬发生鸡痘，因此，应对种公鸡进行剪冠。剪冠的公鸡在北方低温的冬天冠子不易受冻害，有利于增强公鸡的活动能力。剪冠的公鸡育成期合格率较高，将来受精率也较高。如图 3-1-14 所示。

图 3-1-13　雏鸡光照

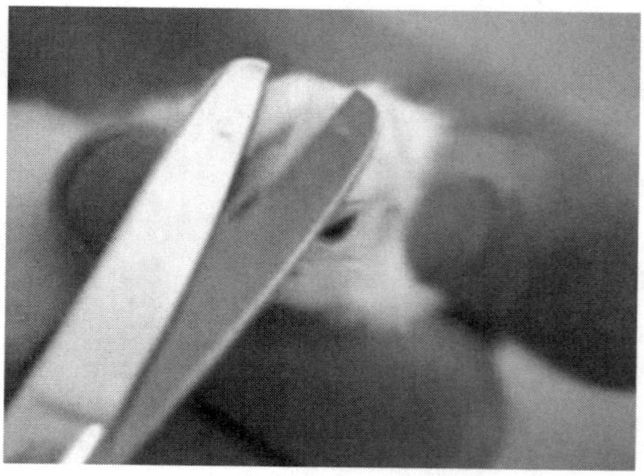

图 3-1-14　剪冠

公鸡剪冠方法是出壳后进行性别鉴定，选择生殖突起最明显、鲜红，体重适中，龙骨直而胸肌发达的公鸡留下，用弯剪把冠子剪除。剪冠时不要太靠近冠基，防止出血过多，影响生长发育和成活率。冠子剪除以后，公鸡的肉垂变大变长，显然与扩大散热面积有关。根据这一现象，在南方炎热地区，剪冠时只把冠齿截除即可，以免影响散热。笼养公鸡剪冠有助于在笼养中的活动和采食。2 月龄以上的公鸡剪冠不易止血，也会影响生长发育，甚至流血过多而死亡。

此项工作在孵化室进行，在雏鸡出壳 24 h 内进行，用手术弯剪沿着鸡冠的基部剪去，用 5%的碘酊消毒。

（2）断喙　断喙是一项精细工作。要做好断喙，经验起很大作用。断喙的部位特别重要。断喙做得不够仔细，切去太多会产生不必要的过大应激，切除不足时，喙又恢复到接近原来的长度。

①断喙的时间，最佳断喙时间为 7～10 日龄，这时雏鸡喙质较软易断。

②断喙的方法，断喙前 2～3 天，在饮水中加入维生素 K 可以减少断喙时出血过多。断喙的长度是切掉上喙的 1/2，即在离鼻孔 1mm 处切断。断喙的方法是用拇指捏住鸡头后部，食指捏住下喙咽喉处，将上下喙合拢，并将离鼻孔 1mm 的部位放到断喙器上的刀片下面，烧红的刀片即向下切断上下喙。切断后，同时将喙贴紧烧红的刀片上烧灼 2～3 s，防止出血和以后再生长。

断喙后，槽中的饲料和水要保持一定深度，至少要 1.5 cm 深，若大鸡断喙则要保持 2.5 cm 深。这样才能保证在断喙后鸡能饮水采食。断喙一定要精确，就是很熟练的人也不要超过每小时 1 200 只。断喙不良的鸡在 12 周龄或在 18～20 周龄从育成舍转到产蛋鸡舍时重新断一次。如图 3-1-15 至图 3-1-18 所示。

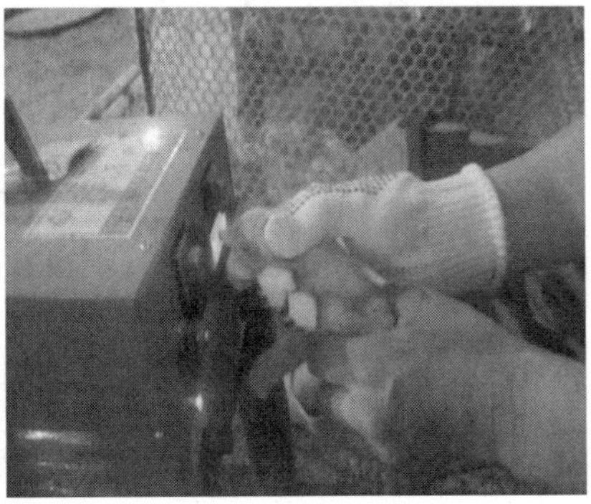

图 3-1-15　断喙操作（1）

图 3-1-16　断喙操作（2）

图 3-1-17　红外线断喙操作

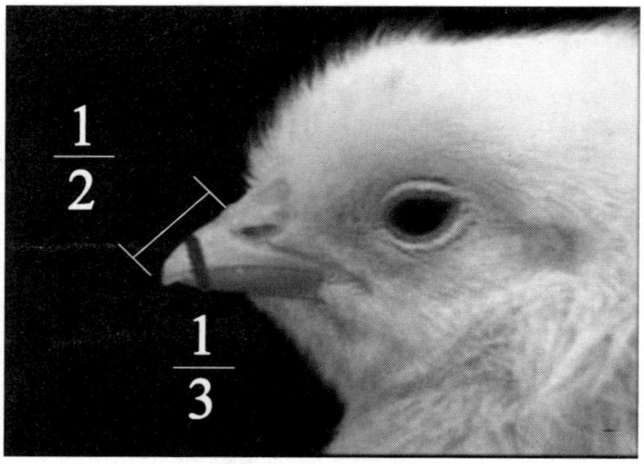

图 3-1-18　断喙位置控制

断喙注意事项：刀片温度需要达到 650 ℃（樱桃红色）；如果热刀片温度不够或者灼烧时间小于 2 s，喙在以后会继续不规则地生长。如果刀片过热或者灼烧时间大于 3 s，会对神经组织造成损伤。弱雏或应激雏不断喙。

（3）断趾　种鸡在交尾时，种公鸡的内侧两趾常抓伤母鸡背部，影响正常交配，所以要对种公鸡在 10～20 日龄间进行断趾。可用剪刀或指甲刀剪去两内侧趾甲，并用电烙铁烙去距部并对断趾处进行止血。趾的切断部位是最末端的关节。

8. 垫料与卫生管理

（1）垫料的基本要求　地面上的垫料 7～10 cm 厚，在添加垫料时，应注意清除垫料中的土块，铁丝、石块、丝线、细绳等杂物。否则，鸡脚极有可能被杂物碰伤，扎伤或被绳、线绑住而日久变残。

垫料材料买进来后，最好要先进行消毒然后放仓库备用。可采取如下办法处理：将材料倒在水泥地上，按 1∶（300～500）倒入福尔马林，然后迅速搅拌均匀，搅拌好以后重新装袋，并将袋口绑紧即可。值得一提的是，在仓库里再熏蒸不可取，因为甲醛蒸气根本无法渗透到里面，只消毒了表面。如图 3-1-19 所示。

应长期保持垫料松散，不潮湿、不结块。就产蛋期而言，垫料越干燥越好，宁干勿湿，要求垫料干湿适度。检验的标准如下：用手抓起来可以变成团，手松开后垫料也慢慢散开，即为合适；若捏成团，不能散开，则太湿；若捏在手中不成团，像散沙一般，则太干。垫料太湿，会发霉或提高舍内氨气浓度，刺激鸡的黏膜，影响鸡的健康，鸡脚的机械性损伤也增多，还会诱发鸡葡萄球菌感染而引起关节炎，增加育成期的淘汰率。垫料太潮湿，还会结块，会诱发鸡生脚垫和胸囊炎。垫料太干，尘土飞扬会刺激鸡呼吸道黏膜发病。环境干燥还会促进球虫卵的增殖而诱发鸡球虫病。在南方天气炎热，可能会出现垫料过干的问题，可以考虑将垫料分成几个区块，依次洒一些水。

（2）垫料的种类　在平养的鸡舍，肉种鸡对垫料的要求十分严格，要选择吸水性

图 3-1-19　垫料

强，无污染，未发霉的柔软清洁的垫料。最好是选用软木小刨花比较理想。有些农副产物也可以选用，如麦秸、稻草、高粱秆、玉米秆等，但这类副产物应先砍碎再用。谷壳也是较容易获得的垫料。选择垫料应根据当地的情况选择既可达到要求又容易在当地买到且价格经济的材料。

（3）垫料管理要点　生产事实证明，垫料管理的好坏直接关系到育成期腿病的发生率。所以要提高育成率，必须加强垫料的管理，减少和预防腿病的发生，以减少淘汰。加强饮水器的管理至关重要。要经常注意检查饮水器具，每天至少全面检查 2～4 次，主要注意以下几方面：①是否每个饮水器中都有水；②饮水器中水位是否合适，有无太满或溢出；③饮水器悬吊高度是否合适，太高鸡喝不到，太低容易造成鸡“玩水”，弄湿棚架；④水管有无脱落或被老鼠咬破而漏水；⑤饮水器是否损坏，其本身是否漏水。饮水器免不了经常出问题，多进鸡舍仔细检查，可以及时发现问题，及时解决。

9. 育雏期的体重控制

在早期生长任何阶段，出现鸡体重不达标或食欲不振时要立即采取相应措施。尽早采取措施可避免在育雏后期由于均匀度不好及重要生理器官发育受阻而产生的不良后果。

（1）母鸡 4 周末的体重要在 380～450 g。若 4 周末的体重偏大，则成年鸡的体形偏大，要求较高的饲料量和营养；若体重偏小，则成年鸡体形偏小，影响种蛋合格率。对母鸡来说，当采食时间小于 4 h，转为四三限饲法。

（2）公鸡前 4 周要自由采食，第 4 周开始每天做好体重监测工作，一旦达到 690 g，立即限制。不主张拉骨架饲养方式，原因是料量变化太大，对公鸡应激太大，直接导致产蛋后期受精率下降过快。

三、育雏岗位工作内容及注意事项

育雏主要工作内容及注意事项见表 3-1-5。

表 3-1-5　育雏主要工作内容及注意事项

周龄	主要工作内容	注意事项
1周 1～3天	1. 雏鸡到达前半小时，将饮水器加水，加水量约是饮水器容量的1/3，使其能在2 h饮完。如果雏鸡从出雏到养殖场的时间超过30 h，长途运输后，初饮用补液盐，然后改饮清水。如在孵化厅进行了断喙，则可在最初1～3天内在饮水中添加水溶性维生素和电解质，但必须注意添加的剂量，亦不能24 h全天添加。根据雏鸡情况也可适当在饮水中添加抗生素。 2. 当雏鸡到达后，技术员按照5%～10%比例随机抽检雏鸡数量和质量并称重。其余雏鸡放入栏内，让雏鸡及时喝水。 3. 挑出弱鸡，单独放一个围栏内饲养。无法正常饮水的雏鸡用人工帮助其完成饮水。将鸡嘴浸沾饮水器中，调节水线高度和水压、检查乳头，避免垫料过湿。 4. 饮水2 h后，开始喂料。 5. 光照：1天24 h，2～3天22 h，用13～15 W节能灯，照度30～40 lx。 6. 室内温度32～34 ℃，垫料温度30～32 ℃。温度应逐渐改变，雏鸡前3天内温度降低不得大于1 ℃。 7. 饲料及饲喂：饲料每天喂料4～6次。	1. 料盘中的饲料要少量，勤加，以刺激雏鸡的食欲，减少雏鸡刨食导致饲料浪费。 2. 将相对比较"弱"的雏鸡挑出，单独放到一个围栏内，给其更加充足的饮水和吃料空间。 3. 饮水温度25～27 ℃。 4. 每天清洗2次饮水器。 5. 严禁为了"保温"而关闭排风扇。
1周 4～7天	1. 室内温度降到31～33 ℃。 2. 每天清洗一次饮水器。 3. 根据围栏和鸡舍内的温度，及时扩栏，将围栏扩大以降低饲养密度，增加雏鸡活动空间。至7日龄，将围栏内雏鸡密度降低到40只/m^2。 4. 光照时间：20 h(3:00～23:00)。光照强度不变。 5. 3～4日龄进行球虫免疫。球虫免疫后，注意保持垫料的湿度，以用手握紧后，放开垫料可自动散开即可。 6. 饲料及饲喂：饲料每天喂料4～6次。 7. 在8日龄的早上喂料前体重，抽样率2%。按只称重，抽样率1%～2%。每次均在早晨空腹称重并计算均匀度。取样方法：对地面平养的鸡群，每栏中均抽样。用轻便围栏板随机围成一个小栏，每个小围栏内的鸡逐只全部称重。 8. 7日龄体重：75 g。 9. 从第4天开始逐渐撤出水球，至第7天完全过渡到使用乳头饮水器。	1. 为了保障球虫免疫的效果，可采用2次免疫法。即早晨第一次免疫时，先给雏鸡断料2 h。按照每只鸡6 g的料量，准备好饲料，将该群鸡总共所需疫苗的60%，均匀喷洒到饲料上，然后根据存栏数，把饲料分配给各栏鸡。下午，再按照每只鸡4 g的料量，将剩余40%的疫苗均匀喷洒到饲料上，重复免疫一次。 2. 球虫免疫操作方法：在蒸馏水中加入稳定剂，按照500 mL蒸馏水稀释1 000头份疫苗的比例，用喷雾器将稀释液均匀喷洒到饲料上，翻动饲料，再次喷雾，如此几次，直到混合均匀。

续表 3-1-5

周龄	主要工作内容	注意事项
2	1. 室内温度降到 30～31 ℃。 2. 光照时间：18 h(4:00～22:00)，光照强度不变。 3. 7～10 天断喙。断喙日当天，增加料盘中的饲料量，断喙日前后 2 天，饮水中添加维生素 K_3（止血），以增强鸡体的抵抗力，促使喙部灼烧处愈合。 4. 开始启用料线和水线打鸡器。 5. 继续扩大围栏面积。到 14 日龄，将围栏内雏鸡密度降低到 30 只/m^2。 6. 饲料及饲喂：每天喂料 4 次，分别于 6:30，11:00，15:00，19:00 喂料。 7. 免疫球虫疫苗的鸡舍继续适当在垫料上洒水。调整料线和水线高度以及水压。 8. 14 日龄体重：130 g。	1. 断喙时，要将刀片温度调整到 700 ℃左右，刀片呈暗红色时，根据雏鸡的大小，选择中(9～10 天)或小孔(8 天)，在距离鼻孔 2.2～2.5 mm 处，垂直切下。 2. 上喙断 1/2，下喙断 1/3。 3. 开食盘不能一次全部拿掉，要用 2 周的时间拿出。开始过渡使用水线饮水。
3	1. 室内温度降到 26～27 ℃。 2. 光照时间：16 h(5:00～21:00)。改用 9 W 节能灯，照度 10 lx。 3. 继续扩大围栏面积。到 21 日龄，将围栏内雏鸡密度降低到 20 只/m^2。 4. 饲料：每天喂料 3 次，分别于 7:00，11:00，16:00 喂料，以后各周每天喂料次数不变。及时调整料线和水线高度以及水压。 5. 21 日龄体重：195 g。	1. 该阶段垫料湿度不能增加，要让其慢慢自然“干燥”。 2. 3～4 周是球虫病的高发期，注意观察鸡群状况和粪便的颜色。 3. 注意观察围栏内水位、料位分布是否均匀。 4. 及时调整最小通风量(数值)。
4	1. 室内温度降到 24 ℃。 2. 光照时间：14 h(6:00～20:00)。 3. 夏季到 28 日龄，将雏鸡密度降低到 15 只/m^2。冬季可适当调整。 4. 调整水线料线高度及水压。 5. 饲料：521#（雏鸡料）。从 510# 到 521# 过渡时间需要 4 天，如果体重没有达标，再加喂一周 510# 饲料。 6. 28 日龄体重：275 g。 7. 将“小体型”鸡放到环境比较好的隔栏中(从操作间开始数第二栏)饲养并可以适当降低密度。	1. 雏鸡开始具备自身调温能力，如果室内温度能够达到 24 ℃，可以停止使用保温伞。 2. 开始将体型小的鸡挑出，给其更充足的水、料空间，单独饲养。 3. 确认每个水线乳头供水畅通。

续表 3-1-5

周龄	主要工作内容	注意事项
5	1. 室内最低温度 20～22 ℃。 2. 调整水线料线高度及水压。 3. 免疫时将小鸡放入小鸡栏内饲养。 4. 光照时间：12 h(7:00～19:00)。 5. 雏鸡料喂料时间分别是 8:30，11:30，16:00。 6. 5 周龄体重：367 g。	1. 本周开始换料。 2. 单独饲养的“小体型”鸡，继续饲喂 3～5 天雏鸡饲料。
6	1. 室内最低温度 18～20 ℃。6 周龄以后舍内温度保持不变。 2. 光照时间：10 h(8:30～18:30)。7 W 节能灯，照度 5～8 lx。 3. 调整水线料线高度及水压。 4. 饲料：雏鸡料喂料时间分别是 8:30，13:00，16:00。中午饲料空槽 1 h。 5. 6 周龄体重：475 g。	如果均匀度低于 75%，及时查找原因，并将“小鸡”分出，放到鸡舍中部的隔栏中，给其提供更加宽松的环境。
7	1. 光照时间：9 h(8:30～17:30)。7 W 节能灯，照度 5～8 lx。 2. 调整水线料线高度及水压。 3. 饲料：雏鸡料喂料时间分别是 8:30，13:00，16:00。中午饲料空槽 1 h。 4. 7 周龄体重：583 g。	
8	1. 光照时间：8 h(8:30～16:30)。7 W 节能灯，照度 3～5 lx。8～17 周龄光照程序保持不变。 2. 调整水线料线高度及水压。 3. 56 日龄，测量胫长达到 80 mm。 4. 饲料：雏鸡料喂料时间分别是 8:30，13:00，15:00。中午饲料空槽 1 h。 5. 免疫时将小鸡放入小鸡栏内饲养。 6. 8 周龄体重：685 g。	确保每次转料时，料盘或料槽中的饲料都能够布满一圈。不能有某段料盘或料槽中没有饲料的现象。

续表 3-1-5

周龄	主要工作内容	注意事项
9～16	1. 调整水线料线高度及水压。 2. 及时淘汰弱小鸡。 3. 饲料换料，4 天过渡期。喂料时间分别是 8:30，13:00，15:00。中午饲料空槽 1 h。 4. 每周均抽样称重，测定均匀度。 5. 14 周训练鸡只适应网上环境，在每个围栏内放置网床 2～5 个，床面按鸡笼笼底样式制作，使鸡在转群后能够很快适应鸡笼内环境。 6. 转群时间：建议满 15 周龄开始转群，16 周龄内完成。但是切不要在 17 周龄后转群。 7. 因为鸡群转群过程中及刚转群后受到应激，所以：(1)在产第一枚蛋前完成转群是极其重要的，生殖器官(卵巢和输卵管)主要发育过程在产第一枚蛋前 10 天完成。(2)建议至少在转群前一周给予鸡群免疫接种，以使鸡群得到良好的免疫应答。(3)需要的话，最好在转群前 3 天驱虫。(4)转群晚或转群时间过长，常导致开产晚和高死淘率，会增加地面平养鸡群产窝外蛋的危险。 8. 装鸡和运鸡时的注意事项： (1)遵循下列技术规则可使鸡群在装鸡、运鸡过程中遭受的应激最小。(2)空腹装鸡，但在装鸡之前给鸡饮水。(3)据天气情况，选择白天或晚上最佳的时间转鸡。(4)转鸡笼或转鸡箱，设备，卡车等，必须彻底地清洗及消毒。(5)保证转鸡笼装鸡后通风良好，但防止直吹冷风。每笼装鸡不能太多，特别是炎热气候长途运输时更是如此。(6)避免运鸡途中不必要的停车。(7)每天应检查的项目：光照、通风、温度、采食量、饮水、鸡群精神状态、粪便情况及死淘鸡等，做好生产日记录。	1. 转群出栏前，应该确保产蛋鸡舍已经消毒彻底，设备安装到位并运行良好。 2. 可以选择在天黑后转群。 3. 从 6～15 周，不管位于什么纬度，什么种类的鸡舍，最重要的是绝不增加光照长度。 4. 开始光照刺激的根据：整个产蛋期的蛋重主要受体重影响，所以开始光照刺激的时间必须根据实际体重来决定，而不是周龄。体重参考值是：正大褐蛋鸡 1 400 g。 5. 为能使光照刺激产生效果，光照时数的增加应在早上时段。 6. 光照增加到 16 h，至少增加 8 次。

【典型人物案例】

刘守仁，男，1934 年出生，汉族，江苏省靖江市人，1955 年南京农学院畜牧专业本科毕业，同年分配到新疆兵团紫泥泉种羊场任技术员、股长、副场长、场长、高级畜牧师，1960 年 5 月光荣加入中国共产党，1984 年任农八师总畜牧师，1988 年任农垦科学院院长、研究员，1995 年任名誉院长。现任新疆维吾尔自治区科协名誉副主席，农业农村部历届技术委员会委员，石河子农学院终身教授。南京农业大学、华中农业大学、新疆农业大学和石河子大学博士生导师。1999 年为中国工程院院士。他是天山脚下的牧羊院士，他是基因工程领域的拓荒者，他与羊共舞六十载，选育出了“军垦

细毛羊”和“中国美利奴”，被誉为“中国细毛羊之父”。

他在新疆50年主持选育了军垦细毛羊和中国美利奴（军垦型）和新吉细毛羊。丰富了中国绵羊品种结构，形成优良基因最为多样化的种群，他丰富了绵羊育种理论和方法，创立了血亲级进育种理论，提出了一整套品系繁育的方法和品种品系齐育并进的技术，为我国绵羊的育种、细毛羊生产和毛纺工业的发展以及繁荣民族地区经济做出了杰出的贡献。

刘守仁等兵团畜牧科技工作者通过自主创新，使兵团畜牧业良种繁育水平在全国名列前茅。兵团半个多世纪发展壮大的事实说明：没有自主创新，没有确立“科学技术是第一生产力”的观念，没有科学创新发展的能力，就没有兵团的今天 。作为兵团唯一的中国工程院院士，刘守仁主持培育了超细毛、肉用和肉用多胎等3个品种，7个绵羊品系，形成优良基因多样化种群、一整套品系繁育的方法和品种品系齐育并进的技术，为我国绵羊育种、细毛羊生产和毛纺工业的发展、繁荣地区经济做出了贡献。创新精神和创新意识，已经深深植根于这位老科学家的心中，创新对他而言，更是肩头一份沉甸甸的责任。他说“一想到羊，我就有精神，科研无止境，创新贵求索，在科学这条路上，只有不断求索，才会永葆青春。”

刘守仁院士专业功底深厚，治学作风严谨，谦虚正派，敬业乐群。他用全部的才华精力，为我国养羊及羊毛科研与生产做出了杰出贡献。他的科研成果创造了和正在创造着巨大经济效益。单种羊就向全国25个省份输送了15万余头。由他主持的课题共获科技进步成果奖10次，其中，全国科学大会奖1次，国家科技进步一等奖2次，省部级科技进步二等奖以上13次，名列第一的为7次，多次被授予国家、部、省级荣誉称号。刘守仁院士发表学术论文50多篇。撰写的专著有《军垦细毛羊》《羊毛与羊毛品质》《中国美利奴羊的品系繁育》《绵羊学》《细毛羊育种文集》等。

典型人物事迹感想：

典型人物工匠精神总结凝练：

【任务环境要求】

企业具有独立的育雏车间、料线、水线、温控等育雏成套设备。每批次育雏生产规模1万羽以上，且生产管理水平较高，在行业具有一定代表性。

【任务目标与质量要求】

学生掌握育雏全部技能和技术操作，独立完成2万羽雏鸡育雏任务，饲养效果的评价成活率大于99%，合格率大于98%。具有较强组织和协调能力，独立处理育雏过程中各类突发事件，完成学徒任务。

【工作任务实施】

工作任务实施描述，时间、地点、学习方法见表3-1-6。

表3-1-6　工作任务实施表

教学过程设计（教学环节）		任务内容	学习活动方法	学习时间
岗上学习		任务咨询	学徒小组开展	70天
教学活动1：	岗前培训	岗位技能标准、规范、注意事项	师徒互动（小组讨论）完成任务单	5天
教学活动2：	岗上技术指导	一般技术指导：饲喂标准、疾病预防、温度湿度控制等技术	现场技术指导、师徒互动（小组讨论）完成任务单	5天
		综合能力指导：检验和校正各种生产设备、器具；协助测定、统计体重均匀度和调整禽群；统计各种生产数据等	现场技术指导、企业综合评价	10天
教学活动3：	顶岗工作	独立承担育雏工作	独立承担岗位工作	50天

【岗前培训】

岗前培训必选项目：

（1）企业安全生产制度。

（2）雏鸡岗位相关工作理论、岗位技能培训。

（3）岗位任务工作规程、程序

①饲养前的准备工作：即鸡舍的准备，饲料和兽药疫苗的准备。

②日常饲养管理工作：即雏鸡开饮、开食、饲喂工作和免疫操作，鸡舍环境控制。

③做好日常消毒工作：即鸡舍、人员的定期消毒。

④鸡舍工作记录规范，做好鸡舍生产数据的记录工作。见表3-1-7和表3-1-8。

表3-1-7　岗前培训过程记录表

序号	岗前培训内容	培训形式	完成情况	培训师傅	培训日期
1					
2					
3					
4					
5					
6					
7					
8					
9					
10					

表3-1-8　岗前培训内容考核表

序号	培训内容	考核形式	考核情况记录	考核记录人	等次评定（优、良、中、差）
1					
2					
3					
4					
5					
6					
7					
8					
9					
10					

【岗上技术指导】

一、日常技术指导

(1) 能按照配方标准投喂饲料。

(2) 能适时补充和调制各种饲料添加剂。

(3) 饮用水源消毒工作。

(4) 能有效进行雏鸡阶段温度、湿度控制。

(5) 适时对雏鸡进行检查、挑选和分群工作。

(6) 常规设备、设施安装调试工作。

(7) 协助制订家禽光照方案。

(8) 控制鸡舍通风量。

岗上一般技术指导过程记录见表 3-1-9。

表 3-1-9 岗上一般技术指导过程记录表

序号	技术指导内容	学习完成情况	指导师傅	指导日期
1				
2				
3				
4				
5				
6				
7				
8				

技术指导跟踪（考核）过程记录见表 3-1-10。

表 3-1-10 技术指导跟踪（考核）过程记录表

序号	指导内容	改进提升情况	跟踪记录人	记录日期
1				
2				
3				
4				
5				
6				
7				
8				

岗位一般技术指导环节工作记录见表 3-1-11。

表 3-1-11　进雏前工作完成记录表

项　　目	完成情况	师傅评定	备注
育雏面积、挡帘位置			
育雏挡帘密闭性			
育雏栏是否做好			
育雏栏制作是否符合要求			
温、湿度探头悬挂位置合理与否			
是否校对过温度、湿度探头			
风机有效功率测定与否			
环境控制器运行是否正常			
环境控制器设定是否完毕			
垫料是否平整			
垫料厚度			
水线高度			
水杯内、水球饮水器内是否有水			
水流量/水压			
料线高度			
料线料盘			
开食盘或一次性垫纸			
开食盘位置			
开食盘加料			
暖风机、暖风炉、锅炉运转状态正常与否			
环境温度			
垫料温度			
湿度			
光照强度			
进鸡时称重的鸡秤是否准备好			

1. 雏鸡的饲养

(1) 雏鸡的初饮（表 3-1-12）

表 3-1-12　雏鸡的初饮

项目	操作方法和要求
初饮的时间	
饮水的配制	

（2）雏鸡的开食（表 3-1-13）

表 3-1-13　雏鸡的开食

项目	操作方法和要求
开食时间	
开食饲料	
开食方法	
料槽的更换	
饲喂次数	

2. 雏鸡的管理

（1）雏鸡群的观察管理（表 3-1-14）

表 3-1-14　雏鸡群的观察管理

观察项目	观察内容
采食情况	
精神状态	
雏鸡的叫声	
粪便的形状颜色	
雏鸡的外貌外形	
呼吸状况	
啄伤及异常现象	

（2）温度的控制（表 3-1-15）

表 3-1-15　温度的控制

内容	控制技术
温度的测定	
温度控制程序	
看鸡施温	
脱温	

（3）光照的控制（表 3-1-16）

表 3-1-16　光照的控制

日龄	光照时间/h	光照强度/lx
0～2		
3		
4		
5		
6		
7		
8		
9		
10～14		
15～21		
22～42		

（4）断喙（表 3-1-17）

表 3-1-17　断喙

项目	要　　求
断喙时间	
断喙方法	
注意事项	

（5）育雏效果的评价（表 3-1-18）

表 3-1-18　育雏效果的评价

评价项目		评价方法
育雏期成活率		
雏鸡体重的监测		
鸡群均匀度	均匀度要求标准	
	均匀度差的原因	
	均匀度差的管理措施	

（6）雏鸡生产管理登记（表 3-1-19）

表 3-1-19　雏鸡生产管理登记表

周龄		1		2	3	4	5	6
日龄/天		1～2	3～7	8～14	15～21	22～28	29～35	36～42
适宜温度/℃	平养							
	笼养							
饲养密度/（只/m^2）								
平均每只鸡每天耗料量/g								
平均每只鸡周末体重/g								
管理要点								
防疫措施								

二、岗位综合能力指导

（1）鸡舍清洗、消毒与消毒效果检测。

（2）安装料线、水线、刮粪机、风机、电机等所有设备，检查启动刮粪机、风机、照明等设备。

（3）日常饲养管理各项工作。

（4）鸡新城疫、鸡传染性支气管炎、禽流感等疫苗定期免疫接种等各项工作（表 3-1-20）。

表 3-1-20　综合能力指导过程记录表

序号	能力项目	完成数量	完成质量	师傅评价	协岗日期
1					
2					
3					
4					
5					
6					

【顶岗任务】

（1）独立完成 1 批不少于 5 000 只雏鸡饲养任务，成活率要求大于 98%。

（2）企业考核（表 3-1-21）。

表 3-1-21　顶岗过程记录表

姓名	顶岗任务目标	工作业绩、指标完成情况	工作态度	考核日期	负责人签字

【知识拓展】

一、雏鸡的生理特点

（1）体温调节机能不完善。初生的幼雏体小娇嫩。初生雏的神经系统发育不健全，调节体温的机能不完善，自体产热能力也较弱。初生雏鸡体温一般低于成年鸡 2～3 ℃，4 日龄开始慢慢均衡上升，需到 7～10 日龄趋向正常，到 13 日龄左右体温的调节机能趋于完善。因此在育雏期间必须给适宜的环境温度，才能保证雏鸡的正常生长发育。

（2）消化机能差。幼雏的消化器官还处于一个发育阶段。雏鸡消化器官容积小、消化道短，不能贮存足够的食物，但生长快，新陈代谢旺盛，消化酶的分泌能力还不太健全，消化能力差。所以配制雏鸡料时，必须选用质量好、容易消化的原料，配制高营养水平的配合饲料，在育雏初期做到少喂勤添。

（3）雏鸡的相对生长速度快。蛋用雏鸡正常出壳体重在 40 g 左右，6 周龄末体重增重 10 倍可达到 440 g 左右，可见雏鸡代谢旺盛，生长发育迅速，因此，育雏期的日粮营养物质需要量必须严格按照营养标准予以满足。此外，雏鸡心跳每分钟可达 250～350 次，就单位体重计，雏鸡的耗氧量和排出废气量也大大高于成年鸡，在管理上应注意舍内通风，供给新鲜的空气。蛋用型雏鸡 6 周龄体重比初生重增加 12 倍，由于新陈代谢旺盛，单位体重需要的新鲜空气和呼出的二氧化碳量多。因此，在调制饲料时，应注意营养全面，而且容易消化；不断供水；保持舍内空气流通和防止潮湿，以充分满足其生长需要。

（4）羽毛生长速度快。3 周龄时毛为体重的 4%，4 周龄时为 7%。并且在 4～5 周龄育雏阶段开始第一次换羽。羽毛中蛋白质含量为 80%～82%，特别含硫氨基酸最高，因此在雏鸡日粮中供给的含硫氨基酸水平要足够。

（5）抗病能力差。雏鸡体小娇嫩，对疾病抵抗力很差，发病快，死亡率高。幼雏由于对外界的适应力差，对各种疾病的抵抗力也弱，在饲养管理上稍有疏忽即有可能患病。30 日龄之内雏鸡的免疫机能还未发育完善，虽经多次免疫，自身产生的抗体水平还是难以抵抗强毒的侵扰，因此，在管理上应注意清洁卫生，经常刷洗用具，保持环境安静，加强防疫消毒，预防疾病发生。

(6) 敏感性强。雏鸡不仅对环境变化很敏感，由于生长迅速，对一些营养素的缺乏也很敏感，容易出现某些营养素的缺乏症，对一些药物和霉菌毒素等有毒有害物质反应也十分敏感。所以在注意环境控制的同时，选择饲料原料和用药时也都需要慎重。

(7) 群居性强、胆小。雏鸡胆小、缺乏自卫能力，喜欢群居，并且比较神经质，外界稍有异常的刺激，就有可能引起混乱炸群，影响正常的生长发育和抗病能力。所以育雏需要安静的环境，要防止各种异常声响、噪声以及新奇颜色入内，防止老鼠、雀、害兽的入侵，增加防护设备。同时在管理上要注意鸡群饲养密度的适宜性。

二、选择适宜养殖方式

按雏鸡占用地面和空间不同分为：平面育雏和立体育雏两种育雏方式。

（一）平面育雏

垫料育雏：选用质地优良、清洁卫生、柔软干燥、吸水性强的垫料。

优点：利于保温，设备投入少，可就地取材。缺点：雏鸡能接触粪便，容易感染疾病，垫料管理耗费人工。

网上育雏：将雏鸡养在距地面 50～60 cm 高的网上。

优点：雏鸡不接触粪便，减少了疾病的传播，不需垫料，减少了饲养员的劳动强度，可以适当增加饲养定额和饲养密度。缺点：一次性投资多，饲养管理技术要求高，饲料中微量元素要完全，要补喂砂砾；加强通风。

（二）立体育雏

立体育雏较平面育雏更能经济有效地利用鸡舍和热能，但需要一次性投资大。电热育雏笼对电源要求严格，鸡舍通风换气要良好，并要求较高的饲养管理技术，现代化大型鸡场使用会收到更好的效益。

优点：具有网上育雏的优点，可以提高劳动效益。

缺点：由于饲养密度大，易引发啄癖、呼吸道病。

三、育雏管理

为获得满意的育雏效果，必须做好育雏的准备工作。

（一）育雏季节的选择

根据市场的情况和实际生产条件来选择合适的季节育雏。

（二）育雏舍、育雏器、育雏用具的准备与消毒

消毒：将所有的设备用具置于舍内，封闭门窗进行熏蒸消毒，按每立方米空间用固体甲醛 3 g 熏蒸。密闭 24 h。对于污染严重和曾育过雏的鸡舍可增加 2 倍的药量进行

熏蒸。熏蒸时为提高效果，应将舍温提高到 24～27 ℃，相对湿度达到 75%。育雏器如图 3-1-20 所示。

图 3-1-20 垫料

（三）雏鸡的管理

1. 温度

温度与雏鸡的体温调节、活动、采食、饮水、饲料的消化吸收、抗病能力和生长发育等，都有重要的关系。实践证明：适宜的温度是养好雏鸡的关键（表 3-1-22）。

表 3-1-22 蛋用雏鸡的育雏温度 ℃

周龄	0～1	1～2	2～3	3～4	4～5	5～6
育雏舍的温度	35～32	32～29	29～26	26～23	23～21	21～18
育雏器的温度	24	24～21	21～18	18	18	18

除测定育雏室温度外，应特别注意“看鸡施温”。如图 3-1-21 所示。

图 3-1-21 育雏温度控制

2. 湿度

湿度与鸡体内水分蒸发、体热散发和鸡舍清洁卫生密切相关。育雏初期湿度适宜有利于腹内蛋黄吸收，防止体内水分过量散失而造成脱水和导致雏鸡饮水过多，发生下痢，10 日龄后湿度应适当减低。

适宜的相对湿度为：1～10 日龄 60%～65%，10 日龄后 50%～60%。

3. 换气

换气的作用是排除舍内污浊空气，换进新鲜空气，并调节舍内温度与湿度。以人进入鸡舍不感到刺鼻与刺眼为准。

4. 光照

（1）光照原则　育雏、育成期的光照原则是：随着鸡龄增加，每天光照时间要保持恒定或减少，不能增加，但最少不能少于 8 h。如果光照过长或逐渐增加，母鸡体大过早性成熟。

（2）光照方法　开放式鸡舍：1～3 日龄可光照 23～24 h，4 日龄至 20 周龄要根据各地的日照时间和出雏时间不同灵活掌握。

（3）光照强度　可采用 25～30 lx 的较强光照外，其余都以弱光（15～20 lx）为好，具体应用中，按每 15 m^2 的鸡舍在第 1 周时用 40 W 灯泡悬挂于 2 m 高的位置，第 2 周开始换用 25 W 的灯泡就可以了。人工光照一般采用白炽灯，其功率以 25～60 W 为宜，不可过大。

5. 密度

饲养密度指每平方米或笼底面积容纳雏鸡数（表 3-1-23）。

表 3-1-23　地面平养的饲养密度

周龄	饲养密度/（只/m^2）
0～6	20
7～14	12～10
15～20	8～6

6. 断喙

现代化大群饲养鸡，为了防止啄癖和减少饲料损失，使鸡生长均匀度好，多实行断喙。断喙一般进行两次，第一次在 6～10 日龄，第二次在 12 周龄进行修喙。用断喙器进行，将上喙断去 1/2，下喙断去 1/3。注意断喙时要切、烙结合，不能过快，以防出血。

7. 看护

育雏期间除了供给雏鸡完善的营养和创造良好的环境条件外，还要周密地看护，使雏鸡不受任何意外的伤害，要经常注意采食、饮水情况、精神状况、检查粪便是否正常等，以确保鸡群的健康成长。

【职业素质培养】

在完成岗位任务中完成职业素质培养和培养标准（表 3-1-24）。

表 3-1-24 职业素质过程评价记录

项目	赋分	正表象	负表象	评价标准	过程记录	最后得分
职业品质	10	吃苦耐劳、任劳任怨、责任担当	不积极主动、耍滑、拖沓	出现一次扣1分		
职业道德	10	遵守行规、诚实守信、职业形象好	违背行规、不守信用	出现一次扣1分		
团队协作	20	小组学习、发言及个人意见表达	不互动、不参与、不发言	出现一次扣1分		
学习能力	15	主动学习、学习有计划性、自主学习、能综合分析形成自己的意见	不主动学习、学习没有计划性、不能自主学习	出现一次扣1分		
社会能力	10	善于沟通、交流，能获得预期资讯信息	不与人沟通、交流，不能获得预期资讯信息	出现一次扣1分		
创新能力	5	有创新思维意识，经常有新思想和建议	无创新思维意识，长期无新意见、建议	出现一次扣1分		
信息化能力	10	使用信息技术获得学习资讯能力	没有使用信息技术获得学习资讯能力	出现一次扣1分		
心理健康	10	性格阳光、能有效疏解各种压力	性格灰色、不能有效疏解各种压力	出现一次扣1分		
管理能力	5	适应组织管理环境，能准确角色定位	不能适应组织管理环境，不能准确角色定位	出现一次扣1分		
社会责任	5	环保、同情弱势、关注时政	不环保、不同情弱势、不关注时政	出现一次扣1分		

备注：总分 80 分以上合格。

【岗位考核】

（1）理论知识（相关技术理论，试卷考核）。

（2）学徒岗位关键技能考核。

（3）工作业绩考核（表 3-1-25）。

（4）职业素质、职业道德综合评价（表 3-1-26）。

表 3-1-25　工作业绩考核表

考核环节		考核任务内容	分数比例	得分
考核 1	岗前培训	育雏岗位安全制度、生产规程、技能标准、注意事项	10%	
考核 2	岗上技术指导	育雏饲养管理、疾病预防、温度湿度控制等关键技术	20%	
考核 3	顶岗工作	独立承担育雏工作任务，完成工作指标业绩考核	40%	
考核 4	职业素质	根据职业素质培养标准考核	30%	

表 3-1-26　综合评价表

项目	A	B	C	D
工作态度				
吃苦耐劳				
团队协作				
沟通交流				
学习钻研				
认真负责				
诚实守信				

【任务总结】

______

______

______

______

项目任务

根据本场生产实际情况，为本场制订蛋鸡育雏实施方案，结合生产任务实施。

学徒任务二　育成鸡饲养

【专业知识准备】

一、育成鸡饲养规范

育戍鸡是指 7～20 周龄的鸡。实际生产中根据营养需求不同与生理特点细分为前期（7～14 周龄）、育成后期（15～18 周龄）和预产期（18 周龄至 5%的产蛋率）。

（一）育成鸡的营养

由于各阶段生理特点及营养需求不同，应实行三个阶段三个营养标准，根据鸡群重，结合季节和饲料原料行情调整饲料配方或喂料量。

（二）限制饲养

限制饲养简称限饲，指人为地控制鸡的采食量或者降低饲料营养水平，以达到控制体重的目的。白壳蛋鸡采食量少，一般不限制喂料量，只根据季节和鸡群体重调整饲料配方。由于生产中免疫、转群等各种应激因素导致育成前期体重不达标，应及时提高饲料营养水平。依靠育成后期弥补体重的做法，其生产性能并不理想，因此不能盲目限饲。

1. 限制饲养的目的和作用

（1）延迟性成熟　通过限制饲喂，后备种鸡的生长速度减慢，体重减轻，使性成熟推迟，一般可使开产日龄推迟 10～40 天。

（2）控制生长发育速度　使体重符合品种标准要求，提高均匀度，防止母鸡过多的脂肪沉积，并使开产后小蛋数量减少。

（3）降低产蛋期死亡率　在限制饲喂期间，鸡无法得到充分的营养，非健康和弱残的鸡在群体中处于劣势，最终无法耐受而死亡。这样在饲喂期间将淘汰一部分鸡，育成后的鸡受到锻炼，在产蛋期间的死亡率则降低。

（4）节省饲料　限制饲喂可节约饲料，降低生产成本，一般可节省 10%～15%的饲料。使同群内的种鸡的成熟期基本一致，做到同期开产，同时完成产蛋周期。

2. 限制饲养的方法

为了控制体重，首先必须进行称重以了解鸡群的体重状况。称重一般从 6 周龄开始，每 2 周称重 1 次，每次随机抽取全群总数的 5%或每栋鸡舍抽取 100～200 只，公母分开进行称重。称重后与标准体重进行对比，如果鸡体重未达标，则应增加饲喂量，延长采食时间，增加饲料中能量、蛋白质水平，甚至延长育雏料（育雏料中能量、蛋白质含量较高）饲喂周龄直至体重达标为止。如体重超标，则应进行限制饲喂，限制饲喂一般有 3 种方法：

（1）数量限制　饲料配方不变，减少饲喂数量，不限定采食时间。限制饲喂前计算出鸡的自由采食量，根据超重程度，计算出饲喂数量，喂料量一般低于自由采食量的 90％。每天应对饲喂数量准确称量并记录。

（2）质量限制　改变饲料配方，降低饲料营养成分含量，使饲料中一些重要营养指标（能量、蛋白质）低于正常水平，即低能量、低蛋白质饲料等。

（3）时间限制　每天规定吃料时间，其余时间盖上或吊起料槽或料桶。此方法操作较难。使用料槽时若操作不当，不易控制。

以上 3 种方法生产中根据实际需要也可合并或交叉使用。生产中常见的限制饲喂措施有以下两种：

①每天限量、限制饲喂：限制每天饲喂的饲料量，一天的饲料一次性投给，饲料量一般为自由采食的 90％，蛋用鸡采用此法较多。②隔天饲喂：两天的饲料合在一天喂给。这种方法一次投料较多，弱小的鸡也能吃到应得的份额，有利于提高均匀度，整个鸡群发育较整齐。但一次投料较多，鸡群吃得过饱，容易导致消化不良，致使饲料利用率变低。

3. 限制饲养注意事项

（1）所有肉用种鸡如超重，千万不要减料，维持原有水平，到下一周该加料时，暂不增加料，达到标准体重为止。

（2）转群、免疫、发病、天气突然变冷等应激因素到来时，应在标准水平上增加 10％～15％喂量，直到解除应激因素为止。

（3）体重不足应加料，通常差 1 g 体重增加 1～2 g 料。

（4）限制饲喂前要进行调群、断喙。调群时，将鸡群分为大、中、小 3 群，针对不同群体采取不同的饲喂方法和措施。断喙对于防止啄癖很有帮助，因限饲时鸡群饥饿感增加，会诱使啄癖的出现。

（5）槽位不足使用隔日饲喂法，即在一天内投放两天的饲料量，这样可使鸡群生长均匀。

4. 体重和均匀度的管理

育成饲养目标是，在使母鸡达到性成熟之前，能建立起良好的体型。体型就是正常的体重建立在良好的骨架上面。所以体型即骨架与体重的综合表现。监测育成效果的方法就是抽样称重，4 周龄起采取每周称重的方法，根据体重调整喂料量多少。如图 3-1-22 和图 3-1-23 所示。

图 3-1-22　平养青年鸡舍密度

图 3-1-23　笼养青年鸡舍密度

（三）提供充足的采食和饮水位置

使用料槽时平均每只鸡 8 cm 采食位置，使用料桶时 8 只鸡配 1 个。使用水槽时平均每只鸡 3～4 cm，使用乳头饮水器时 8～10 只鸡 1 个乳头。定期刷洗消毒料槽和饮水器。

（四）做好日常饲喂和换料工作

育成期每天先上水再上料，每天喂料 2～3 次，保有 4 次喂料，1 周后育成前料；15 周育成后料；17～18 周预产料；鸡群产蛋率达到 1%～5%时过渡产蛋料。饲料过渡要循序渐进，一般需要 3～7 天。

（五）添喂沙子提高饲料利用率

沙子直接拌入饲料或单独设置沙槽。用0.01%的高锰酸钾消毒后使用，具体喂量掌握在1周1次，5～8周龄每100只鸡喂450 g，沙子粒度直径1 mm。9～12周每100只鸡喂900 g；13～20周龄每100只鸡喂1 100 g，沙子粒度直径3 mm。

二、育成鸡的管理规范

（一）育成前期的管理

要求饲养期为15～16周龄，空舍期21天。各场结合本场实际情况，提前制订相应的出鸡计划，明确空舍期各项工作的责任，并做好过程中各项检查和记录，按以下工作内容保质保量完成（表3-1-27，图3-1-24至图3-1-29）。

表3-1-27　空舍期工作计划

项　目	工作内容	工作用时
预备工作	1. 制订周密的清理、冲洗、消毒和准备工作的进度表。 2. 提前1个月做好所需物资的采购计划，包括设备配件、消毒药、冲洗消毒用具以及饲养用的物品。 3. 冲洗、检修、消毒设备。	30天
清理料塔、杀虫及整理设备	1. 把料塔中的剩余饲料打包移走，彻底清洁料塔；拆除隔断，升高料线和水线；将隔断、铁围栏等在舍内码放整齐，清点数目，以备清完鸡粪之后核查。 2. 将料秤、温度计、报表夹等物品拿出鸡舍，转回库房。把能拆的设备都拆下来拿到舍外，在规定的地点进行冲洗。 3. 把鸡粪先堆成一个狭长的堆。堆好后，沿着堆的每边施用化学杀虫剂，施用杀虫剂的宽度大约10 cm宽，然后在堆的顶部喷杀虫剂。这样，会把企图从堆上逃跑的昆虫暴露并杀死。每两批鸡更换一次杀虫剂，按照商家建议的浓度使用，以防产生耐药性。 4. 把探头、电机等需要保护的设备用适当的方法清洁后进行包扎，准备用高压清洗机进行冲洗。	1～2天
清理鸡粪、浸泡水线	1. 清理鸡粪要有专人负责，装鸡粪的车要密封，不能在场内及沿途洒落，不能对任何地带造成污染。清理完鸡粪以后彻底清扫鸡舍，要求鸡舍内不能有鸡毛、鸡粪、垫料等杂物。 2. 把水线用冰醋酸（1%浓度）浸泡12 h。	2～3天

续表 3-1-27

项 目	工作内容	工作用时
冲洗鸡舍、冲洗水线	1. 拆下排风扇、暖风机、水帘、料线等设备的电机，检修保养；拆下排风扇的遮光板，以利冲洗；将消毒车的电机和电源开关用垃圾袋包裹严密，同时给消毒车配置漏电保护装置，以防漏电，发生事故；关闭鸡舍电源和舍内所有插座的护盖；卸下舍内所有灯泡，擦干净后存放。 2. 冲洗时要从上到下，从前到后，全面彻底，不留死角；在冲洗鸡舍的同时，依序冲洗排风扇、遮光板、暖风机、风门、隔断、水帘、铁围栏和水暖管路等；注意用电安全，配电柜禁止冲洗。 3. 冲洗完鸡舍后次日对关键点（空气、顶棚、墙壁等）进行检查，有无鸡毛、鸡粪、灰尘等。 4. 冲洗水线：拆开水线冲洗干净并装好。 注意： a. 排净鸡舍的进水系统的水，彻底冲洗 3 遍，把可能堵塞管子的残留物冲走。 b. 水线乳头堵塞严重的情况下，空舍期要把乳头拆下来，先用威岛等氯制剂浸泡，再用酸制剂浸泡，然后拆开乳头冲洗干净。 c. 将水线冲洗干净后，用消毒药或酸化剂浸泡水线。 例如：三甲氯铵（按 1∶300 配制）、洁厕灵（按 5%配制）、正净（按 1∶150 配制）等消毒药对水线进行 3 次消毒，然后从水线的前、中、后三部位取水样送保健中心进行检测，合格方可。	2～3 天
清扫舍外环境	鸡舍周围无污物，排水沟、道路及两旁干净，彻底打扫，场内无鸡粪、羽毛、垫料，把生产垃圾和生活垃圾彻底清理，这些垃圾该拉走的拉走，该深埋的深埋，该焚烧的焚烧。鸡舍周围的杂草每批鸡要清理一次。先进行火焰消毒，再用 2%火碱溶液进行第一次环境消毒。	0.5～1 天
鸡舍地面消毒	选用适合本场的消毒药（例如：安灭杀或火碱）。按照使用说明对鸡舍进行消毒。	1 天
鸡舍杀虫	选用合适的杀虫药按照使用说明对墙体、地面等进行杀虫。	1 天
全面消毒	使用碘伏等其他消毒药，按配比以喷雾形式对鸡舍进行全面消毒，用水量按 0.5 L/m^2（鸡舍全部面积）计算，要全面均匀喷雾。	1 天
进垫料，留样送检	按照要求的用量把垫料均匀地分布到鸡舍，并且要留样送保健中心化验。	1 天
检修、准备设备	检修所有设备，包括供电设备、供水设备、供料设备、通风设备、供暖设备、照明设备、水帘、自动控制系统、测量设备、报警设备等，并做好保养及试运行工作，保证这些设备在饲养期内都能正常运行。	1 天
鸡舍杀虫	根据本场情况推荐合适的杀虫药及用法、用量对墙体、地面等进行杀虫，不得私自加量或用其他的杀虫药。	0.5～1 天
垫料消毒	按照规定的消毒药品及浓度使用。例如：按 1∶150 配制成消毒液以喷雾形式对垫料进行彻底消毒，用水量按 0.5 L/m^2（垫料面积）计算，要全面均匀喷雾。消毒完成后取样化验。	1 天

续表 3-1-27

项 目	工作内容	工作用时
设备准备、制作隔栏网、环境消毒熏蒸及通风	1. 当鸡舍内部干燥以后，平整垫料，检查所有设备是否安装完好。将干净的额外的料盘和饮水器、隔栏网等移进鸡舍，并按照要求摆放，80～100 只/开食盘，80～100 只/饮水器，尽量把开食盘摆放到水线的两侧。 2. 按照要求做好隔栏网。然后，密闭鸡舍并检查鸡舍密闭性，升温至 21 ℃，用福尔马林 3 倍量熏蒸。 3. 对场区环境进行第二次彻底消毒。 4. 24 h 后，打开鸡舍的进风口和所有的通风系统。 5. 按照要求，对空气、墙面、垫料、设备表面等进行采样监测。	2～3 天
检查鸡舍密闭性，调试 AC-2000，校正探头鸡舍升温	1. 关闭所有的进风口，开一个 48 英寸的风扇，静态压力 37.5 Pa 或负压 0.15 Pa。如果压力＜25 Pa，那么鸡舍的密闭性很差。 2. 进鸡前排净舍内甲醛气味。 3. 进鸡前 2～4 天进行预温，根据当地气候条件及季节变换安排预温时间。	2～3 天
准备水料、报表、准备接鸡	1. 提前确认鸡苗到达时间。 2. 接鸡前准备舍内饮水和饲料。 3. 鸡舍内环境达到进鸡要求，对温、湿度等各项环境指标进行检查。 4. 准备好报表、鸡秤等。	1 天

学徒团队见图 3-1-24。

图 3-1-24 学徒团队

图 3-1-25　岗前培训

图 3-1-26　安装鸡舍笼具

图 3-1-27　安装饲喂设备

图 3-1-28　安装笼具

图 3-1-29　设备冲洗

（二）育成前期的管理

进行转群工作前必须彻底清扫、消毒育成舍及用具，重分为大、中、小三栏，给予不同喂料量。转入第 1 天应进行 24 h 光照，使育成鸡能迅速熟悉新环境，尽量减少因转群对鸡造成的应激反应，以后按照光照制度执行，转入育成舍后整理鸡群，检查每笼的鸡数，使每笼鸡数符合饲养密度要求。

（三）脱温

只要昼夜温度达到 18 ℃以上，就可脱温，降温要求缓慢，脱温要求稳妥。特别是早春育雏，虽已到脱温周龄，但室外气温还较低，而且昼夜温差大，必须延长供温时间。脱温后遇降温仍需适当给温，并要加强对鸡群的夜间观察，以减少意外事故的发生。

（四）日常管理

为了保证育成鸡健康发育，必须保持舍内空气新鲜，环境清洁干燥；维持鸡舍适宜的温度、湿度；做好饲槽和饮水器的卫生、消毒等常规工作。

1. 定时称重

体重是衡量鸡群生长发育的重要指标之一，不同品种都有其标准体重。符合标准体重的鸡，说明生长发育正常，将来产蛋性能好，饲料报酬高：体重过大，产蛋能力差，死亡率高，体重太轻，说明生长迟缓，产蛋持久性也差。因此，要通过称重了解鸡群的生长发育情况，并根据体重变化及时调整饲喂量。抓鸡及称重如图 3-1-30 至图 3-1-33 所示。

图 3-1-30　抓鸡方法（1）

图 3-1-31　抓鸡方法（2）

图 3-1-32　抓鸡方法（3）

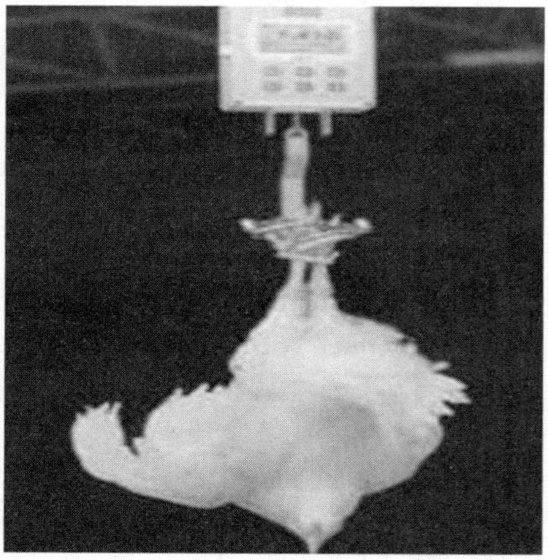

图 3-1-33　称重

称重操作工具：常用的有磅秤、电子称、弹簧秤、砝码、记录报表、围栏等。

所用秤最小分度要小于 20 g。秤要经常检修、保养，每次称重前都要校正，以确保称量准确。

2. 调整饲养密度

随着鸡只的不断增长，每只鸡占用的单位面积就越来越大，将影响鸡的正常采食、休息和运动，对鸡的生长和发育都有影响。所以，随着鸡只的长大，应适当调整饲养密度和分群，以保证育成鸡有适当的活动空间，增强鸡的体质，是培育健壮结实育成鸡的一项重要措施。育成期适宜的饲养密度。育成鸡适宜的饲养密度：一般为每平方米 15～16 只，网上平养时每平方米 10～12 只。如图 3-1-34 所示。

图 3-1-34　饲养密度

3. 及时淘汰不适于留种的鸡

除在限制饲喂开始淘汰那些生长发育不良，或不符合留种用的鸡之外，在育成期还应经常观察鸡群，对不适于种用的病、残鸡剔除。在开产前 1～2 周，再进行一次挑选淘汰，对发育不良、畸形、第二性征（冠的大小和颜色等）表现差的、早熟产小蛋的鸡只应该淘汰。

4. 通常需要进行第二次断喙

第一次断喙一般在雏鸡 6～9 日龄进行，但往往有些切得不当，或者后来又长起来恢复回原状。为减少开产后的啄癖发生，常在 13～17 周龄对这些鸡进行第二次断喙。这时鸡喙内部的神经、血管很丰富，喙已完全角质化，比较坚硬难切，对鸡的应激较大，也容易引起出血。为减少流血和应激，在断喙前后 3 天内饲料中加入维生素 K（用量 50 g/t）。断喙后应加强检查，发现出血者应立即补烙切面，直至不再流血为止。

5. 及时转入蛋鸡舍

一般在产蛋前 2～4 周转入蛋鸡舍，以利鸡群在开产前有足够的时间适应和熟悉新的环境。例如，开产后才搬迁，常会引起输卵管内的鸡蛋破裂，形成腹膜炎，造成死亡或以后不再产蛋；另外，搬迁的应激会严重影响早期产蛋率的上升，母鸡因不熟悉产蛋箱而随地产蛋的现象增多，种蛋合格率下降。

6. 及时调群

勤观察鸡群状况，结合称重结果，对体重不符合标准的鸡以及病、弱、残鸡应尽早淘汰，以免浪费饲料和人力。一般在6～8周龄即育雏结束转入育成时进行初选，再一次在18～20周龄时结合转群或接种疫苗时进行。由于免疫等应激因素，鸡群中总会出现一些体弱及生长发育不良的鸡，应及时挑出。大、中、小三栏及时调整。

7. 搞好卫生防疫育成鸡

禽舍卫生条件差，容易发生球虫病、黑头病、支原体病和一些体外寄生虫病等，所以，除定期驱虫和接种疫苗外，还要加强日常卫生管理，定期清扫鸡舍，更换垫料，注意通风换气，执行严格的消毒制度。

8. 保持环境安静稳定

减少应激，尽量避免外界的各种干扰，捉鸡、注射疫苗等动作要轻，不能粗暴，转群最好在夜间进行。另外，不要随意变动饲料配方和作息时间，饲养人员也应相对固定。

（五）光照管理

小母鸡在生长阶段的后半期，如果每天光照时间超过10 h或者逐渐延长光照时间，将会使小母鸡过早性成熟而引起早衰，蛋重小，并拖长了应达到平均蛋重的时间，所以，必须严格控制光照。育成鸡光照的原则是每天的光照时间应保持恒定或逐渐减少，切勿延长。如图3-1-35所示。

图3-1-35　育成鸡光照管理

（六）预产期管理

（1）转群应在开产前完成，在17～18周龄时进行，让鸡有足够时间熟悉和适应新的环境。提前对蛋鸡舍进行消毒，转群前后3天在饮水中添加电解多维素，以减少应激反应。转群前6 h停料，转群当天连续24 h光照，保证采食饮水。转群时淘汰生长发育不良的弱鸡、不符合品种标准的鸡。要特别注意尽量在夜间转群，保持环境安静，不能粗暴。

（2）增加光照，一般在第 18～20 周龄起，每周延长光照 0.5～1.0 h，直至达到 16 h 后恒定不变，但不能超过 17 h，如果鸡群在 20 周龄时仍达不到标准体重，则可以推迟到 21 周龄时开始增加光照。18 周龄时鸡群如达不到体重标准，对原为限饲的改为自由采食，原为自由采食的则提高蛋白质和代谢能量的水平，以使鸡群开产时体重尽可能达到标准。

开产前增加光照必须与更换饲料结合进行。如果只增加光照，不改变饲料或无足够的给料量，易造成生殖系统与整个体躯发育不协调；如果只更换饲料，不增加光照，又会使鸡体聚积脂肪。

【典型人物案例】

袁隆平（1930 年 9 月 7 日—2021 年 5 月 22 日），江西省九江市德安县人，毕业于西南农学院（现西南大学），中国杂交水稻育种专家，中国研究与发展杂交水稻的开创者，被誉为“世界杂交水稻之父”。1953 年毕业于西南农学院（现西南大学），1995 年被选为中国工程院院士，1999 年中国科学院北京天文台施密特 CCD 小行星项目组发现的一颗小行星被命名为“袁隆平星”，2000 年度获得国家最高科学技术奖，2006 年 4 月当选美国国家科学院外籍院士，2010 年荣获澳门科技大学荣誉博士学位。袁隆平是杂交水稻研究领域的开创者和带头人，致力于杂交水稻的研究，先后成功研发出“三系法”杂交水稻、“两系法”杂交水稻、超级杂交稻一期、二期。与此同时，运用超级杂交稻的技术成果，袁隆平提出并实施“种三产四丰产工程”，并出任青岛海水稻学院首席教授。2018 年 12 月 18 日，党中央、国务院授予袁隆平改革先锋称号，颁授改革先锋奖章，获评杂交水稻研究的开创者。

袁隆平院士从发现一株野生的“天然杂交稻”开始，寻找到“雄性不育株”。他在社会动荡的年代潜心科研，运用科技手段为人类寻找战胜饥饿的办法。杂交水稻研究是世界性的科研难题，袁先生扎根田野不断实践，不断调整思路，克服了一个个难以想象的困难。“三系”杂交稻成功后，他以不断创新的激情、勇气和灵感，勇于否定自己，不断地超越自己，把探索推向一个又一个新的境界，从而走在世界的前列。他数十年如一日，把绿色的梦想写在广袤的大地上，创造了令世人惊喜的奇迹，为世界带来了福音。袁先生如此朴素、执着、智慧。他成长在大都市，却自动跳进“农门”，数十载风雨无阻，一辈子无怨无悔，像农民一样扎根田间地头。他在科研道路上经历的艰难和困苦，是现在的年轻人所无法想象的。袁先生克服了各种阻碍与难题，全凭敢

于尝试、勇于创新的科学精神和不达目标不罢休的执着精神。杂交水稻的伟大成就，是在失败和挫折中崛起的辉煌。面对失败和挫折，袁先生从不低头，坚韧不拔，愈挫愈奋。事业成功之后，他坚守本职岗位和本色人生，生活简朴，锐意进取，引领世界杂交水稻技术发展的方向。他热爱生活，乐观爽朗，思维敏捷，充满活力。袁隆平院士的科研成果已经为人类创造了巨大的物质财富，我们相信，袁先生的人生智慧更是年轻一代的宝贵精神财富。

典型人物事迹感想：

典型人物工匠精神总结凝练：

【任务环境要求】

企业具有独立的育成鸡饲养场，具有独立圈舍，可以有自动化料线、水线、温控等育成成套设备。每批次育成鸡生产规模 1 万羽以上，且生产管理水平较高，在行业具有一定代表性。

【任务目标与质量要求】

学生掌握育成鸡养殖全部技能和技术操作，独立完成 1 万羽育成任务，要求成活率 95%。具有较强组织和协调能力，独立处理育雏过程中各类突发事件，完成学徒任务。

【工作任务实施】

工作任务实施描述，时间、地点、学习方法见表 3-1-28。

表 3-1-28　工作任务实施表

教学过程设计（教学环节）		任务内容	学习活动方法	学习时间
岗上学习		任务咨询	学徒小组开展	60 天
教学活动 1	岗前培训	岗位技能标准、规范、注意事项	师徒互动（小组讨论）完成任务单	10 天
教学活动 2	岗上技术指导	饲喂标准、疾病预防、温度湿度控制等关键技术	现场技术指导、师徒互动（小组讨论）完成任务单	60 天
教学活动 3	顶岗工作	独立承担育成鸡饲养管理工作	独立承担岗位工作	200 天

【岗前培训】

岗前培训必选项目：

（1）企业安全生产制度。

（2）育成鸡岗位相关工作理论、岗位技能培训。

（3）岗位任务工作规程、程序。

①饲养前的准备工作：即鸡舍的准备，饲料和兽药疫苗的准备。

②日常饲养管理工作：饲喂工作和免疫操作，鸡舍环境控制。

③做好日常消毒工作：即鸡舍、人员的定期消毒。

④鸡舍工作操作规范，鸡饲养工作并做好鸡舍生产数据的记录工作。见表 3-1-29 和表 3-1-30。

表 3-1-29　岗前培训过程记录表

序号	岗前培训内容	培训形式	完成情况	培训师傅	培训日期
1					
2					
3					
4					
5					
6					
7					
8					
9					
10					

表 3-1-30　岗前培训内容考核表

序号	培训内容	考核形式	考核情况记录	考核记录人	等次评定（优、良、中、差）
1					
2					
3					
4					
5					
6					
7					
8					
9					
10					

【岗上技术指导】

一、日常技术指导

（1）鸡舍、笼具清洗。

（2）鸡舍及鸡笼消毒。

（3）安装料线、水线、刮粪机、风机、电机等设备。

（4）设备检查启动刮粪机、风机、照明等设备。

（5）日常饲养管理，即光照刺激、适时换料和调整料量。见表 3-1-31 至表 3-1-33。

表 3-1-31　岗上一般技术指导过程记录表

序号	技术指导内容	学习完成情况	指导师傅	指导日期
1				
2				
3				
4				
5				
6				
7				
8				
9				
10				

表 3-1-32　技术指导跟踪（考核）过程记录表

序号	指导内容	改进提升情况	跟踪记录人	记录日期
1				
2				
3				
4				
5				
6				
7				
8				

表 3-1-33　空舍期准备工作记录表

项目	完成情况	师傅评价	备注
预备工作			
清理料塔、杀虫、整理设备			
清理鸡粪、浸泡水线			
冲洗鸡舍、冲洗水线			
清扫舍外环境			
鸡舍地面消毒			
鸡舍杀虫			
全面消毒			
进垫料，留样、送检			
检修、准备设备			
鸡舍杀虫			
垫料消毒			
设备准备、制作隔栏网环境消毒、熏蒸及通风			
检查鸡舍密闭性，调试AC-2000，校正探头，鸡舍升温			
准备水料、报表、准备接鸡			

二、岗位综合能力指导

（1）鸡舍清洗、消毒与消毒效果检测。

（2）安装料线、水线、刮粪机、风机、电机等所有设备，检查启动刮粪机、风机、照明等设备。

（3）日常饲养管理各项工作。

（4）鸡新城疫、鸡传染性支气管炎、禽流感等疫苗定期免疫接种等各项工作（表3-1-34）。

表 3-1-34　综合能力指导过程记录表

序号	协岗任务	完成数量	完成质量	师傅评价	协岗日期
1					
2					

【顶岗任务】

完成批次育成鸡生产规模1万羽以上生产任务，饲养效果的评价成活率大于99%，合格率大于98%。具有较强组织和协调能力，独立处理育雏过程中各类突发事件，完成学徒任务（表3-1-35）。

表 3-1-35　顶岗过程记录表

姓名	顶岗任务目标	工作业绩、指标完成情况	工作态度	考核日期	负责人签字

【知识拓展】

一、蛋鸡育成期饲养

（一）育成鸡的生长发育特点

(1) 各个器官的发育趋于完成，各项机能日益健全：

①体温调节机能健全；

②消化机能增强；

③生殖机能逐渐发育成熟；

④防御机能增强。

(2) 体重增长与骨骼发育处于旺盛时期。

(3) 建立了群序等级，尽力保证鸡群和环境的相对稳定，供给足够的食槽、水槽以及适宜的空间非常重要。

（二）培育育成鸡的标准要求

1. 体重标准和要求

不同品种的鸡规定的体重标准不相同，但要求育成期体重的均匀度达到 80%以上，即在平均体重 10%范围内的鸡应占 80%以上。

2. 育成率标准和要求

现代鸡种要求育成率应达 94%以上。育成率主要受环境条件如设备条件、营养水平、管理技术、防病措施等的影响。为了提高育成率应从上述几个条件着手，根据育成鸡的生长发育规律的特点，满足其需要。

(1) 在 70 日龄（10 周龄）前使全群达到体重标准。

(2) 29～70 日龄（5～10 周龄）是父母代种鸡快速生长和发育阶段之一，必须用调整喂料增加的方法来控制体重增长。在这个阶段，喂料量的少量变化可以对体重产生巨大的影响。因此，监测体重尤为重要。饲喂程序在确定喂料量时只能作为一种参考。喂料量应根据体重与体重标准的差异，以及当前喂料量的水平进行计算。

(3) 公鸡和母鸡必须在这个时期按体重大小进行分栏饲养，分栏时形成的群体应分别管理。总目标是在 70 日龄前为公母鸡群各自建立体重一致的均匀群体。

(4) 43～91 日龄（7～13 周龄）是公鸡发育的关键时期，这个阶段公鸡的双腿（肌肉、韧带和骨骼）发育快速。任何偏离生长曲线标准的情况都可对公鸡成年后的成活率和生产性能带来不良影响。每周饲料增加量在 2～3 g/（只·天）。

(5) 71～105 日龄（11～15 周龄），全期内保持适当的生长发育和群体的均匀度，以便使种鸡向性成熟阶段顺利过渡。

本阶段的主要目标是体重和体型的控制。尽可能多地触摸鸡体和查看它们的胸肉形状，这样的工作非常重要，应贯穿整个阶段进行。在不同的周龄，触摸查看越多的鸡只，就越能够清楚地掌握鸡群的情况。在光照刺激开始时，鸡只的生长状况非常重要，达到理想结果的唯一方法就是在该阶段从头到尾正确控制体重。

此阶段的生长发育不随喂料量的变化产生明显反应。应使种鸡按体重标准生长。需要定期少量增加喂料量［3～4 g/（只·天）］。如果种母鸡的体重超过体重标准100 g以上，应重新制订体重标准，即画一条平行于标准的生长曲线作为新的体重标准。即不管体重是否已经超标，都应遵循标准的周增重。公鸡的性器官从70日龄（10周龄）起开始发育。如果在此阶段受应激干扰或生长受阻，将影响睾丸的生长，进而降低公鸡成年后的受精率。直到交配前（19～21周龄）为止，公、母鸡应分开饲养。

尽可能达到早期体重标准，有助于种鸡育成期理想的生长发育。确保种鸡的周增重符合标准。少量多次地增加喂料量，促进早期生长均匀。

（三）鸡群均匀度

1. 鸡群均匀度的概念

均匀度是鸡群发育的整齐程度。有体重均匀度和胫长均匀度等，在生产实践中对体重均匀度比较重视，一般评定体重均匀度。鸡群均匀度高，鸡群发育整齐，性成熟也能同期化，开产时间一致，产蛋高峰也高，产蛋全期产蛋较多。如果均匀度差，虽然平均体重符合体重标准，但是会有许多鸡体重过重或过轻。体重大的鸡开产早，体重小的鸡开产晚，使管理上无所适从，增加光照与换料的时间无法确定，导致鸡群达不到应有的产蛋高峰，产蛋全期产蛋少，死亡率较高。因此，鸡群均匀度从某种意义上讲比平均体重更为重要。

2. 提高均匀度的措施

（1）调整饲养密度　饲养密度是决定鸡群整齐度的一个重要因素。饲养密度大，则鸡群混乱，竞争激烈，鸡舍内空气污浊，环境恶化，特别是采食、饮水位置不足会使部分鸡体重下降，还会引起啄肛、啄羽。密度过大，造成饲养成本增加。

蛋鸡育成期平养密度一般为：10～12 只/m^2。在育成期的前几周12只/ m^2，以后10只/ m^2；笼养条件下，比较适宜的密度按笼底面积计算，一般为15～16只/ m^2。如表3-1-36所示。

（2）定期称重　称重是了解鸡群体重的唯一有效的办法，通过定期称重可以清楚地了解到鸡群体重的增长情况。要根据体重情况及时调整喂料量，必要时分栏饲养。

表 3-1-36　每只蛋鸡所需的面积　cm²

周龄	饲养方式		周龄	饲养方式	
	垫草地面	网上平养		垫草地面	网上平养
7	680～730	590～680	14	1 160～1 340	1 160～1 220
8	820～900	71～900	15	1 200～1 420	1 240
9	910～940	830～940	16	1 240～1 500	1 300
10	960～1 010	950～960	17	1 350～1 580	1 390
11	1 020～1 100	1 020～1 270	18	1 540～1 660	1 540
12	1 060～1 200	1 050～1 200	19	1 690～1 740	1 690
13	1 080～1 270	1 080～1 210	20	1 860	1 800

(3) 及时合理地调整鸡群　无论饲养技术、管理水平多高，鸡群中总会出现一些体弱鸡，如果不及时挑出进行个别处理，势必影响鸡群生长以及生产性能的发挥，使总体效益受损。调整鸡群的要求是：①对鸡群进行个别调整，挑出体质较弱的鸡集中饲养，推迟换料时间，使其尽快达到体重标准；②死亡、淘汰鸡时，应及时补充缺位，使每笼鸡数保持一致；③对于断喙不整齐或漏断的鸡只，应及时修整补断；④做好免疫工作，减少疾病的发生。

(4) 保证鸡群适量的采食　育成期饲喂时，投料要均匀，每次喂完料后要匀料 4～5 次，保证每只鸡均匀采食。提高鸡群均匀度的一个有效的方法就是限饲。实行限饲要注意设置足够的料槽，并将鸡群分为大、中、小三群，根据体重标准适当调整喂料量。限饲时要严格执行限饲方案，按方案投料，饲喂次数宜少不宜多，以每日 2 次为宜，防止强鸡多吃，弱鸡少吃。

二、鸡群体重与均匀度

(一)体重与体重标准

体重是充分发挥鸡遗传潜力，提高生产性能的先决条件，是为高产储备能量。育成鸡体重直接影响开产日龄、产蛋量、蛋重、蛋料比及高峰期持续时间。育成期标准的体重和体况与产蛋阶段的生产性能有较大的相关性。研究表明，雏鸡 5 周龄体重对于产蛋性能来说是极为重要的，5 周龄体重越大，则结果越好。10 周龄体重没有 5 周龄体重那么重要，但 10 周龄体重对于提早性成熟来说仍然是十分重要的。18 周龄体重是十分重要的一项指标。当鸡群体重较体重标准低 110 g 时，开产日龄较正常鸡群推迟 5 天；低体重鸡群较标准体重鸡群 22 周龄平均蛋重低 3.35%；低体重鸡群 72 周平均存活率比标准体重鸡群低 8.59%；低体重鸡群比标准体重鸡群产蛋高峰期持续时间少

77 天；低体重鸡群较标准体重鸡群 72 周入舍鸡产蛋量低 1.24 kg/只鸡，蛋料比高 0.24。白壳蛋鸡与褐壳蛋鸡育成鸡体重标准见表 3-1-37。

表 3-1-37　蛋鸡育成鸡体重标准［白壳蛋鸡体重标准/褐壳蛋鸡体重标准］　g

周龄	白壳蛋鸡体重标准（g）		褐壳蛋鸡体重标准（g）	
	母	公	母	公
7	570	730	600	950
8	670	820	690	1 050
9	770	900	730	1 140
10	870	980	780	1 240
11	970	1 050	870	1 340
12	1 040	1 120	960	1 430
13	1 120	1 180	1 050	1 530
14	1 200	1 240	1 140	1 630
15	1 260	1 300	1 230	1 720
16	1 320	1 350	1 320	1 820
17	1 360	1 400	1 410	1 920
18	1 410	1 450	1 490	2 010
19	1 450	1 500	1 570	2 110
20	1 490	1 550	1 640	2 210

（二）鸡群体重测定

轻型鸡要求从 6 周龄开始每隔 1～2 周称重一次；中型鸡从 4 周龄后每隔 1～2 周称重一次；重型鸡从 3 周龄开始每周称重一次，以便及时调整饲养管理措施。称测体重在周龄末早晨喂料前进行。

1. 抽样方法

称测体重时，抽测样本数量为：1 万只以上鸡群按 1%抽样；低于 1 万只鸡群按 5%抽样，但不能少于 50 只，抽样要有代表性。

平养鸡群，分栏定点抽样。方法是：将鸡栏内的鸡群缓慢驱赶，使栏内各区域的鸡以及大小不同的鸡能均匀分布，然后在鸡栏内每次固定 2～3 个点，用围网圈住大约需要的鸡数，并将伤残鸡剔除，剩余的鸡逐个称重登记，每个鸡栏抽测的数量要相同，以保证抽样鸡的代表性。

笼养鸡群，要在鸡舍内不同区域抽样，但不能仅取相同层次笼的鸡，因为不同层次的环境不同，体重有差异，每层笼取样数量也要相等。

2. 称重与记录

在称测体重前要准备好鸡群《鸡群体重测量记录表》,《鸡群体重测量记录表》应根据 NY/T 2123—2012《蛋鸡生产性能测定技术规范》,参照《畜食养殖场(小区)养殖档案》(中华人民共和国农业部监制)合理编制,见表 3-1-38。

表 3-1-38 鸡群体重测量记录表

鸡舍编号　　鸡群周龄　　性别　　日期　年　月　日

鸡栏(笼)编号	测量符号	体重/g	备注	鸡栏(笼)编号	测量符号	体重/g	备注

测量员:　　　　审核员:　　　　记录人:

称重器有机械式、圆盘指针式、电子秤和自动称重系统。机械式和圆盘指针式称重器劳动强度大,并且需要人工记录和计算;电子秤精度较高并可以自动记录鸡个体体重数据和进行平均数计算;安装在鸡舍内的鸡群自动称重系统可以自动测量鸡群每日的体重情况,但必须定期校正并与手动测量结果比较。无论采用哪种称重器均要求测量精度达到±20 g。

测量体重的操作步骤为:

(1) 准备　准备《鸡群体重测量记录表》、围鸡网、校正称重器。

(2) 抽样　按抽样方案结合现场鸡群分布情况进行抽样。

(3) 测量　助手抓鸡固定在测量器上,待鸡安静后,操作员准确读出体重测量器上的读数,并记录到《鸡群体重测量记录表》中。测量完成后有关人员按照要求进行审核并签名。

(三)体重的评定

体重称测结束后,要计算鸡群抽测样本的体重算数平均数($\overline{W}$),用以代表本鸡群平均体重,与体重标准进行比较,进而做出评定结论。表 3-1-39 是蛋鸡场 03 栋鸡舍鸡群体重的抽测记录,试评定该舍的鸡是否符合体重标准。

1. 计算鸡群平均体重

$$\overline{W}=\frac{\sum W}{N}$$

式中：$\overline{W}$ —鸡群样本体重算数平均数；

$\sum$ —和的符号；

W —鸡群体重；

N —样本含量（即抽测鸡的数量）。

将表 3-1-38 中的数据代入公式得：

$$\overline{W}=\frac{\sum W}{N}=（694+690+687+\cdots+695）/50$$

$$=34\ 492/50$$

$$=689.4（g）$$

所以第 03 栋舍 8 周龄育成鸡平均体重为 689.4（g）

表 3-1-39　鸡群体重测量记录表

鸡舍编号：03　　鸡群周龄：8　　性别：母　　日期　年　月　日

鸡栏（笼）编号	测量符号	体重/g	备注	鸡栏（笼）编号	测量符号	体重/g	备注
03-2	1	694	第 03 舍第 2 组笼		26	687	
	2	690			27	694	
	3	687			28	742	
	4	771			29	600	
	5	681			30	695	
	6	732		03-12	31	721	第 03 舍第 12 组笼
	7	662			32	730	
	8	654			33	613	
	9	612			34	668	
	10	641			35	743	
03-5	11	715	第 03 舍第 5 组笼		36	698	
	12	678			37	710	
	13	751			38	659	
	14	613			39	692	
	15	668			40	765	

续表 3-1-39

鸡栏（笼）编号	测量符号	体重/g	备注	鸡栏（笼）编号	测量符号	体重/g	备注
	16	710		03-18	41	698	第 03 舍第 18 组笼
	17	642			42	726	
	18	684			43	605	
	19	688			44	687	
	20	765			45	663	
03-8	21	702	第 03 舍第 8 组笼		46	724	
	22	762			47	682	
	23	697			48	705	
	24	736			49	610	
	25	645			50	695	

测量员：　　　　审核员：　　　　记录人：

2. 体重评定

第一步：查到本品种鸡在 8 周龄的体重标准（8 周龄的体重标准为 690 g）。

第二步：计算体重标准±5%的体重范围（655.5～724.5 g）。

第三步：比较鸡群的平均体重是否在体重标准±5%的范围内。如果在体重标准±5%的范围内，则说明鸡群体重符合标准体重；如果不在体重标准±5%的体重范围内，则说明鸡群体重不符合体重标准，则下个周龄内必须调整饲养管理措施。

第四步：评定结论。本场第 03 栋舍 8 周龄育成鸡平均体重（689.4 g）在体重标准±5%的范围（655.5～724.5 g）内，表明本场第 03 栋舍 8 周龄育成鸡体重符合体重标准。但也会出现个别鸡只不在体重范围内，应及时调整处理。

（四）体重均匀度评定

鸡群均匀度的评定通常在体重测量的基础上进行，利用体重测量的资料评定。

体重均匀度的计算生产上常用计算鸡群均匀度的公式为：

$$均匀度=\frac{达到样本平均体重\pm10\%范围内的鸡数}{抽测鸡数}\times100\%$$

上述鸡场第 03 栋舍 8 周龄的育成鸡平均体重为 689.4 g，平均体重±10%的范围是：

$$689.4+(689.4\times10\%)=758.3\ (g)$$

$$689.4-(689.4\times10\%)=620.5\ (g)$$

抽样 50 只鸡中，在样本平均体重±10%（620.5～758.3 g）范围内有 41 只，则该鸡群的均匀度为：

$$均匀度=\frac{达到样本平均体重\pm 10\%范围内的鸡数}{抽测鸡数}\times 100\%$$
$$=41/50\times 100\%$$
$$=82\%$$

因此，鸡场第03栋舍8周龄的育成鸡的均匀度为82%。

统计学上以变异系数来表示数据的变异程度，因此可以用变异系数表示均匀度。变异系数的计算公式是：

$$CV=\frac{S}{\overline{X}}\times 100\%$$

式中：CV—鸡群体重的变异系数；

S—鸡群体重的标准差；

$\overline{X}$—鸡群体重的算数平均数。

一般鸡群均匀度的评定分为优秀、较好、合格和不合格四个等级，评定标准见表3-1-40。

表 3-1-40　鸡群均匀度评定标准

鸡群均匀度等级	优秀	较好	合格	不合格
均匀度	≥84%	77%～83%	70%～76%	<70%
变异系数	<7%	7%～8%	9%～10%	>10%

必须强调，评价育成群体优劣，重要的是全群鸡必须均匀一致。但是，均匀度必须建立在体重标准范围内，脱离了体重标准来谈均匀度是无意义的。一个良好的育成鸡群不仅体重符合标准，且均匀度高。

在鸡群密度大，过于拥挤，喂料不均匀或不按标准喂料，断喙不正确，每个笼或栏内饲养的鸡数不一致以及疾病感染时，体重均匀度均会受到不利影响。

三、鸡群从育成舍转移到产蛋舍

将鸡群转移到产蛋舍的时间主要根据设备的准备、体重情况和光照程序来决定。转舍可能会对鸡群造成非常大的应激，所以一定要做到尽量细心，保证转舍的顺利进行。在转舍前详细计划，转舍时细心对待鸡只。在转舍前，育成舍和产蛋舍的管理人员应该聚集在一起讨论鸡群的情况。将育成期的生产记录与鸡群一起转移到产蛋舍。记录应该包括疾病、体重、光照程序、光照强度、饲料量、喂料时间、用药情况、免疫程序、转鸡数量、饮水量以及其他相关信息，这将帮助产蛋舍管理人员更好地让鸡群适应新的环境。

在转鸡前后，有时可能需要额外增加饲料量。额外增加的饲料量要根据季节和转舍距离来决定。鸡群转移到产蛋舍后它们应该很快就能找到饮水和饲料。

在计划转鸡时，应认真考虑的几点：在转鸡前 1 周，产蛋舍就必须准备好接受鸡群，在转移母鸡前 2～3 天对公鸡进行最后的选种和转移。在转移到产蛋舍前要仔细观察，挑选出有明显缺陷的母鸡。在夜晚或早晨转鸡，转舍后，认真观察鸡群，触摸它们的嗉囊，看它们是否能够找到饲料和水源。

四、鸡舍通风换气

通风换气是指排除舍内有害气体（如氨气、硫化氢、一氧化碳和粉尘等），换进外界新鲜空气的过程。通风是鸡舍环境控制中最具挑战性的工作，需要经常性的关注。通风会影响空气质量、温度和湿度。没有合适的通风，饲料转化率、体重增长和鸡群健康都会受到负面影响，同时鸡群的淘汰率也会增加。而且，通风不良可能需要对饲养密度做出调整。

1. 通风换气的作用

通过换气排除鸡舍内废气，排除臭味及有害气体，换来新鲜空气，满足鸡群对氧气的需求。

（1）均匀分布新鲜空气，而又不会对鸡群造成风寒的影响。

（2）调节舍内的温度。

（3）辅助控制相对湿度。

（4）维持良好的垫料环境。

2. 良好的空气质量标准

良好的空气质量标准如表 3-1-41 所示。

表 3-1-41　良好空气质量标准

空气质量标准	
氧气	＞19.6％
二氧化碳	＜0.3％
一氧化碳	＜10 ppm
氨气	＜10 ppm
相对湿度	45％～65％
可吸入性灰尘	＜3.4 mg/m^3

注：a 如果这些条件达不到，最小通风就必须增加！相对湿度范围 45％～65％，28 日龄以后，流过鸡背的风速在 350～500 FPM（1.78～2.5 m/s）

b 风速超过 2.5 m/s 就是不经济的，也不会对性能提高有好处。

3. 风机关闭后鸡舍内气体变化情况

风机关闭后鸡舍内气体变化见表 3-1-42。

表 3-1-42　风机关闭后鸡舍内气体变化

时间	0 min	5 min	10 min	15 min
氨气	15 ppm	35 ppm	50 ppm	80 ppm
二氧化碳	300 ppm	1 500 ppm	2 600 ppm	3 500 ppm
湿度	68%	78%	86%	97%
温度	68℉	75℉	82℉	88℉

横向最小通风如图 3-1-36 所示。

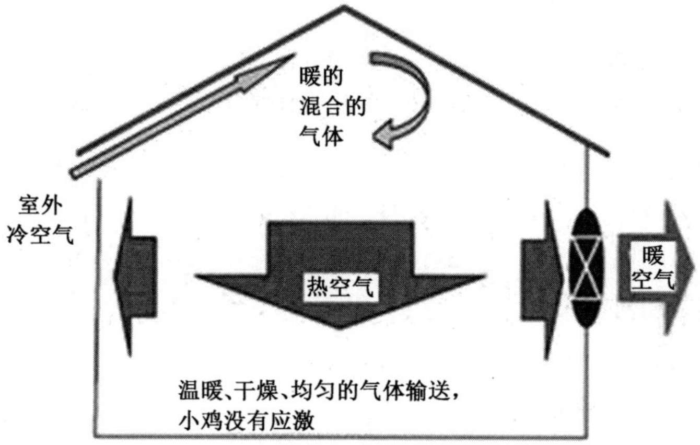

图 3-1-36　横向最小通风

计算最小通风量需要处理的气体体积以及确定最小通风量需要的风扇数量的方法：

（1）计算最小通风量　需要处理的气体的总体积：

总体积＝鸡舍长×宽×平均高度

（2）计算一级最小通风量　最小通风系统要满足每 5～8 min 换气一次。用总的气体体积除以 8，得到一级通风的排风量。

（3）计算最小通风系统的最大排风量　最小通风系统的最大排风量用总的气体体积除以 5。

（4）计算风机数量

风机数量＝总的气体体积÷实际工作压下的排风量。当排风量增加和下降时，不管排风量是多大，进风口的最小开量必须随排风量的大小来改变，维持相同的进风口的负压。

（5）计算风速

$$风速=总的排风量\div鸡舍横截面积$$

（6）排风扇的有效功率测定（9 点测定法） 举例：以 120 cm 风扇为例，先打开一台排风扇，分别按照图 3-1-37 的 9 个点进行测定，风速如表 3-1-43 所示，这就能算出 1 台风机的额定功率，然后再把所有的纵向大排风扇全部开启，再测其中的一台，把这两次测定的结果平均，就能估算出所有排风扇的有效功率。

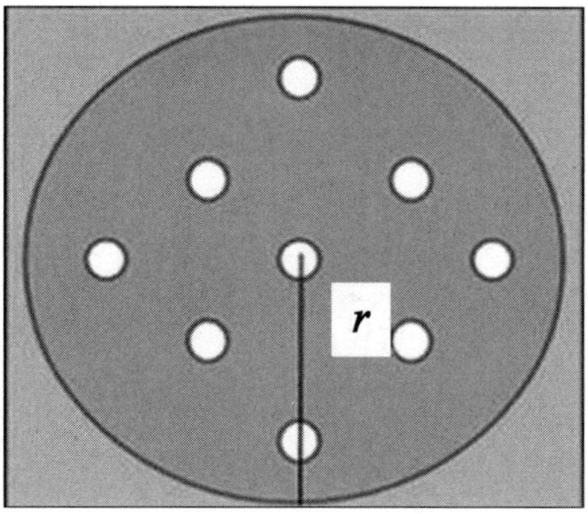

图 3-1-37 测风速点

表 3-1-43 记录 9 点的风速

测定的点	风速/（m/s）
1	5.58
2	6.09
3	6.45
4	7.77
5	5.84
6	6.35
7	5.84
8	6.85
9	5.61
平均	6.21

（7）风扇额定功率计算

$$风扇额定功率=\pi r^2\times平均风速\times 3\ 600（单位：m^3/h）$$

五、饲料与营养

1. 蛋鸡的育成期营养需求变化

各阶段营养需要见表 3-1-44。

2. 料量及体重标准

采食量受多种因素的影响，在生产过程中要保证最大限度地提高小鸡的采食量，尽量避免人为因素造成限饲。因转群、适应新鸡舍环境等因素，转群的一周内鸡群增重很少，因此建议饲养体重尽量超过品种体重，使产蛋性能更好。

建议尽量达到表 3-1-45 所示体重要求。

表 3-1-44　各阶段营养需要

项目	单位	育雏料 1～3 周龄 1～21 日龄	育成料 4～7 周龄 22～49 日龄	青年鸡料 8～16 周龄 50～112 日龄
每只饲料量	g	400	2 300	3 100
代谢能	kcal/kg	2 950	2 850	2 750
	MJ/kg	12.3	11.9	11.5
粗蛋白	%	20	19	16
蛋氨酸	%	0.52	0.45	0.33
蛋氨酸＋胱氨酸	%	0.86	0.76	0.60
赖氨酸	%	1.16	0.98	0.74
苏氨酸	%	0.76	0.65	0.50
色氨酸	%	0.21	0.19	0.16
矿物质				
钙	%	1.05～0.10	0.90～1.10	0.80～1.00
有效磷	%	0.48	0.42	0.36
最低氯	%	0.15	0.15	0.15
最低钠	%	0.16	0.16	0.16
添加微量元素				
锰	ppm	60	60	60
锌	ppm	50	50	50
铁	ppm	50	1	1
碘	ppm	1	5	5
铜	ppm	5	0.2	0.2
硒	ppm	0.2	0.5	0.5
钴	ppm	0.5		

表 3-1-45　鸡料量及体重标准

周龄	只日料量/g		体重 /g	累计料量/kg		均匀度 /%	料号
	夏季	冬季		夏季	冬季		
1	11	11	75	0.077	0.077	75	510
2	17	17	130	0.196	0.196	75	510
3	22	22	195	0.35	0.35	78	510
4	28	28	275	0.546	0.546	78	510/521

续表 3-1-45

周龄	只日料量/g		体重/g	累计料量/kg		均匀度/%	料号
	夏季	冬季		夏季	冬季		
5	35	35	370	0.791	0.791	80	521
6	41	41	475	1.078	1.078	80	521
7	48	48	580	1.414	1.414	80	521
8	53	54	680	1.785	1.792	80	521/522
9	58	59	780	2.191	2.205	80	522
10	62	63	880	2.625	2.646	80	522
11	64	66	975	3.073	3.108	80	522
12	66	68	1 065	3.535	3.584	80	522
13	68	70	1 155	4.011	4.074	80	522
14	70	72	1 230	4.501	4.578	83	522
15	72	74	1 315	5.005	5.096	83	522
16	74	76	1 400	5.523	5.628	85	522
17	76	78	1 440	6.055	6.174	85	522

六、水质及饮水量

1. 水质

表 3-1-46 详列了水质的要求和各成分的允许范围，无论何时，若所含成分超过这个限度，鸡的消化系统就会受到影响，并导致其他疾病。饮水中不能含有沙门氏菌和其他病原微生物。

表 3-1-46 水质标准

水质	单位	参考值	允许上限
粪大肠杆菌数	菌数/100 mL	0	0
粪链球菌数	菌数/100 mL	0	0
沙门氏菌数	菌数/5 L	0	0
病源性葡萄球菌数	菌数/100 mL	0	0

续表 3-1-46

水质	单位	参考值	允许上限
水的硬度	度	25 度	50 度
有机物质	mg 氧气/L	2	5
硝酸盐	mg/L	25	50
氨	mg/L	0.05	0.5
铁	mg/L	0.05	0.2
锰	mg/L	0.02	0.1
钢	mg/L	0.1	1
钙	mg/L	100	200
镁	mg/L	30	50
硫酸盐	mg/L		250
氯化物	mg/L	25	250
pH		7～8.5	6.5～9

最好每月定期检测鸡饮用水的水质，每半年对水源进行检测。水管通常易被有害细菌污染，在清理鸡舍时，必须进行清洗和消毒。

饮水器的清洗：饮水器易被饲料或其他物质污染。为防止细菌在饮水器内繁殖，水球饮水器应至少每天清洗一次。

2. 水温

能维持目标饮水量的理想的水温在 10～14 ℃（表 3-1-47）。

表 3-1-47　水温与饮水量的关系

水温	饮水量
低于 5 ℃	水温越低，鸡的饮水量越少
10～14 ℃	比较理想
超过 30 ℃	太热，鸡的饮水量下降
44 ℃	鸡拒绝饮水

3. 水线高度及饮水角度

水线高度对鸡的饮水量有很大影响，一定要注意及时调整水线高度。

水线高度及压力示意图见图 3-1-38。

4. 饮水量标准（表 3-1-48）

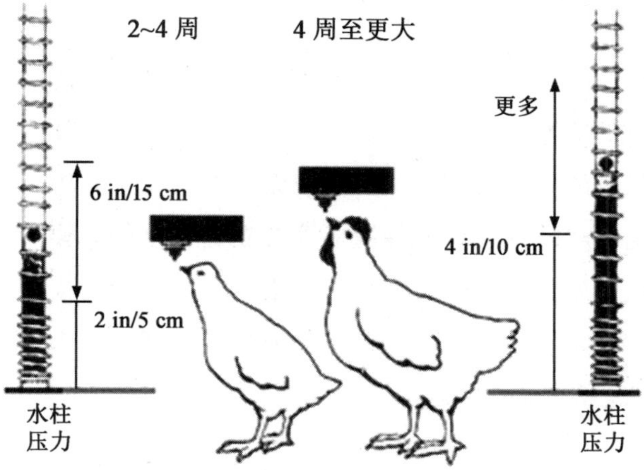

图 3-1-38 水线高度及压力示意图

表 3-1-48 鸡日饮水量参考表

日龄	饮水量/mL	日龄	饮水量/mL
1	8～9	11	28～30
2	9～10	12	31～35
3	10～11	13	36～40
4	12～13	14	40～45
5	13～14	3 周龄	40～50
6	15～16	4 周龄	45～55
7	17～18	5 周龄	55～65
8	19～20	6 周龄	65～75
9	22～24	7 周龄	75～85
10	25～27	8 周龄	85～90

日饮水量可早期预警鸡群健康情况，反应营养、疾病或鸡舍温度问题。21 ℃时，小鸡一般用水量是一天内采食饲料的 1.6～2.0 倍。如果饮水量超过采食饲料量的 2 倍，可能发生在温度非常高的天气（超过 30 ℃）。饮水量高也可能表明饲料配方问题或饮水系统漏水。

七、温、湿度标准

获得最佳生产性能的关键是为鸡提供协调一致的环境，任何温度的波动和垫料温度的变化都会引起鸡的应激。初生雏鸡体温为 39 ℃，0～20 日龄雏鸡体表多为绒毛，羽毛还没有长齐，保温能力差，体温调节系统尚未发育完全，对外界温度的变化也非常敏感。因此，无论在鸡的体温调节机制还没有发育完全的时候，还是羽毛发育完全的时候，都要为鸡提供适宜的温度环境，保证鸡在适温范围内生长。这就要求整栋鸡舍的温度趋于稳定，温差不能太大，不能只关注平均温度，而鸡舍的温差在时间和空间上要保证在±1 ℃范围内。

1. 适温区温度

温度低或高对鸡的生长都会产生不利影响。当温度下降的时候，饲料能量要用来产热进行保温，所以鸡的代谢需要增加，饲料转化率降低。在鸡不耗费额外的能量来给自己产热或降温时，鸡的适温区就是体感温度。当温度超过适温区时，温度每升高 1 ℃耗料量下降 1%，这就意味着当温度从 25 ℃ 升高到 35 ℃ 时，耗料量下降大约 10%。

需要引起注意的是鸡的适宜温度范围受体重、通风量（风速）、采食量、相对湿度和环境温度的影响。尤其要强调体感温度，体感温度是温度、相对湿度和风速的函数，过了 14 日龄就要考虑体感温度，28 日龄以后的温度基本就是体感温度。图 3-1-39 是不同日龄（体重）鸡的温度舒适范围。

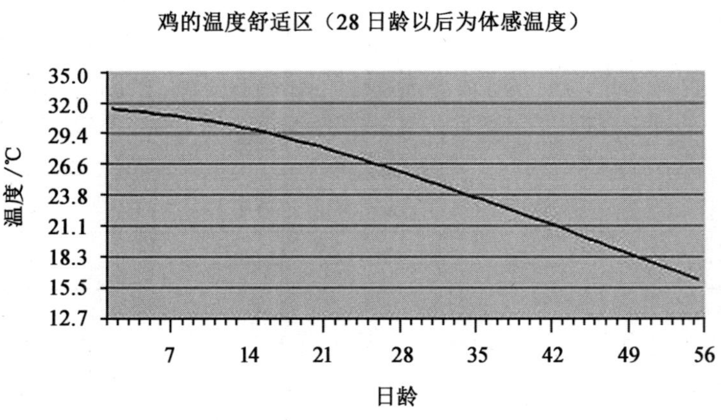

图 3-1-39　不同日龄（体重）鸡的温度舒适范围

2. 各周龄温、湿度标准（表 3-1-49）

表 3-1-49　蛋鸡适宜的温度和相对湿度

周龄	温度/℃	湿度/%
1～2 日龄	33～34	55～60
3～4 日龄	32	55～60
5～7 日龄	31	55～60
2 周龄	30	55～65
3 周龄	27	55～65
4 周龄	24	55～60
5 周龄	22	40～60
6 周龄	20～22	40～60
7 周龄以上	20～22	40～60

建议：体重低于 35 g 的鸡苗要比正常目标温度高 1 ℃

八、光照要求

1. 蛋鸡育成期密闭鸡舍光照程序（表 3-1-50）

表 3-1-50　商品代蛋鸡光照程序

周龄	日龄	光照时间/h	光照强度/lx
1	1～3	24	越亮越好
1	4～7	22	30～40
2	8～14	20	10
3	15～21	18	10
4	22～28	16	10
5	29～35	14	10
6	36～42	12	10
7	43～49	10	10
8～17	50～118	8～10	3～5

2. 光照强度的计算

$$光照强度（lx）=0.9\ 灯泡功率（W）/高度^2$$

一个标准的光照程序不是在全世界哪里使用都会合适，因此，以下推荐的光照程序可根据实际情况进行调整，但是一定要按照上面的光照要求给鸡提供光照。

【职业素质培养】

在完成岗位任务中完成职业素质培养和培养标准（表3-1-51）。

表3-1-51 职业素质评价标准

项目	赋分	正表象	负表象	评价标准	过程记录	最后得分
职业品质	10	吃苦耐劳、任劳任怨、责任担当	不积极主动、要滑、拖沓	出现一次扣1分		
职业道德	10	遵守行规、诚实守信、职业形象好	违背行规、不守信用	出现一次扣1分		
团队协作	20	小组学习、发言及个人意见表达	不互动、不参与、不发言	出现一次扣1分		
学习能力	15	主动学习、学习有计划性、自主学习、能综合分析形成自己的意见	不主动学习、学习没有计划性、不能自主学习	出现一次扣1分		
社会能力	10	善于沟通、交流，能获得预期资讯信息	不与人沟通、交流，不能获得预期资讯信息	出现一次扣1分		
创新能力	5	有创新思维意识，经常有新意见和建议	无创新思维意识，长期无新意见、建议	出现一次扣1分		
信息化能力	10	使用信息技术获得学习资讯能力	没有使用信息技术获得学习资讯能力	出现一次扣1分		
心理健康	10	性格阳光、能有效疏解各种压力	性格灰色、不能有效疏解各种压力	出现一次扣1分		
管理能力	5	适应组织管理环境，能准确角色定位	不能适应组织管理环境，不能准确角色定位	出现一次扣1分		
社会责任	5	环保、同情弱势、关注时政	不环保、不同情弱势、不关注时政	出现一次扣1分		

备注：总分80分以上合格。

【岗位考核】

采用学校、企业双主题考核：

（1）理论知识（相关技术理论，试卷考核）。

（2）学徒岗位关键技能考核。

（3）工作业绩考核（表 3-1-52）

表 3-1-52　工作业绩考核表

考核环节		考核任务内容	分数比例	得分
考核 1	岗前培训	育成鸡场饲养岗位安全制度、生产规程、技能标准、注意事项	10%	
考核 2	岗上技术指导	育成鸡饲养管理、疾病预防、环境控制等关键技术	20%	
考核 3	顶岗工作	独立承担育成鸡饲养工作任务，完成工作指标业绩考核	40%	
考核 4	职业素质	根据职业素质培养标准考核	30%	

（4）职业素质、职业道德综合评价（表 3-1-53）。

表 3-1-53　综合评价表

项目	A	B	C	D
工作态度				
吃苦耐劳				
团队协作				
沟通交流				
学习钻研				
认真负责				
诚实守信				

【任务总结】

项目任务

根据本场生产实际情况，为本场制订蛋鸡育成鸡饲养实施方案，结合生产任务实施。

学徒任务三　产蛋鸡饲养

【专业知识准备】

鸡群从开始产蛋到淘汰的期间称产蛋期，一般是指 21～72 周龄。蛋鸡产蛋期的管理目标是鸡群健康、高产、稳产。方法是准备干净卫生的鸡舍、适时转群、适时增加光照刺激、适时换料和调整料量、创造适宜稳定的饲养环境条件、加强管理。减少应激、减少蛋品破损、减少饲料浪费，努力提高蛋鸡的生产效率和经济效益。生产性能卓越的蛋鸡群，采食的饲料约为其体重的 20 倍，500 日龄入舍母鸡总产蛋量可达 20 kg，大约是它本身体重的 10 倍，在产蛋期间体重增加 30%～40%。因此，在整个产蛋期应加强营养，全面满足其营养需要，使鸡群健康，充分发挥其产蛋潜力。

一、产蛋期饲养技术规范

（一）满足产蛋鸡的营养

1. 能量需要

产蛋鸡对能量的需要包括维持需要、体重增长的需要和产蛋的需要。产蛋鸡对能量需要的总量有 2/3 用于维持需要，1/3 用于产蛋。影响维持需要的因素主要有鸡体重、活动量、环境温度的高低等。体重大、活动多，维持需要的能量就越多。产蛋水平越高，生产需要越大。鸡每天从饲料中摄取的能量首先要满足维持的需要，然后才能满足产蛋需要。

2. 蛋白质需要

产蛋率和蛋重有很大的正比关系，大约有 2/3 用于产蛋，1/3 用于维持。蛋白质的需要实质上是指对必需氨基酸种类和数量的需要，也就是氨基酸是否平衡。产蛋鸡对蛋白质的需要不仅要从数量上考虑，也要从质量上注意。

3. 矿物质需要

产蛋期最易缺乏的是钙和磷。产蛋鸡对钙需要特别多，而饲料中钙的利用率平均只有 50.8%，一个重 57.6 g 鸡蛋蛋壳平均重 5.18 g，含钙 2.02 g，就需要饲料钙 3.98 g，如果年平均产蛋率为 70%，则平均需供给钙 2.79 g，加上维持需要的钙和蛋内容物的钙，日需钙约 3 g，因此饲料中钙含量多达 3.25%～3.5%。骨骼是钙的贮存场所，鸡体小，所以钙的贮存量不多，当日粮中缺钙时，就会动用贮存的钙维持正常生产，当长期缺钙时，就会产软壳蛋，甚至停产。

产蛋鸡有效磷的需要量为 0.3%～0.33%，以总磷计则为 0.6%，且总磷的 30%必须来自无机磷，以保证磷的有效性。据研究，0.3%的有效磷和 3.5%的钙可使鸡获得最大产蛋量和最佳蛋壳质量。

其次，饲料中应保证适宜的钠、氯水平，一般添加 0.3%～0.4%的食盐即可满足需要。产蛋鸡还需要补充充足的微量元素及多种维生素。实际配制鸡的饲料时应考虑季节、周龄、产蛋水平、饲料原料价格等因素综合权衡，使用配方软件程序筛选最低成本配方。

（二）利用科学的产蛋鸡饲养方法

1. 阶段饲养法

根据鸡的周龄和产蛋水平，可以把产蛋期划分三段。第一阶段为 21～40 周龄，该阶段产蛋率急剧上升到高峰，采取不同的营养水平进行饲喂，尤其是蛋白质和钙的水平，称作阶段饲养法。并在高峰期维持，蛋重持续增加同时鸡的体重仍在增加。为满足鸡的生长和产蛋需要，饲料营养浓度要高，自由采食，加强匀料促使鸡多采食。这一时期鸡的营养和采食量决定着产蛋率上升的速度和产蛋高峰维持期的长短。第二阶段为 41～60 周龄，该阶段鸡的产蛋率缓慢下降，但蛋重仍在增加，鸡的生长发育已停止，但脂肪沉积增多。所以在饲料营养物质供应上，要在抑制产蛋率下降的同时防止机体过多地积累脂肪。可以在不控制采食量的条件下适当降低饲料能量浓度。第三阶段为 61～72 周龄，该阶段产蛋率下降速度加快，体内脂肪沉积增多，饲养上在降低饲料能量的同时对鸡进行限制饲喂，以免鸡过肥而影响产蛋。母鸡淘汰前一个月可适当增加玉米用量，提高淘汰体重。采用三段饲养法，产蛋高峰出现早，上升快，高峰期持续时间长，产蛋量多。

2. 调整饲养法

根据环境条件和鸡群状况的变化，及时调整日饲养粮中主要营养成分的含量，必须以饲养标准为基量，以适应鸡的生理和产蛋需要的饲养方法称为调整饲养法。提高饲料营养水平，保持饲料配方的相对稳定，保证日粮营养平衡。

（1）按体重调整饲养　当育成鸡体重达不到标准时，在转群后（18～20 周龄）提高饲料蛋白质和能量水平，额外添加多维素。粗蛋白质控制在 18%左右，使体重尽快达到标准。

（2）按产蛋规律调整饲养　当产蛋率达到 5%时，饲喂产蛋高峰期饲料配方，应促使产蛋高峰早日到来。达到产蛋高峰后，维持喂料量的稳定，保证每只鸡每天食入蛋白质，轻型鸡不少于 18 g，中型鸡不少于 20 g，在高峰期维持最高营养 2～4 周，以维持高峰期持续的时间。到产蛋后期，当产蛋率下降时，应逐渐降低营养水平或减少饲喂量，具体参考限制饲养。

（3）按季节气温变化调整饲养　鸡舍气温在 10～26 ℃条件下，鸡按照自己需要的采食量采食，但不能总是调节得那么精确，超出这一温度范围，鸡的自身调节能力弱，更需要进行人工调整，才能保证最佳生长和产蛋性能。冬季应采食量大，日粮中应适当降低粗蛋白质水平，夏季日粮中应适当提高能量和粗蛋白质水平，必要时添加1%的动植物油以保证产蛋的需要。

(4) 采取管理措施时调整饲养　接种疫苗后的7～10 d，日粮粗蛋白质水平应增加1%。

(5) 出现异常情况时调整饲养　当鸡群发生啄癖时，除消除引起啄癖的原因外，饲料中可适当增加粗纤维、食盐的含量，也可短时间喂些石膏。开产初期脱肛、啄肛严重时，可加喂1%～2%的食盐1～2 d。鸡群发病时，适当提高日粮中营养成分，如粗蛋白质增加1%～2%，多种维生素提高0.02%，还应考虑饲料品质对鸡适口性和病情发展的影响等。

3. 限制饲养法

在产蛋期实行限制饲养，维持鸡的适宜体重，避免母鸡腹部沉积过多的脂肪而影响产蛋，提高饲料利用率、降低成本。限饲与自由采食相比，蛋重略轻，但每只鸡的综合收入大于自由采食收入，限制饲喂是合算的。具体方法是：在产蛋高峰过后两周，将每只鸡规定的每天喂料量减少2.27 g，维持3～4 d，如果产蛋率没有异常下降，则继续维持这一喂料量。该方法也称为试探性减料法。产蛋率每下降4%～5%试探一次，只要产蛋率下降正常，这一方法可以持续使用下去，如果下降幅度较大，就将喂料量恢复到前个水平。当鸡群受应激刺激或气候异常寒冷时，不要减少给料量。

二、产蛋期管理技术规范

（一）鸡舍的准备

1. 鸡舍的清理

(1) 拆除舍内设备　拆除料线、饮水系统、刮粪机、水帘等设备，并将其搬出舍外，便于清粪与清洗。

(2) 清扫清理鸡舍　清除舍内鸡粪、垫料、鸡毛等所有杂物以及灰尘等。要求：地面、墙壁等处无鸡粪、无鸡毛、无杂物。如图3-1-40所示。

(3) 检查防护设备　做好电器等设备的检查及包裹防水措施。

(4) 鸡粪清理　运输车铺上塑料布防止鸡粪外流，装满鸡粪后盖上塑料布防止鸡粪外流。

(5) 清理鸡舍外围　平整地面，清理垃圾及洒落的鸡粪等杂物，疏通道路与排水沟，确保鸡舍周围2 m范围内无杂草、垃圾等，地势平整，无塌陷，排水沟畅通。

2. 鸡舍冲洗

(1) 冲洗工作应在舍内进行，防止污染舍外环境。

(2) 冲洗开始前，应彻底清理疏通排污管道，确保下水道畅通。如图3-1-41所示。

图 3-1-40　鸡舍设备清理

图 3-1-41　笼具粪便清理

（3）彻底冲洗乳头水线的外壁和内壁，必要时，可用冰醋酸浸泡处理，要求外壁无污渍，内壁无水垢。对于饮水乳头，最好全部拆卸，用牙刷逐个清洗干净。如图 3-1-42、图 3-1-43 所示。

（4）从前到后彻底冲洗鸡舍墙壁、地面、刮粪沟及屋顶等。做到冲洗后无任何鸡粪、鸡毛、灰尘、蛛网等杂物。

（5）用高压水枪彻底冲洗鸡笼。洗前可先用尖嘴钳等工具，仔细捡取卡在鸡笼上的鸡毛等杂物，做到清洗后无鸡粪、无鸡毛。

（6）冲洗料槽、接头、链条、料箱、料车轨道等，用清洁球、钢丝刷等边擦边冲，直到无鸡粪和其他杂物为止。

（7）用鼓风机清理控制盒、电器设备中的灰尘，并用酒精棉擦拭干净。

（8）彻底清洗排污管道，包括地沟、观察井、化粪池、沉淀池等。

图 3-1-42　人员准备

图 3-1-43　设备冲洗

（9）彻底清理铲除鸡舍后门口及脏道撒落的鸡粪，并打包处理。

3. 鸡舍清洗效果验收

（1）场内成立鸡舍清洗效果验收小组，对所有规定场所及部位进行检查验收，填写鸡舍清洗验收报表，验收合格后，可实施消毒处理，如图 3-1-44 和图 3-1-45 所示。

图 3-1-44　清洗完毕的圈舍

图 3-1-45　清洗完毕的排水沟

（2）出现验收不合格的项目，重新冲洗验收，直至全部合格。

（3）安装料线、水线、刮粪机、风机、电机等所有设备。安装前要确保这些设备得到必需的维护保养，如轴承、齿轮润滑等（图 3-1-46 和图 3-1-47）。

图 3-1-46　饲喂设备安装

图 3-1-47　笼具设备安装

4. 消毒

（1）清洗验收合格，所有设备安装就绪后，再次用清水彻底冲洗舍内所有设备、墙壁、屋顶、地面、下水道后开始消毒。

（2）分别用烧碱、季铵盐、氯制剂彻底消毒鸡舍。

（3）对墙缝、支架、钢筋等可采用火焰消毒。

（4）对饮水器、饮水乳头等采用浸泡消毒。

（5）对粪沟、料槽、饮水管等用 5%甲醛喷洒消毒。

（6）发生过球虫病，消毒时每 100 m^2 用生石灰 10 kg 加 20 kg 硫酸铵混合后撒在地面上，然后喷水 100 L，消毒时人员要戴防毒面具。

（7）最后密封鸡舍，鸡舍温度保证在 25 ℃、湿度 40%以上，用固体甲醛 3 g/m^3，封闭鸡舍，封闭期不少于 24 h，工作人员须使用防毒面具。

（8）在鸡舍外围用 2%的火碱喷洒消毒，同时铺撒生石灰消毒。如图 3-1-48 至图 3-1-50 所示。

图 3-1-48　人员喷雾消毒

图 3-1-49　车辆喷雾消毒

5. 消毒效果检测

封闭结束后开启鸡舍，检验人员采样，对舍内墙壁、地面、设备表面、空气等，分前中后采样，进行微生物学检测，合格后准备进鸡。否则，按照兽医人员的要求，重新消毒后再检测，如图 3-1-51 所示。

图 3-1-50　场区喷雾消毒

图 3-1-51　环境监测

（二）青年鸡上笼

1. 转群

为了让鸡群尽快适应新环境，适时开产，应在 15～16 周龄时完成青年鸡的转群工作。为了减少转群时的应激和不适，应注意处理好以下事项：

(1) 转群前 3 天鸡群饮水中添加维生素 C 或多种维生素，以增加抗应激能力。

(2) 转群前饮水要充足，以免运输途中脱水；喂料不要过多，以免抓鸡时造成应激或不适。使用颗粒饲料的，最好在转群前逐渐过渡为粉料（市场普遍使用粉料），以方便客户用料。

(3) 转群集中赶鸡和抓鸡时，动作要轻，避免惊吓或损伤鸡只。

(4) 转鸡笼中装鸡时，数量要视季节和气温情况而定。如 85 cm×50 cm×30 cm 的鸡笼，夏天装鸡不超过 12 只，冬天不超过 14 只，以防止拥挤、闷热、踩踏致死。

(5) 搬运、装卸装有鸡只的转鸡笼时一定要轻拿轻放，以免造成应激或损伤，防止损坏转鸡笼，如图 3-1-52 和图 3-1-53 所示。

(6) 运输车辆如果不是保温通风的空调车时，夏秋季节应选择傍晚装车运输，以免闷热损伤或致死鸡只；冬春季节应选择上午装车运输，以免使鸡群受寒。车辆前部和顶部要用篷布遮盖，以防雨淋和前部鸡群受寒。

图 3-1-52　拉运

图 3-1-53　接鸡

（7）运输车辆途中停留不能超过 30 min，如果遇到车辆故障预计在 30 min 内不能修复时，应及时转运，以防闷热致死。

（8）装鸡上笼前应提前供水并检查饮水乳头是否正常，饮水中加入补液盐。上笼时间如果在夜间，夜间不要关灯，使鸡群尽快饮水，待大多数鸡群饮到水（约 2 h）后，给鸡群喂料。

（9）喂料时应根据鸡群原来的饲料情况确定，如原来用颗粒料的，仍需延续使用一段时间的颗粒料，然后逐渐过渡，以防止各类应激叠加，青年鸡失重过多，影响正常开产，最好在青年鸡出栏前过渡为粉料。饲喂方式仍然采用自由采食。

（10）接鸡当日光照时间可以延长到 22 h，让鸡群充分饮水，适应新的环境，光照度为产蛋鸡的照度标准，10～15 lx。接鸡次日按照正常的光照程序进行。

（11）接鸡后要对青年鸡进行质量验收，主要包括：体重、均匀度、体型、断喙、换羽、发育状况等。通常情况下，此时的青年鸡体重会比出场时轻一些（每小时失重 0.3％～0.6％），属正常情况。

2. 光照刺激

光照刺激决定鸡群的开产时间、未来产蛋率上升幅度、蛋重大小、鸡群的死淘率等，因此适时的光照刺激非常重要。如图 3-1-54 所示。

图 3-1-54 光照刺激

(1) 根据鸡群体重和体型达标情况决定光照刺激。通常褐壳蛋鸡体重达到 1 400 g（16～17 周）时给予光照刺激。

(2) 第一次加光后总的光照时间要达到 12 h 以上，以后每周每次增加的时间以 15～30 min 为宜。否则产蛋上升过慢或过快造成脱肛死亡较多。光照强度为 10～15 lx。

(3) 产蛋率达到 50%时，光照时间应该达到（不少于）15 h。

(4) 光照时间达到 16 h 并恒定不变。光照时间不得少于 15 h，不得超过 16 h。

(5) 如果产蛋期遇到停电，当天应补充相同的光照时间。

3. 换料与调整料量

(1) 加光刺激后应换用产前料（蛋白质含量 15%），直至产蛋率达到 5%时，改用产蛋期饲料（蛋白质含量 17%）。每次换料都应遵循逐步过渡的原则。

(2) 饲料用量仍采用自由采食，应根据饲料营养成分、环境温度等适时调节，保证鸡群采食充足，且不剩料。

(3) 饲料的添加以每天 2～3 次为宜，并及时匀料，减少饲料浪费。每天中午保持空槽 2～3 h，便于下一个采食周期鸡群进食。

(4) 产蛋率达 80%前，每天加料 2 次，第一次给料在关灯前 5～6 h，给一天中 2/3 的料，第二次给料在开灯后 2～3 h，给一天中 1/3 的料。

(5) 产蛋率超过 80%以后，每天加料 3 次，第一次在关灯前 5～6 h，第二次在关灯前 3 h，第三次在关灯之后进行。

(6) 产蛋高峰过后，应适当减少饲料量，控制体重，延长产蛋期。如每日产蛋减少 1 g 时，代谢能也随之下降 5 kcal（根据所用饲料调整）。产蛋率降到 80%以下时，应换用产蛋后期料。

4. 环境控制

（1）温度　产蛋鸡的最适温度范围23～24 ℃，但在25.5～26 ℃时，料蛋比最低，自身消耗的能量也最低。因此，夏天炎热季节采取各种办法降温，最好使用水帘降温系统，冬天在保证最低通风量的前提下加强保温措施，最好配置供暖设备，如图3-1-55。

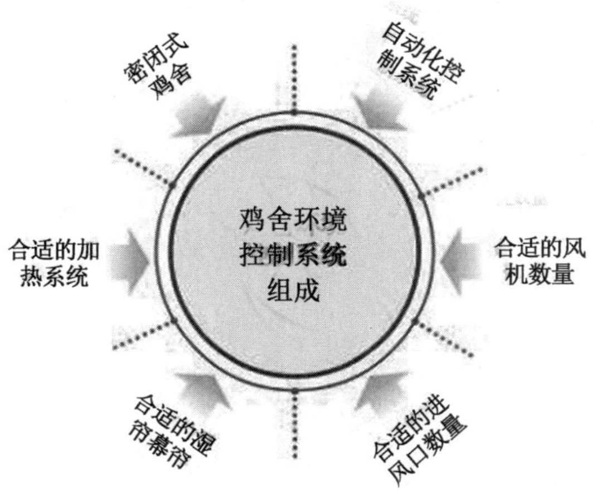

图 3-1-55　鸡舍环境控制系统

（2）湿度　产蛋鸡适宜的相对湿度为50％～70％，湿度过低易对呼吸道黏膜造成损伤、灰尘增多，导致疾病发生。湿度过高时，易导致饲料霉变、氨气等有害气体增多，对鸡群造成损伤。因此，应采取措施控制湿度。如图3-1-56所示。

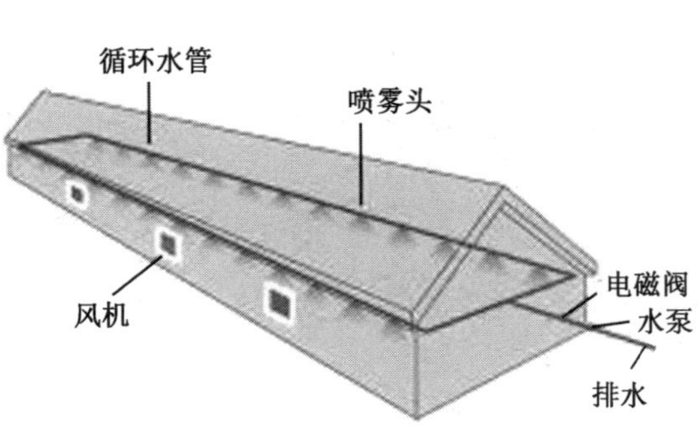

图 3-1-56　喷雾系统

（3）通风　通风的目的首先是提高充足的氧气，排除灰尘和有害气体，降低湿度，夏天可降温。保持鸡舍空气清新，无明显的恶臭味和刺激味。冷空气导向屋顶，防止直接吹到鸡身上。冬天避免贼风侵袭。如图3-1-57所示。

(4) 饮水　饮水保持清洁，定期冲洗饮水系统，定期进行饮水消毒。

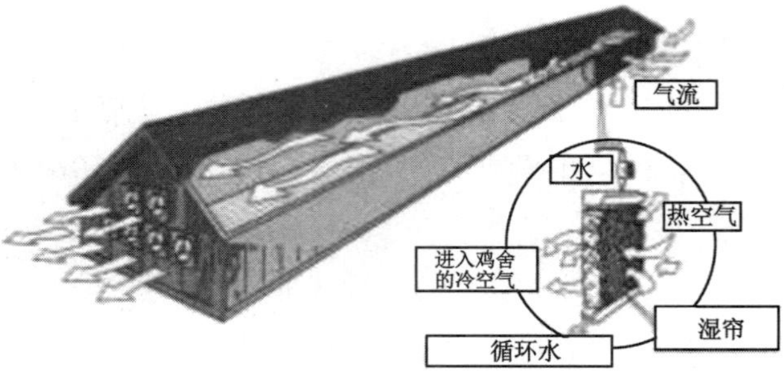

图 3-1-57　湿帘降温系统

三、生产管理措施

（一）卫生防疫

(1) 严格执行卫生防疫制度，控制人员、车辆、用具等防止交叉污染鸡舍。

(2) 每天清扫鸡舍操作间、走道、蛋槽等。

(3) 定期擦拭灯泡、饮水系统，定期对墙壁、排风扇等处进行除尘。

(4) 定期对鸡舍、鸡群进行带鸡喷雾消毒。

(5) 定期免疫接种鸡新城疫、传染性支气管炎、禽流感等疫苗。通常情况下，产蛋鸡每 8～10 周进行一次新支二联活苗接种，每 4～6 个月进行一次“H5＋H9”二价灭活苗接种。

(6) 当鸡群出现白冠现象，并伴有死亡率升高时，及时降料，减少能量的摄取量，添加氯化胆碱及维生素 E 等，降低舍内温度，以缓和病情，减少损失。

(7) 笼养产蛋鸡舍容易滋生大量苍蝇，易传染消化道疾病，且引起鸡场周围居民的不满。每年在饲料中添加阻断蝇蛆生长的药物。在 4～5 月份夏季来临之际以及 8～9 月份，每吨饲料中添加含量为 1%的氯丙嗪 500 g，每次连用一个月。可以基本解决全年的苍蝇问题。

（二）鸡群管理

(1) 每天认真观察鸡群，观察采食、饮水、精神、呼吸音、粪便等有无异常，如果出现异常，及时处理。如图 3-1-58 所示。

(2) 定期定点对鸡群称重，以决定料量的增减。

(3) 及时淘汰病鸡、死鸡，减少污染。及时挑出弱鸡或因设备导致的受伤鸡只，进行处理。

图 3-1-58　鸡舍定期巡查

（4）认真、如实地填写好各项生产记录表格、汇总表等，为决策者提供可靠、翔实的第一手资料。

（三）饲料管理

（1）妥善保管饲料，防止雨淋、霉变。

（2）定期灭鼠，防止鼠害。

（3）不用过期饲料。

（4）如果是袋装饲料，应注意从袋中倒干净，杜绝浪费。

（5）每次喂完料 2 h 后，进行一次匀料，鸡群采食均匀、减少浪费。

（四）蛋品管理

（1）每天至少集蛋 2 次，以减少对鸡蛋的污染。

（2）如果为人工集蛋，则应将鸡蛋小头朝下垂直放置，以减少破损。

（3）将破蛋、裂纹蛋单独集中，及时处理，将大蛋单独集中，以减少破损；脏蛋单独集中处理，以减少对其他蛋品的污染。

（4）搬运、装卸时应轻拿轻放，码放整齐，以减少破损。

（5）转运蛋品的车辆应限速，以防止因颠簸导致蛋品破损；并应有防护措施。

（6）为获得光泽度极好的蛋品，便于加工喷码蛋，每次加料完毕后用抹布擦拭鸡笼的笼底，可以清除黏附在上面的大部分饲料粉尘。

（五）设备管理

（1）定期维护、保养通风设备、喂料设备、饮水设备、饲养笼具、集蛋设备等。

（2）定期维修饲养笼具，以防止鸡只受伤。

（3）定期维修集蛋槽或集蛋设备，减少蛋品破损。

【典型人物案例】

郭志勤，中共党员，研究员，博士生导师，浙江省杭州市人，1936 年 1 月出生，1959 年毕业于北京农业大学（中国农业大学）畜牧专业，1960 年初来疆参加工作。历任新疆农科院畜牧兽医科研所研究室主任、新疆畜牧科学院畜牧所副所长、所长、新疆畜牧科学院院长、新疆畜牧科学院农业部畜牧兽医生物技术重点实验室主任、新疆维吾尔自治区动物生物技术重点实验室主任，并先后担任外贸部、全国供销总社三北羊（卡拉库尔羊）育种领导小组副组长、中国畜牧兽医学会常务理事、中国畜牧兽医学会动物繁殖分会副理事长、全国动物胚胎生物技术专业委员会主任、中国畜牧协会常务理事、中国农业生物技术学会理事、新疆畜牧兽医学会副理事长、新疆奶协副理事长。曾先后被聘为中国农业大学、南京农业大学、石河子大学、新疆农业大学兼职教授、博士生导师及新疆大学兼职教授、硕士生导师，中国农科院兰州畜牧所特邀研究员。现任新疆畜牧科学院研究员，新疆动物胚胎工程技术研究中心主任、海南省热带草食家畜繁育工程中心主任，新疆农业职业技术学院名誉院长，新疆畜牧兽医学会、新疆奶协名誉理事长等职。

郭志勤研究员自工作以来，主持和参加四十余项国家重大攻关、国家科技支撑、国家 863 计划和省部级重大科技攻关项目，先后获全国科学大会奖一项，国家科技进步奖二、三等奖各一项，新疆科技进步一等奖两项、二等奖三项，出版了《家畜胚胎工程》专著，发表学术论文 150 余篇。先后获得国家人事部有突出贡献中青年专家（1986）、全国先进工作者（1989）、享受政府特殊津贴（1992）。从 1996 年至 2014 年，他一直工作到 78 岁才退休，先后主持和承担、九五国家 863 项目“牛胚胎移植产业化研究与示范”“胰岛素原生物反应器”和国家十五奶业专项和国家支撑计划、自治区科技支撑等项目 13 项。先后获得了中国畜牧兽医学会“荣誉奖”（1936—1996）、新疆科技进步奖特等奖一项（2002）、全国优秀奶业工作者（2002）、自治区优秀共产党员（2006）、全国杰出专业技术人才（2006）、开发建设新疆奖章（2006）、中国畜牧兽医学会第二届振兴中国畜牧贡献奖（杰出人物）（2009）、中国畜牧兽医学会动物繁殖分会功勋奖（2010）等多项表彰和奖励。55 年来，郭志勤研究员先后组建了家畜繁殖、放射免疫测定、生物技术重点实验室和两个工程中心，并领导和参与完成了澳大利亚援助项目，参与组建了中-澳绵羊育种中心。郭志勤研究员身体状况良好、工作精力充沛、科研工作经验丰富，并且一直工作在科研一线；目前，已年过八十，还在新疆和海南等地帮助企业工作。

典型人物事迹感想：

典型人物工匠精神总结凝练：

【任务环境要求】

企业具有独立产蛋鸡场房，采用笼养模式，并配套料线、水线、温控等养殖成套设备。生产规模1万羽以上，且生产管理水平较高，在行业具有一定代表性。岗位人员设置合理，并具备一定现代化养殖技术。

【任务目标与质量要求】

学生掌握蛋鸡饲养全部技能和技术操作，独立完成1万羽产蛋鸡饲养任务，要求产蛋期成活率95%；高峰产蛋率95%；90%以上入舍母鸡产蛋率时间20周；入舍母鸡产蛋数300枚。具有较强组织和协调能力，独立处理养殖过程中各类突发事件，完成学徒任务。

【工作任务实施】

工作任务实施描述，时间、地点、学习方法见表3-1-54。

表3-1-54　工作任务实施表

教学过程设计（教学环节）		任务内容	学习活动方法	学习时间
岗上学习		任务咨询	学徒小组开展	60天
教学活动1	岗前培训	岗位技能标准、规范、注意事项	师徒互动（小组讨论）完成任务单	10天
教学活动2	岗上技术指导	饲喂标准、疾病预防、温度湿度控制等关键技术	现场技术指导、师徒互动（小组讨论）完成任务单	60天
教学活动3	顶岗工作	独立承担蛋鸡饲养管理工作	独立承担岗位工作	200天

【岗前培训】

岗前培训必选项目：

（1）蛋鸡生产企业安全生产制度。

（2）岗位相关工作理论、岗位技能培训。

（3）岗位任务工作规程、程序。

①进鸡前的准备工作：即鸡舍的清理、鸡舍、冲洗消毒等工作。

②日常饲养工作：转群、光照刺激、适时换料和调整料量。

③日常管理工作：操作规范创造适宜稳定的饲养环境条件、加强管理。

④鸡只免疫预防工作：按照规程进行免疫预防工作见表 3-1-55 和表 3-1-56。

表 3-1-55　岗前培训过程记录表

序号	岗前培训内容	培训形式	完成情况	培训师傅	培训日期
1					
2					
3					
4					
5					
6					
7					
8					
9					
10					

表 3-1-56　岗前培训内容考核表

序号	培训内容	考核形式	考核情况记录	考核记录人	等次评定（优、良、中、差）
1					
2					
3					
4					
5					
6					
7					
8					
9					
10					

【岗上技术指导】

一、日常技术指导

（1）鸡舍清洗效果验收，高压水枪彻底冲洗鸡笼。

（2）消毒与消毒效果检测。鸡舍采样、检测。

（3）安装料线、水线、刮粪机、风机、电机等所有设备。

（4）设备检查启动刮粪机、风机、照明等设备。

（5）日常饲养管理，即光照刺激、适时换料和调整料量。

（6）定期免疫接种鸡新城疫、传染性支气管炎、禽流感等疫苗。

二、岗位指导考核

岗上技术指导过程记录见表 3-1-57。

表 3-1-57　岗上一般技术指导过程记录表

序号	技术指导内容	学习完成情况	指导师傅	指导日期
1				
2				
3				
4				
5				
6				
7				
8				
9				
10				

技术指导跟踪过程记录见表3-1-58。

表3-1-58　技术指导跟踪过程记录表

序号	指导内容	改进提升情况	跟踪记录人	记录日期
1				
2				
3				
4				
5				
6				
7				
8				

三、岗位综合能力指导

（1）鸡舍清洗、消毒与消毒效果检测。

（2）安装料线、水线、刮粪机、风机、电机等所有设备，检查启动刮粪机、风机、照明等设备。

（3）日常饲养管理各项工作。

（4）鸡新城疫、鸡传染性支气管炎、禽流感等疫苗定期免疫接种等各项工作。见表3-1-59至表3-1-63。

表3-1-59　综合能力指导过程记录表

序号	协岗任务	完成数量	完成质量	师傅评价	协岗日期
1					
2					
3					

表 3-1-60　产蛋期日工作程序

工作时间	工作内容	工作要点	完成情况	企业师傅
8：30～9：10	第一次分料	厚度均匀，无浪费，匀料到位		
9：10～9：30	第一次匀料，收出死鸡	匀料均匀，死鸡放在指定地点		
9：30～10：00	检查水线，准备蛋托	过道卫生，水线畅通		
10：00～12：00	第一次捡蛋	减少破蛋，蛋品分类包扎		
12：00～12：30	午餐	定点就餐，注意水池卫生		
12：30～13：00	称蛋	码放整齐，记录、标签准确		
13：00～13：15	第二次匀料	匀料均匀，全部匀到		
13：15～13：45	第二次捡蛋	减少破蛋，蛋品分类包扎		
13：45～14：10	整群，维修料槽、鸡笼、水线	各笼鸡数一致，设备正常		
14：10～14：30	检查灯泡，擦拭干净	灯泡干净，全部明亮		
14：30～15：30	扫产蛋盘，水线，擦灯泡	干净卫生		
15：30～16：40	第二次分料，第三次匀料	厚度均匀，无浪费，匀料到位		
16：40～16：50	控制设备工作	干净整洁		
16：50～17：00	检查设备状态，换脚盆消毒液	设备预设状态必须正确		
17：00～	填写报表下班	舍外不存放物品，锁好门窗		
22：00～	第三次分料	厚度均匀，无浪费，匀料到位		

表 3-1-61 产蛋期周工作程序

日期	星期日	星期一	星期二	星期三	星期四	星期五	星期六
工作内容	冲洗水线	风扇除尘	鸡粪处理	设备维修	带鸡消毒	擦拭灯泡	抽样称重
完成情况							
师傅签字							

鸡场：	群：			鸡舍：			
1. 鸡舍内	×＝不合格				√＝合格		
位置	前	中	后	位置	前	中	后
1.1 地面				1.9 卷帘			
1.2 墙				1.10 地面裂缝			
1.3 屋顶				1.11 湿帘和蓄水池			
1.4 梁				1.12 水槽和管道			
1.5 电线、供气管道				1.13 料管			
1.6 墙边的网				1.14 水箱			
1.7 乳头系统				1.15 料箱			
1.8 喂料系统				1.16 水线干净			
2. 鸡舍外	×＝不合格				√＝合格		
位置	前	中	后	位置	前	中	后
2.1 鸡合的前面				2.8 侧墙排水沟			
2.2 料塔和料管				2.9 卷帘			
2.3 工作间				2.10 风扇架			
2.4 前部水沟				2.11 后部地面			
2.5 前部空地				2.12 后部水沟			
2.6 鸡舍外侧墙				2.13 后部空地			
2.7 边门				2.14 鸡舍两边草			
结论和建议：				检查人：			
				日期：			

表 3-1-62 鸡场环境抽样、检测

场 名				登 记 号		
采样日期				报告日期		
采样部位	总菌数	大肠杆菌	沙门氏菌	霉菌	pH	建议

化验员：　　　　日期：　　　　室主任：　　　　日期

表 3-1-63 免疫程序完成情况

日龄/周龄	疫苗	毒株	途径	完成情况	企业师傅确认
1 天	鸡马立克	CVI 988＋HVT	皮下		
	传支	H120	喷雾		
3～5 日龄	球虫	Coccivac-D	喷在饲料上		
6～8 日龄	新城疫	Clone 30	眼内		
14 日龄	禽流感	AI H5＋H9	皮下		
17 日龄	传染性法氏囊炎	2512	饮水		
21 日龄	新城疫＋传支	Clone30＋Ma5	眼内		
	新城疫	Killed	皮下		
	鸡痘		刺翅		
6 周龄	沙门氏菌	Killed	皮下		
8 周龄	新城疫＋传支	Clone30＋Ma5	眼内		
	禽流感 AI	AI H5＋H9	肌注		
9 周龄	传染性法氏囊炎	D 78	饮水		

续表 3-1-63

日龄/周龄	疫苗	毒株	途径	完成情况	企业师傅确认
10 周龄	传染性喉气管炎		滴鼻		
	禽痘＋脑脊髓炎		刺翅		
13 周龄	新城疫＋传支	Lasota＋Mass/Conn	眼内		
	新城疫＋减蛋综合征	Killed	肌注		
15 周龄	沙门氏菌	Killed	皮下		
17 周龄	新城疫＋传支	Lasota＋Mass/Conn	眼内		
	新城疫＋传支＋法氏囊	Killed	肌注		
19 周龄	禽流感	AI H5，H9	肌注		
27 周龄	新城疫	Clone 30	饮水		
35 周龄	新城疫	Clone 30	饮水		
40 周龄	禽流感	AI H5，H9	肌注		
43 周龄	新城疫	Clone 30	饮水		
51 周龄	新城疫	Clone 30	饮水		
59 周龄	新城疫	Clone 30	饮水		

【顶岗任务】

独立完成至少 1 万羽产蛋鸡产蛋任务，成活率大于 95%；高产蛋率 95%以上；90%以上维持 200 天；19～80 周龄平均产蛋率 85%以上，只产蛋 23 kg；料蛋比 2.2：1 以下。具有较强组织和协调能力，独立处理养殖过程中各类突发事件，完成学徒任务。顶岗过程记录表见表 3-1-64。

表 3-1-64 顶岗过程记录表

姓名	顶岗任务目标	工作业绩、指标完成情况	工作态度	考核日期	负责人签字

【知识拓展】

一、重要的生产性能指标

（一）产蛋量

产蛋量是十分重要的生产性能指标。产蛋量的遗传力平均为 0.25～0.3，范围在 0.15～0.45，通过改善饲养管理和育种工作，蛋鸡已达到很高的产蛋水平。一年中母鸡的产蛋量与下列因素有关，按其重要性分列如下：

(1) 产蛋持续期的长短　即母鸡从产第一个蛋开始到产最后一个蛋为止并开始换羽的天数，也就是生物学年的长短。第二年的产蛋量约比第一年减少 12%。产蛋持续时间越长，母鸡产蛋量就越高。

(2) 产蛋强度　也叫作产蛋率，用 1 天或一段时间内全部母鸡与所产蛋数的百分比来表示。这个性状在开产初期表示产蛋的增长速度，产蛋末期反映产蛋的持续性。母鸡头几个月的产蛋率越高，全年产蛋量也越高。母鸡进入产蛋高峰的时间越早，高峰值越高，在其他条件不变的情况下，产蛋量就越高。目前蛋鸡的高峰值可达 80%～95%，33 周龄进入产蛋最高峰。产蛋率越平稳，产蛋量越高。优秀蛋鸡的产蛋率下降速度每月 2%～4%，到 15～16 月龄应保持 65%的产蛋率。

(3) 开产日龄　有两种表示方法：对个体来说即产第一个蛋的日龄；对群体来说即全群鸡连续两天达到 50%产蛋率的日龄。开产日龄表示母鸡达到了性成熟，它与母鸡产蛋量的相关系数很高，初产日龄与蛋重之间存在不理想的正相关；母鸡开产越早所产的蛋就越小。增加光照和提高日粮中的蛋白质水平能促进母鸡的性成熟。要力争获得在正常饲养条件下体重小而较早开始产大蛋的母鸡。

（二）蛋重

蛋重是决定母鸡总蛋重高低和经济意义最大的第二个性状。一般认为蛋鸡的蛋重应为 55～60 g。体重与蛋重呈正相关但通过增加体重来提高蛋重是不合算的，因为会增加耗料量。开产头几个月蛋重增加最快，每月增加 2～3 g，至 6～7 个月时蛋重最大，此后蛋重又开始变小。换羽后蛋重略有增加。蛋重受外界因素的影响比产蛋量要小，常常在 30 周龄和 52 周龄称蛋重，45～46 周龄蛋重能更客观地代表年平均蛋重。测平均蛋重时要称全群 5～7 天内所产的全部蛋重求平均值。蛋重的遗传力最高(0.36～0.8)，可以顺利地通过个体选择得到提高。选育和饲养蛋鸡要使鸡尽早达到最大蛋重并保持产蛋强度和不增加体重。

（三）蛋的品质

这是最具经济价值的性状，包括蛋形、蛋壳厚度和颜色、蛋的密度、蛋白的浓度和血、肉斑率等。

（1）蛋形　蛋的形状是在母鸡输卵管峡部形成的。蛋形对减少破损率、包装运输和孵化有意义。蛋形用蛋形指数来表示，最佳蛋形指数 1.3～1.35，大于 1.35 时蛋形变长，小于 1.3 时蛋形变圆。过长的蛋破损率高，孵化率低。蛋形的遗传力为 0.1～0.25。通过 2～3 代选育可以改变蛋形。

（2）蛋壳颜色　蛋壳颜色是在子宫中沉积色素的结果，受遗传制约，壳色遗传力为 0.58～0.76，通过选育可改变蛋壳颜色的深浅。产蛋初期壳色最深，随年龄增加而变浅。蛋壳颜色与蛋的营养价值无关。

（3）蛋壳厚度　蛋壳厚度对集蛋、分级、包装、运输和孵化时保护蛋的完整性起重要作用。蛋壳厚度变化很大，受环境温度和代谢过程的影响，品系之间也有差异。蛋壳厚度的遗传力为 0.15～0.3，通过选育可以改善蛋壳厚度。蛋壳厚度应在 0.35 mm 以上。

（4）蛋的密度（比重）　蛋的密度代表蛋壳的质量。最佳蛋的密度在 1.08 以上。蛋的密度可用盐水漂浮法测定。蛋壳的强度是由蛋的密度、蛋壳厚度和壳膜的质量决定的。

（5）蛋白的浓度　最重要的是外浓蛋白的数量和质地，蛋白越浓，蛋的质量越好，孵化率越高。蛋白的浓度用哈氏单位来表示，最适宜的哈氏单位为 75～80。该形状的遗传力为 0.2～0.5，可通过育种提高哈氏单位。

（6）血斑和肉斑率　这是受遗传制约的形状，其遗传力为 0.5。已知蛋中血斑的形成主要与排卵时输卵管少量出血有关，肉斑则与输卵管黏膜损伤有关。白壳蛋的血、肉斑率很低，褐壳蛋的血、肉斑率最高。在产蛋后期的血、肉斑率增加。通过选育可以降低血斑和肉斑率。

（四）体重

体重是受遗传制约的数量性状，其中有 1 个基因与性别有关，所以公鸡体重比母鸡大。体重的遗传力为 0.35～0.53，家系选择和个体选择均有效。蛋鸡应对减低体重进行选育，以减少维持体重的饲料消耗，降低体重还可以提高鸡舍的容鸡量。体重增加，鸡的性成熟就晚，产蛋数量减少。体重也是鸡体健康的标志，对种鸡应经常检查体重的变化情况，保持鸡的最佳体重极为重要。种鸡场应积累每一品系或杂交鸡的标准体重，制订出该品系的标准体重曲线图，以便检查和监督后备鸡和成年种鸡的体重变化。一般用测 18～20 周龄和 52 周龄的体重作为蛋鸡品系体重的资料。

（五）生活力

生活力是鸡抵抗外界不良影响的特性。生活力一般用存活率和死亡率来表示。实际考察时可分三个阶段：第一阶段为胚胎生活力，用孵化率和健雏率作为衡量的指标；第二阶段为 0～20 周龄的育成率；第三阶段为产蛋期存活率。鸡的生活力与体况结实性有关，可预示鸡的健康、高产和抗病能力。死亡率与入舍鸡产蛋量之间的遗传相关系数为0.56，与饲养日产蛋量之间的遗传相关系数为0.27。

（六）受精率和孵化率

除产蛋量以外，鸡的繁殖性能主要包括受精率、孵化率、雏鸡的存活率。受精率既代表公鸡也代表母鸡；公鸡能使蛋受精，母鸡能产受精的蛋。孵化率代表受精蛋的生物学全价性，是胚胎发育能力和雏鸡生活力的指标，在任何情况下孵化率都是鸡的生活力的第一个特征。影响孵化率的有许多非直接的因素：蛋的大小、蛋结构的缺陷、蛋壳的厚度和多孔性、种鸡的饲养水平等，而对孵化率影响最大的遗传因素有致死基因和半致死基因，致使胚胎在不同发育阶段死亡。这些基因大多数都是隐性的，很难查出来。受精率和孵化率的遗传力很低（0.03～0.2）。因此，个体选择是无效的，只能用家系选择的办法。

（七）饲料转换率（饲料报酬）

改善饲料报酬有两条途径：一是提高鸡的产蛋量；二是改善鸡的饲料转化率。鸡的饲料转化率即生产单位产品所消耗的饲料数量。品系间的饲料转化率存在着明显的差异，33.6%～40%。也发现同一品系内部有些母鸡的饲料转换率很低（16.1%），有些则很高（44.7%），也就是说，每产1 kg蛋所消耗的饲料从2.2 kg到6.2 kg不等。饲料转换率与产蛋量有显著相关而与蛋重相关较小，与体重无关。体重大的鸡也可以有很好的饲料报酬。采食量与饲料转化无明显联系，采食量高和采食量低的母鸡可以有相同的饲料报酬。

（八）产蛋期

蛋用品种鸡第一个产蛋周期大约为1年，全程可分成产蛋前期、产蛋高峰期和产蛋后期三个阶段

产蛋前期：产蛋前期是指开始产蛋到产蛋率达到80%之前，通常是从21周龄初到28周龄末。少数品种的鸡开产日龄及产蛋高峰都前移到19～23周龄。这个时期的特点是产蛋率增长很快，以每周20%～30%的幅度上升。鸡的体重和蛋重也都在增加。体重平均每周仍可增长30～40 g，蛋重每周增加1.2 g左右。

产蛋高峰期：当鸡群的产蛋率上升到80%时，即进入了产蛋高峰期。80%产蛋率到最高峰值时的产蛋率仍然上升得很快，通常3～4周便可升到93%～95%。入舍产蛋母鸡90%以上的产蛋率一般可以维持20周，然后缓慢下降。当产蛋率降到80%以下，产蛋高峰期结束。

产蛋后期：从周平均产蛋率80%以下至鸡群淘汰，称为产蛋后期，通常是指60～72周龄的时候。产蛋后期周平均产蛋率下降幅度要比高峰期下降幅度大。

二、产蛋鸡的生理特点和产蛋规律

（一）产蛋鸡的生理特点

1. 开产后身体尚在发育

刚进入产蛋期的母鸡，虽然性已成熟，但身体仍在发育，体重继续增长，开产后24周，约达54周龄后生长发育基本停止，体重增长较少，54周龄后多为脂肪积蓄。

2. 产蛋鸡富于神经质，对于环境变化非常敏感

鸡产蛋期间，饲料配方的变化，饲喂设备的改换，环境温度、湿度、通风、光照、密度的改变，饲养人员和日常管理程序等的变换，鸡群发病、接种疫苗等应激因素等，都会对产蛋产生不利影响。

3. 不同周龄的产蛋鸡对营养物质利用率不同

刚到性成熟时期，母鸡身体贮存钙的能力明显增强。随着开产到产蛋高峰，鸡对营养物质的消化吸收能力增强，采食量持续增加。而到产蛋后期，其消化吸收能力减弱而脂肪沉积能力增强。

开产初期产蛋率上升快，蛋重逐渐增加，这时如果采食量跟不上产蛋的营养需要，那么被迫动用育成期末体内贮备的营养物质，结果体重增加缓慢，以致抵抗力降低，产蛋不稳定。如果在寒冷季节遇到寒流侵袭时，鸡舍保温条件又不好，往往随寒流的过去，出现产蛋率下降的现象，因此会影响后期的产蛋成绩。

（二）鸡的产蛋规律

母鸡产蛋具有规律性，就年龄讲，第一年产蛋量最高，第二年和第三年每年递减15％～20％，就第一个产蛋年讲，产蛋随着周龄的增长呈低—高—低的产蛋曲线。

根据母鸡的特点，产蛋期可划分为三个时期：始产期、主产期和终产期。

1. 始产期

一般是指产蛋率5％～50％的期间，为3～4周。

2. 主产期

主产期是母鸡产蛋年中最长的时期。产蛋率上升很快，27～30周龄达产蛋高峰并维持一段时间，然后以每周0.7％～1％的速度缓慢下降。

3. 终产期

此期相当短，产蛋率迅速下降，直到不能产蛋为止，6～8周时间。

（三）产蛋曲线

将每周的饲养日产蛋率的数字标点在坐标线上，将各点连接起来，称之为产蛋曲线。

1. 产蛋高峰与饲养管理条件的关系

性成熟以后产蛋量的增加是极为迅速的，产蛋率在10％～80％，每天产蛋率增加2％～3％；产蛋率在80％～90％，每天产蛋率增加1％～1.5％；产蛋率在90％～

97%，每天产蛋率增加0.3%～0.5%。5～6周后逐渐达到产蛋高峰，产蛋高峰出现的早晚与饲养管理条件有关。在育成期内限饲程度越高，高峰出现越快。育成期限制光照的鸡群，产蛋高峰出现早于育成期不限制光照的鸡群。如果所有的鸡都在同一天到达高峰，则产蛋曲线的高峰将是非常陡峭的。但鸡群内不同个体的性成熟是不一致的。因此，有些鸡比另一些鸡开产早，达到产蛋高峰也较快。鸡群开产不一致，产蛋高峰就不那么陡峭，曲线将呈弧形。

正常或标准产蛋曲线达到产蛋高峰后，能够维持3～4周的高峰产蛋率，一般能够达93%～94%，高者可达95%～97%；以后每周降低0.5%～1%，呈直线平稳下降；直到72周龄产蛋率仍然可维持在65%～70%。下降的幅度受到遗传因素的影响，品种或品系不同而有一定的差异。

2. 产蛋高峰与年产蛋量的关系

要使饲养的鸡达到品系的遗传潜力，达到标准的产蛋量，鸡群的实际产蛋高峰必须达到标准产蛋高峰水平。若达不到标准产蛋高峰，则以后的产蛋很少能补偿以前的损失。例如，海兰W-36商品鸡的产蛋标准按母鸡饲养日计算，72周龄产蛋292枚，高峰产蛋率为93%，如果达不到这一高峰产蛋率，就不大可能产蛋292枚。事实上，产蛋高峰同年产蛋量呈高度相关。

3. 产蛋曲线出现波折与补偿程度的关系

一群鸡若在产蛋过程中由于严重应激、疾病或其他因素，产蛋不能保持正常水平而迅速下降，即产蛋曲线出现波折，常需几天或几周方能恢复“正常”。如果这种情况发生在鸡群正处于产蛋量上升阶段的前5～6周时，影响将极为严重，鸡群将绝不会达标准高峰，“损失”的蛋再也补不回来。鸡群在恢复后均匀度变差，同时在产蛋开始下降之前的产蛋曲线变成弧形。鸡群恢复时，最多只能达到当时应有的标准产蛋率，即达到鸡群该周产蛋率的遗传潜力，见图3-1-59。

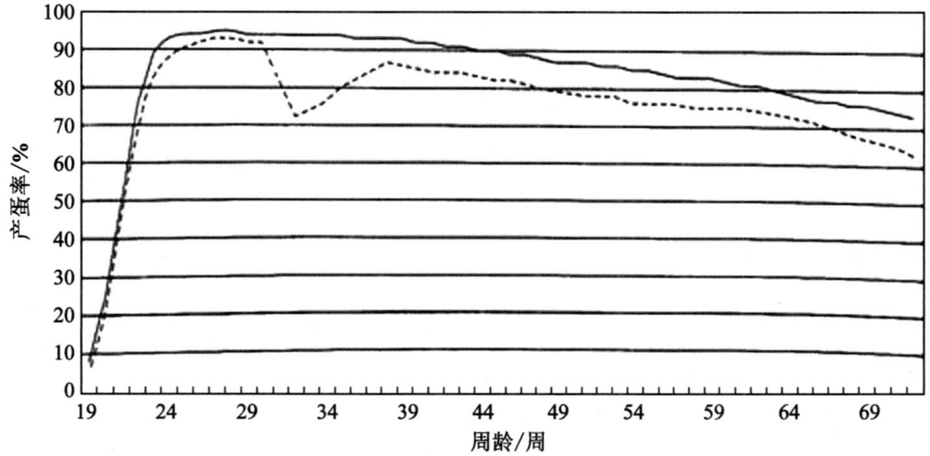

图3-1-59 产蛋曲线

如果鸡群达到高峰后，产蛋量因某些应激而下降，即在产蛋下降阶段出现波折。在这种情况下，年产蛋量所受到的影响往往不像产蛋上升阶段出现波折时那样严重。如在产蛋量下降阶段遭到波折之前一直保持正常或标准水平，则在波折恢复后也只能达到同标准产蛋率同等的程度。

每一个鸡场的技术人员应及时绘出本场每个品种、每个批次的实际产蛋曲线，并同标准产蛋曲线相比较。如果偏离标准曲线，说明饲养管理方面出了问题，应设法及时纠正。产蛋曲线能够直观地反映出鸡群的产蛋状态，在生产中应充分加以利用并进行综合分析。

（四）耗料量

鸡群的饲料消耗量受其能量需要的影响。实际饲料消耗量与鸡的品种、饲料营养成分、气温、产蛋率、蛋大小、体重变化有关。见表 3-1-65。

饲料中各种营养配比应适合蛋鸡生长各阶段的营养标准，否则，将加大采食量造成饲料浪费，或减少采食影响鸡的生产。

环境温度影响鸡的采食，一般情况下，舍温升高会造成采食量减少，舍温降低造成采食量增大。

表 3-1-65　蛋鸡用料参考与预期体重　　g

周龄	每日耗料	累计耗料	预期体重
1	8	56	50
2	16	168	110
3	24	336	180
4	31	553	270
5	36	805	350
6	41	1 092	430
7	46	1 414	520
8	50	1 764	600
9	54	2 142	690
10	58	2 548	780
11	62	2 982	870
12	66	3 444	960
13	69	3 927	1 050
14	72	4 431	1 140
15	75	4 956	1 230
16	78	5 502	1 320

续表 3-1-65

周龄	每日耗料	累计耗料	预期体重
17	81	6 069	1 410
18	84	6 657	1 490
19	87	7 266	1 570
20	90	7 896	1 640
21	95	8 561	1 710
22	100	9 261	1 760
23	105～110	9 996～10 031	1 800
24	110～120	10 766～10 871	1 860
26 周以后	约 125 g		1 930～2 375

注：此表仅供参考，由于品种不同，环境条件不同，表中数据差异较大。

（五）蛋重大小的控制

影响蛋鸡蛋重的因素很多，但是有实际意义和能够通过人为方式进行控制的因素主要有如下几个方面。

1. 开产日龄

蛋鸡的开产日龄直接影响整个产蛋期的蛋重。蛋鸡开产越晚，产蛋初期和全期所产的蛋就越大。根据法国伊莎褐壳蛋鸡的资料，开产日龄迟 1 天，蛋重平均增重 0.15 g。

目前，运用各种饲养管理技术措施（如育成期控光、限饲等）可以调控鸡的开产日龄，以生产大小适宜的蛋，而年总蛋重不变。达到蛋重标准的一个最重要的因素是母鸡达到性成熟时的体重。体重不仅是影响产蛋初期而且是影响整个产蛋期蛋重的重要因素（表 3-1-66）。

表 3-1-66　母鸡体重对蛋重的影响

18 周龄体重/g	母鸡日产蛋率/%		蛋重/g		67 周龄体重/g
	19～25 周龄	61～67 周龄	19～25 周龄	61～67 周龄	
1 107	48.1	66.7	46.9	62.2	1 750
1 205	51.0	64.4	48.4	64.2	1 825
1 281	50.7	68.3	48.8	64.6	1 970
1 283	53.6	69.0	49.7	65.8	2 045

2. 日粮中亚油酸

含量亚油酸参与脂肪代谢，通过它对蛋黄的影响而影响蛋的大小。日粮中保证最大蛋重的亚油酸水平，目前公认为1.5%。

3. 日粮中能量水平

后备母鸡的生长对日粮的能量浓度最为敏感，其中以14～20周龄的生长鸡受能量进食量的影响最大。提高能量进食量就能育成体重较大的母鸡，而开产体重为决定蛋重大小的重要因素。在理想的条件下（舍温20 ℃左右），产蛋期轻型和中型蛋鸡，每只每天的代谢能需要量分别为1 172～1 255 kJ和1 339～1 464 kJ。日粮能量水平对蛋重的影响主要是通过饲料进食量实现的，如果蛋鸡每天的能量进食量低于上述数值的低限，产蛋量和蛋重均受到影响。

能量进食量是影响产蛋量的关键因素，而蛋白质进食量则是决定蛋重的关键因素。

4. 日粮中蛋白质水平

蛋白质水平或者更准确地说蛋白质进食量，是影响鸡蛋大小的主要营养因素。在多数情况下，产蛋母鸡（来航型）每天进食17 g氨基酸平衡的蛋白质是足够的，而在产蛋后期蛋白质进食量可减少几克而并不影响产蛋量。

综上，蛋的大小是一个可以调控的生产指标。可以通过控制母鸡的开产日龄、体重以及蛋白质、能量等营养素的进食量来控制蛋的大小，以满足市场需要，并取得更大的经济效益。

（六）产蛋期的身体变化

1. 换羽

许多生理因素都与产蛋相关，但换羽是关系最显著的一个。一些较优良的蛋鸡开始换羽后，尚能产少量蛋。但是，一般来说，在换羽的过程中，鸡是不会产蛋的。换羽期的长短很不一致，优良的蛋鸡，换羽晚而迅速，差的蛋鸡则换羽早而缓慢。

(1) 换羽的顺序　身体各部位的换羽遵循一定的顺序和方式。正是这一顺序，可以表明母鸡停止产蛋，开始换羽。

①身体的换羽　躯体不同部位的羽毛按下列顺序更换：头部、颈部、胸部、背部、腹部绒毛、腹部、翼部、尾部。许多时候，当产生应激或疾病时，鸡可发生部分换羽，通常仅涉及头、颈和少量翼羽。

②翼部的换羽　当鸡的翼部伸展时，可见到三组羽毛。

主翼羽　主翼羽通常有10根，最迟脱去。

副翼羽　副翼羽通常有14根，位于翼部靠近身体的一侧。

轴羽　轴羽位于主翼羽和副翼羽之间只有1根，较短。

（2）翼羽的更换　对于鸡类，并非所有翼羽都是同时换的。如果同时换，则其翼部就会有一段时间没有羽毛，从而不能飞过哪怕很短的距离。主翼羽的脱换是十分一致的：先是最近轴羽的主翼羽脱落，其余的主翼羽由内侧向外侧依次脱落，因而，主翼羽的编号也是最靠近轴羽的为第 1 根，翼尖处的为第 10 根。

通常情况下，一根主翼羽脱落到新的一根羽毛完全长好大约要 6 周时间。因此，全部主翼羽从脱落到新羽完全长好要花 16 周时间。

①高产母鸡可一次脱落 1 根或数根主翼羽　虽然大多数低产母鸡一次仅脱落 1 根主翼羽，然而高产母鸡却能一次脱落 2 根、3 根，有时甚至 4 根，这能加快换羽过程，短期内 10 根主翼羽可全部换去。

②换羽进度可指示母鸡的停产时间　观察换羽母鸡的翼部，可以估计母鸡产蛋停止了多长时间。如果母鸡的换羽方式很有规律，每周落下一根主翼羽，那么已换羽毛数就同该鸡产下最后一个蛋后的周数相一致。如果鸡换羽迅速，一次可落下一根以上的主翼羽，那么在计算时增加的羽毛数就代表一周。当同时脱落一根以上的主翼羽时这一组羽毛也将同时长好，由此就可很容易地确知每周换羽的数量。

③部分换羽　有时在产蛋期间，可因疾病、天气或应激因素使鸡停止产蛋。在此期间，鸡将视停产时间的长短而脱落 1 根、2 根或者更多的主翼羽。第 1 根主翼羽总是首先脱去，接着第 2 根等等。多数情况下，母鸡可在羽毛未长全前重新产蛋。在产蛋年的终末，开始正常换羽时，母鸡从应激期末换的羽毛处开始其换羽。也就是说，如果鸡在产蛋期的中期换了第 1 和第 2 根主翼羽，产蛋年末就应从第 3 根主翼羽开始换羽，直至第 10 根主翼羽，然后再换第 1 和第 2 根主翼羽。

2. 黄色素

黄皮肤鸡的色素沉着情况对确定鸡已产下多少蛋及产蛋方式很有价值。黄色素是由一种叫叶黄素的色素造成的，这种色素在鸡皮肤中很容易氧化。黄色素不仅会丧失，而且其丧失还遵循一定的方式，有些部位褪色比另一些部位快。

（1）褪色的顺序

肛门（褪色最快）—眼圈—耳垂—喙（由基部到尖部）—足底—跖前—跖后—跗和趾背

（2）褪色　“褪色”一词是指组织中叶黄素的氧化。如果母鸡不产蛋，日粮中叶黄素的量通常足够补充组织中氧化的叶黄素。然而叶黄素还会进入蛋黄。从而使蛋黄呈黄色。当母鸡处于产蛋旺季时，饲料中大部分叶黄素都进入蛋黄，只剩下极少量进入皮肤等组织，因此，经长期产蛋后，组织就会褪色而成为青白色。

（3）产蛋数量同褪色部位的关系　虽然日粮中叶黄素的量可决定皮肤中黄颜色的浓度，但鸡已产蛋的数量和不同部位的褪色情况之间存在一定的关系。各部位的褪色同产蛋数的关系如下：

肛门　产第一个蛋时即褪色。

眼圈　1～2 个

耳垂　9～10 个

喙　上 1/3 个，11 个，上 1/2，18 个

　　上 2/3 个，23 个，上 4/5，29 个

　　全白，35 个。（“上”指喙基部）

足底　　66 个

跖前　　95 个

跖后　　159 个

跗关节　175 个

（4）由某部褪色所需产蛋数推算开产后天数　从上列数字找出某部位褪色所需产蛋数，然后根据这一期间的产蛋率换算成产蛋的天数或周数，举例说，喙部完全褪色时约产蛋 35 个，如果这一期间鸡群按母鸡日计产蛋率为 66%，喙部完全褪色所需的实际时间就是 53 天。

（5）品种会影响褪色的速度　轻型鸡种，如来航鸡，其褪色速度比肉用型品系快，这显然是蛋用型鸡的皮肤较薄的原因。

（6）产蛋停止时色素的恢复　鸡一停止产蛋，饲料中的叶黄素就开始进入已褪色的组织。色素的恢复，按照与褪色时同样的顺序进行，但是恢复的速度是褪色时的两倍。

（七）产蛋造成的次要变化

①肛门变大并且潮湿。②耻骨变得较薄。③两侧耻骨间距增大。④耻骨和龙骨末端的距离增大。⑤头颅处的皮肤变得较薄。

三、产蛋鸡的营养需要

1. 产蛋鸡对能量需要

高产蛋鸡的净能包括基础代谢、活动和鸡蛋中贮存的能量。一般估计为每千克体重的 0.75 次幂的基础代谢能为 285 kJ，活动所增加的能量仅占基础代谢能的 50%，一个鸡蛋含有 377 kJ 的能量。一只体重为 1.8 kg 的蛋鸡在舒适的环境下每天产一个鸡蛋，那么，它每天净能的需要量为 1 046 kJ。代谢能在鸡体内的转化率大约为 75%，因此，这只蛋鸡每天需要补充 1 381 kJ 代谢能。也就是每天要饲喂 0.109 kg 饲料，且每千克饲料含 12 430 kJ 的代谢能。表 3-1-67 就是以这些假设作为饲料摄入的依据。当一只鸡每 10 天仅产 8 个蛋时，每天进入鸡蛋的能量只有 301 kJ。相应地，当鸡产蛋数再下降时，进入鸡蛋的能量很少。

表 3-1-67　日粮能量水平和环境能量及饲料摄入的影响

每千克日粮所含代谢能/kJ	平均总蛋重/只鸡	饲料摄入/[kg/（100 只鸡·天）]	耗料（12 个蛋）/kg	代谢能摄入/[kJ/（100 只鸡·天）]	蛋白质摄入/[kg/（100 只鸡·天）]
整个试验（336 天）					
9 875	216	13.7	2.6	1 344	2.2
11 079	215	11.3	2.1	1 256	1.8
12 465	223	10..1	1.8	1 260	1.6
13 386	218	9.4	1.7	1 256	1.5
14 311	197	8.6	1.8	12 27	1.4
112 个最冷天（最高 20 ℃，平均 12.8 ℃）					
9 785	81	16.1	2.7	1 578	2.6
11 079	84	13.4	2.1	1 482	2.1
12 465	84	11.6	1.9	1 449	1.9
13 386	83	10.9	1.8	1 465	1.8
14 311	77	10.1	1.8	1 445	1.6
112 个最热天（最高 36.7 ℃，平均 30 ℃）					
9 875	64	11.1	2.3	1 089	1.8
11 079	61	9.0	1.1	997	1.5
12 465	64	8.2	1.7	1 017	1.3
13 386	63	7.6	1.6	1 013	1.2
14 311	55	6.9	1.7	992	1.1

已有证据表明，当蛋鸡体重达到 1.6～1.8 kg 进入产蛋高峰且条件适宜时，其每天代谢能消耗为 1 255 kJ，随着蛋鸡体重和蛋重的增加，体重刚超过 1.8 kg 的高产蛋鸡每天可能消耗 1 297～1 339 kJ 的代谢能。另外，环境温度能极大地改变蛋鸡的能量摄入。

由于产蛋鸡能根据日粮能量水平来调节采食量，产蛋鸡的能量需要就不能用每千克日粮所含千焦代谢能这一具体的数字来表达。要保证产蛋鸡有高产蛋率，其每千克日粮的代谢能水平不能低于 11 071 kJ。若蛋鸡处于寒冷环境，这一能量水平不能低于 11 531 kJ。日粮中的能量水平在很大程度上依赖于所用饲料原料价格。

2. 产蛋鸡对蛋白质的需要

蛋鸡每产一个鸡蛋就可生产出大约 6.7 g 蛋白质。这相当于一只增重 37 g 的肉鸡在体内沉积的蛋白质。虽然蛋鸡并非每天都产蛋，但考虑到维持蛋白质需要，高产蛋鸡每天所需要蛋白质并不比快速生长的肉鸡少。

在一个典型的鸡群中，22 周龄便开始产蛋，其平均体重只有 1.6 kg 左右。在随后的几个周里，随着蛋鸡体重增加，产蛋量迅速上升。随着产蛋期的延长和成熟体重的出现，产蛋率便开始缓慢下降。

在产蛋初期，蛋鸡同时在机体组织和鸡蛋中沉积蛋白质。随后鸡增重所需蛋白质减少，鸡蛋便随之变大。在高产蛋率条件下要获得较大的鸡蛋，就必须每天给蛋鸡饲喂 17 g 左右的平衡蛋白质。而实际的蛋白质摄入量依赖于饲料的摄入量。见表 3-1-68。

表 3-1-68　产蛋来航鸡对蛋白质的需要量

日粮摄入量/（g/只母鸡）	日粮蛋白质组成/%
80	21.2
85	20.0
90	18.9
95	17.9
100	17.0
105	16.2
110	15.5
115	14.8
120	14.5

表 3-1-68 所示蛋鸡每天为了获得 17 g 蛋白质在不同蛋白水平下的饲料摄入量。根据蛋鸡每天摄入的能量假设，可以对不同能量水平日粮蛋白质需要进行估计。有关白来航蛋鸡的蛋白质和能量需要关系的推荐值列于表 3-1-69 中。表中给出了两种环境下的蛋白质和能量需要，由于环境温度影响能量摄入，进而影响饲料摄入。

任何对产蛋鸡蛋白质需要的叙述都必须做到日粮蛋白质中氨基酸的平衡。某种必需氨基酸的缺乏相当于蛋白质总量摄入不足，它会导致产蛋量下降和蛋形变小，蛋鸡蛋白质和氨基酸需要往往同时受到相似变化的影响。

表 3-1-69　白来航鸡的能量和蛋白质需要

日粮代谢能/（kJ/kg）	冷气候		暖气候	
	蛋白质需要/%	日粮/［g/（只鸡·天）］	蛋白质需要/%	日粮/［g/（只鸡·天）］
10 886	15.0	117	16.5	105
11 514	15.5	111	17.0	100
12 142	16.5	105	18.0	95
12 770	17.0	100	19.0	90
13 398	18.0	95	20.0	86
14 026	19.0	90	21.0	82

要确定产蛋鸡单个氨基酸的需要比生长鸡困难得多，在实际饲养试验中，需要长期饲喂来评价产蛋鸡的性能，因而测定氨基酸的需要量难度很大。人工结晶氨基酸已被成功地加入优质饲料中用以饲喂蛋鸡，但由于成本太高，长期的饲养实验太昂贵。产蛋鸡氨基酸需要主要是根据鸡蛋中的氨基酸含量来确定。日粮中必需氨基酸的比例一定要接近鸡蛋中合成氨基酸的比例。产蛋鸡必需氨基酸需要量见表 3-1-70。

表 3-1-70　来航后备母鸡和产蛋鸡的氨基酸需要量 %

	后备母鸡氨基酸需要量				产蛋鸡氨基酸需要量	
	占蛋白质	占日粮			占蛋白质	占日粮
		0～2 周	2～8 周	8～20 周		
精氨酸	5.0	1.08	1.00	0.72	5.0	0.85
组氨酸	2.0	0.43	0.40	0.29	2.0	0.34
异亮氨酸	4.0	0.86	0.80	0.58	4.0	0.68
亮氨酸	6.0	1.29	1.20	0.87	7.8	1.33
赖氨酸	5.0	1.08	1.00	0.72	4.3	0.73
蛋氨酸	2.0	0.43	0.40	0.29	2.0	0.34
蛋＋胱氨酸	3.6	0.77	0.72	0.52	3.6	0.61
苯丙氨酸	3.2	0.69	0.64	0.46	4.6	0.78
苯丙＋酪氨酸	6.4	1.38	1.28	0.93	7.8	1.33
苏氨酸	3.2	0.69	0.64	0.46	3.2	0.54
色氨酸	0.9	0.19	0.18	0.13	0.9	0.15
缬氨酸	3.2	0.69	0.64	0.46	4.0	0.68
合适的蛋白质水平		21.5	20.0	14.5		17.0

3. 产蛋鸡对维生素和矿物质的需要

钙是蛋鸡所需要的主要营养元素之一。蛋鸡每生产一个蛋需要将近 2 g 钙来形成蛋壳。一只年产 250 枚鸡蛋的蛋鸡，每年主要以碳酸钙形成沉积的钙量达 500 g，这就意味着蛋鸡在蛋壳中沉积了大约 1 300 g 碳酸钙。产蛋鸡并不能很有效地利用钙，沉积到蛋壳中的钙只占其摄入量的 50%～60%。因此，每产 250 个鸡蛋，蛋鸡必须摄入 2 600 g 钙，大大超过了其自身体重。说明了产蛋鸡钙代谢需要量的大小，远远超过了其他任何种类动物多得多的钙代谢需要量。

产蛋鸡钙的需要量很难精确描述，因为，蛋鸡能在低钙水平上维持高产蛋量。而这个水平低于形成满意蛋壳质量所需钙的水平。现代市场营销和手工捡蛋都需要鸡蛋有坚硬的蛋壳，这样才不至于碰碎。蛋鸡进入产蛋后期，所产蛋的蛋壳一般比产蛋前期薄。而且质量较差。热天容易使鸡产薄壳蛋。蛋壳质量也受鸡呼吸系统疾病影响，因为，此病影响输卵管而使鸡产畸形蛋。并不是所有引起蛋壳质量下降的因素都可以通过在日粮中添加钙来加以弥补。

当钙的含量在日粮中以百分比的形式出现时，钙的摄入在很大程度上受饲料摄入的影响。当日粮中的钙水平低于3%时，蛋鸡在产蛋早期能很好地利用钙形成令人满意的蛋壳。但在其他情况下，尤其是天气太热时，产蛋后期蛋鸡的日粮钙水平要提高4%～4.5%，以保证提高蛋壳质量。表3-1-71列出了维生素和矿物质的实际需要量，包括安全剂量等。

表3-1-71　产蛋鸡、种鸡实际营养水平推荐用量（以%或每0.45 kg含量表示）

项目	产蛋鸡	种鸡
维生素		
维生素A/IU	3 000	5 000
维生素D_3/IU	450	500
维生素E/IU	2.5	7.5
维生素K_1/mg	1	1
硫胺素/mg	1	1
核黄素/mg	2	2.5
泛酸/mg	1.5	7.5
烟酸/mg	12	15
吡哆素/mg	1.5	2
生物素/mg	0.05	0.08
叶酸/mg	0.18	0.4
胆碱/mg	500	500
维生素B_{12}/mg	0.003	0.005
亚油酸/%	1.4	1.4
无机元素		
钙/%	3.7	3.7
磷/%	0.4	0.4
钠/%	0.12	0.12
氟/%	0.40	0.40
氯/%	0.1	0.1
锰/mg	15	15
镁/mg	250	250
铁/mg	20	20
铜/mg	5	5
锌/mg	30	30
硒/mg	0.07	0.07
碘/mg	0.15	0.15

四、产蛋行为

1. 产蛋生理机制

鸡的产蛋受神经内分泌系统的调控，小母鸡在育成期卵巢就已开始发育，在育成期得病或其他伤害都对以后的正常排卵有影响。鸡卵在鸡体内经过卵泡发育—排卵—蛋的形成，然后产蛋排出体外等一连串过程，而这些过程都是受内分泌所支配。8 周龄以下的雏鸡生殖器官的活性低，分泌的激素很少，所以卵泡发育程度不显著，8 周龄以后随着内分泌器官活跃，分泌的激素增多，促进卵泡快速发育。这些激素的分泌，受到光照、营养、疫病、温度等环境因素的影响。

2. 光照对产蛋影响

鸡的产蛋绝大部分集中在白天，呈偏态分布，即上午产蛋多于下午，产蛋高峰集中在 10：00 前后。鸡的产蛋集中在白天与鸡的排卵时间有关，鸡排卵一般在产蛋后 1～2 h，日落前 2 h。如果鸡的产蛋时间较晚，它就停止排卵，一枚蛋的形成需要 25 h 左右，第二天就不能产蛋，休产 1 天，形成一个间隔，一个间隔称为一个连产。在自然状态下散养鸡接受自然光照，在日照时间较长的季节（夏季）可以有较长的连产期，在日照时间较短的季节，连产期很短。集约化饲养的优良蛋鸡，需要人工补充光照，才能保持鸡群有较高的生产水平。

光照一方面作为信号刺激，使鸡释放激素，促使排卵。另一方面光照对鸡的采食饮水有直接的影响，通过影响营养摄入量影响鸡的产蛋。一般高产蛋鸡都要求 15～16 h 光照。

3. 温度对产蛋影响

鸡除了感觉光照的变化，对温度的变化也很敏感。在高温的夏季，有些鸡也停止产蛋，俗称歇伏。一方面与鸡的选育程度有关；另一方面炎热的夏季，鸡体散热困难，采食时间主要集中在清晨和傍晚，如果这两段时间的食物供应不充足，会影响鸡的营养摄入量；此外高温还可以引发鸡的抱性和换羽。集约化养鸡在炎热的夏季必须采取降温措施，防止鸡的热应激。

4. 饲料对产蛋影响

没有蛋形成之日的饲料摄入量同有蛋形成之日相比，明显地减少。在卵进入输卵管膨大部时摄食量达到高峰，在蛋壳迅速沉积时便降到相当低的水平。母鸡对饲料中钙的摄取量，在卵进入输卵管子宫部时达到高峰，然后呈减少的趋势。营养过剩的母鸡由于体内脂肪沉积太多，影响卵巢的正常发育和排卵过程的顺利进行，使许多卵泡落到腹腔内，从而影响鸡的正常产蛋。

5. 其他因素对产蛋的影响

细菌性疾病如大肠杆菌、沙门氏杆菌、巴氏杆菌等对鸡的产蛋有严重影响。病毒性疾病一旦暴发，整个鸡群不仅产蛋率下降，而且死亡率高。减蛋综合征、传染性支气管炎、传染性鼻炎、新城疫等，都会使鸡的产蛋率下降、畸形蛋增加，这些疾病都需要及时预防及接种疫苗。

附件

正大褐蛋鸡生产性能

一、正大褐蛋鸡生产性能（19～72周龄）

存活率	94%～96%	平均蛋重	63.66 g
高峰产蛋率	92～94%	蛋壳质量	优等
90%以上产蛋率时间	20周	入舍母鸡产蛋数	302.7枚
入舍母鸡产蛋量	19.27 kg	鸡蛋内部质量	优等
饲料转化率	2.38∶1	72周龄末体重	1.9～2.1 kg

二、正大褐蛋鸡营养推荐

正大褐蛋鸡营养推荐见表3-1-72至表3-1-74。

表3-1-72　产蛋期饲料营养推荐表

营养成分	单位	产前料	高峰料	后期料
		至产蛋5%	5%至高峰	80%以下
代谢能	kcal	2 750～2 800	2 800	2 600
粗蛋白	%	17.5	18	15.50
蛋氨酸	%	0.36	0.40	0.32
蛋氨酸+胱氨酸	%	0.68	0.73	0.59
蛋氨酸+胱氨酸（可消化）	%	0.56	0.60	0.49
赖氨酸	%	0.85	0.80	0.69
赖氨酸（可消化）	%	0.70	0.66	0.57
色氨酸	%	0.20	0.18	0.17
苏氨酸	%	0.60	0.59	0.48
钙	%	2.00	3.50	3.60
总磷	%	0.65	0.55	0.45
有效磷	%	0.45	0.40	0.32
钠	%	0.16	0.15	0.14
氯	%	0.16	0.15	0.14
亚麻仁油酸	%	1.00	2.00	1.35

表 3-1-73　鉴别高产鸡、低产鸡、休产鸡标准

分类 项目	高产鸡	低产鸡	休产鸡
头部	头部大小适中，头顶较宽，面部清秀；冠和肉垂硕大、红润、丰满、细致而有光泽	头部粗大，由于面部有较多脂肪沉积而显得臃肿	冠和肉垂小而皱缩，颜色苍白、干燥、无光泽
羽毛	未换羽，羽毛较陈旧且尾羽开展、不下垂，换羽开始迟，持续时间短	羽毛整齐而显新洁，尾羽不正，过高、过低或下垂，开始换羽早，持续时间长	已换羽或正在换羽
泄殖腔	泄殖腔大而丰满、湿润、膨胀，呈椭圆形	泄殖腔相对较小、较湿润	泄殖腔皱缩、干燥，呈圆形
耻骨	薄而富有弹性，耻骨间距大，可容下 4～5 指	耻骨间距可容下 2～3 指	耻骨坚硬而无弹性，向内弯曲，耻骨间距小
皮肤与色素	皮薄、细致而富有弹性，手感好；泄殖腔、喙、胫等已褪色	皮厚、粗糙，皮下脂肪多，手感发紧发硬	泄殖腔、喙、胫重新着色
性情	性情活泼而不野，较易管理	动作迟缓或过野，难以管理	性情过野
觅食	觅食能力强，嗉囊常显饱满	觅食能力较弱	觅食能力较弱

表 3-1-74　常用术语指标描述

挑鸡	指育成期大中小栏相互之间挑选的鸡只数
耗料	指今日所投喂给的饲料量，即昨日存栏乘以今日单只鸡料量
商品蛋	指今日所收集蛋中挑选出的不合格蛋之和，并要把各类蛋分开，记录数量和公斤数
蛋收集	指今日收集的种蛋和商品蛋之和
温度	指本日鸡舍内 1 整天的温度范围，即昨日记录温度消除温度后到今日记录温度时的温度范围
产蛋率	指对鸡群本日产蛋性能的衡量，即今日产蛋总数除以今日母鸡存栏乘以 100 所得
蛋重	指对每日收集单个种蛋重量的衡量，即每日二遍蛋中随机抽取 5 盘种蛋称重，用称取的重量减去 5 个蛋盘的重量，再除以 5 盘蛋的数量，求得的平均数所得
采料时间	指本日打料开始计时，到料线内剩余粉末状饲料为止的这短时间
水量	自由饮水
进料	指每次往鸡舍入库的饲料袋数
余料	指本日鸡群采料后鸡舍操作间内剩余的饲料数量，即昨日余料减去今日鸡群耗料
光照	指本日鸡舍内开灯到关灯之间的时间
药品、免疫	指本日使用在本鸡舍的药品、疫苗数量
称鸡	指每周随机称取鸡群体重后计算平均体重与均匀度所得
其他注意	报表每日填写数据准确、完整、工整，不得有涂改处，技术员核对完报表数据后签字确认

【职业素质培养】

在完成岗位任务中完成职业素质培养和培养标准（表 3-1-75）。

表 3-1-75　职业素质评价标准

项目	赋分	正表象	负表象	评价标准	过程记录	最后得分
职业品质	10	吃苦耐劳、任劳任怨、责任担当	不积极主动、耍滑、拖沓	出现一次扣 1 分		
职业道德	10	遵守行规、诚实守信、职业形象好	违背行规、不守信用	出现一次扣 1 分		
团队协作	20	小组学习、发言及个人意见表达	不互动、不参与、不发言	出现一次扣 1 分		
学习能力	15	主动学习、学习有计划性、自主学习、能综合分析形成自己的意见	不主动学习、学习没有计划性、不能自主学习	出现一次扣 1 分		
社会能力	10	善于沟通、交流，能获得预期资讯信息	不与人沟通、交流，不能获得预期资讯信息	出现一次扣 1 分		
创新能力	5	有创新思维意识，经常有新意见和建议	无创新思维意识，长期无新意见、建议	出现一次扣 1 分		
信息化能力	10	使用信息技术获得学习资讯能力	没有使用信息技术获得学习资讯能力	出现一次扣 1 分		
心理健康	10	性格阳光、能有效疏解各种压力	性格灰色、不能有效疏解各种压力	出现一次扣 1 分		
管理能力	5	适应组织管理环境，能准确角色定位	不能适应组织管理环境，不能准确角色定位	出现一次扣 1 分		
社会责任	5	环保、同情弱势、关注时政	不环保、不同情弱势、不关注时政	出现一次扣 1 分		

备注：总分 80 分以上合格。

【岗位考核】

（1）理论知识（相关技术理论，试卷考核）。

（2）学徒岗位关键技能考核。

（3）学徒工作业绩考核。见表 3-1-76。

表 3-1-76　工作业绩考核表

考核环节		考核任务内容	分数比例	得分
考核 1	岗前培训	蛋鸡场饲养岗位安全制度、生产规程、技能标准、注意事项	10%	
考核 2	岗上技术指导	产蛋鸡饲养管理、疾病预防、光照管理、环境控制等关键技术	20%	
考核 3	顶岗工作	独立承担产蛋鸡饲养工作任务，完成工作指标业绩考核	40%	
考核 4	职业素质	根据职业素质培养标准考核	30%	

（4）职业素质、职业道德综合评价见表 3-1-77。

表 3-1-77　综合评价表

项目	A	B	C	D
工作态度				
吃苦耐劳				
团队协作				
沟通交流				
学习钻研				
认真负责				
诚实守信				

【任务总结】

项目任务

根据本场生产实际情况，为本场制订蛋鸡产蛋期实施方案，结合生产任务实施。

学徒任务四　种鸡饲养

【专业知识准备】

饲养蛋种鸡的目的是为了尽可能地获取受精率和孵化率高的合格种蛋，提供更多的健康母雏。

一、后备蛋种鸡的饲养管理

蛋用种鸡与商品蛋鸡育雏、育成饲养方法大同小异。本节重点讨论不同之处。

1. 饲养方式和饲养密度

（1）饲养方式　有地面平养、网上平养和笼养，如图 3-1-60 和图 3-1-61 所示。在生产实践中，为了便于防疫注射和管理，种鸡多采用网上平养和笼养。笼具多采用叠式育雏笼和阶梯式育成笼，育雏批次少的鸡场直接使用育雏育成一体笼，实行公母鸡分栏饲养。

图 3-1-60　分群笼养

图 3-1-61　单笼饲养

（2）饲养密度　种鸡的饲养密度要比商品蛋鸡小。合适的饲养密度有利于鸡的正常发育，也有利于提高鸡的成活率和均匀度。随着日龄的增加，饲养密度也应相应降低。可在断喙、免疫接种的同时，调整饲养密度并实行强弱分群、大小分群饲养。

2. 环境控制

为了培育合格健壮的后备种鸡，除要求按商品鸡的标准控制温度、湿度、通风外，更应该强调卫生消毒工作。进雏或转群前，对鸡舍一定要彻底消毒，有条件时，要做消毒效果的监测工作，不具备监测条件的，至少要消毒 3 次以上，力求彻底。舍外环境的消毒要定期坚持进行，特别是春秋季节，如图 3-1-62 和图 3-1-63 所示。从有雏的第 2 天开始，就要进行带鸡消毒，雏鸡要求隔日 1 次或每周 2 次消毒，育成阶段每周 1 次消毒。价值较高的种鸡要求更严格，应采用带鸡消毒和无腐蚀的消毒剂。

图 3-1-62　舍外环境

图 3-1-63　养殖场环境

3. 光照管理

对种鸡用合理的控制光照法，以控制其体重与性成熟。在育雏的前 3 天内，要求连续 24 h 光照，以保证雏鸡开食饮水和熟悉环境，以后要根据鸡舍类型、季节等，制订光照计划。如图 3-1-64 至图 3-1-66 所示。

图 3-1-64　舍内环境

图 3-1-65　光照控制

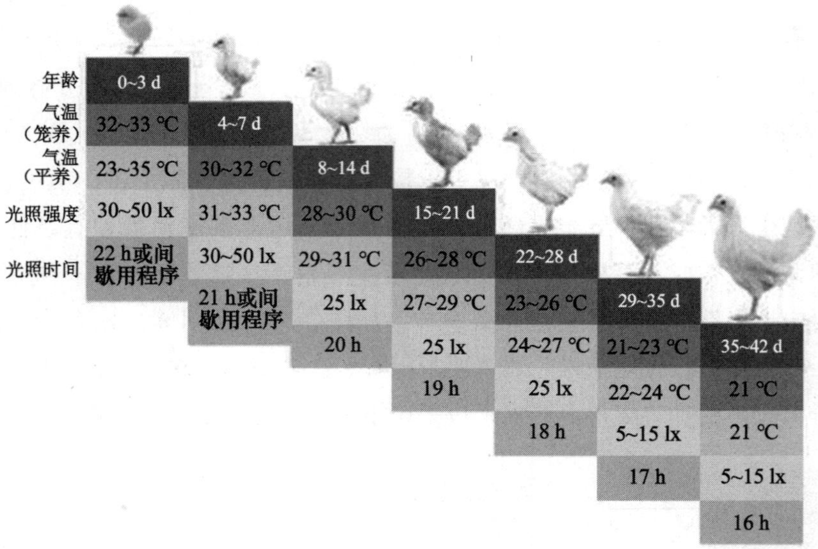

图 3-1-66　光照强度控制

4. 调控体型，提高均匀度

调控种鸡体型必须检测跖长，辅助称重。种鸡体重是在整个育成期不断增长的，直到产蛋期 36 周龄时达到最高点。骨骼在最初的 10 周内迅速发育，到 20 周时全部骨骼发育完成，前期发育快，后期发育慢。因此，要求青年鸡在 17 周龄时完成骨架发育的 90%。如果营养或管理等配合不当，为了达到体重标准就必然会出现带有过量脂肪的小骨架鸡（小肥鸡），将来的产蛋性能明显达不到应有的标准。所以在育雏期，跖长标准比体重标准更重要。在育雏期所追求的主要目标应该是跖长的达标。到 8 周龄时若跖长低于标准，可暂不换育成料，直到跖长达标后再换料。

育成期通过合理的饲料配方及限制饲养技术的运用，加强体重控制和抽检，加强疾病防疫，将均匀度提高到 80%以上。

二、从育成舍转移到产蛋舍

将鸡群转移到产蛋舍的时间主要根据设备的准备、体重情况和光照程序来决定。转舍可能会对鸡群造成非常大的应激，所以一定要做到尽量细心，保证转舍的顺利进行。在转舍前详细计划，转舍时细心对待鸡只。在转舍前，育成舍和产蛋舍的管理人员应该聚集在一起讨论鸡群的情况。将育成期的生产记录与鸡群一起转移到产蛋舍。记录应该包括疾病、体重、光照程序、光照强度、饲料量、喂料时间、用药情况、免疫程序、转鸡数量、饮水量以及其他相关信息，这将帮助产蛋舍管理人员更好地让鸡群适应新的环境。

在转鸡前后，有时可能需要额外增加饲料量。额外增加的饲料量要根据季节和转舍距离来决定。鸡群转移到产蛋舍后它们应该很快就能找到饮水和饲料。

在计划转鸡时，应认真考虑以下几点：①在转鸡前 1 周，产蛋舍就必须准备好接受鸡群，在转移母鸡前 2～3 天对公鸡进行最后的选种和转移。②在转移到产蛋舍前要仔细观察，挑选出有明显缺陷的母鸡。③在夜晚或早晨转鸡，转舍后，认真观察鸡群，触摸它们的嗉囊，看它们是否能够找到饲料和水源。

三、产蛋期蛋种母鸡的饲养管理

1. 饲养方式和饲养密度

产蛋期的蛋种鸡饲养方式主要有地面散养、网上平养和笼养三种方式。目前我国以种鸡笼养为主，多采用二阶梯式笼养，母鸡饲养在产蛋笼中，公鸡实行单笼个体饲养，这有利于人工授精技术操作。劳动力成本较高的地区可采用四层叠式产蛋种鸡笼养，每笼可饲养 80 只母鸡，8～9 只公鸡，实行自由交配。种蛋从斜面底网滚出到笼外两侧集蛋处。

2. 控制开产日龄

种鸡开产过早，前期蛋重小，而小于 50 g 的蛋不能作为种用，而且开产早停产也早，势必影响种蛋数量。因此，必须控制种鸡开产日龄，一般要求种鸡的开产日龄比商品蛋鸡晚 1～2 周。使种鸡体型得到充分发育，获得较大的开产蛋重，提高种鸡的合格率。开产前期，光照增加时可以比蛋鸡延迟 2～3 周。

3. 适时转群

由于蛋种鸡比商品鸡通常迟开产 1～2 周，转群时间可比商品蛋鸡推后 1～2 周。但是，如果蛋种鸡是网上平养，则要求提前 1～2 周转群，目的是让育成母鸡对产蛋环境有认识和熟悉的过程，以减少窝外蛋、脏蛋、踩破蛋等，从而提高种蛋的合格率。

4. 合理的公母比例

在大群自由交配的情况下，公母比例应为：轻型蛋种鸡 1∶（12～15）；中型蛋种鸡 1∶（10～12）。人工授精条件下，公母鸡分笼饲养，留养比例为 1∶（20～30），实际使用比例为 1∶（35～40）。如图 3-1-67 所示。

种鸡场要想获得较高的种蛋受精率和降低饲养成本，应多饲养些公鸡，按合理的公母比例实行轮流配种或对换公鸡。为了防止啄斗、打架，同群公鸡要一起换或搬走，不能互相掺入。

图 3-1-67　自然交配

5. 种鸡的公母合群与配种的适宜时机

15 周龄开始，应根据鸡舍条件和鸡群的周龄，以保证在开产前公母鸡相互熟悉，一般应设有暂时储蛋场所，用铁丝网隔开，单独饲养 1～2 周。公母合群最好在晚上进行，以减少鸡群应激。

6. 种蛋的收集与消毒

种蛋要求定时收集，及时熏蒸消毒后送往种蛋库。集蛋时要将脏蛋、特小蛋或特大蛋、破蛋剔出。

7. 种母鸡从光照刺激开始到产蛋高峰母鸡的饲养管理

（1）光照刺激开始后，母鸡将会把所有的营养在维持生理、成长和发展产蛋系统之间进行分配。良好的管理程序能够影响营养在不同方面的分配。从光照刺激到产蛋开始，要根据体重来饲养。当鸡在合适的身体条件下接受光照刺激之后，通常要求小幅度增加饲料量［2～3 g/（鸡・周）］，当日产蛋率达到 5%时其给料方法按其产蛋上升速度给予添加（表 3-1-78 和表 3-1-79）。

表 3-1-78　父母代种鸡各阶段的要求

周龄	1～4 周	5～16 周	17 周至淘汰
料位	50 只/料桶	8 cm/只	10 cm/只
水位	水球向水线供水过渡	20 只/水线乳头	10～12 只/水线乳头
密度	600 只/保温伞→14 只/m^2	14 只/m^2	7 只/m^2

表 3-1-79　父母代种鸡光照程序

周龄	日龄/天	光照时间/h	光照强度/lx
1	1～3	24	越亮越好
1	4～7	22	30～40
2	8～14	20	10
3	15～21	18	10
4	22～28	16	10
5	29～35	14	10
6	36～42	12	10
7	43～49	10	10
50 天到体重达到 1 440 g（大约 18 周龄）	51～126	8	3～5
19	127～133	9	15
20	134～140	10	
21	141～147	11	
22	148～154	12	
23	155～161	13	
24	162～168	14	15
25	169～175	14.5	
26	176～182	15	
27	183～189	15.5	
28 至淘汰	190 至淘汰	16	15

（2）母鸡体重控制　特别是对于身体条件尚未符合光照要求的鸡，它们很可能不会对光照刺激产生反应，而将大部分的饲料营养分配到体重增长上，更少的营养能够用来生育生殖系统，所以首次光刺激时光照时长不宜超过 13 h，再次加光到 15～16 h 要根据鸡群的具体情况来决定。

（3）蛋重控制　减少产蛋初期的死亡率（脱肛、猝死、心脏病、脂肪肝等）。

每天在同一时间喂料。不要因为光照程序的改变而改变喂料时间。检查触摸鸡的嗉囊，看它们是否能够吃到饲料和饮水。检查它们生长情况。每周对母鸡称重，每栋鸡舍抽取 60～100 只或总数的 3%～5%称重。计算平均体重和均匀度。在产蛋达到 5%前都按照体重情况来决定饲料量，此后按照产蛋率来决定饲料增加量。产蛋率达到 5%以后，要制订一个为产蛋服务的饲料程序。该程序要允许产蛋率每增加 5%就要相应增加饲料量，具体加料办法本着前期（产蛋 5%～25%）慢，中期（产蛋 25%～

45%）稍快，后期（产蛋45%～65%）更快的原则添加，通过此程序可以有效地控制开产到高峰期间鸡群的体重增长。笼养鸡群在做人工授精时，如果将开产鸡只单独饲养，在增加料量时要比未开产鸡只多1～2 g来补充其能量与蛋白的摄入量。

产蛋率达到65%～70%时就应该达到高峰料。最高的饲料量要根据饲料的能量水平和饲料形式决定，但在一般情况下，粉状料大概是165～169 g/（鸡·天），或颗粒料160～165 g/（鸡·天），提供455 kcal/（鸡·天）的能量。在高峰产蛋期，高峰饲料应该能够为鸡只提供蛋白25 g/天。在鸡舍不同的温度条件下，鸡只需要的饲料量也会不同。鸡舍的温度应该在20～21 ℃，假如温度超过此范围，就要根据温度的情况调整饲料量。

环境对饲喂程序的影响：试验数据表明鸡舍环境温度每上升或降低1 ℃，每只鸡每天能量需求减少或增加5 cal，如按产蛋期饲料能2 860 kcal/kg计算每只鸡需要减少或增加1.7 g饲料。

如果产蛋未达到标准增料点，绝对不能提前加料，否则过早的加料会造成鸡群的体重增长加快，使其鸡群体重超标导致后期产蛋性能维持能力下降及脚垫破裂。如果日产蛋率增幅超过5%时，高峰料量顺延到70%～75%添加。如果鸡群体况不佳则可以适当提前加料。

8. 产蛋高峰后减料及体重控制

父母代母鸡很容易出现超重的情况，这会在后期造成产蛋持续性差以及受精率低的问题。因此，在产蛋高峰过后，我们必须在饲料上非常小心。通常情况下，如果产蛋率在高峰时连续5天没有再上升就认为已经达到高峰产蛋了。在这时候，为了保持产蛋的稳定持续，减料就非常重要了。在头1周，通常减少2 g，以后每周减少1 g。直到累计比高峰料量减少了10%～14%。

在制订减料计划时应该考虑以下几点：

（1）高峰产蛋水平　如果一个鸡群的高峰产蛋率很高，太快减料会对产蛋造成影响，因为鸡需要营养来维持产蛋。相反，如果鸡群的高峰产蛋率很低，就应该较快地减料，因为鸡不需要这么多的饲料，否则它们就会将饲料转化成我们不希望的体重。

（2）笼养鸡群　笼养鸡群减料更应该放慢速度，因为其在做人工授精时已将停产鸡挑出，所有吃料鸡只为产蛋鸡，故需要的营养要求比平养鸡群高。

（3）高峰饲料量　如果饲料已经达到455～465 kcal/（鸡·天）（160～163 g），高峰后减料的速度将会比只达到440～450 kcal/（鸡·天）（155～158 g）的鸡群更加快。

（4）母鸡体重　在此阶段的体重监测非常重要，生产周龄40周前每周监测，40周以后可以每两周监测一次。如果不减料，母鸡的体重将会快速增加而导致超重。如果在高峰产蛋期间或过后母鸡的体重不增加甚至减少，为了维持产蛋很可能需要加料，如果产蛋后期在冬季更应该注意。经常触摸鸡只和准确称重能够发现鸡只肉体组成、身体条件以及储存情况的细微变化。

（5）吃料时间　吃料完成时间介于 1.5 h（颗粒料）到 3 h（粉料）之间就认为是理想的时间。如果吃料完成时间比以上时间短则表明鸡群没有得到足够的营养，处于饥饿状态。在此种情况下减料可能会对产蛋造成不利影响。另外，如果吃料时间超过 4 h，饲料太多，鸡群很快就会超重并且变得不均匀，在此种情况下就要快速减料。要注意有很多因素可以影响吃料完成时间，包括：饲料的物理形式、饲料原料、高/低温、饮水系统、喂料系统和饲料运转速度、疾病因素等。

四、种公鸡的饲养管理

（一）种公鸡的选择与培育

1. 小公鸡的选择

小公鸡的选择一般要进行多次，最终达到既符合品种特征又具有良好繁殖的目的。

（1）第一次选择　6～8 周龄时选留个体发育良好，冠髯大而鲜红者；淘汰外貌有缺陷，如胸、腿、喙弯曲，嗉囊大而下垂，胸部有囊肿者，体重过轻和雌雄鉴别误差的公鸡也应淘汰。选留比例笼养公母为 1∶10，自然交配公母为 1∶8。

（2）第二次选择　在母鸡转群时进行，一般掌握在 7～18 周龄时开始选留体型、体重符合标准，外貌符合本品种要求的公鸡。用于人工授精公鸡，除上述要求外，主要选择性反射功能良好的公鸡。笼养公母比例为 1∶（15～20），自然交配公母比例为 1∶9。

（3）第三次选择　在 21～22 周龄根据精液品质选择，选择精液颜色乳白色、精液量多、精子密度大、活力强的公鸡。公鸡的按摩采精反应有 90%以上是优秀和良好的，10%左右则为反应差、排精量少或不排精的公鸡。全年实行人工授精的种鸡场，笼养公母比例为 1∶（25～30），自然交配公母比例为 1∶（10～12），多余的一些后备公鸡可作补充。

2. 种公鸡的培育

从雏鸡开始，公母鸡实施分饲。平养与笼养均可，如有条件，饲养密度小些为好，以锻炼公鸡的体质。在 17 周龄以前应严格按照各品系的鸡种要求进行饲养管理，如测量体重、测量跖长、调整均匀度等。光照方案可按照种母鸡的进行。到 17～18 周龄时转入单体笼内饲养（人工授精），光照也以每周增加 0.5 h 的幅度递增，达到 16 h 后保持恒定。

后备种鸡营养水平是代谢能 11～12 MJ/kg，育雏期粗蛋白质 18%～19%，钙 1.1%，有效磷 0.45%；育成期粗蛋白质 12%～14%，钙 1.0%，有效磷 0.45%。

人工授精的公鸡要断喙，以减少育雏、育成期的伤亡。平养自然交配的公鸡不可断喙，但要断趾，以免自然配种时抓伤母鸡。断趾是断掉内趾和后趾第一关节。

由于种公鸡的冠较大，既影响视线，也影响种公鸡的活动、饮食和配种，容易受伤。因此，种公鸡应进行剪冠。引种时，各亲本出雏时都要佩戴翅号，长大后容易区别，特别是白羽蛋鸡，如果混杂了，后代就无法自别雌雄了。

（二）繁殖期种公鸡的饲养管理

在生产实践中，应让公鸡单独采食，平养时，为了不让母鸡采食公鸡饲料，可将料桶吊高，让母鸡吃不到。

1. 能量与蛋白质的需要量

种公鸡代谢能 10.80～12.13 MJ/kg、粗蛋白质 12%～14%的日粮最为适宜，氨基酸必须平衡，最好不要使用动物性蛋白质饲料。

2. 维生素的需要量

使用高品质及足量添加维生素对提高种公鸡精液品质非常重要，每千克日粮中，维生素 A 10 000～20 000 IU，维生素 D_3 220～3 850 IU。建议繁殖期种公鸡的维生素量为：维生素 E 22～60 mg 等。具体运用时，可参照各育种公司提供的标准。

3. 温度和光照

成年鸡在 20～25 ℃环境条件，可产生理想的精液品质。温度高于 30 ℃，暂时抑制精子的产生；而温度低于 5 ℃时，公鸡的性活动降低。光照时间在 12～14 h，公鸡可产生优质精液，少于 9 h 光照，则精液品质明显下降。光照度在 10 lx 就能维持公鸡的正常生理活动。

4. 单笼饲养

为了避免应激，如群养时公鸡的相互打斗、爬跨等，影响精液数量和品质，繁殖期人工授精的公鸡应单笼饲养。

5. 体重检查

为了保证整个繁殖期公鸡的健康和具有优质的精液，应每月检查一次体重，凡体重降低 100 g 以上的公鸡，应暂停采精，或延长采精间隔，并另行饲养，以使公鸡尽快恢复体质。

五、鸡的强制换羽技术

换羽是禽类的一种自然生理现象。自然换羽历时 3～4 个月，而且换羽后产蛋恢复缓慢，一般来说，鸡群中的低产鸡换羽早、停产早。而高产蛋鸡换羽晚，而且边换羽边产蛋，无明显停产期。所谓人工强制换羽就是施行停水、停料、停光等人为的强制性方法，给鸡以突然应激，造成鸡新陈代谢紊乱，营养供给不足，促使鸡迅速换羽并迅速恢复产蛋的措施。人工强制换羽从开始到恢复产蛋一般只需 30～40 天。

（一）人工强制换羽的方法

1. 化学法

在饲料中添加氧化锌或硫酸锌，使锌的用量占饲料的2.0%～2.5%。400日龄以上的鸡群连续供鸡自由采食7天，第8天开始喂正常产蛋鸡饲料，第10天即能全部停产，3周以后即开始重新产蛋。对于160～280日龄的开产时间不长的鸡群，喂给高锌饲料5天即可，第6天为正常育成期饲料，见蛋后逐渐换成高峰饲料。饲喂高锌日粮强制换羽，鸡群一般在采取措施后5～7天停产，1个月左右恢复产蛋，第5周产蛋率又可恢复到50%，换羽结束后鸡的体重减轻25%以上，基本无死亡或死亡率很低。

2. 畜牧学法

畜牧学法又称饥饿法、食法，400日龄以上的鸡群，停料时间以鸡体重下降25%～30%为宜，一般经过9～16天，对于160～280日龄的开产时间不长的鸡群，停料时间适当缩短。

（二）强制换羽的主要技术指标

（1）绝食时间　取决于体重减轻程度，蛋鸡一般为8～12天。

（2）停产时间　尽早停产可使鸡有一个较长的体力和机能恢复过程，一般要求实施措施1周内，使鸡群产蛋率下降到1%以下。

（3）失重率　这是决定强制换羽效果的一个核心指标，要求失重率达到27%～32%，低于25%效果不佳，超过32%则死亡率增大。

（4）死亡率　从强制换羽开始到产蛋率重新上升到50%，这一期间死亡率一般为3%～4%，最高不超过5%。绝食期间死亡率在3%以内是强制换羽成功的标准之一。

（5）重新开产的时间　当恢复供料后应18天左右鸡群见第一个蛋，40～45天产蛋率达到50%。

（三）强制换羽期间的饲养管理

1. 强制换羽期间的饲养

体重下降25%～30%时开始喂料。喂料必须遵照循序渐进的原则。先喂育成料，逐渐增加喂料量至90 g后自由采食，至产蛋率达1%～5%时改为自由采食产蛋鸡料。饲料中额外添加多种维生素，提高鸡群体质。

2. 强制换羽期间的管理

（1）严格规选　强制换羽，首先把病、残、弱及低产鸡淘汰，而有病看不出来的鸡，往往耐受不住换羽的应激，也会死掉。因此，一些有种鸡的公司往往把种鸡的强制换羽，作为鸡群的白血病、白痢、支原体等病净化的措施。

（2）选择换羽时间　要兼顾经济因素、鸡群状况和气候条件考虑。炎热和严寒季节强制换羽会影响换羽效果。所以一般选在春季、秋季，鸡开始自然换羽时进行强制换羽，效果最好。强制换羽开始初期，鸡不会立即停产，100只鸡添加2 kg。平养的鸡饥饿，要防止往往有软壳或破壳蛋，应在食槽添加贝壳粉，每周给鸡啄食垫草、砂土、羽毛等物；要有足够的采食面，保证所有的鸡能同时吃到饲料。

（3）定期称重　固定时间称测鸡只的体重“准备期”。经常了解失重率，决定实施期的结束时间。一般在强制换羽开始后，一周称一次体重，以后可每两天称重一次，在预定的实施期结束前几天，最好每天称重一次，以确定最佳的实施期结束日期。

（4）密切观察鸡群　换羽期注意鸡群的死亡，一般来讲，第一周死亡率不能超过1%，前10天不能超过1.5%，前5周不能超过2.5%，8周死亡率不能超过3%，必要时调整方案甚至中止方案。

（5）不能连续换羽和给公鸡换羽　在强制换羽前挑出已换羽或正在换羽的鸡，单独饲养，避免造成死亡。换羽不适合公鸡，因为公鸡的换羽会影响精液品质，建议更换年轻种公鸡，提高受精率。

（6）提前做好免疫和驱虫　换羽前一个月，应对鸡群加强一次新城疫病、传染性支气管炎和禽流感免疫，集中投放1～2个疗程驱虫药，全部做好后再停料换羽。

（7）合理光照　开始实施强制换羽时，必须同时减少光照时间，把光照时间控制在8 h/天，恢复期光照时间也应采用逐渐增加的方法。一般是在强制换羽第30天后，每周光照增加1～2 h，直至每天16 h后恒定。密闭鸡舍可每周增加2 h，直至每天16 h后恒定。

六、种鸡饲养操作

种鸡饲养操作见表3-1-80。

表3-1-80　种鸡饲养操作

周龄	主要工作内容	注意事项
进鸡前8周	1. 淘汰老龄鸡，鸡舍的清理消毒工作。 2. 堵老鼠可能进入鸡舍的漏洞。特别注意下水道、水帘、鸡舍大门和排风扇电机处可能进入老鼠的地方。 3. 安装饲养设备，使每只鸡拥有不低于8 cm的料位和10～12只/水线乳头的水位。 4. 将公鸡料桶的花栏取掉，按照50只鸡/料桶的比例准备好，备用。 5. 按照育雏育成期每平方米14只鸡的密度，订购鸡苗。 6. 建议育雏育成期，采用“全垫料平养”。 PS：冲洗结束后，技术员、场长、经理分别验收，合格后签字、消毒，动保中心检查合格后，总经理签字，准备进鸡	1. 将鸡舍划分为育雏育成舍和产蛋鸡舍，有利于鸡群健康，减少饲养设备的投资。 2. 最后一次鸡舍消毒前，所有饲养设备都已经擦拭干净，并放入鸡舍
进鸡前2周	1. 空舍 2. 整理鸡舍外环境，用2%火碱环境消毒。 3. 鸡舍周围5 m洒生石灰	

续表3-1-80

周龄	主要工作内容	注意事项
进鸡前 1周	1. 鸡舍内进鸡前的准备工作。 2. 按照每个保温伞下600只鸡，围一个直径2.5 m左右的围栏，围栏高度50 cm，围栏内垫料高度不低于10 cm。 3. 在保温伞边缘悬挂100 W灯泡，使围栏内尽可能亮。 4. 刷洗1日龄饲养用具；水线浸泡消毒	
进鸡前 1天	1. 提前与供货商联系种雏到达的时间和数量，做好种雏到达后如何放置的排栏分布图。 2. 舍内温度25 ℃以上，保温伞下温度35 ℃，垫料温度32 ℃。 3. 饮水预温，水桶里加水。 4. 准备饲料。 5. 悬挂育雏栏卡。 6. 按照每50只鸡/水球，60～80只鸡/开食盘，对其再次刷洗消毒，准备使用。 7. 冲洗水线。 8. 按照最小通风量设定风机开启和关闭时间	1. 最终目的：鸡舍环境控制已经达到1日龄进鸡要求。 2. 饮水符合卫生标准，否则加“水益净”消毒，或将地下水煮沸放凉后给雏鸡饮用。 3. 饲料不要放到鸡舍内，防止高温对饲料蛋白的影响。 4. 风机最低档设定为最小通风量。第二档通风量增加30％
1周 1～3天	1. 雏鸡到达前半小时，将水球加水，加水量约是水球容量的1/3，使其能在2 h饮完。如果雏鸡从出雏到养鸡场的时间超过30 h，初饮时，饮水中要加入5％葡萄糖，长途运输后，初饮用淡盐水（微量元素、补液）或清水，后再换成糖水。 2. 当雏鸡到达后，按照原来计划好的排栏顺序，迅速将鸡盒搬入鸡舍，放到各围栏边，由技术员按照5％比例随机抽检种雏数量和质量，并称重。其余种鸡放入栏内，让雏鸡及时喝水。无法正常饮水的雏鸡用人工帮助其完成饮水，将鸡嘴浸沾饮水器中，教雏鸡饮水。 3. 饮水3 h后，自由采食雏鸡料。 4. 4～6 h以后的饮水中，按照每千克体重20 mg的比例，饮用抗生素，如环丙沙星等。饮水量也要控制在2 h内饮完，然后换用清水。连续3天。 5. 光照：24 h 6. 室内温度25 ℃以上，保温伞下温度35 ℃，垫料温度32 ℃。 7. 公母鸡要分开围栏育雏，且公雏保温伞下温度比母雏高1～2 ℃。 2. 室内相对湿度60％～70％	1. 料盘中的饲料要少加，勤加，以刺激雏鸡的食欲，减少雏鸡刨食导致饲料浪费。 2. 将相对比较弱的雏鸡挑出，单独放到一个围栏内，给其更加充足的饮水和吃料空间。 3. 饮水温度25～27 ℃。 4. 每天清洗二次饮水器。 5. 严禁为了“保温”而关闭排风扇。 6. 不能加泰妙菌素

续表3-1-80

周龄	主要工作内容	注意事项
1周 4～7天	1. 室内最低温度不低于 25 ℃。保温伞下的温度降到 33 ℃。 2. 每天清洗一次饮水器。 3. 根据围栏和鸡舍内的温度，及时扩栏，将围栏扩大或将 2 个围栏合并在一起，以降低饲养密度，增加雏鸡活动空间。至 7 日龄，将围栏内雏鸡密度降低到 60 只/m^2。 4. 光照时间：22 h（1：00～23：00）。照度降至 30～40 lx。 5. 5 日龄球虫免疫。 6. 球虫免疫后，注意保持垫料的湿度，以用手握紧后，放开，垫料可自动散开即可。 7. 自由采食雏鸡料。 8. 在 7 日龄的晚上 20：00 称体重，抽样率 20%。称重时，可将围栏内的雏鸡圈起约 20%，分数次装在一个容器中，用分度值不低于 20 g 的秤来整体称重	1. 为了保障球虫免疫的效果，可采用二次免疫法。即早晨第一次免疫时，先给雏鸡断料 2 h。按照每只鸡 6 g 的料量，准备好饲料，将该群鸡总共所需疫苗的 60%，均匀喷洒到饲料上，然后根据存栏数，把饲料分配给各栏鸡。下午，再按照每只鸡 4 g 的料量，将剩余 40% 的疫苗均匀喷洒到饲料上，重复免疫一次。 2. 球虫免疫操作方法：在蒸馏水中加入稳定剂，按照 500 mL 蒸馏水稀释 1 000 头份疫苗的比例，用喷雾器将稀释液均匀喷洒到饲料上，翻动饲料，再次喷雾，如此几次，直到混合均匀
2周	1. 室内最低温度控制在 24 ℃左右。保温伞下的温度降到 31 ℃。 2. 光照时间：20 h（2：00～22：00）。照度降至 10 lx。 3. 7～10 天，断喙。断喙日当天，增加料盘中的饲料量，断喙日前后 2 天，饮水中添加维生素 K_3（止血），以增强鸡体的抵抗力，促使喙部灼烧处愈合。 4. 继续扩大围栏面积。到 14 日龄，将围栏内雏鸡密度降低到 30 只/m^2。 5. 12 日龄开始，补加公共料桶或料盘，增加料位，使每 50 只鸡拥有一个公共料桶或料盘。开始有计划减少开食盘数量。 6. 根据垫料湿度，适当洒水。 7. 自由采食雏鸡料	1. 断喙时，要将刀片温度调整到 700 ℃左右，刀片呈暗红色时，根据雏鸡的大小，选择中孔（9～10 天）或小孔（8 天），在距离鼻孔 2.5 mm 处，垂直切下。 3. 下喙稍长于上喙。 4. 开食盘不能一次全部拿掉，要用 2 周的时间拿出。开始过渡使用水线饮水

续表3-1-80

周龄	主要工作内容	注意事项
3周	1. 室内最低温度23 ℃。保温伞下的温度降到28 ℃。 2. 光照时间：18 h（3：00～21：00）。照度10 lx。 3. 继续扩大围栏面积。到21日龄，将围栏内雏鸡密度降低到20只/m^2。 3. 停止给垫料洒水。 4. 开始减少围栏内的水球数量，向水线供水过渡，用14天的时间全部取消水球供水。 5. 自由采食雏鸡料	1. 该阶段垫料湿度不能增加，要让其慢慢自然“干燥”。 2. 3～4周是球虫病的高发期，注意观察鸡群状况和粪便的颜色。 3. 注意观察围栏内水位、料位分布是否均匀。 4. 及时调整最小通风量
4周	1. 室内最低温度21 ℃。保温伞下的温度降到24 ℃。 2. 光照时间：16 h（4：00～20：00）。照度10 lx。 3. 撤掉围栏。到28日龄，将雏鸡密度降低到14只/m^2。 4. 到28日龄，将水球全部取消掉，完全用水线供水。 5. 28日龄，测量胫长。 6. 自由采食幼雏料	1. 雏鸡开始具备自身调温能力，如果室内温度能够达到24 ℃，可以停止使用保温伞。 2. 开始将体型小的鸡挑出，给其更充足的水、料、空间，单独饲养。 3. 确认每个水线乳头供水畅通
5周	1. 室内最低温度20～21 ℃，取消保温伞的温源。 2. 鸡舍打隔断，使每栏鸡不超出3 000只。 3. 向料槽中加料，开始让鸡“认识”料线喂料方式。（链式或盘式不同） 4. 光照时间：14 h（5：00～19：00）。照度10 lx。 5. 饲料：小鸡料	1. 本周开始换料。 2. 单独饲养的小体型鸡，继续饲喂3～5天521＃饲料
6周	1. 室内最低温度21 ℃。 2. 开始减少鸡舍内的料桶数量，向料线供料过渡，用14天的时间全部取消料桶供料。 3. 光照时间：12 h（6：00～18：00）。照度10 lx。 4. 开始按只称重，抽样率10%。 5. 自由采食小鸡料。 6. 称重	如果均匀度低于75%，及时查找原因，并将“小鸡”分出，给其提供更加宽松的环境
7周	1. 室内最低温度21 ℃。以后均保持相同室内温度。 2. 开始安装料线防栖栅。 3. 到本周末，全部取消料桶供料，改用自动料线供料。 4. 光照时间：10 h（7：00～17：00）。照度10 lx。 5. 饲料：小鸡料。 6. 称重	安装料线防栖栅后，每天转动料线两次，使鸡适应料线的声音

续表3-1-80

周龄	主要工作内容	注意事项
8周	1. 室内最低温度19 ℃。 2. 将料线用定时钟控制，设定为自动喂料方式。8：30，11：00，14：30各转动一次。出料口高度控制在1～1.5 cm范围内。 3. 光照时间：8 h（8：00～16：00）。照度3～5 lx。 4. 56日龄，测量胫长，如果没有达到80 mm，再加喂一周522#饲料。 5. 自由采食小鸡料。 6. 称重	确保每次转料时，料槽中的饲料都能够布满一圈。不能有某段料槽中没有饲料的现象
9～16周	1. 室内最低温度19 ℃。 2. 在鸡群加光前，一直采用每天3次的定时喂料方式。 3. 及时调整料线高度，使料槽底部与鸡背平齐。 4. 在第11～12周，按照8～9只公鸡配100只母鸡的比例，将公鸡混入到母鸡中。 5. 在第14～16周龄，完成鸡群的转群工作。将密度降低到7只/m^2。 6. 淘汰弱鸡和鉴别错误的鸡。 7. 光照时间：8 h。照度3～5 lx。 8. 自由采食小鸡料。 9. 称重	1. 混入公鸡前，确保公鸡体重达到或超过标准。 2. 转群前，要提前2周，在鸡舍内放入适当数量的漏粪地板，模拟产蛋鸡舍饲养条件，让鸡熟悉新的设备。 3. 转群前，应该确保产蛋鸡舍已经消毒彻底，设备安装到位并运行良好。 4. 可以选择在天黑后转群
17周	1. 室内最低温度19 ℃。 2. 已经完成转群到产蛋舍的工作，密度7只/m^2。 3. 料位：10 cm/只；水位：10～12只/水线乳头；产蛋窝：6只/个。 4. 光照时间：8 h。照度3～5 lx。 5. 饲料：产前料。 6. 称重	产蛋箱要关闭好，不要让鸡进入蛋窝，防止鸡养成在蛋窝过夜的现象
18周	1. 室内最低温度19 ℃。 2. 光照时间：8 h。照度3～5 lx。 3. 饲料：产前料。 4. 称重	
19周	1. 室内最低温度19 ℃。 2. 光照时间：9 h（7：30～16：30）。照度由3～5 lx变成15 lx。 3. 加光后，白天开启产蛋箱挡板，夜间关闭。 4. 再次淘汰鉴别错误鸡和生长发育差的鸡只。 5. 饲料：产前料。 6. 称重	当母鸡平均体重达到1 440 g时，且均匀度85%以上，可以增加1 h的光照时间，光照强度也加大。如果均匀度不足80%，要推迟3～5天加光

续表3-1-80

周龄	主要工作内容	注意事项
20 周	1. 室内最低温度 19 ℃。 2. 光照时间：10 h（7：00～17：00）。照度 15 lx。 3. 当日产蛋率达到 5%以后，将产蛋箱挡板全部打开。 4. 当日产蛋率达到 5%以后，将产前料换成产蛋高峰料。 5. 调整自动料线喂料时间。改变为 8：00，11：00，14：30 各转动一次。 6. 饲料：产前料、高峰料。 7. 称重	进入产蛋期，光照时间和强度只能增加，不能降低
21～60 周	1. 室内最低温度 19 ℃。 2. 光照时间：从 21 周的 11 h（6：30～17：30），到 28 周变为 16 h（5：30～21：30）的固定光照方式。照度 15 lx。 3. 随着光照时间的变化，调整料线供料时间。在 28 周后，料线自动供料时间变为 4 次。即 8：00，11：00，15：00，20：00 各转动一次。 4. 饲料：高峰料	
61 周至淘汰	1. 室内最低温度 19 ℃。 2. 光照时间：16 h（5：00～21：00）。照度 15 lx。 3. 当产蛋率降到 80%以下时，改换成产蛋后期料。 4. 饲料：产蛋后期料	

【典型人物案例】

李胜利，男，教授，1965 年 12 月，新疆人。中国农业大学动物科技学院动物营养与饲料科学系副主任；国家奶牛产业技术体系首席科学家；动物营养学国家重点实验室副主任；中国畜牧兽医学会养牛学分会理事长；中国奶业协会常务理事；中国农业大学中荷奶业发展中心主任；动物营养学报编委会委员；中国畜牧杂志编委会委员。李胜利教授的研究方向为动物营养与饲料加工，奶牛和肉牛饲养管理。发表科研论文 50 多篇。主编、参编教材和著作多本；获得北京市科技进步二等奖一项，国家发明专利两项，培养硕士研究生十名，博士毕业研究生四名，现有在读硕士研究生十二名，在读博士五名。目前主持多项国家项目，是农业农村部和财政部现代农业技术体系（奶牛）的首席科学家。李胜利教授作为行业享有盛名的专家，行事低调，对工作热情饱满，现就职于国家现代奶牛产业技术体系任首席科学家一职。

工作经历：1987 年 9 月至 1989 年 11 月，新疆呼图壁种牛场技术员；1989 年 12 月至 1990 年 8 月，新疆呼图壁种牛场副场长；1996 年 9 月至 2003 年 11 月，中国农业大

学动物科学技术学院副教授；2012 年 11 月至今，中国农业大学动物科学技术学院动物营养与饲料科学系副主任、教授、博导；2003 年 11 月至 2012 年 11 月，中国农业大学动物科学技术学院，教授、博导。目前承担课题主持人或专家有：①“反刍动物对小肽吸收利用及对氮沉积的影响”国家自然基金 2001—2003 项目主持人；②“反刍动物理想氨基酸模式的研究”国家自然基金 2002—2005 项目主持人；③“奶牛现代化集约化饲养关键技术研究与产业化开发”科技部奶业专项 2002—2005 项目副主持人；④“北方大城市奶业现代化技术集成与产业化示范攻关”项目，科技部奶业专项 2002—2005 首席专家。

当前主要研究工作：自 1996 年毕业留校后一直从事反刍动物营养和养牛学的教学、科研和推广工作。主持着国家自然基金项目“反刍动物小肽的吸收利用及对氮沉积的影响”“反刍动物理想氨基酸模式的研究”以及国家奶业专项“奶牛现代化集约化饲养关键技术研究与产业化开发”项目，同时也是北方大城市奶业现代化技术集成与产业化示范攻关项目的主要参加人。担任中国—以色列国际农业培训中心中方奶牛养殖专家的两年中，协助中心成功地举行了三届现代奶牛营养与健康、奶牛营养与环境的培训班。2000 年 10 月被北京市人民政府聘为北京市政府顾问。2002 被联合国 FAO 的 LEAD 组织评为中方专家，协助 LEAD 在中国建立 LEAD 的中文平台。担任中国畜牧兽医学会养牛学分会副秘书长。共发表科研论文 30 多篇。作为副主编出版了《动物营养研究进展》和《养牛科学研究进展》两本学术论文集。

典型人物事迹感想：

典型人物工匠精神总结凝练：

【任务环境要求】

企业具有独立种鸡场房，采用笼养模式，并配套料线、水线、温控等养殖成套设备。生产规模 5 000 套以上，且生产管理术水平较高，在行业具有一定代表性。企业岗位人员设置合理，分工明确，并具备一定现代化养殖技术。

【任务目标与质量要求】

学生掌握蛋鸡饲养全部技能和技术操作，独立完成 5 000 套蛋鸡饲养任务，要求成活率 95%；高峰产蛋率 92%；90%以上产蛋率时间 20 周。具有较强组织和协调能力，独立处理养殖过程中各类突发事件，完成学徒任务。

【工作任务实施】

工作任务实施描述，时间、地点、学习方法见表 3-1-81。

表 3-1-81　工作任务实施表

教学过程设计（教学环节）		任务内容	学习活动方法	学习时间
岗上学习	任务咨询	蛋鸡饲养	提前下发咨询任务，学徒小组开展	60 天
教学活动 1	岗前培训	岗位技能标准、规范、注意事项	师徒互动（小组讨论）完成任务单	5 天
教学活动 2	岗上技术指导	饲喂标准、光照、疾病预防、温度、湿度控制等关键技术	现场技术指导、师徒互动（小组讨论）完成任务单	50 天
教学活动 3	顶岗工作	独立承担产蛋种鸡饲养工作	独立承担岗位工作	200 天

【岗前培训】

岗前必选项目：

（1）进鸡前的准备工作　即鸡舍的清理、鸡舍冲洗消毒等工作。

（2）种鸡饲养管理技术　包括转群、光照刺激、限饲、适时换料和调整料量。

（3）日常管理工作　通风、温度、湿度等饲养环境条件控制。

（4）免疫、预防工作　鸡场防疫、鸡舍消毒、鸡只免疫等工作。见表 3-1-82 和表 3-1-83。

表 3-1-82　岗前培训过程记录表

序号	岗前培训内容	培训形式	完成情况	培训师傅	培训日期
1					
2					
3					
4					
5					
6					
7					
8					

表 3-1-83　岗前培训内容考核表

序号	培训内容	考核形式	考核情况记录	考核记录人	等次评定（优、良、中、差）
1					
2					
3					
4					
5					
6					
7					
8					

【岗上技术指导】

一、日常技术指导

（1）鸡舍的清理、冲洗、消毒技术。

（2）种鸡饲养管理技术。

（3）鸡舍环境控制技术。

（4）种鸡免疫、预防技术。见表 3-1-84 和表 3-1-85。

表 3-1-84　岗上一般技术指导过程记录表

序号	技术指导内容	学习完成情况	指导师傅	指导日期
1				
2				
3				
4				
5				
6				
7				
8				
9				
10				

表 3-1-85 技术指导跟踪过程记录表

序号	指导内容	改进提升情况	跟踪记录人	记录日期
1				
2				
3				
4				
5				
6				
7				
8				

二、岗位综合能力指导

（1）种鸡饲养管理。

（2）鸡舍环境控制。

（3）种鸡免疫、预防。见表 3-1-86。

表 3-1-86 综合能力指导过程记录表

序号	协岗任务	完成数量	完成质量	师傅评价	协岗日期
1					
2					

【顶岗任务】

学徒独立完成 5 000 套蛋鸡饲养任务，成活率大于 95%；高产蛋率 95%以上；90%以上维持 200 天；19～80 周龄平均产蛋率 85%以上。具有较强组织和协调能力，独立处理养殖过程中各类突发事件，完成学徒任务（表 3-1-87）。

表 3-1-87 顶岗过程记录表

姓名	顶岗任务目标	工作业绩、指标完成情况	工作态度	考核日期	负责人签字

【知识拓展】

注：相关知识补充、知识迁移；不同品种；不同地区、环境。

一、基本概念

1. 开产日龄

单只母鸡的开产日龄是这只鸡产出第一个蛋的日龄，而生产中常用群体开产日龄，即群体产蛋率达到5%的日龄。

2. 产蛋量

种鸡产蛋量的计算方法有全年产蛋量、300天产蛋量和500天产蛋量。

3. 就巢性

母鸡的就巢也称抱窝，指母鸡产蛋一段时期后，占据产蛋箱进行孵化的行为，这是母鸡的繁殖本能。

4. 产蛋曲线

在正常的饲养管理情况下，种鸡群的产蛋情况可用曲线图来表示，这个曲线图就叫产蛋曲线。

二、种鸡的营养需要

生产孵化率高的种蛋及优质雏鸡需要在普通产蛋鸡日粮中加入一定数量的蛋白质、维生素及矿物质，以配合成适用于种鸡的日粮。因此，除少数改变外，种鸡日粮基本上就是产蛋鸡日粮。

1. 种鸡对能量的需要

蛋用型种鸡日粮的能量需要与商品蛋鸡的日粮相同。但这些日粮可含有不同的能量水平。鸡可喂以低、中、高能日粮。在这种情况下，根据营养需要调整其采食量，以提供均衡一致的每日能量供应量。喂给低能日粮时，母鸡采食多些。然而在喂给高能日粮时，可能必须限制母鸡的采食量以防止种鸡过肥。

肉用型品系种鸡不仅比蛋用型种鸡大，并且因为它们的特点是生长速度快，所以如果任其自由采食日粮，在育成期和产蛋期间就会长得过肥。此外，肉用型种鸡产蛋较少，在产蛋几周之后尤其如此。由于这些原因，肉用型种鸡日粮的能量含量常低于蛋用型种鸡。

2. 种鸡对蛋白质的需要

种鸡对蛋白质的需要量部分受能量含量的制约，具体的制约参考蛋鸡能量与蛋白质需要量。不同品种的种鸡对蛋白质的需要量不同，因而，具体饲养时必须参考该品种的饲养标准，并考虑蛋能比。种鸡日粮中蛋白质平均含量应该是15%～16%，但可因环境、温度、饲料的能量含量、产蛋率、鸡体的大小等而有很大的变异。

对种鸡蛋白质的供应必须做到日粮中氨基酸的平衡，尤其是必需氨基酸的平衡。具体参考不同品种的饲养标准。

3. 种鸡对维生素和矿物质的需要

除了需增加核黄素和泛酸的量以获得优良的孵化率外，维生素和矿物质的需要量通常与商品蛋鸡日粮相同。

4. 种公鸡的营养需要

种公鸡的营养需要主要是为了满足机体的维持和生长需要。

三、种鸡的选择

人工授精所用种公鸡的好坏，不仅影响到受精率的高低，而且对人工授精工作的劳动效率，对鸡场的生产计划都有影响。为此，应做好种公鸡的选择工作。

1. 选择要求

受公鸡体质、人工授精技术水平及稀释液质量的影响，用小型鸡笼饲养公鸡，因活动面积有限，往往造成后期公鸡体质变弱，死亡率提高和采精量减少的现象。因此，笼内饲养的公鸡，平时要加强饲养管理，让公鸡多休息和增加营养，一只好的种公鸡，在人工输精条件下，公母比例可达1∶42。

2. 饲养

(1) 一般在第1～10周龄自由采食，其中第1～5周龄供给育雏鸡料，第6～10周龄供给育成鸡料，保证种公鸡体格得到充分的发育和生长。

(2) 第11周龄以后开始限饲，采食后备料，但限饲不要太严，每只每周增重控制在 100 g 左右。

（3）公鸡断喙断得要比母鸡少一些，防止断得太多影响以后的配种。

3. 管理

（1）选种

①在从育雏舍转到育成舍后马上进行初选。选留体格健壮、冠大且直立的公鸡，淘汰体型较小和光毛鸡以及毛色脚色不符合要求的公鸡（如脚颜色发白发青，翅膀背部尾部有白羽的及黑头的）。选留黄脚、羽色纯黄的公鸡。淘汰喙未断到位的及腿畸形的一些不符合要求的公鸡。公母比例 1∶10，约选留 70%。

②在第 10 周末选留冠较大、红润且直立的，羽色偏黄偏深的、黄脚等外貌性状符合本品种要求的公鸡，并结合全群称重选留体重中等或中等偏上的留作种用，淘汰部分羽色偏淡偏白的公鸡。公母比例 1∶15，约选留 40%。

③在转入产蛋舍之前再选种一次，将性成熟较早、体重较大、体格较健壮、羽色脚色符合本品种要求的公鸡留作种用，淘汰羽色较差的（含白羽的羽色较淡的偏红的），冠小的，脚颜色不纯较淡的。公母比例 1∶20，选留 20%～30%。

（2）育成期平养　有条件的种鸡场在育成舍时最好对后备种公鸡采用平养，这样可增加公鸡的运动量，增强体质，对以后生产性能的提高有很好的促进作用。

（3）饲养密度要小　在 10 周龄以后，鸡的体型开始慢慢变大，有条件的最好采用单笼饲养，因为此时种公鸡随着日龄的增加体内性激素的分泌也增加，如每笼内的鸡较多易引发啄斗，增加淘汰率，降低种用价值。

（4）进种数量要足　进苗时公鸡数量占母鸡数的 15%～20%，这样选择余地大一些，易出精品。

四、种鸡入舍的饲养管理要点

随着开产期临近，后备种鸡在 18 周龄进行最后一次驱鸡和各种油乳剂疫苗的注射，在 20 周龄即可搬入已消毒的种鸡舍。母鸡根据体重情况及性成熟程度再一次进行分群，以便在投料时控制料量，使其生长发育均匀。通常经过后备期的限制饲养，群体的均匀度较高，大部分鸡只发育整齐，符合标准体重范围。饲养密度 5～6 只/m^2。

种公鸡关系到种蛋受精率的高低，在育雏及育成期与母鸡实行分开饲养，进行适当的限饲，以维持公鸡良好的体况和体质。经过严格选择，符合品种特征要求的中大型的公鸡，公母按 1∶10 左右的比例混入母鸡群中。种鸡入舍是较大的应激，可在饮水中加入多种维生素及电解质，防止应激的发生。

1. 饲料和光照

（1）饲料　在种鸡入舍并经一周适应后，即可改喂种鸡产蛋期饲料。对体重较轻的群体适当加料，以促进生长发育和贮备足够的营养。正常体重群体则按饲养标准投料。通过这些措施，可使鸡群产蛋时间基本一致，并达到5%的产蛋率。针对公鸡的营养要求专门配制低蛋白、低钙含量的公鸡料，以保持公鸡健壮而不超重，保证种蛋有较优良的受精率和孵化率。

开产后，饲料投量应根据产蛋率和鸡群体重加以控制，逐渐增加。当产蛋率达到40%左右时即可投足产蛋高峰期料量，投料量保持不变。2周后当试探性投料而产蛋率不再上升时，则应考虑适当减少料量，以防止鸡只体重增大，体内脂肪积蓄，造成过肥，引起产蛋量下降和影响种蛋受精率。

饲料的投喂是一件细致的工作。我们采用早晨一次性投喂的做法。鸡群经过一天的产蛋、交配活动及夜间的休息，大都拥挤在门边，这就要求饲养员的动作要迅速，尽快地往每个料桶中加入饲料，或先往远处地面抛一些饲料，使鸡群分散均匀。保证每只鸡均能吃到适量的饲料，避免成堆窒息，造成死亡。

（2）光照　后备鸡阶段利用了自然光照，临近开产期，则需逐渐延长光照时间，逐渐增强刺激鸡群适时达到产蛋高峰。在每天自然光照的基础上，从20周龄开始，每周增加人工光照0.5～1 h，直至光照时间达到16 h或17 h。人工光照采用低瓦数灯泡，配上灯罩，使灯光均匀分布于鸡舍中，达到不低于每平方米3 W。设置定时光控仪，使灯泡在开始时渐亮，关灯时渐暗，以减少应激。人工光照的应用，克服了日照的季节性，创造符合鸡体繁殖生理机能所需的昼长，使其遗传潜力有规律地表现出来，大大地增加了蛋产量。以本所种鸡场为例，设置人工光照后，经一周统计，鸡群产蛋率普遍提高3%～5%，个别鸡群甚至提高10%以上。

2. 防寒防暑

由于是开放式鸡舍，必须根据自然气候变化的规律性及其特点，因时制宜地采取相应的防寒防暑措施，尽量减少外界不利环境因素对种鸡的影响。种鸡相对比较耐寒，其适宜温度范围为5～27 ℃。本场所在地区属亚热带海洋性气候，冬短夏长，冬天气温极少低于零度，对种鸡威胁不大，但也必须防止北风直吹进鸡舍，可在鸡舍两边挂上塑料布挡风防寒，并根据气候变化升降塑料布。

对种鸡来说，高温环境甚为不利。鸡体因无汗腺，几乎完全靠呼气来进行蒸发散热。在炎热的夏季，温度经常超过30 ℃，除了屋顶的隔热外，舍旁的绿化树荫也起一定的作用。可采取的措施有鸡舍内带鸡喷洒凉水，开动风机等，使空气流通，带走热量，防止中暑和造成死亡。并应保持有连续不断的清凉饮水的供给，绝不能断水，同时在饮水中加入电解质或维生素，对防暑有一定效果。在南方地区，种禽舍的建造，通风条件是必须考虑的重要方面。布局上要着重解决风向，特别是夏、冬季的主导风向，这对防寒防暑有重要的实用价值。

3. 疫病防治

种鸡的成本较高，对此，我们根据本场的实际情况，制订合适的免疫程序，并严格执行．有效地控制了主要传染病的发生。因此，种鸡开产后疾病较少。对于个别大肠杆菌病或散发性禽霍乱，可投药防治，并逐渐净化。注意供给干净的饮水，定期带鸡消毒，搞好周围环境卫生。

鸡新城疫仍是一种造成重大损失的急性传染病，定期送检血清、监测鸡群 H1 抗体水平是必要的，如发现抗体滴度低于标准时应及时补注，以保持鸡群达到有效的免疫力。严格制订门卫制度以及人员消毒制度，杜绝外来传染病带入。

4. 其他管理措施

经常清洗水槽，保持水质清洁。定期清粪，换入干净河沙，保持舍内空气清新卫生。定期投喂碎贝壳，让鸡群自由啄食，补充产蛋所需的部分钙质。勤捡蛋，上午、下午各捡蛋两次，减少破损率。肉种鸡保留抱窝的特性，勤捡蛋可防止抱窝蛋的增多，保持种蛋新鲜，确保种蛋有正常的受精率和孵化率。勤捡还有一个好处，就是同龄越大的种鸡越不爱活动，通过捡蛋可使鸡多走动，增强体质，减少脂肪沉积。实践证明，为种鸡提供一个较好的生活环境，经过精心地管理，就能获得较高的产蛋率和受精率，提供更多的种苗，最终获得相应的经济效益。

5. 预产期的饲养管理（18～21 周龄）

（1）饲料　①在第 18～21 周龄时周增重要稳步上升，周增重保证在 100～150 g，周加料 5～7 g/只。②维生素 E 与 Se 拌料促进性器官发育，保证性成熟与体成熟一致。③饲料由后备料转换成预产料。

（2）饲养　①第 24～25 周龄时公鸡料量要达到高峰料，体况达最佳，30 周龄以后要保持较小稳定的周增重，防止因种用而体重下降。②天气炎热时，喂料分 2 次，即早上喂 2/3，下午输完精后再喂 1/3 。这样既能促进采食又能减少下午采精时精液中混入鸡粪影响受精率。其他季节可在上午下班时将未吃完的料扫出来，下午输完精后再喂下去。③匀料次数要足，不能少于母鸡匀料次数。④由预产料过渡到种公鸡料或者用黄后备料与黄种鸡料 1∶1 拌料饲喂。

6. 管理

①公母比例要适宜。一般公母比例在 1∶30 左右，减少浪费，充分利用优良种禽。②定期剪公鸡毛。剪尾毛是为了防止脏毛污染精液。剪毛前要加抗应激药，每 10 天 1 次，剪毛动作要轻。当天下午要用的公鸡，上午一定不要剪公鸡毛，否则下午公鸡精液量很少并且对公鸡的应激也比较大。③每月定期加维生素和抗生素。维生素 4 次/月，如维生素 A、维生素 E、鱼肝油等。抗生素 2 次/月，如禽菌灵等中草药既能健胃又能抗菌。对于一些周龄较大、精液较稀较差的老公鸡可以 3～4 只鸡用一个熟鸡蛋拌料，提高精液品质。④每月检测一次精液质量。死精的公鸡不用，弱精的公鸡和精子活力较好但精液较脏较稀的公鸡，单独放一边饲养加强护理定期采精，以便下一次检测时保证精液质量有所改善（也可采用平养，以提高精子的活力），提高其种用价值。

⑤生长环境要适宜。理想的温度是18～25 ℃，温度过高或过低都会影响采精量和精子的活力。冬季注意保温，夏季注意防暑降温，做好通风与保温工作，搞好环境卫生，加强消毒，搞好防疫。⑥要有适宜的体重。料量要根据体重灵活掌握，公鸡不可太肥太瘦，一般料量不能减少，除非特殊情况（如天气炎热或饲料吃不完等）可适当减一些，每周称重分析观察体重变化，避免因公鸡太肥或太瘦而影响采精量和精液品质。⑦采精动作要到位连贯温柔，不可太心急，假如太蛮干，会导致采不出精或采伤鸡，造成损失。⑧合理利用种公鸡。种公鸡采用隔日采精较好，既不伤鸡，精液品质又好。⑨及时更换公鸡，对于周龄较大的、后备鸡充足的种鸡场，在45～50周龄以后可适当更换部分新公鸡，保证后期受精率，以充分发挥种鸡的生产性能。⑩善待公鸡。平时在匀料时或其他情况下受到公鸡的攻击时，不要对其太在意，大度一点，不要“惩罚”它们，它们是无心的。

五、通风管理

目的：让鸡舍外面的新鲜空气进入鸡舍，同时排出鸡舍里面的污浊空气提供鸡群需要的氧气，排出多余的热量，减小湿度，排除灰尘，减少氨气、CO_2等有害气体的浓度。保证所有年龄的鸡只在任何气候条件下均舒适、健康并维持其生产水平（表3-1-88）。

表3-1-88　父母代种鸡通风需求　　m^3/（h・只）

舍外温度	1周龄	3周龄	6周龄	12周龄	18周龄	18周龄以上
0 ℃	0.6	1.0	1.5	2.0	3.0	5
10 ℃	0.8	1.4	2.0	3.0	4.0	6
20 ℃	1.4	2.0	3.0	4.0	6.0	10
30 ℃	2.0	3.0	4.0	6.0	8.0	14

合理通风的原则：在保证适宜温度的前提下，尽量保证鸡舍通风换气。应掌握的原则是：窗户门在早晨、晚上凉时小敞，中午热时大敞；有风时小敞，无风时大敞。要循序渐进，不能说通风时，窗户门全部打开。当进入鸡舍，感觉气味刺鼻时，必须敞开通风，提高室内温度。饲养前期以保温为主，兼顾通风；后期以通风为主，兼顾保温。

通风常见方式：纵向通风、横向通风、过渡通风。

1. 纵向通风

纵向通风是应用机械通风系统，利用鸡舍一端的进风口和另一端的风机组合，鸡舍两侧边墙完全封闭，空气从鸡舍的一端自由进入鸡舍并由安装于鸡舍另一端的大功率风机排出，这样形成一个通风巷道，使空气穿过整个鸡舍，从鸡群上方快速通过，排出舍内的热量和污染成分，以风冷效应使鸡群降温，从而使鸡只感到凉爽。

纵向通风的目的是以 122 m/min 的风速将鸡舍内部的温度维持在 30 ℃以下。空气运动本身会对鸡只产生风冷效应，相当于能降低温度 5～7 ℃。在炎热干燥的气候条件下，纵向通风系统结合使用喷雾降温系统或湿帘降温系统可使鸡群保持舒适。为达到理想的风速，可用鸡舍横切面积乘以空气流速，再除以风机转速，得出所需要风机的数量。

2. 横向通风

横向机械通风系统由安装在鸡舍纵墙上的风机和通风小窗组成，气流沿鸡舍跨度方向，风量较小，适用于鸡只较小或者寒冷的冬季。

在横向通风模式下，外界气温一般比舍内的低，舍外的冷空气比舍内的热空气要重，冷空气从小窗开口处进入鸡舍后，会很快降到地面，就会产生贼风，使鸡只发冷，这样会使鸡群生产性能下降。冷空气无法保持湿度，也很难被排出鸡舍外，因而垫料容易结块。通过提高鸡舍进风口的位置，并利用导风板改变进风方向，利用排风扇产生负压，使进入鸡舍内的新鲜空气具有一定的速度，达到鸡舍中央，这样可使空气充分加温、变暖。可以用风速仪检测鸡舍内各处温度，调整通风小窗开启大小。

3. 过渡通风

也称混合通风，借助于均匀分布于纵墙上的通风小窗和纵向排风机组织通风换气的一种调控方式。由于射流的作用，位于纵墙通风小窗处及其附近区域的横向或斜向气流，类似于横向通风，但是鸡舍中部所形成的气，则仍沿鸡舍长度方向，类似于纵向通风。多用于昼夜温差较大的春秋季节，早晚或者天气变化时。从温度横向分布来看，鸡舍空间呈现中间低、两侧高的分布规律。主要是通风小窗安装于侧墙上方，气流进入舍内之后因射流作用可到达鸡舍中部，致使中间温度较低，而两侧墙附近则是靠流路断面改变所形成的湍流进行新旧气体交换，气流速度较低，因此温度较高。另外，中间温度虽然较低，但是由于新风进入舍内达到鸡只生长高度的流路较长，可以得到比较充分的加热，从而有效防止低温季节通风时冷风对鸡只产生冷应激现象。在鸡舍长度方向上，温度的空间分布规律没有明显差异，温度分布显示出了比较均匀的纵向分布。只是在接近鸡舍端部排风机附近时，随着换气量加大，使得鸡舍两侧温度高于中间的现象得以缓解、断面温度分布也变得更加均匀。

4. 冬季最小通风系统管理

最小通风系统，是指鸡舍最小的通风量必须能够将鸡舍内的水汽和废气排出鸡舍，同时维持足够的氧气水平。适用于天气比较寒冷以及舍外温度低于 15 ℃时，此时要避免舍外冷空气直接吹到鸡身上。

在寒冷气候条件下，保留热量的同时将废气和水汽排出鸡舍是通风的主要目的。保证鸡舍没有漏风，鸡舍保温性能好，防止热量散失（隔热好）。最小通风系统工作时，适宜的静压和适当的空气导流，使得空气以较高的速度和合适的方向注入。通风小窗的功用与喷射空气的作用相同。舍外冷风应从鸡舍的上方进入舍内，并有足够的风速（对于 12 m 宽的鸡舍，应达到 2.47 m/s），“注入”的冷空气可以沿顶棚流向鸡舍的中部与舍内热气聚集的屋顶处的热空气充分混合，屋顶的暖气在与冷空气充分混合后将会降到地面，既避免冷空气直接吹在鸡只身上，又改变了热气集中于舍内顶部的情况，有效利用舍内陈旧空气的热能，节约了燃料。当进来的冷空气与较热的空气混合后，增加了空气吸纳湿气能力，从而降低了相对湿度。因为较冷的空气比较重，所以它会迫使暖空气下降到地板，增加鸡位的温度，有助于保持垫料干燥。

冬季在风机数的确定和风机如何运转这个问题上，采用温度感应器和定时钟联合控制的办法，以利用定时器控制为主。鸡舍内负压最小 0.05～0.1 in 水柱（1 in＝2.54 cm），鸡舍越宽，要求负压越大。根据鸡的日龄和体重设定风扇工作的时间。永远不要为了保温而牺牲通风量。

最小通风量管理的核心内容包括：①确定最小通风量以控制风机的数量和运转方式来保证空气质量；②确定进风口的面积、样式和位置以控制空气进入鸡舍的方向、速度来保证新旧空气混合良好、温度均匀。

通风要点：

（1）使用一个定时钟控制 2～3 个排风扇（安装侧墙上的风扇）。根据温度设定，当纵向通风停止工作时，立即使用最小通风系统。

（2）最少同时使用 2 个横向排风扇。

（3）地面潮湿和氨气多时要增加通风量。

（4）如果通风量增加后地面仍潮湿，应稍微增加舍内供暖。

（5）如果舍内干燥并导致灰尘多，应减少通风量，并适当增加湿度。

（6）如果舍内温度高，应检查通风设定是否正确。

（7）在整个饲养过程中，要不断地重新调整温度报警系统。

最小通风的计算：达到最小通风最有效的方式就是用负压横向通风系统。这个系统应该直接把进来的气体引到鸡舍的最高点。进风口的负压应该是可调节的，能保证进来的气体到达热气聚集的鸡舍最高点。负压的选择靠鸡舍宽度或者说是空气进入鸡舍后在鸡舍移动走过的距离来决定。

计算鸡舍的平均高度：鸡舍的平均高度＝［侧墙高度（侧墙顶部到地面）＋最高点的高度（屋顶到地面的高度）］÷2

计算鸡舍气体的总体积：总体积＝长×宽×平均高度

计算一级最小通风的气体体积：最小通风系统的排风量应该在每 5～8 min 交换一次。用总的气体体积除以 8，得到一级通风的排风量。

计算最小通风系统的最大排风量：最小通风系统的最大排风量，用总的气体体积除以 5。

计算风机数量：风机数量＝总的气体体积÷单个排风扇实际工作压下的排风量。当排风量增加和下降时，不管排风量是多大，进风口的最小开量必须随排风量的大小来改变，维持相同的进风口的压降。

计算风速：风速＝总的排风量÷鸡舍横截面积

注意：前 14 天过鸡位的风速应该尽可能低。从 15～21 天过鸡位的风速应该在 0.5 m/s（100 in/min）以下。从 22～28 天风速不应该超过 1.02 m/s（200 in/min）。14 日龄以后，靠体感温度（干球温度计的温度-相对湿度-风速）而不是实际温度控制可以获得最佳的生产成绩。

5. 夏季通风管理

在炎热季节外界温度较高时，鸡舍内部必须为鸡只提供所需适宜的环境使其将体内过多的热量排放出去，从而保持舒适状态。为此，一方面可以通过降低舍内温度，使鸡只周围的环境温度达到理想温度；另一方面可以通过提高舍内鸡只上方的空气流速，促进鸡只通过对流的方式散热，称之为“风冷降温”。采用纵向通风是提高舍内空气流速、加快鸡只散热的最好方法。纵向通风只是简单地提高了排放热量的速率，舍内的温度仍然比理想的温度要高，但使鸡只感觉到它们处于较凉爽的环境之中。如图 3-1-68 所示。

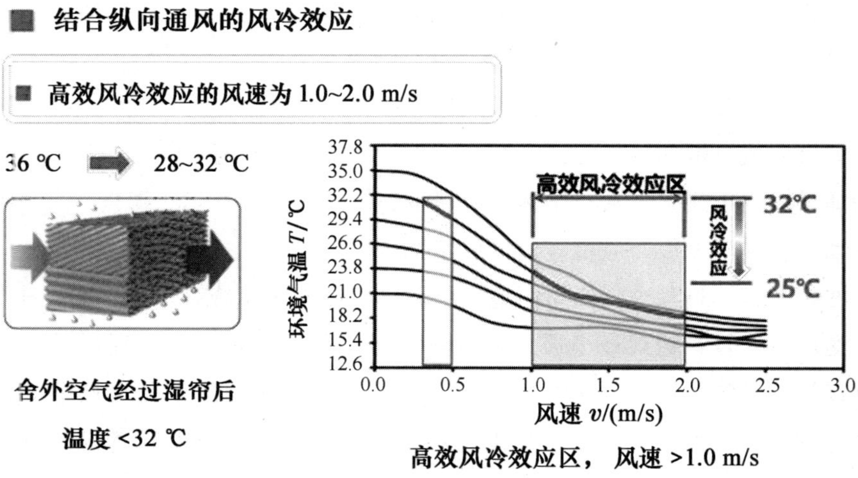

图 3-1-68 纵向通风

降温效果取决于舍内空气流速和鸡群日龄。纵向通风的风速最好在 2.5～3.0 m/s，年轻鸡群的“有效降温”要高于年老鸡群。纵向通风中最常见的错误之一是鸡群日龄较小时，风速过快。空气温度越高，风速对小日龄鸡只就越有好处；当空气温度越低，过高的风逗对小日龄鸡只就有可能带来问题；密度越低，需要的风速也就相对较低，湿度越高的气候，需要的风速就越高；判断鸡舍内环境温度是否适宜，鸡群是否健康舒适的最好方法是观察鸡群——根据鸡群进食、饮水以及活动等方面行为是否正常就可以了解到。

在气候比较炎热地区，大多数比较先进的鸡舍都补充采用蒸发冷却技术来给鸡舍降温。采用纵向通风并同时使用舍内喷雾或者湿帘等设施可以有效地提高鸡只在炎热季节的舒适程度。炎热季节的鸡群生产性能在很大程度上依赖于鸡舍和设备的条件和使用性能。因此一定要在暑热到来之前，按照各种设备的使用说明进行适宜的维修保养，确保这些设备的正常运转，为迎战暑热做好准备。

夏季通风管理要点：

（1）做好风机和风机皮带的维护保养　如果风机扇叶和百叶窗上的灰尘过多，将会减少 30%的通风量。另外，如果风机皮带松弛，也会造成扇叶转速减慢甚至皮带过早磨损。因此应经常清除风机扇叶和百叶窗上的灰尘，并确保皮带处于紧绷状态。

（2）蒸发降温系统的维护保养　在纵向通风鸡舍内，适宜的空气流动速度可以得到良好的风冷降温效果。但如果外界温度太高，空气流速本身则无法解决问题，则有必要增加其他冷却方法。当采用湿帘进行蒸发降温时，湿帘的用途就是提供尽量大的潮湿面积，使空气通过潮湿的湿帘进入鸡舍，达到最大限度的降温目的。由于水从液态到气态的蒸发，从空气中吸收了大量的热量，这样通过水帘的空气温度就被降低了。

湿帘的水循环系统需要经常检查，尤其是湿帘上方的管线出水口，确保水流均匀分布于整个湿帘表面。为了获得最佳降温效果，要确保水帘完全被水浸湿。同时，湿帘本身也需要清理干净以便空气顺利通过，所以要求尽可能把每个气孔缝隙清理干净，防止其被堵塞。清洁湿帘最好的办法是用大量的清水冲洗，但要用常压水流而不能用高压水枪，否则会冲坏湿帘。也可以使用一些洗涤剂辅助清理。清洗的时候，可以将洗涤剂用喷雾器喷洒在水帘表面，浸泡一会儿，然后用常压水流冲洗。这样会比较容易将污垢冲掉。不过需要注意选择适当的洗涤剂产品，尤其是不要用含有氯的洗涤剂。如果使用喷水式湿帘，要注意检查喷水头是否阻塞或损坏，如有必要，应该及时清洗或者更换。一定要确保整个湿帘都能被水浸湿，如果湿帘局部地方保持干燥，那么室外的热空气不仅可以顺利进入鸡舍而且会抵消降温效果。如果使用舍内喷雾系统降温，需要检查所有的喷雾头是否通畅，调整水压，调节喷雾头使水雾分布均匀。

（3）保持鸡舍的密闭性　保持鸡舍密闭性的目的主要是为了维持鸡舍内的温度，冬天避免热量流失，节省能源开支；夏天避免热空气进入，影响降温效果。

（4）建议鸡舍内分栏饲养　纵向通风鸡舍的进风口和排风口存在着一定的温差，即使在设计鸡舍时已经考虑到这方面因素也不能完全避免温差的存在。由于存在这个温差，在炎热季节，鸡群会拥挤在温度较低的进风口，这样就会对鸡群的生长性能产生比较大的影响（体重减少、饲料消耗增加以及残次率增加等）。采用分栏饲养可以在很大程度上解决这一问题。

（5）提前准备好备用应急设备，做到有备无患：对备用发电机提前进行全面维护，以确保应急使用。应该提前全面检查电路以及保险箱，更换受损部件，排除可能引发故障的隐患。备用发电机应该每周检测一次，每次运转 30 min。

（6）用风扇调节风速和风冷效果。

（7）进风口负压必须受控。

（8）绝不能单凭温度控制水帘开启。

（9）温度计和温度传感器不能感受风冷效果。

（10）最好使用智能控制系统自动调节蒸发降温系统的开启。

（11）使用降温系统的目的不是把温度降到设定温度，只是把环境尽量控制在接近鸡只舒适温度。

（12）当湿度太高，蒸发降温无效，最好的办法就是增加排风量，并使鸡只站立散发热量。

（13）启动蒸发降温系统之前要使用横向通风系统排除鸡舍内的多余热量（表 3-1-89）。

表 3-1-89　父母代种鸡生产性能

周龄	存栏鸡产蛋率/%	产蛋数/入舍数		种蛋数/入舍数			孵化率/%		可售雏数/入舍数	
		每周	累计	种蛋率/%	每周	累计	出雏	可售母雏	每周	累计
21	20.0	1.4	1.4	—	—	—	—	—	—	—
22	40.0	2.8	4.2	50	1.4	1.4	75	30	0.4	0.4
23	60.1	4.2	8.4	60	2.5	3.9	77	33	0.8	1.3
24	80.1	5.6	14.0	70	3.9	7.8	78	35	1.4	2.6
25	88.2	6.2	20.2	80	4.9	12.8	79	36	1.8	4.4
26	91.7	6.4	26.6	85	5.4	18.2	80	37	2.0	6.4
27	92.3	6.4	33.0	90	5.8	24.0	81	39	2.3	8.7
28	92.8	6.5	39.5	93	6.0	30.0	82	40	2.4	11.1
29	92.7	6.5	45.9	94	6.1	36.1	83	41	2.5	13.6
30	92.5	6.4	52.4	94	6.1	42.2	84	41	2.5	16.1
31	92.4	6.4	58.8	94	6.0	48.2	85	42	2.5	18.6
32	92.1	6.4	65.2	94	6.0	54.2	86	42	2.5	21.1
33	91.8	6.4	71.6	94	6.0	60.2	86	42	2.5	23.6
34	91.3	6.3	77.9	94	6.0	66.2	86	42	2.5	26.1

续表3-1-89

周龄	存栏鸡产蛋率/%	产蛋数/入舍数		种蛋数/入舍数			孵化率/%		可售雏数/入舍数	
		每周	累计	种蛋率/%	每周	累计	出雏	可售母雏	每周	累计
35	90.8	6.3	84.2	94	5.9	72.1	86	42	2.5	28.6
36	90.4	6.3	90.5	94	5.9	78.0	86	42	2.5	31.1
37	89.9	6.2	96.7	94	5.8	83.8	86	42	2.5	33.6
38	89.4	6.2	102.9	94	5.8	89.6	86	42	2.4	36.0
39	88.9	6.1	109.0	94	5.8	95.4	86	42	2.4	38.4
40	88.3	6.1	115.1	94	5.7	101.1	86	42	2.4	40.8
41	87.7	6.0	121.2	94	5.7	106.8	86	42	2.4	43.2
42	87.0	6.0	127.2	94	5.6	112.5	85	42	2.4	45.6
43	86.4	5.9	133.1	94	5.6	118.0	85	42	2.3	47.9
44	85.7	5.9	139.0	94	5.5	123.6	85	42	2.3	50.2
45	85.0	5.8	144.8	94	5.5	129.1	85	42	2.3	52.6
46	84.2	5.8	150.6	94	5.4	134.5	84	41	2.2	54.8
47	83.4	5.7	156.3	94	5.4	139.9	84	41	2.2	57.0
48	82.6	5.6	162.0	94	5.3	145.2	83	41	2.2	59.2
49	81.7	5.6	167.5	94	5.3	150.4	83	41	2.2	61.3
50	80.9	5.5	173.1	94	5.2	155.6	82	40	2.1	63.4
51	80.0	5.5	178.5	94	5.1	160.7	82	40	2.1	65.4
52	79.1	5.4	183.9	94	5.1	165.8	81	40	2.0	67.5
53	78.1	5.3	189.2	93	4.9	170.8	81	40	2.0	69.4
54	77.2	5.3	194.5	93	4.9	175.6	80	39	1.9	71.3
55	76.3	5.2	199.7	93	4.8	180.5	80	39	1.9	73.2
56	75.4	5.1	204.8	93	4.8	185.2	79	39	1.9	75.1
57	74.5	5.0	209.8	93	4.7	189.9	79	39	1.8	76.9
58	73.6	5.0	214.8	93	4.6	194.5	78	38	1.8	78.7
59	72.7	4.9	219.7	92	4.5	199.0	77	38	1.7	80.4
60	71.7	4.8	224.5	92	4.4	203.5	76	37	1.6	82.0
61	70.8	4.8	229.3	92	4.4	207.8	76	37	1.6	83.6

续表3-1-89

周龄	存栏鸡产蛋率/%	产蛋数/入舍数		种蛋数/入舍数			孵化率/%		可售雏数/入舍数	
		每周	累计	种蛋率/%	每周	累计	出雏	可售母雏	每周	累计
62	69.9	4.7	234.0	91	4.3	212.1	75	37	1.6	85.2
63	68.9	4.6	238.6	91	4.2	216.3	75	37	1.6	86.8
64	68.0	4.6	243.1	90	4.1	220.4	74	36	1.5	88.2
65	67.1	4.5	247.6	90	4.0	224.4	74	36	1.5	89.7
66	66.1	4.4	252.0	88	3.9	228.3	73	36	1.4	91.1
67	65.2	4.3	256.4	87	3.8	232.1	73	36	1.4	92.5
68	64.2	4.3	260.6	87	3.7	235.8	72	35	1.3	93.8

六、种蛋管理标准

1. 种蛋的收集

当人工集蛋时，可使用鸡舍的轨道车来提高工作效率。若鸡舍内灰尘过大，蛋车上应有遮盖，不要在收集种蛋的同时收捡死鸡。

捡蛋前，特别是在收捡地面蛋和死鸡后应洗手并消毒。常温下每日至少捡种蛋4次；当室温过高或过低时应增加捡蛋的次数，以便能尽快地消毒和冷却。及时收集还能降低种母鸡对种蛋的意外损伤。

收集种蛋的准确时间取决于每天早晨开灯和喂料的时间：一般前两次收集的种蛋占当天总产蛋量的30%～35%；后两次收集的种蛋分别占当天总产蛋量的15%～20%。如果一次收集种蛋的百分比超过35%，脏蛋和破蛋的数量就会增多。

收集种蛋时，种蛋应收集在干净并消毒后的蛋盘内，种蛋小头朝下，较大的蛋放在四周，最底下放一空蛋托，合格蛋、脏蛋、破蛋和畸形蛋（小型蛋、双黄蛋、薄壳蛋、软壳蛋、沙壳蛋等）要分开收集和存放，并单独标记和记录，避免污染其他种蛋。

2. 种蛋分选

一般作为可入孵的种蛋，其质量必须符合下列条件：重量至少52 g；洁净；蛋壳色泽良好；蛋壳质量良好；形状正常（椭圆形而不是圆形）。

在实际生产中，母鸡并非总是生产合格种蛋。因此应挑选出不合格的种蛋，将其与准备入孵的合格种蛋分开。必须根据蛋重、外壳质量、形状、颜色和洁净程度来挑选种蛋。

不同的生产者对蛋重有不同的要求。当雏鸡外销时，客户会要求雏鸡初生重高于

38 g，因此蛋重最少要求为 55 g 以上。如果是自己饲养，小鸡可以分开饲养，加强护理并多养 1～2 天即可，因此，重量小于 48 g 的种蛋也可以入孵，48 g 种蛋孵出的雏鸡体重大约为 33 g。一般情况下，雏鸡体重占种蛋重的 68%，每 1 g 蛋重的变化会在肉鸡 42 日龄时影响其至少 7～10 g 的体重。

一般蛋上粘有的少量脏物可用塑料、木质刮板，或用大拇指甲刮掉或用酒精棉球擦拭，不能使用砂纸或清洁球擦，否则会破坏种蛋的蛋壳膜，并将污垢压入蛋壳的蛋孔中，导致孵化过程中的臭蛋和爆蛋增多，并增加孵化器和出雏器的污染程度。

3. 称蛋重

每日第二遍捡出的种蛋随机抽取 5 盘（210 枚）称重，减去蛋托的重量，求出种蛋的平均重量；每日商品蛋按种类称取重量，标记数量。

4. 种蛋运输

在场内运输种蛋时，蛋托应相互咬合、靠紧、不出现空档，避免碰撞，夏天盖薄毯以防阳光直射、雨淋，冬天盖棉被以防冻伤，并于蛋库保管核清数字。种蛋熏蒸消毒后，及时用清洁、已消毒的车辆将种蛋运到孵化厅。

5. 种蛋消毒

种蛋应进行正确消毒。种蛋若不及时快速地消毒，在正常室温下蛋壳表面的细菌和霉菌将迅速繁殖，并可穿过蛋壳进入蛋内。为防止这种情况发生，种蛋收集后应马上进行消毒。消毒种蛋通常有以下三种常用方法：①甲醛气体熏蒸；②喷洒消毒剂；③消毒液浸泡。我们一般采用甲醛熏蒸消毒。

甲醛熏蒸消毒：在种蛋收集后，采用电磁炉对甲醛加热进行熏蒸，同时向甲醛中加入一定量的水。为安全起见，负责熏蒸种蛋的人员必须坚持正确使用橡胶手套、防毒面具。一般种蛋的熏蒸浓度为：每立方米熏蒸室或熏蒸箱体积，使用 43 mL 甲醛。熏蒸种蛋时，熏蒸室的温度应保持在 24 ℃以上，相对湿度应保持在 75%或以上效果最佳。若熏蒸室或熏蒸箱空间较大时，可用搅拌风机将甲醛气体搅拌均匀。熏蒸完毕后，用排风机将所有气体排出干净（约 40 min）。应特别注意：甲醛在低温时可发生聚合作用，应于室温下使用，以发挥其最大功效。

6. 种蛋贮存

种鸡场的种蛋贮蛋间必须配备空调器和加湿器（切记不可弄湿地面）。贮蛋间的温度应保持在 18 ℃，相对湿度应保持在 75%。若种蛋需贮存的时间较长，温度应略低一些（如 16 ℃）。贮蛋间应备有准确的温度计和湿度计，每天至少应记录其温度和相对湿度 4 次。50 周龄以下的种鸡群，其种蛋若要达到最佳孵化率，理想的贮蛋时间应为 3～5 天；50 周龄以上的种鸡群，其理想的贮蛋时间应为 2～4 天。

要经常清理消毒贮蛋间（种蛋暴露在蛋箱外时不要清扫地面），最好每周用消毒剂擦洗蛋库顶棚、墙壁和地面。贮蛋间只能用于贮蛋，不得在蛋库存放食物、设备及其他用品。储蛋间必须保持空气流通。

【职业素质培养】

在完成岗位任务中完成职业素质培养和培养标准（表 3-1-90）。

表 3-1-90　职业素质评价标准

项目	赋分	正表象	负表象	评价标准	过程记录	最后得分
职业品质	10	吃苦耐劳、任劳任怨、责任担当	不积极主动、耍滑、拖沓	出现一次扣 1 分		
职业道德	10	遵守行规、诚实守信、职业形象好	违背行规、不守信用	出现一次扣 1 分		
团队协作	20	小组学习、发言及个人意见表达	不互动、不参与、不发言	出现一次扣 1 分		
学习能力	15	主动学习、学习有计划性、自主学习、能综合分析形成自己的意见	不主动学习、学习没有计划性、不能自主学习	出现一次扣 1 分		
社会能力	10	善于沟通、交流，能获得预期资讯信息	不与人沟通、交流，不能获得预期资讯信息	出现一次扣 1 分		
创新能力	5	有创新思维意识，经常有新意见和建议	无创新思维意识，长期无新意见、建议	出现一次扣 1 分		
信息化能力	10	使用信息技术获得学习资讯能力	没有使用信息技术获得学习资讯能力	出现一次扣 1 分		
心理健康	10	性格阳光、能有效疏解各种压力	性格灰色、不能有效疏解各种压力	出现一次扣 1 分		
管理能力	5	适应组织管理环境，能准确角色定位	不能适应组织管理环境，不能准确角色定位	出现一次扣 1 分		
社会责任	5	环保、同情弱势、关注时政	不环保、不同情弱势、不关注时政	出现一次扣 1 分		

备注：总分 80 分以上合格。

【岗位考核】

（1）理论知识（相关技术理论，试卷考核）。

（2）学徒岗位关键技能考核。

（3）学徒工作业绩考核（表 3-1-91）。

表 3-1-91　工作业绩考核表

考核环节		考核任务内容	分数比例	得分
考核 1	岗前培训	种鸡场饲养岗位安全制度、生产规程、技能标准、注意事项	10%	
考核 2	岗上技术指导	种鸡饲养管理、疾病预防、光照管理、环境控制等关键技术	20%	
考核 3	顶岗工作	独立承担产种鸡饲养、种鸡培育、生产工作任务，完成工作指标业绩考核	40%	
考核 4	职业素质	根据职业素质培养标准考核	30%	

（4）职业素质、职业道德综合评价（表 3-1-92）。

表 3-1-92　综合评价表

项目	A	B	C	D
工作态度				
吃苦耐劳				
团队协作				
沟通交流				
学习钻研				
认真负责				
诚实守信				

【任务总结】

项目任务

根据本场生产实际情况，为本场制订蛋种鸡生产实施方案，结合生产任务实施。

实训岗位二
种鸡繁育岗位

【学徒环境】

学徒在现代化种鸡养殖企业（场），企业有一定禽育种生产水平；要求种鸡采用人工授精繁殖技术，且生产管理工艺先进、技术水平较高，在当地种鸡饲养方面具有一定示范带动和影响力。

【岗位目标】

面向现代家禽生产企业，培养拥护党的基本路线，德智体全面发展，具有良好职业道德和法制观念，具备扎实职业发展基础和基本职业素质，掌握现代家禽生产基础知识和综合职业能力，能够在现代化畜禽养殖企业，从事种公鸡采精岗位工作的高级技术技能人才。能独立胜任现代化种鸡养殖企业各生产环节组织、管理工作。

【岗位综合目标】

（1）需要认真、负责、爱学习、勤钻研的工作态度。

（2）具有吃苦耐劳、爱岗敬业品德。

（3）具有团队合作精神。

（4）具有学习新知识并运用于岗位的工作能力。

（5）具备为人正直、诚实守信、追求卓越、精益求精的职业操守。

（6）达到高级家禽繁殖工国家职业标准。

【知识目标】

一、职业道德

1. 职业道德基本知识

2. 职业守则

（1）诚实守信，尽职尽责。

（2）尊重科学，规范操作。

（3）遵纪守法，爱岗敬业。

（4）团结协作，求实奉献。

（5）保护生态，科教兴农。

二、基础知识

1. 专业基础知识

（1）家禽解剖生理知识。

（2）家禽饲养管理知识。

（3）家禽繁殖知识。

2. 安全知识

（1）安全生产常识。

（2）输精机械设备使用常识。

3. 相关法律、法规知识

（1）《中华人民共和国劳动法》的相关知识。

（2）《中华人民共和国农业法》的相关知识。

（3）《中华人民共和国畜牧法》的相关知识。

（4）《家禽生产性能名词术语和度量统计方法》的相关知识。

（5）《种畜禽管理条例》的相关知识。

（6）《种畜禽管理条例实施细则》的相关知识。

【技术目标】

（1）熟练掌握种公鸡采精调教技术。

（2）熟练掌握种公鸡采精技术。

（3）熟练掌握精液品质检查技术。

（4）熟练掌握母鸡人工输精技术

【国家职业目标】

高级家禽繁殖工职业标准（摘录）见表 3-2-1。

表 3-2-1　高级家禽繁殖工职业标准（摘录）

职业功能	工作内容	技能要求	相关知识
一、种禽饲养管理	（一）种禽饲养	1. 能指导限制饲养方案实施 2. 能计算种禽体重均匀度	1. 种禽限制饲养方案相关知识 2. 种禽体重均匀度的计算知识
	（二）种禽管理	1. 能制订不同阶段种禽舍温度、湿度方案 2. 能制订不同阶段种禽舍通风、光照方案 3. 能分析种禽生产记录资料	1. 种禽舍温度、湿度、通风、光照相关知识 2. 生产标准在生产中的运用知识
二、种禽选择与选配	（一）种禽选择	1. 能根据生理特征选择种禽 2. 能根据生殖器选择公禽	1. 种禽生理特征的相关知识 2. 禽生殖器官解剖知识
	（二）种禽选配	1. 能配制精液稀释液 2. 能使用显微镜对精子密度进行估测	种禽人工授精相关知识

学徒任务一　种公鸡采精

【专业知识准备】

一、采精前的准备

1. 器具的准备

保温杯、小试管、胶塞、采精杯、刻度试管、水温计、试管架、玻璃吸管、注射器、药棉、纱布、毛巾、胶用手套、生理盐水等，有条件的还可以购置一台显微镜，用来检查精液质量。

所有人工授精用具，应清洗、消毒、烘干。如无烘干设备，清洗干净后，用蒸馏水煮沸消毒，再用生理盐水冲洗 2～3 次方可使用。

2. 种公鸡的训练

公鸡在使用前 3～4 周内，转入单笼饲养，便于熟悉环境和管理人员。公鸡开始训练之前，将泄殖腔外周 1 cm 左右的羽毛剪除（图 3-2-1）。术者用手指刺激公鸡腰荐部盆神经和腹下交感神经，引起性反射，交接器充血勃起而射精。所以，事先进行采精训练，可使之建立起稳定的条件反射。

公鸡采精训练当天，需于采精前 3～4 h 绝食，以防排粪、尿。采精一般两人配合进行（图 3-2-2）。采精时一人用左右手分别将鸡两腿轻轻握住，自然分开，使鸡头向后，尾部朝向操作人员。操作人员先用右手中指和食指（或无名指）夹着采精杯，杯口向外藏于手心内，以避免按摩时公鸡排粪污染，然后以左手自背鞍部向尾部方向抚摩数次，以减低公鸡惊恐，并引起兴奋，接着以左手顺势将尾羽翻向背侧，并将拇指和食指跨捏在泄殖腔两侧的柔软部，施以迅速而敏捷的颤抖按摩。这时公鸡性感强烈，翻出交接器，术者即可用跨捏在泄殖腔两侧的拇指和食指作适当的挤压，精液便可顺利排出。当公鸡排精时，术者立即将右手夹着的采精杯杯口向上接精液。技术熟练者可单人进行采精。

图 3-2-1　公鸡泄殖腔

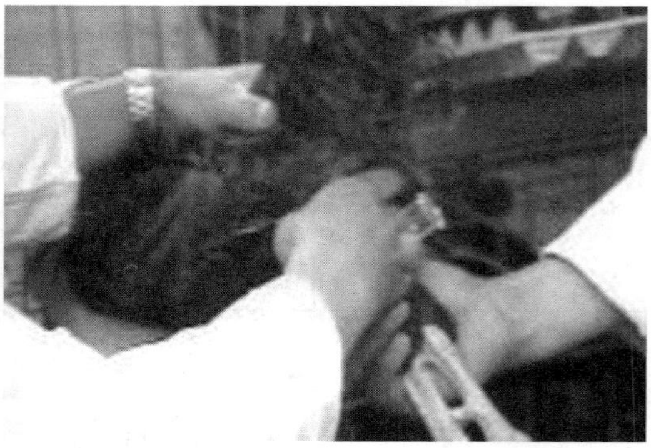

图 3-2-2　公鸡双人采精

二、采精操作规程

1. 人员

两人一组，一人抓鸡，一人采精。

2. 采精准备

开始之前，用剪子把公鸡肛门附近 1 cm 的羽毛剪光，以不影响术者的视线和妨碍收集精液为度。

3. 保定

助手从公鸡笼中把公鸡抓出来递给采精者，采精者坐在凳子上，接过公鸡，把公鸡两腿夹持在自己交叉的大腿间。根据习惯，一般左腿抬起交叉将鸡腿夹住。这样公鸡的胸部自然就会伏在采精者的左腿上。一定不能让公鸡有挣扎的余地，以达到保定鸡的目的。

4. 固定采精杯

公鸡保定之后，采精者拿出采精杯，用右手的食指与中指或者中指和无名指将采精杯夹住，采精杯朝向手背。

5. 按摩

夹持好采精杯后，采精者即开始按摩采精操作。

6. 采精与集精

当肛门明显外翻，有射精动作并随着乳白色精液排出时，右手离开鸡体，将夹持的采精杯口朝上贴向外翻的肛门，接收外流的精液。公鸡排精时，左手一定要适度捏紧肛门两侧，不能放松，否则精液排出不完全，影响采精量。采集到的精液置于 38 ℃左右的水浴中保存待用。

三、采精次数

鸡的精液量和精子密度，随射精次数增多而减少，公鸡经连续射精 3～4 次之后，精液中几乎找不到精子。若配种任务大，也可以在 1 周之内连续采精 3～5 天，休息 2 天，但应注意公鸡的营养状况及体重变化。如果连续采精最好从公鸡 30 周龄以后。

【典型人物案例】

杨宁，男，1964 年生，教授，博士生导师现任中国农业大学畜禽育种国家工程实验室主任，动物科技学院动物遗传育种与繁殖系系主任、教授。兼任世界家禽学会副主席、国家蛋鸡产业技术体系首席科学家、中国畜牧兽医学会家禽学分会理事长和动物遗传育种分会副理事长兼秘书长、国家畜禽遗传资源委员会家禽专业委员会副主任、农业部家禽品质监督检验测试中心（北京）常务副主任、*World's Poultry Science J.*，*Poultry Science* 等国内外学术刊物编委。为国家杰出青年科学基金、国务院政府特殊津贴和中国青年科技奖获得者，入选新世纪“百千万人才工程”国家级专家。杨宁就职于国家蛋鸡产业技术体系，现任首席科学家一职。作为行业享有盛名的专家，杨宁对工作热情饱满，科学精神概括为六个字：奉献、执着、创新。他说，只有一心一意地奉献，才会安心地做研究，不会被物质生活和世俗所累；只有认真执着地研究，才能成就一番事业；创新是科研的灵魂，只有不断创新，才能推动科学技术的发展。

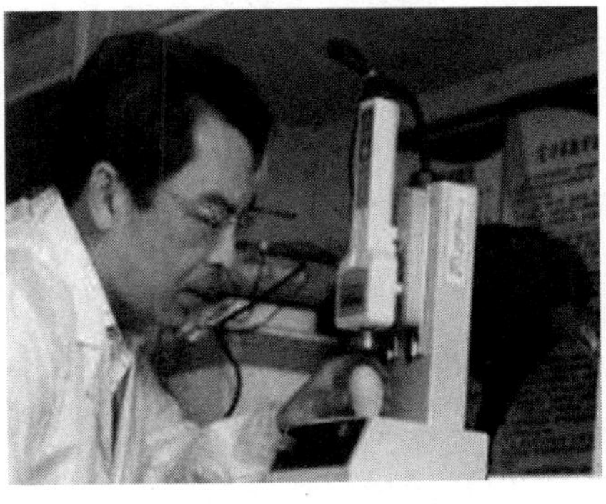

典型人物事迹感想：

典型人物工匠精神总结凝练：

【任务环境要求】

企业具有独立的种鸡养殖车间、料线、水线、温控等成套设备且生产管理技术水平较高，在行业具有一定代表性。采精应在无菌的鸡舍消毒间里进行，准备好采精所用的物品和器械等。

【任务目标与质量要求】

（1）制订种禽场种公禽年度采精计划和目标任务分解。熟知种公禽采精工作规范，种公禽的培育标准，采精技术，采精工作流程与质量要求。

（2）采精前必须进行白痢检测，阳性一律淘汰。公鸡在使用前 3～4 周内转入单笼饲养，便于熟悉环境和管理人员。

（3）在配种前 2～3 周内开始训练公鸡，采精每天 1 次或隔天 1 次，一旦训练成功则坚持隔天采精。公鸡开始训练之前，将泄殖腔外围的 1 cm 左右的羽毛剪除，采精当天公鸡须于采精前 3～4 h 绝食，以防采精时鸡排粪尿。

（4）采精用具要完好无损，应清洁消毒烘干。保持存放精液的保温瓶水温为 28～35 ℃，并把准备好的稀释液进行预温处理。

（5）一次采精量应达到 0.3 mL 以上。

（6）精子活力应在 0.8 以上。

（7）采集到的精液尽量在 30 min 内用完，夏季用完时间更短。

（8）具有较强组织和协调能力，独立处理采精过程中各类突发事件，完成学徒任务。

【工作任务实施】

工作任务实施见表 3-2-2。

表 3-2-2　工作任务实施表

教学过程设计（教学环节）		任务内容	学习活动方法	学习时间
岗上学习		任务咨询	学徒小组开展	70 天
教学活动 1	岗前培训	岗位技能标准、规范、注意事项	师徒互动（小组讨论）完成任务单	5 天
教学活动 2	岗上技术指导	一般技术指导：饲喂标准、疾病预防、温度湿度控制等技术	现场技术指导、师徒互动（小组讨论）完成任务单	5 天
		综合能力指导：检验和校正各种生产设备、器具；协助测定、统计体重均匀度和调整禽群；统计各种生产数据等	现场技术指导、企业综合评价	10 天
教学活动 3	顶岗工作	独立承担采精工作	独立承担岗位工作	50 天

【岗前培训】

岗前培训必选项目：

（1）企业安全生产制度。

（2）采精岗位相关工作理论、岗位技能培训。

（3）岗位任务工作规程、程序

①采精前的准备工作：种公鸡训练。

②采精工作：保定、按摩、采精、集精等。

③鲜精的保存。

④做好采精工作记录。见表 3-2-3 和表 3-2-4。

表 3-2-3　岗前培训过程记录表

序号	岗前培训内容	培训形式	完成情况	培训师傅	培训日期
1					
2					
3					
4					
5					
6					
7					
8					
9					
10					

表 3-2-4　岗前培训内容考核表

序号	培训内容	考核形式	考核情况记录	考核记录人	等次评定（优、良、中、差）
1					
2					
3					
4					
5					
6					
7					
8					
9					
10					

【岗上技术指导】

一、日常技术指导

（1）能正确进行抓鸡操作。

（2）能正确保定种公鸡。

（3）能熟练对种公鸡进行采精训练。

（4）能快速采集到合格的鲜精。

（5）能正确保存精液。见表 3-2-5 和表 3-2-6。

表 3-2-5　岗上一般技术指导过程记录表

序号	技术指导内容	学习完成情况	指导师傅	指导日期
1				
2				
3				
4				
5				
6				
7				
8				

表 3-2-6 技术指导跟踪（考核）过程记录表

序号	指导内容	改进提升情况	跟踪记录人	记录日期
1				
2				
3				
4				
5				
6				
7				
8				

二、岗位一般技术指导环节工作记录

（1）采精前工作记录见表 3-2-7。

表 3-2-7 采精前工作记录表

项目	完成情况	师傅评定	备注
采精场地清洁是否彻底			
采精场消毒是否彻底			
种公鸡训练次数			
种公鸡采精适应性			
采精器具准备情况			
种公鸡保定情况			
种公鸡按摩情况			

（2）采精和集精工作见表 3-2-8。

表 3-2-8 采精和集精工作

项目	操作方法和要求
采精操作	
精液收集	

（3）精液处理工作见表 3-2-9。

表 3-2-9 精液处理工作

项目	具体内容
精液收集量	
精液的保存方式	
精液的处理	

（4）采精效果的评价见表 3-2-10。

表 3-2-10　采精效果的评价

评价项目	评价方法
采精次数	
采精量	
种公鸡体况	

三、岗位综合能力指导

（1）种公鸡的挑选。

（2）种公鸡的日常采精训练。

（3）种公鸡的日常采精任务。

（4）精液的保存和处理。见表 3-2-11。

表 3-2-11　综合能力指导过程记录表

序号	项目	完成数量	完成质量	师傅评价	协岗日期
1					
2					
3					
4					
5					
6					

【顶岗任务】

（1）独立完成 1 批 100 只种公鸡的采精任务，合格率 95％以上（表 3-2-12）。

（2）企业考核。

表 3-2-12　顶岗过程记录表

姓名	顶岗任务目标	工作业绩、指标完成情况	工作态度	考核日期	负责人签字

【知识拓展】

一、公鸡的生殖系统

公鸡生殖活动是由生殖器官和交配器官活动来实现的（图 3-2-3）。

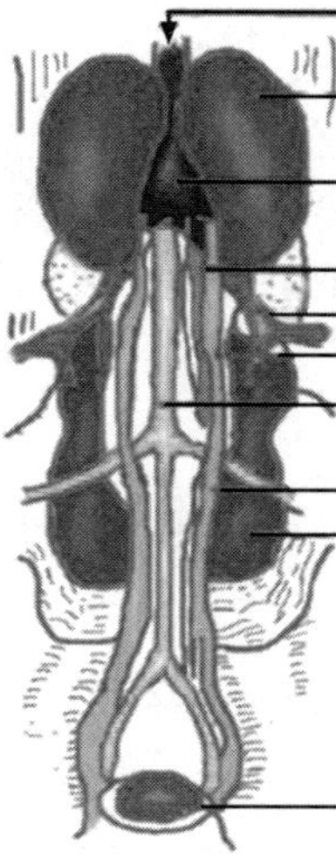

图 3-2-3　公鸡的生殖系统

1. 睾丸

公鸡有一对睾丸，分别位于腹腔内肾脏前下方的腹两侧，体表投影在最后两肋骨上端。睾丸的生理功能主要是其精细管上皮生成精子，鸡的精子呈柳条状，明显不同于哺乳动物，鸡的附睾很小，呈长纺锤形，紧贴于睾丸的背内侧缘。

2. 输精管

输精管是两条极为弯曲的细管，与输尿管并列而行，末端肌层发达，形成乳头状射精管，开口于泄殖道内输尿管口的下方。睾丸产生的精子进入并贮存于输精管，并在此成熟。

3. 交配器官

公鸡的交配器官不发达，没有真正的阴茎，而代之以位于泄殖腔肚道底壁的一圆形或卵圆形状生殖突起（包括乳头状射精管和一对淋巴褶），此突起在刚出壳的雏鸡即明显可见，故可以此鉴别鸡的雌雄。交配时，生殖突起增大，伸入母鸡生殖道内，精液沿突起中间的细沟进入母鸡体内。鸡的射精量较少，一次为 0.6～0.8 mL，但精子密度大。

二、种公鸡的选择

种公鸡自育雏到正常采精需经过 3 次筛选。第一次在 45～50 日龄，选留健康活泼、发育良好、鸡冠生长快的小公雏；第二次在 120～150 日龄，要求生长发育和体重符合品种标准；第三次在 150～160 日龄，采精训练时根据性反射和精液品质进行选择。优先使用第一次训练有条件反射（稍加按摩尾羽便高高翘起）的公鸡。这种公鸡一般泄殖腔大而松弛，且周围干净、乳状突外翻充分，第二性征明显。对没有条件反射的公鸡，根据生产需要推迟几天进行训练，让其建立条件反射。经过 4～5 天的训练，大多数发育正常的公鸡都可以满足采精的需要。对于长期采不出精液或精液量少、精子密度低、精子活力差、粪便常常污染精液的公鸡予以淘汰。

三、种公鸡的日常管理

优良的种公鸡是提高种蛋受精率的基础。培养优良的种公鸡要尽量为其提供适宜的环境条件。在育雏和育成期除了加强管理并进行科学的剪冠、断喙等日常管理外，更应注意其骨骼的充分发育。为促进种公鸡的骨骼发育，在管理中运动是很重要的一方面。有条件的鸡场育雏、育成期公鸡应采用平养，使鸡只有足够的活动空间，让公鸡的体质在充分运动中加强，体重可以略超过标准体重要求，但不应低于正常标准。育雏、育成期能得到充分运动的公鸡，将来到成鸡阶段的体质发育就好，20 周龄左右合格的公鸡就越多，精液品质和数量就可以保证，抵抗外界应激能力就强，同时采精阶段死淘率低，种蛋受精率就相应较高。在经过选择和精液品质检查进入成鸡舍之后，为了减少争斗，要单笼饲养，并配备专人管理，定期添加抗生素及矿物质，并做好种公鸡精液的定期检测。

此外常用的消毒药物，尤其是挥发性较强的药物，会对精子造成明显伤害。因此，日常消毒工作不应在输精前后 1 h 内进行。

四、种公鸡的光照管理

光照不但影响公鸡产生精液的数量，也影响精液的质量。对公鸡来说 12～14 h 10 lx（大约 40 W 灯泡，距鸡笼 1.4 m）的光照，就可维持公鸡正常的繁殖性能，少于 9 h 则精液品质下降，故有条件的鸡场，应设置公鸡舍，为种公鸡提供适宜的环境条件。

小公鸡达到最大精液量比母鸡达到最高的产蛋高峰需较长的光照刺激。也就是说，适当提前给公鸡以光照刺激可使公鸡的精液量和母鸡的产蛋高峰同步。

五、种公鸡日粮营养

公鸡饲料的营养成分一般饲养育种手册上都没有说明，多数按照母鸡的营养成分含量饲喂。公鸡的能量需要和母鸡基本一致，蛋白质水平要低于16%～18%正常12%～14%的水平就可满足采精的需要。在保证蛋白质水平基础上，平衡蛋氨酸、赖氨酸水平可以保证公鸡具有较高的繁殖率。精氨酸和蛋氨酸直接参与精子生成，在日粮中补充0.3%～0.5%的精氨酸，能使公鸡每次射精总量分别增加8.7%～15%，效果极显著。日粮中维生素不足可使公鸡性反射降低，精液量减少。在种公鸡饲料日粮中分别添加0.1～0.2 g/kg硫酸锌和硫酸锰以及0.3～0.5 mg/kg亚硒酸钠，对提高精液品质和受精率有极显著影响。注意一定不要把母鸡饲料用来饲喂公鸡，这样既浪费蛋白质饲料，公鸡也不需要那么多的钙质。一般采精时期的种公鸡钙的用量1.0%～1.5%，磷0.65%～0.8%即可。

六、种公鸡的舍内温度

春秋季节，温度适宜，气温一般在20～25 ℃，对种公鸡生长繁殖极为有利，这时精液量和精子密度较大，精子活力高，种公鸡的精液质量比较理想。夏季受高温影响，鸡采食量相对减少，营养摄取不足，造成精液量减少，精子密度降低、活力下降。冬季环境温度低于5 ℃时，种公鸡的性活动会大大减少，从而影响受精率。因此，在实际生产中，应切实做好夏季防暑降温和冬季御寒保暖工作，尽量给鸡群提供舒适的温度环境，以便保证种公鸡的精液质量。

七、种鸡场的生物安全体系

（一）种鸡场的隔离

坚决彻底地杜绝外源性病原微生物进入本场——彻底切断传染病的传播途径。

1. 种鸡场大门口的隔离消毒

每天门口大消毒一次；进入场院人员按下列程序入内：脚踏消毒盆—更换胶鞋—喷雾消毒后入场。见图3-2-4和图3-2-5。

图3-2-4 车辆消毒池

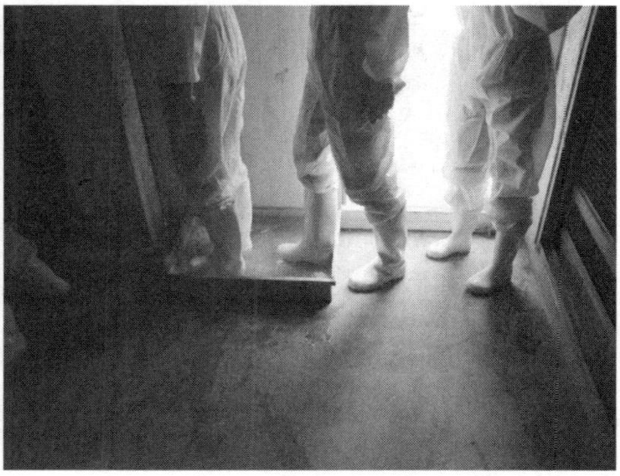

图3-2-5 脚踏消毒盆消毒

2. 生活区的定期消毒

生活区的所有房间每天用消毒液喷洒消毒一次；每月对住室消毒；对生活区的道路每周进行两次环境大消毒；外出归来的人员所带东西严格消毒；所穿衣服清洗消毒；外场调来的物品两种以上消毒液消毒；人员隔离 3～5 天方可上班。

3. 生产区围墙与二门岗的隔离与消毒 按以下进入程序：

消毒程序 → 脱鞋进入熏蒸间 → 外更衣间 → 外淋浴间 —淋浴 5 min→ 消毒间 → 内淋浴间 —淋浴 7 min→ 内更衣间 → 进入生产区

4. 鸡舍门口的隔离与消毒

生产非必需车辆严禁入生产区内；必须进入生产区的车辆冲干净、消毒，司机下车洗澡消毒后，方可开车入内（图 3-2-6）；非生产物品不准入生产区内；生产必需品进入生产区必须严格消毒方可进入生产区。

严格按进入鸡舍的消毒程序进入鸡舍。

进入鸡舍程序 → 清净胶鞋底 → 脚踏消毒盆 → 喷雾消毒 → 消毒液洗手 → 方可进入鸡舍

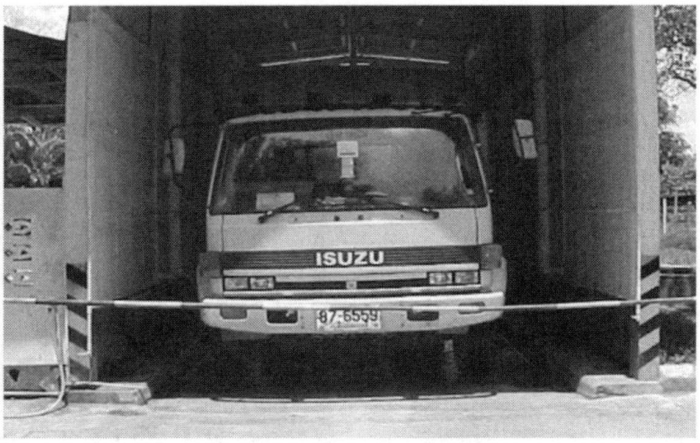

图 3-2-6　车辆消毒

（二）种鸡场的消毒

种鸡场内消毒的目的是最大限度地消灭本场病源的存在。

（1）制订场区内周期性卫生防疫消毒制度，并严格按要求去执行。

（2）大风、大雨过后要对鸡舍和周围环境进行严格消毒 1～2 次。见图 3-2-7 和图 3-2-8。

图 3-2-7　圈舍清洗

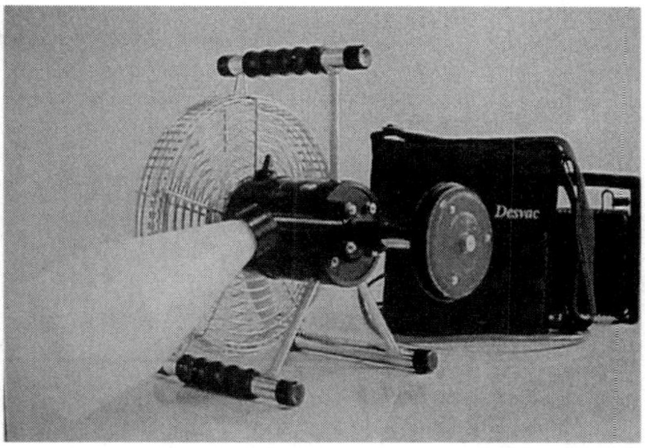

图 3-2-8　圈舍通风设备

【职业素质培养】

在完成岗位任务中完成职业素质培养和培养标准（表 3-2-13）。

表 3-2-13　职业素质评价标准

项目	赋分	正表象	负表象	评价标准	过程记录	最后得分
职业品质	10	吃苦耐劳、任劳任怨、责任担当	不积极主动、耍滑、拖沓	出现一次扣1分		
职业道德	10	遵守行规、诚实守信、职业形象好	违背行规、不守信用	出现一次扣1分		
团队协作	20	小组学习、发言及个人意见表达	不互动、不参与、不发言	出现一次扣1分		
学习能力	15	主动学习、学习有计划性、自主学习、能综合分析形成自己的意见	不主动学习、学习没有计划性、不能自主学习	出现一次扣1分		
社会能力	10	善于沟通、交流，能获得预期资讯信息	不与人沟通、交流，不能获得预期资讯信息	出现一次扣1分		
创新能力	5	有创新思维意识，经常有新意见和建议	无创新思维意识，长期无新意见、建议	出现一次扣1分		
信息化能力	10	使用信息技术获得学习资讯能力	没有使用信息技术获得学习资讯能力	出现一次扣1分		
心理健康	10	性格阳光、能有效疏解各种压力	性格灰色、不能有效疏解各种压力	出现一次扣1分		
管理能力	5	适应组织管理环境，能准确角色定位	不能适应组织管理环境，不能准确角色定位	出现一次扣1分		
社会责任	5	环保、同情弱势、关注时政	不环保、不同情弱势、不关注时政	出现一次扣1分		

备注：总分 80 分以上合格。

【岗位考核】

（1）理论知识（相关技术理论，试卷考核）。

（2）学徒岗位关键技能考核。

（3）工作业绩考核（表 3-2-14）。

表 3-2-14　种公禽按摩法人工采精（考核时间：20 min）

序号	考核内容	评分要素	配分	评分标准	检测结果	扣分	得分	备注
1	准备工作	准备集精杯	5	未准备集精杯扣 5 分				
2	公禽按摩	在保定员的配合下，采精员左手掌心向下，拇指一方，其他四指一方，紧贴公鸡腰背，从翼根沿体躯两侧滑动，推至尾羽区，按摩数次，引起公鸡性感	5	手掌姿势错误扣 5 分				
			10	按摩部位错误扣 10 分				
			10	按摩推动方向错误扣 10 分				
3	采精操作	采精员右手中指与无名指间夹着集精杯，杯口朝外，当公鸡有性反射时，立刻翻转左手，并用左手掌将尾羽向背部拨	5	采精杯握法错误扣 5 分				
			10	杯口朝向错误扣 10 分				
			10	公禽有性反射时未将尾羽向背部拨扣 10 分				
4	精液收集	当泄殖腔翻开，左手拇指与食指立刻捏住泄殖腔外缘，轻轻挤压，公鸡立刻排精，右手便迅速将集精杯口翻向泄殖腔开口，接住精液	5	未能立刻捏住泄殖腔外缘扣 5 分				
			10	捏挤泄殖腔用力过大引起公禽排便扣 10 分				
			10	未采到精液扣 10 分				
			10	未能接住精液扣 10 分 只接住部分精液扣 10 分				
5	清理现场	收拾工具、清理场地	10	未收拾工具扣 5 分 未清理场地扣 5 分				
6	安全文明操作	按照国家或企业颁发有关安全规定执行操作		每违反一项规定从总分中扣 5 分 严重违规取消考核				
7	考核时限	在规定时间内完成		超时停止操作考核				
合计			100					

（4）职业素质、职业道德综合评价见表 3-2-15。

表 3-2-15 综合评价表

项目	A	B	C	D
工作态度				
吃苦耐劳				
团队协作				
沟通交流				
学习钻研				
认真负责				
诚实守信				

【任务总结】

项目任务

根据种母鸡饲养情况，为本场制订种公鸡的采精实施方案，结合生产任务执行。

学徒任务二 精液品质检查

【专业知识准备】

一、精液常规检查

1. 外观检查

正常精液为乳白色，不透明液体。混入血液为粉红色；被粪便污染为黄褐色；尿酸盐混入时，呈粉白色棉絮状块；过量的透明液混入，则见有水渍状；凡受污染的精液，品质均急剧下降，受精率不高。

2. 精液量的检查

可用具有刻度的吸管、注射器或其他度量器，将精液吸入，然后读数。

3. 活力检查

在采精后20～30 min内进行，取精液及生理盐水各一滴，置于载玻片一端，混匀，放上盖玻片，精液不宜过多，以布满载玻片、盖玻片的空隙，而又不溢出为宜。在37 ℃条件下，用200～400倍显微镜检查。按下面三种活动方式估计评定：直线前进运动，有受精能力，占其中比例多少评为0.1～0.8、0.9级；圆周运动、摆动两种方式均无受精能力，活力高、密度大的精液，在显微镜下可见精子呈旋涡翻滚状态（图3-2-9）。

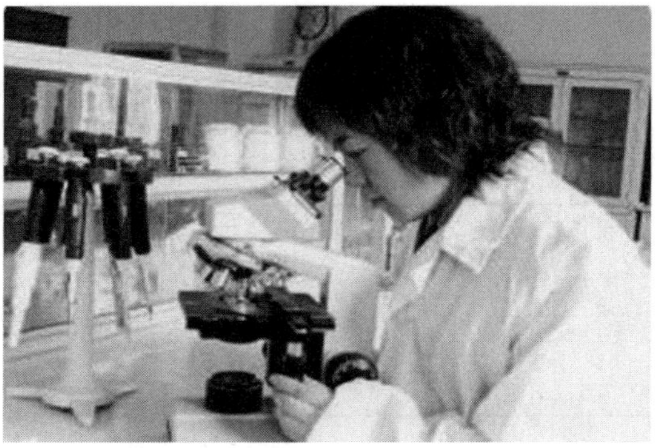

图3-2-9　活力检查

4. 密度检查

精子密度是精液品质的重要指标，其方法有血细胞计数法和密度估测法。

（1）血细胞计数法　一般用血细胞计数板来计数，精确度高，但是操作麻烦，先用红细胞吸管吸取精液至0.5 μL处，再吸入3%的氯化钠溶液至10 μL处，即为稀释200倍。摇匀，排出吸管前的空气，然后将吸管尖端放在计数板与盖玻片间的边缘，使吸管的精液流入计算室内。

（2）精子密度估测法

①密　在显微镜下，可见整个视野布满精子，精子间距离几乎无空隙。鸡每毫升精液约有精子40亿以上。

②中等密度　在一个视野中，精子之间距离明显。鸡每毫升精液有20亿～40亿精子。

③稀　在显微镜下精子间有很大空隙。鸡每毫升精液有精子20亿以下。

5. pH检查

使用精密试纸或酸度计便可测出。

6. 畸形率检查

精液一滴于玻片上，抹片，自然干燥后，用 95%酒精固定 1～2 min

冲洗，再用 0.5%龙胆紫（或红、蓝墨水）染 3 min，冲洗，干后即在显微镜下检查，数 300～500 个精子中有多少个畸形精子。

二、精液的稀释

采精后应尽快稀释，将精液和稀释液分别装于试管中，并同时放入 30 ℃保温瓶或恒温箱内，使精液和稀释液的温度相等或接近。稀释时稀释液沿装有精液的试管壁缓慢加入，轻轻转动，使两者混合均匀。如高倍稀释应分次进行，防止突然改变精子环境。

【典型人物案例】

战斗在一线的“流感侦探”

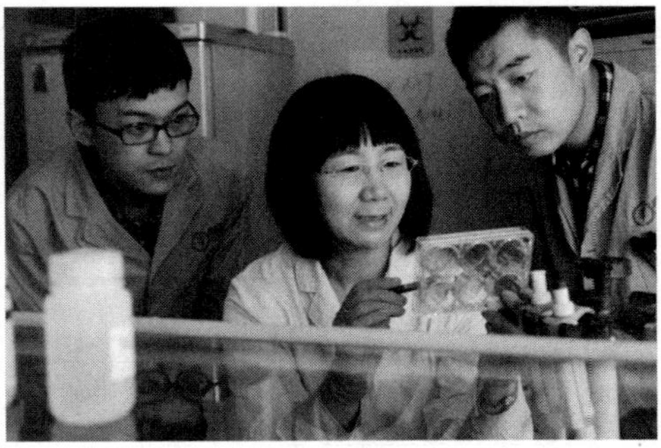

陈化兰，女，病毒学家，中国农业科学院哈尔滨兽医研究所研究员。国家暨世界动物卫生组织（OIE）禽流感参考实验室主任，我国第一位 OIE 专家，OIE 最高技术决策机构——生物标准委员会副主席。第二届全国道德模范提名奖、“国家杰青”获得者、首届哈尔滨道德模范（敬业奉献）、2008“感动哈尔滨”年度人物。

主要从事动物流感病毒研究。她发现了决定 H5N1 和 H7N9 禽流感病毒获得感染哺乳动物能力、致病力和在哺乳动物间呼吸道传播的关键分子及其相关机制，为 H5N1 和 H7N9 病毒的科学认知、风险评估、防控政策和疫苗研发提供了关键科学基础。她创制的禽流感疫苗在国内外广泛应用，产生巨大社会与经济效益，为满足国家重大需求做出了重要贡献。曾获国家自然科学奖二等奖（2013）、国家技术发明奖二等奖（2007）、国家科技进步奖一等奖（2005）和世界杰出女科学家成就奖（2016）。

自 1994 年以来，陈化兰就致力于禽流感防控的相关研究，为国家禽流感防控的科学决策提供了重要依据和技术支撑。在禽流感病毒基础研究方面取得创新性进展与发现，发表了一系列重要科学论文，是美国汤森路透集团公布的 2015 年“全球高被引科学家”之一。她在实践中探索，总结出符合我国实际并行之有效的禽流感防控技术策略，成功运用于我国禽流感防控生产实际，建立、完善禽流感防控与研究技术平台。并根据病毒特点及其流行情况，分别提出不同的防控措施与疫苗策略，被农业农村部和多个国家采纳。她将先进的疫苗技术应用于禽流感防控实践，研制的系列疫苗均在我国禽流感的成功防控实践中得到广泛应用。她主持建立了国际先进的 H5N1 反向遗传灭活疫苗研发平台，突破了传统技术疫苗多个重大技术瓶颈，并解决了水禽免疫效果欠佳的难题。她成功主持研制了国际上第一个生产应用的 RNA 病毒活载体疫苗 H5 禽流感、新城疫重组二联活疫苗，实现了一种活疫苗有效预防两种重大疫病，成本低廉，使用方便。这些疫苗在国内外累计应用 1 400 多亿羽份。

陈化兰的学术成就与贡献获得国内外同行及社会的认可，先后获“国家科技进步一等奖”“国家技术发明二等奖”“国家自然科学二等奖”、首届“中华农业英才奖”“何梁何利基金科学与技术创新奖”“哈尔滨市市长特别奖”等荣誉。因其在禽流感研究及防控方面的贡献，她被 *Nature* 评为 2013 年“全球十大科学人物”，被联合国教科文组织授予“2016 年世界杰出女科学家成就奖”。

典型人物事迹感想：

典型人物工匠精神总结凝练：

【任务环境要求】

精液品质检查要求在清洁、无菌、通风良好的室内进行，有实验台、恒温显微镜、精子活力测定仪、水浴锅、载玻片、盖玻片等相关仪器设备和物品，具备精液品质检查的完整设备，确保品质检查工作顺利快速完成。

【任务目标与质量要求】

（1）完成公鸡鲜精的收集、存放任务。

（2）完成鲜精的精子活力、密度、畸形率检查。

（3）完成合格精液的正确贮存。

（4）根据生产需要确定精液稀释倍数并完成精液的稀释。

（5）协助完成输精员的精液传递任务。

（6）严谨认真负责的工作态度。

（7）岗位疑难问题处理能力。

【工作任务实施】

工作任务实施见表 3-2-16。

表 3-2-16 工作任务实施表

教学过程设计（教学环节）		任务内容	学习活动方法	学习时间
岗上学习		任务咨询	学徒小组开展	30 天
教学活动 1	岗前培训	岗位技能标准、规范、注意事项	师徒互动（小组讨论）完成任务单	5 天
教学活动 2	岗上技术指导	一般技术指导：精液的品质评定，包括外观、活力、密度等指标	现场技术指导、师徒互动（小组讨论）完成任务单	5 天
		综合能力指导：能够依据精液品质判定种公鸡的优劣，同时依据实际生产的需要确定精液的稀释倍数并顺利完成稀释	现场技术指导、企业综合评价	10 天
教学活动 3	顶岗工作	独立承担精液品质检查工作	独立承担岗位工作	50 天

【岗前培训】

岗前培训必选项目：

（1）企业安全生产制度。

（2）精液品质检查岗位相关工作理论、岗位技能培训。

（3）岗位任务工作规程、程序。

①精液品质检查前的准备工作：显微镜、水浴锅、载玻片、烧杯、玻璃棒等物品。

②精液品质检查工作：外观、活力、密度等常规指标的检查。

③精液的稀释和保存。

④做好工作记录。见表 3-2-17 和表 3-2-18。

表 3-2-17　岗前培训过程记录表

序号	岗前培训内容	培训形式	完成情况	培训师傅	培训日期
1					
2					
3					
4					
5					
6					
7					
8					
9					
10					

表 3-2-18　岗前培训内容考核表

序号	培训内容	考核形式	考核情况记录	考核记录人	等次评定（优、良、中、差）
1					
2					
3					
4					
5					
6					
7					
8					
9					
10					

【岗上技术指导】

一、日常技术指导

（1）协助完成公鸡鲜精的收集、存放任务。

（2）正确使用和维护显微镜。

（3）准确进行精液的外观检查。

（4）利用显微镜进行精子活力检查并准确判定结果。

（5）准确估测精液的密度。

（6）依据实际生产需要进行精液的稀释和保存。

（7）协助完成输精操作员的精液传递任务。见表 3-2-19 和表 3-2-20。

表 3-2-19　岗上一般技术指导过程记录表

序号	技术指导内容	学习完成情况	指导师傅	指导日期
1				
2				
3				
4				
5				
6				
7				
8				

表 3-2-20　技术指导跟踪（考核）过程记录表

序号	指导内容	改进提升情况	跟踪记录人	记录日期
1				
2				
3				
4				
5				
6				
7				
8				

二、岗位一般技术指导环节工作记录

（1）精液品质检查工作记录见表 3-2-21。

表 3-2-21 精液品质检查工作记录表

项目		完成情况	师傅评定	备注
外观检查	采精量			
	颜色			
	气味			
	云雾状			
	pH			
精子活力检查				
精子密度检查				

（2）精液稀释工作记录见表 3-2-22。

表 3-2-22 精液稀释工作记录表

项目	操作方法和要求
稀释倍数	
精液稀释	

（3）精液处理工作见表 3-2-23。

表 3-2-23 精液处理工作

项目	具体内容
精液留存或废弃	
合格精液的处理	
合格精液的保存方式	

（4）精液品质的评价与反馈见表 3-2-24。

表 3-2-24 精液品质的评价与反馈

评价项目	评价方法
外观	
活力	
密度	
畸形率	

三、岗位综合能力指导

（1）精液的外观指标检查（采精量、颜色、气味、云雾状）及结果判定。

（2）利用显微镜准确判定精子的活力。

（3）利用显微镜准确估测精液密度。

（4）精液的稀释和保存。见表 3-2-25。

表 3-2-25　综合能力指导过程记录表

序号	项目	完成数量	完成质量	师傅评价	协岗日期
1					
2					
3					
4					
5					
6					

【顶岗任务】

（1）独立完成 1 批约 100 只种公鸡鲜精的精液品质检查任务。见表 3-2-26。

（2）企业考核。

表 3-2-26　顶岗过程记录表

姓名	顶岗任务目标	工作业绩、指标完成情况	工作态度	考核日期	负责人签字

【知识拓展】

一、精液的组成及理化特性

1. 精液的组成

精液是雄性动物性腺、副性腺及输精管道的分泌物，由精子和精清组成，精子占较小的比例。精清是附睾、副性腺、输精管壶腹的分泌物，占精液的大部分。精液中干物质只有 2%～10%，其余为水分。

2. 精液的理化特性

（1）精液的物理特性　精液一般呈不透明的灰白或乳白色，精子的密度大，其白色就深。精液的 pH 的大小主要由副性腺的分泌物决定，刚采出的精液近于中性，此后精子较旺盛的代谢造成酸度累积，致使 pH 下降，精子存活受影响。

精子密度又称精子浓度，是指每毫升精液中所含的精子数。精液量多的动物每毫升所含的精子数少；精液量少的动物每毫升所含的精子数多。精子密度也因年龄、品种等不同而有差异。

（2）精液的化学特性

①无机成分：在精液中的无机离子主要有 K^+、Na^+、Ca^{2+}、Mg^{2+}、Cl^-、PO_4^{3-} 等离子，对维持渗透压起重要作用。精液中 K^+、Na^+ 离子的含量最高。经试验证明，在含钾的溶液中精子的活力强，但 K^+ 的浓度过高会降低活力；在不含钾的溶液中，精子很快就会失去活力。

②糖类：糖是精液中的重要成分，是精子代谢的能量来源。精液中的糖类主要有果糖、山梨醇、唾液酸等。糖在精液中含量较高，主要来自副性腺。刚排出的精液，果糖很快分解为丙酮酸，其释放的热量是精子的主要能源。

③氨基酸：精液中含有 10 多种游离的氨基酸，是精子有氧代谢的基质，有利于合成核酸。

④酶：精液中的酶较多，对精子体外代谢起着催化作用。如顶体酶与精卵受精有着重要关系；三磷酸腺苷酶是精子的呼吸和糖酵解活动所必需的；脱氢酶使精子具有受精力等。

⑤维生素：有的雄性动物如牛的精液中已发现有硫胺素、核黄素、抗坏血酸、烟酸、泛酸等，这些维生素对于增加精子活力和密度至关重要。

⑥脂质：精液中的脂质组成因家畜种类而异，主要为磷脂，在精子中大量存在，主要在精子外膜和线粒体中。卵磷脂有助于精子延长存活时间，对精子起到抗冻作用。

二、精子结构

哺乳家畜的精子是一种形态特殊、结构相似、能运动的雄性生殖细胞。精子形似蝌蚪，分为头部、颈部、尾部三部分（图 3-2-10）。家禽的精子呈镰刀形。

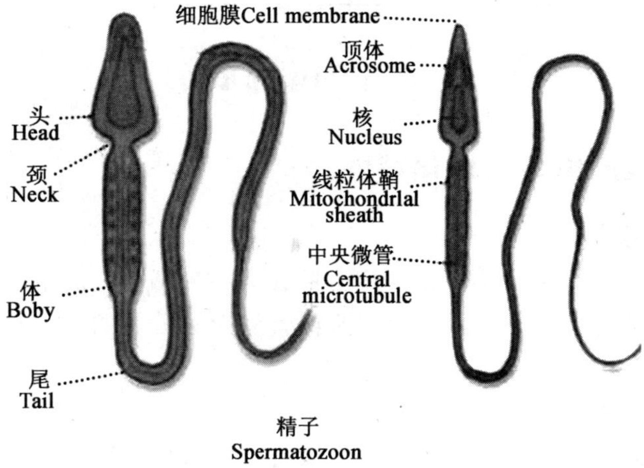

图 3-2-10 精子结构

1. 头部

精子头部呈扁椭圆形，主要由核构成，其中含有染色质，最重要的成分是 DNA，家畜的遗传信息排列在 DNA 链上。精子核的前部为顶体，是一个不稳定的特殊结构，其中含有许多酶类，与受精有关。精子的顶体在衰老时容易变性，出现异常或从头部脱落，为评定精子品质的指标之一。

2. 颈部

位于头和尾之间，其中含 2～3 个颗粒。核和颗粒之间有一基板。尾部的纤维丝即以此为起点。颈部很脆弱，外界环境不适会引起颈部畸形。

3. 尾部

精子的运动器官，尾部出现鞭索状运动，推动精子向前运行。精子尾部分为中段、主段、尾段三部分。

中段由颈部延伸而成，线粒体是螺旋状缠绕致密的纤丝，50～70 转。中段是尾部最长的部分，没有线粒体的复形物环绕。从中段至主段有 2 条中心纤维、9 条内卷纤维和 9 条外卷纤维。主段以后，纤丝的直径越来越小，最外周的纤维消失，外面由强韧的蛋白鞘膜包被。尾梢很短，只有 3～5 μm，纤维鞘消失。

三、精子的生理特性

1. 精子的代谢

精子在体外生存，必须进行物质代谢和能量代谢，以满足其生命活动所需要养分。精子代谢过程较为复杂，主要有糖酵解和呼吸作用。

（1）精子的糖酵解　糖类对维持精子的生命活动至关重要，但精子内部的糖很少，必须依靠精清中的糖作为原料，经酵解后供精子利用。

（2）精子的呼吸　精子的呼吸主要在尾部进行，通过呼吸作用，对糖类彻底氧化，从而得到大量能量。呼吸旺盛，会使氧和营养物质消耗过快，造成精子早衰，对精子体外存活不利。为防止这一不良现象，在精液保存时常采取降低温度，隔绝空气和充入二氧化碳等办法，使精子减少能量消耗，以延长其体外存活时间。

2. 精子的运动

精子运动与其代谢机能有关，是活精子的主要特征。

（1）精子运动的形式

直线前进运动：在条件适宜的情况下，正常的精子做直线前进运动，这样的精子运输到输卵管的壶腹部与卵子完成受精作用，是有效精子。

原地摆动运动：精子头部摆动，不发生位移，这种精子是无效的。另外，当精子周围环境不适时，如温度偏低或 pH 下降等，也会引起精子出现摆动。

圆周运动：精子围绕点做转圈运动，最终会导致精子衰竭，这样的精子同样是无效的。

（2）精子运动的速度　精子周围的液体性质影响其运动速度。在非流动性液体中，马的精子运动速度约 90 μm/s，而在流速 120 μm/s 的液体中速度能达到 180～200 μm/s。

（3）精子的运动特性。

向流性：在流动的液体中，精子表现出逆流向上的特性，运动速度随液体流速而加快。在母畜生殖道中，发情时分泌物向外流动，所以精子可逆流向输卵管方向运行。

向触性：在精液中如果有异物，精子就会向着异物运动，其头部顶住异物做摆动运动，精子活力就会下降。

向化性：精子具有向着某些化学物质运动的特性，雌性家畜生殖道内存在某些特殊化学物质如激素、酶，能吸引精子向生殖道上方运行。

四、外界环境对精子的影响

1. 温度的影响

温度是精子接触的主要外环境，在体温状态下，精子的代谢正常。

（1）高温　精子在高温下，代谢增强，能量消耗快，使精子在短时间内死亡。精子能忍耐的最高温度为 45 ℃，驴的精子能承受 48 ℃高温，超过这一温度精子会发生热僵直而死亡。

（2）低温　在低温下，精子的代谢和运动能力下降，当温度降至 10 ℃以下时，精子的代谢非常微弱，几乎处于休眠状态。鲜精从体温状态缓慢降到 10 ℃以下精子逐渐停止运动，待升温后可恢复正常活力。如果精液的温度从体温状态急剧降到 10 ℃以下，精子会不可逆地失去活力，不能复苏，这种现象称为冷休克。出现冷休克的原因是精子的细胞膜遭到破坏，使三磷酸腺苷、细胞色素、钾等从细胞膜渗出，渗透压加大，精子不能存活。

（3）超低温　现在生产中用液氮做冷源保存精液，精子处于－196 ℃的低温，其代谢和活动基本停止，可以长期保存。牛的精液在超低温下可保存 20 年以上，解冻后仍能达到输精要求。在精液冷冻中要防止冰晶的出现，－60～0 ℃的环境对精子存活不利，其中－25～－15 ℃为最危险区域，需加甘油等保护剂才能成功。

2. 光和辐射

日光中含有紫外线和红外线，红外线能使精液升温，精子代谢增强。紫外线对精子的影响取决于其强度，强烈的紫外线照射能使精子活力下降甚至死亡。荧光灯能发射紫外线，对精子也有不利影响。因此，在精液处理室，应避免阳光直射，减少光的辐射。盛装精液的玻璃容器最好用棕色瓶，以阻隔光的影响。

3. 渗透压的影响

精子与其周围的液体环境（精清、稀释液）要保持等渗，才能正常地代谢和存活，如果周围液体的渗透压大，精子就会失水皱缩，原生质变干，内部结构发生变化而死亡；如果精子周围环境的渗透压小于精子内部的渗透压，水分就会进入精子内部，使精子膨胀。精子对渗透压有逐渐适应能力，但这种适应能力是有限度的。相对精子而言，低渗危害更大。

4. pH

家禽的精液酸碱性各不相同，在弱酸环境中精子代谢运动减弱，但存活时间延长；在弱碱环境中，精子代谢和运动加快，能量消耗较快，不利于精子存活。

5. 化学药品

凡消毒药、具有挥发性异味的药物对精子均有危害。在精液处理过程中，常加入一些化学药品，如抗生素、磺胺类药物、甘油等，使用时一定注意用量，否则会对精子产生危害。

6. 离子浓度

精液中离子（电解质）浓度影响精子的代谢和运动。电解质对细胞膜的通透性较差，对渗透压破坏较大，达到一定浓度后会损坏精子。一般阴离子对精子的损害大于阳离子。

7. 稀释

鲜精精子运动较活跃，经一定倍数的稀释后有利于增强活力，精子的代谢和耗氧量增加。据研究，精液稀释超过 1.8 倍后，从精子中渗出 K^+、Mg^{2+}、Ca^{2+} 等离子，而 Na^+ 向精子内移动。经高倍稀释后，精子表面的膜发生变化，细胞的通透性增大，精子内各种成分渗出，而精子外的离子又向内入侵，影响精子代谢和生存，这就是稀释打击。

五、精液冷冻贮存技术

精液的冷冻贮存有专门的仪器设备，如精液冷冻仪、液氮罐等。冻结的颗粒、细管、安瓿或袋装精液，经解冻检查合格后，即按品种、编号、采精日期、型号分别包装，做好标记，转入液氮罐（或干冰保温瓶）中贮存备用（图 3-2-11 和图 3-2-12）。

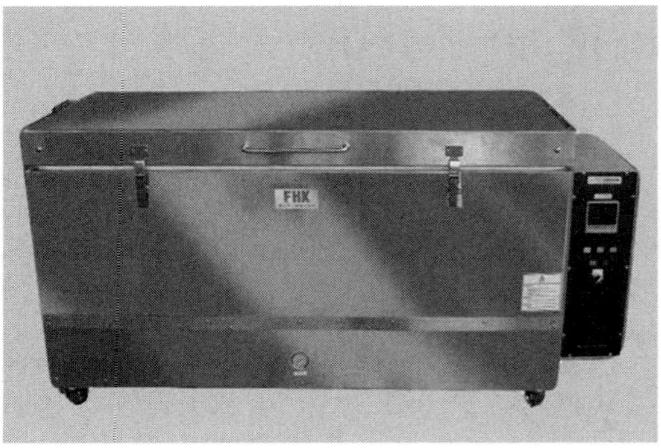

图 3-2-11　精液冷冻仪

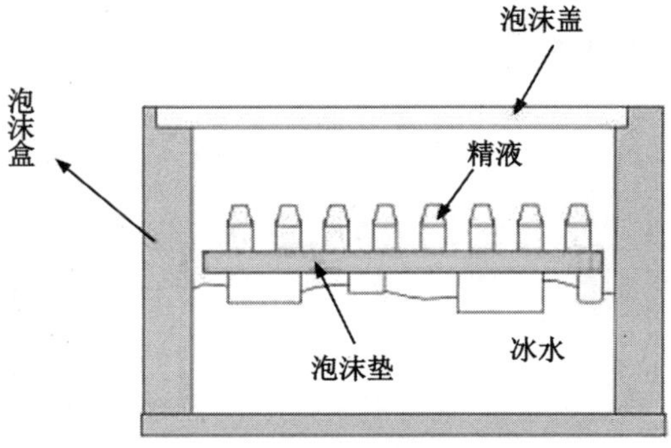

图 3-2-12　精液冷冻装置内部

目前，冻精的贮存多采用液氮作为冷源。

1. 液氮及其特性

液氮是空气中的氮气经压缩、分离形成的一种无色、无味、无毒的液体，沸点温度为－195.8 ℃。在常温下，液氮沸腾，吸收空气中的水汽形成白色烟雾。液氮具有很强的挥发性，当温度升至 18 ℃时，其体积可膨胀 680 倍。此外，液氮是一种不活泼的液体，渗透性差，无杀菌能力，但是－196 ℃的超低温可使多数细菌、病毒停止繁殖。

2. 液氮容器

包括液氮贮存容器和液氮贮运容器，前者为专门贮存冻精用，后者为贮存和运输液氮用。当前冷冻精液专门使用的液氮罐型号很多，但其基本结构都相同。

（1）内外壳体　液氮罐由内外两层壳体组成，一般采用铝合金制造。

（2）内槽　液氮罐内胆中的空间。内槽底部有底座，供固定提筒用，液氮、提筒和冻精都置于内槽中。

（3）夹层　液氮罐内外壳体间的空隙为高真空状态。为了增进罐体的高绝热性能，夹层中还装有活性炭、硅胶等绝热材料和吸附剂。

（4）颈管　以绝热粘剂将罐内外壳体连接而成的长管。

（5）罐盖　由绝热性能良好的塑料制成，具有减少液氮蒸发和固定贮精提筒手柄的功能。

（6）提筒　置于罐体内，其底部有多个小孔，以便液氮渗入其中。提筒用于贮存细管、颗粒等各种剂型冻精。

液氮罐是比较精密的容器，它主要靠保持真空和减少导热而维持其正常超低温冷藏功能。为了发挥液氮罐的正常功能和保证安全，应注意正确使用和保养。检查液氮容器是否完好无损的最简单的方法是触摸盛有液氮的容器盖，感觉它的温度是否低于室温，是否有水蒸气或霜生成。若温度与室温相近，说明质量上乘；若低于室温或出现凝结水蒸气，则质量下降；若出现结霜，则说明该容器已损坏，必须立即更换，以免导致液氮快速挥发，贮存的精液报废。同时，对性能正常的液氮容器，也要定期检查液氮的消耗情况，当液氮减少 2/3 时需及时补充（图 3-2-13）。

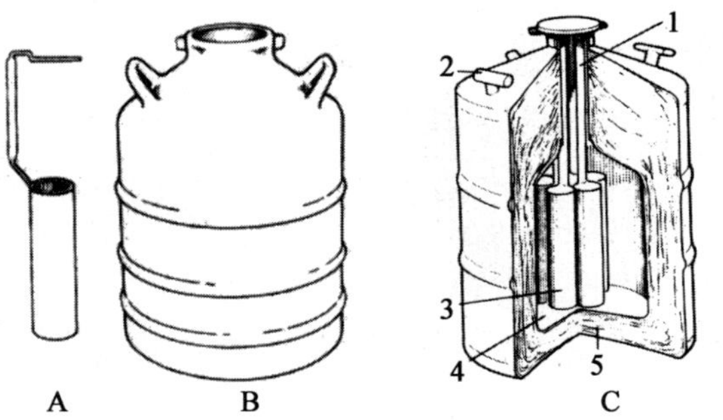

图 3-2-13　液氮罐结构示意图

精液的贮存和运输是紧密配合的，只有精液得到有效的贮存，才可能进行长距离的运输。精液的包装应妥善严密，要尽量避免高温和剧烈的震动与碰撞。

【职业素质培养】

职业素质过程评价记录见表 3-2-27。

表 3-2-27　职业素质过程评价记录表

项目	赋分	正表象	负表象	评价标准	过程记录	最后得分
职业品质	10	吃苦耐劳、任劳任怨、责任担当	不积极主动、耍滑、拖沓	出现一次扣 1 分		
职业道德	10	遵守行规、诚实守信、职业形象好	违背行规、不守信用	出现一次扣 1 分		
团队协作	20	小组学习、发言及个人意见表达	不互动、不参与、不发言	出现一次扣 1 分		
学习能力	15	主动学习、学习有计划性、自主学习、能综合分析形成自己的意见	不主动学习、学习没有计划性、不能自主学习	出现一次扣 1 分		
社会能力	10	善于沟通、交流，能获得预期资讯信息	不与人沟通、交流，不能获得预期资讯信息	出现一次扣 1 分		
创新能力	5	有创新思维意识，经常有新意见和建议	无创新思维意识，长期无新意见、建议	出现一次扣 1 分		
信息化能力	10	使用信息技术获得学习资讯能力	没有使用信息技术获得学习资讯能力	出现一次扣 1 分		
心理健康	10	性格阳光、能有效疏解各种压力	性格灰色、不能有效疏解各种压力	出现一次扣 1 分		
管理能力	5	适应组织管理环境，能准确角色定位	不能适应组织管理环境，不能准确角色定位	出现一次扣 1 分		
社会责任	5	环保、同情弱势、关注时政	不环保、不同情弱势、不关注时政	出现一次扣 1 分		

备注：总分 80 分以上合格。

【岗位考核】

（1）理论知识（相关技术理论，试卷考核）。

（2）学徒岗位关键技能考核。

（3）工作业绩考核。见表 3-2-28。

表 3-2-28　精液品质检查（考核时间：20 min）

序号	考核内容	评分要素	配分	评分标准	检测结果	扣分	得分	备注
1	准备工作	准备显微镜、载玻片、盖玻片等	5	未准备显微镜、载玻片、盖玻片扣 5 分				
2	肉眼观察	正常精液为乳白色。被粪便污染的为黄褐色，尿酸盐污染的为白色絮状物，血液污染的为粉红色。一般稍带有腥味。采精量一般为 0.3～0.5 mL	5	正常精液颜色判读错误扣 5 分				
			5	未能正确判断被粪便、尿酸盐、血液污染的精液颜色扣 5 分				
			5	未能正确判断正常精液的气味扣 5 分				
			5	未能正确判断采精量扣 5 分				
3	显微镜检查	1. 活力检查：用平板法在 37 ℃条件下放大 200～400 倍镜检评定精子活力。依据呈直线前进运动的精子比例判断活力，如 80%直线前进运动的精子活力为 0.8。 2 密度检查：显微镜下观察精子的稠密程度。40 亿/mL 及以上为“密”、20 亿～40 亿/mL 为“中”、20 亿/mL 以下为“稀”	5	未能在 37 ℃条件下操作扣 5 分				
			10	未在 200～400 倍镜检精子活力扣 10 分				
			10	精子活力判断错误扣 10 分				
			10	精子密度判断错误扣 10 分				
4	精液的稀释与贮存	1. 精液的稀释液有 4 种，即现用稀释液（鲜精稀释后立即输精）、常温保存稀释液（室内常温保存）、低温保存稀释液（低温保存）、冷冻保存稀释液（冷冻保存）。 2. 精液的贮存：常温贮存：15～25 ℃；低温贮存：0～5 ℃；冷冻贮存：−79 ℃或−196 ℃	5	稀释液选择错误扣 5 分				
			10	未能正确稀释精液扣 10 分				
			5	精液保存方法选择错误扣 5 分				
			10	精液的冷冻保存程序操作错误扣 10 分				
5	清理现场	收拾工具、清理场地	10	未收拾工具扣 5 分 未清理场地扣 5 分				

续表3-2-28

序号	考核内容	评分要素	配分	评分标准	检测结果	扣分	得分	备注
6	安全文明操作	按照国家或企业颁发有关安全规定执行操作		每违反一项规定从总分中扣5分 严重违规取消考核				
7	考核时限	在规定时间内完成		超时停止操作考核				
合计			100					

（4）职业素质、职业道德综合评价见表3-2-29。

表3-2-29　综合评价表

项目	A	B	C	D
工作态度				
吃苦耐劳				
团队协作				
沟通交流				
学习钻研				
认真负责				
诚实守信				

【任务总结】

项目任务

根据实际生产需要，完成1 000只公鸡的精液稀释任务实施方案。

学徒任务三　母鸡人工输精

【专业知识准备】

一、母鸡人工输精技术

1. 输精操作

输精母鸡必须先进行白痢检疫，凡阳性者一律淘汰，同时还须选择无泄殖腔炎症、中等营养体况的母鸡，产蛋率达70%时，开始输精，更为理想。输精时两人操作，助手用左手握母鸡的双翅，提起，令母鸡头朝上，肛门朝下，右手掌置于母鸡耻骨下，在腹部柔软处施以一定压力，泄殖腔内的输卵管开口便翻出。输精员便可将输精器向输精管口正中轻轻插入输精。

笼养母鸡人工输精，不必从笼中取出母鸡，只需助手的左手握住母鸡双腿，稍稍提起，将母鸡胸部靠在笼门口处，右手在腹部施以压力，输卵管开口外露，输精员便可注入精液（图 3-2-14）。

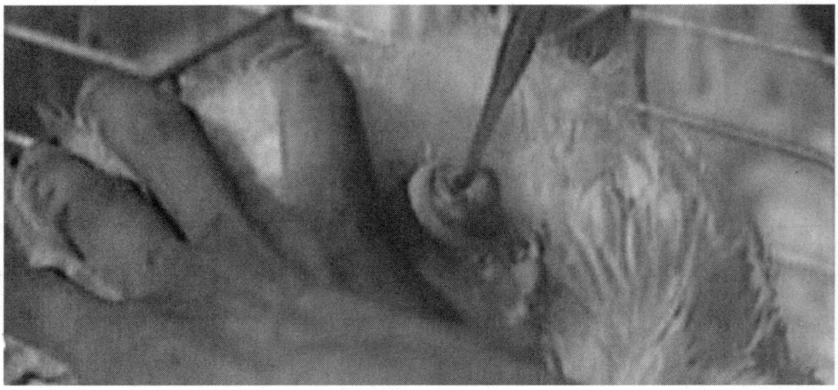

图 3-2-14　母鸡的输精

2. 笼养母鸡的输精

输精注意：①当给母鸡腹部施以压力时，一定要着力于腹部左侧，因输卵管开口在泄殖腔左侧上方，右侧为直肠开口，如着力相反，便引起母鸡排粪；②无论使用何种输精器，均须对准输卵管开口中央，轻轻插入，切忌将输精器斜插入输卵管，否则，不但不能输进精液，而且容易损伤输卵管壁；③助手与输精员密切配合，当输精器插入的一瞬间，助手应立刻解除对母鸡腹部的压力，输精员便有效地将精液全部输入；

④注意不要输入空气或气泡；⑤防止相互感染，应使一次性的输精器，切实做到一只母鸡换一套输精器，如使用滴管类的输精器，必须每输 1 只母鸡用消毒棉花擦拭输精器。

3. 输精部位和深度

不同部位或不同深度输精，对受精率均有影响。原因是输精部位不同，精子到达受精部位的数量与时间有差异。如阴道输精（特别是当子宫有硬壳蛋或输卵管内有蛋），精子则先进入子宫阴道的贮精腺内。子宫或膨大部输精，全部精子（包括死、弱精子）可到达受精部位，而且只需 15 min，因此，刚输入的精子，可与产蛋后所排出的卵及时受精。

子宫、膨大部输精，多用于研究或冷冻精液。这两部位输精后，都有较长的持续受精时间，但胚胎早期死亡较多。

膨大部输精需要外科手术，子宫输精则要通过长达 8～10 cm 的阴道“V”形弯曲，而且又是强的括约肌，所以，从阴道插到子宫输精的技术较难掌握，同时这种方法对输卵管有很大的刺激，容易引起在子宫内的蛋早产，使卵巢和输卵管的机能受到干扰，停产若干时间。

阴道输精，输精器插入 1～2 cm 为阴道始端输精（浅输精），4～5 cm 为中阴道输精，6～8 cm 为深阴道输精。Wentaorih（1975）对火鸡和鸡作 2 cm 和 7 cm 输精，结果火鸡的受精率和受精持续均以前者高，而母鸡则无差异。Burke（1969 ）在母鸡产蛋后做中阴道和深阴道输精，前者输精后产的第一枚蛋均为无精蛋，后者则有 44%的受精率，子宫有硬壳蛋时输精，中阴道输精的受精率为 87%，深阴道为 80%。长期实行深度输精，生殖道的生物学机能遭到破坏，受精率、孵化率下降，甚至产蛋中断。根据公鸡生殖器官解剖分析，在自然交配中，退化交配器官突入阴道，是在 1～2 cm 的始端。所以在生产中应采用浅阴道输精，更符合自然状态，而且输精速度快，受精率高，由于品种、体型的差异，推荐浅输精，轻型蛋鸡以 1～2 cm，中型蛋鸡和肉用型鸡以 2～3 cm 为宜。但在母鸡产蛋率下降，精液品质较差的情况下，可用中阴道输精。

4. 输精量与输精次数

输精量与输精次数，取决于精液品质和持续受精时间的长短。根据精子在输卵管存活时间，以及母鸡受精规律的观察，母鸡须在 1 周之内，输入一定数量的优质精液，才可获得理想受精率。但由于品种、个体、年龄、季节之间的差异，不能长期以固定剂量、固定间隔时间输精，否则不能持续获得高的受精率。所以，应按上述因素调整输精量。

精液中的透明液因品种、个体有很大的差异，所以精子密度变化范围也很大。一般肉用型鸡精液中透明液量大于蛋用型鸡，因此输精量就应有所不同。

由于母鸡年龄增长繁殖生理发生变化（如蛋重增加、蛋壳质量变差），输卵管内 环境改变，精子在改变了的环境中，其存活也发生一定影响；若以相同剂量的精液给青年母鸡和产蛋末期母鸡输精，一般是前者持续受精的天数比后者长。因此，对老龄母鸡输入的精子数要比青年母鸡多，而且输精的间隔时间也要缩短。

公鸡的繁殖力下降，常常是在母鸡繁殖力下降同时发生。精液品质差（精子活力低，畸形率高），受精率、孵化率均不理想，因此，必须以较高的绝对精子数来补偿。VanWenbeke（1979）认为，鸡的精液在 2～5 ℃保存 6～24 h，需要输入 2 亿精子，才能获得高受精率。冷冻精液需输入 0.1 mL 解冻精液，才能相当于 0.03 mL 新鲜精液的效果。

输精量和输入精子数不是越多越好，因为贮精腺对精子的容量是有限的。输入过多的精子不能进入贮精腺内，而滞留在输卵管腔，输卵管腔对于长期滞留的精子则是一个不利的环境。所以，除输入一定量的精液外，还应正确确定两次输精的最佳时距，才能维持高受精率。

在大规模人工授精中的良好经济效益，是以一定的输精量，既可延长输精间隔时间，而又保持高受精率。根据我们的实践，建议每次给母鸡输入（70～100）$\times 10^6$ 个优质精子；蛋用型母鸡盛产期，每次输入原精液 0.025 mL，每 5～7 天输一次；产蛋中、末期以 0.05 mL 原精液，每 4～5 天输 1 次；肉用型母鸡每次输入 0.03 mL 原精液，每 4～5 天输 1 次，中、末期以 0.05～0.06 mL 为宜，每周输 2 次，或 4 天输 1 次。

如用稀释或保存精液输精，应根据稀释倍数和保存结果调整输精量。母鸡首次输精应输入 2 倍的输精量，或每只母鸡连输 2 天，以确保受精所需精子数，提高受精率。

5. 输精时间

一天之内，用同样剂量精液在不同时间输精，受精率有明显差异，主要是子宫内有硬壳蛋，以及产蛋使输卵管内环境出现暂时异常，从而影响精子在输卵管中存活与运行。在一天之内，于光照开始 4～5 h 母鸡产蛋与排卵最为集中，此时输精受精率一般低于下午输精，而且容易引起母鸡腹腔内产卵而造成腹腔炎。

建议输精时间选择在一天内大部分母鸡产蛋后，或母鸡产蛋前 4 h，产蛋后 3 h 以后输精。具体时间安排应按当时光照制度而定。通常在 16：00～17：00 点输精。

【典型人物案例】

动物遗传育种学专家邱祥聘教授，畜牧学家。四川汉源人。1942 年毕业于四川大学畜牧兽医系。1945 年留学美国，次年回国。曾任四川大学农学院讲师、副教授。建国后，历任四川农学院、四川农业大学教授兼畜牧兽医系副主任，全国家禽育种委员会主任委员，中国家禽学会第一、二届理事长。1952 年加入中国民主同盟。1984 年加

入中国共产党。长期从事畜牧学的教学工作，对鸡、鸭、鹅、火鸡的人工授精尤有研究。50年代应用混合授精方法选育出蛋肉兼用的成都白鸡，在四川省推广。主编有《家禽学》《中国家禽品种志》《四川畜禽品种志》。

邱老先生是全国家禽育种委员会的首届主任委员，中国家禽研究会首届会长，第二第三届连任会长，四川省畜牧兽医学会首届理事长。他不仅在我国家禽规模化、工厂化养殖领域上是当之无愧的引领者，还在家禽育种方面敢为人先，率先开展人工授精技术的研究，更在白尾蛋鸡的育种当中，让通过快慢羽来辨别幼鸡雌雄的办法准确率提高到99.7%。

邱老在取得一项又一项科研突破的时候，不忘将新技术进行推广。他办了一期又一期的培训班，对家禽放养、平养和笼养三种方式的关键技术与核心问题进行引导和普及。动物遗传育种与繁殖学科在邱老先生的带领下，白手起家，一步步、一点点地前进着，历经数十载，才有了今天的模样。学科的科研场地从当初没有一个像样的实验室发展到如今拥有成都、雅安两个实验平台，崇州、雅安两个科研基地；师资队伍从当初人员匮乏、质量参差不齐到如今学科人数达60余人，85%以上具有国外留学经历，团队年龄结构合理、质量高、创新能力强，研究团队也拓展为6个；从当初项目短缺，到如今主持和承担国家级和省部级科研项目80余项、培育国家级品种5个，获得省级三等以上科技奖励15项，发表SCI、EI收录论文200余篇。回顾邱老先生工作的70余年，他带领学科团队获得的荣耀也是数不胜数：学科获评国家重点培育学科、教育部创新团队、省重点实验室、培育出畜禽新品种（系）13个等，先生给我们留下太多、太宝贵的物质和精神财富。

典型人物事迹感想：

典型人物工匠精神总结凝练：

【任务环境要求】

母鸡人工输精员最好固定下来，输精操作要求在清洁、无菌、通风良好的种鸡舍内进行，有专用输精器械，环境控温设备等，确保输精工作顺利快速完成。

【任务目标与质量要求】

（1）抓鸡动作轻柔、快捷，左手翻肛必须先推后压。

（2）翻肛时仅靠两手指用力，手掌辅助用力。

（3）完成母鸡的输精操作。

（4）输精要做到“轻、快、准、勤”。

【工作任务实施】

工作任务实施见表 3-2-30。

表 3-2-30 工作任务实施表

教学过程设计（教学环节）		任务内容	学习活动方法	学习时间
岗上学习		任务咨询	学徒小组开展	30 天
教学活动 1	岗前培训	岗位技能标准、规范、注意事项	师徒互动（小组讨论）完成任务单	5 天
教学活动 2	岗上技术指导	一般技术指导：母鸡保定、翻肛、输精操作等	现场技术指导、师徒互动（小组讨论）完成任务单	5 天
		综合能力指导：能够快速且顺利完成母鸡的人工输精操作	现场技术指导、企业综合评价	10 天
教学活动 3	顶岗工作	独立承担母鸡的人工输精工作	独立承担岗位工作	50 天

【岗前培训】

岗前培训必选项目：

（1）企业安全生产制度。

（2）输精岗位相关工作理论、岗位技能培训。

（3）岗位任务工作规程、程序。

①输精前的准备工作：精子活力检查、输精器具、物品等清洗消毒。

②输精工作：保定、翻肛、输精等。

③做好输精工作记录。见表 3-2-31 和表 3-2-32。

表 3-2-31　岗前培训过程记录表

序号	岗前培训内容	培训形式	完成情况	培训师傅	培训日期
1					
2					
3					
4					
5					
6					
7					
8					
9					
10					

表 3-2-32　岗前培训内容考核表

序号	培训内容	考核形式	考核情况记录	考核记录人	等次评定（优、良、中、差）
1					
2					
3					
4					
5					
6					
7					
8					
9					
10					

【岗上技术指导】

一、日常技术指导

1. 翻肛

翻肛人员须将母鸡从笼具内抓出，右手抓住母鸡两条腿的小腿位置，将嗉囊放置在笼具上，固定鸡只，不让其跳动，左手中指、无名指和小拇指对其鸡尾部鸡毛进行拨毛，以防干扰输精，食指和大拇指放置鸡肛门外侧 1 cm 处，期间左手手掌靠后的位置对鸡腹部进行轻轻按压，同时右手拉动鸡腿向外侧，需注意两手在平行位置，左手大拇指和食指对鸡腹部轻按，可完成翻肛动作。翻出的部位是输卵管刚好露出即可，切记翻得太大和太小，太大容易使输卵管损伤，太小无法完成输精工作。

2. 吸精

在翻肛人员翻肛的同时，需要输精人员准备完成好吸精动作，吸精时将调整好刻度（一般 30～50 μL）的移液枪放入试管内进行吸精，切不可将移液枪头全部置入试管内，以免浪费精液，一般是将枪头头部置于精液液面以下即可。

3. 输精

输精人员翻肛完成时，固定好输卵管，输精人员将移液枪头部位置放入输卵管内进行输精工作，需要注意的是移液枪和输卵管是处于同一平面位置，产生角度会对输精产生影响，输精枪头进入输卵管内 2/3 为宜，切不可太深和太浅，太深会对输卵管造成损伤，太浅达不到输精的效果。在输精完成的同时输精人员和翻肛人员的默契配合很重要，输精完成的同时需要翻肛人员迅速放开翻肛的左手，达到成功输精的目的。

4. 输精时间

输精过程当中把握好输精时间尤为重要，在规定时间内完成输精，才能保证精液的品质和活力，才能达到较高的受精率。一般 10～15 min 完成即可。见表 3-2-33 和表 3-2-34。

表 3-2-33　岗上一般技术指导过程记录表

序号	技术指导内容	学习完成情况	指导师傅	指导日期
1				
2				
3				
4				
5				
6				
7				
8				

表 3-2-34　技术指导跟踪（考核）过程记录表

序号	指导内容	改进提升情况	跟踪记录人	记录日期
1				
2				
3				
4				
5				
6				
7				
8				

二、岗位一般技术指导环节工作记录

（1）人工输精工作记录见表 3-2-35。

表 3-2-35　人工输精工作记录表

项目	完成情况	师傅评定	备注
翻肛			
吸精			
输精			
输精时间			

（2）输精工作评价与反馈见表 3-2-36。

表 3-2-36　输精工作评价与反馈

评价项目	评价方法
是否做到“两轻”	
是否做到“两快”	
是否做到“两固定”	

三、岗位综合能力指导

（1）正确抓鸡并快速保定。

（2）协助输精员正确翻肛。

（3）协助输精员快速传递精液。

（4）独立完成母鸡的人工输精操作。见表 3-2-37。

表 3-2-37 综合能力指导过程记录表

序号	项目	完成数量	完成质量	师傅评价	协岗日期
1					
2					
3					
4					
5					
6					

【顶岗任务】

（1）独立完成 1 批约 100 只母鸡人工输精任务。见表 3-2-38。

（2）企业考核。

表 3-2-38 顶岗过程记录表

姓名	顶岗任务目标	工作业绩、指标完成情况	工作态度	考核日期	负责人签字

【知识拓展】

一、母鸡生殖系统

母鸡最主要的生殖活动是产蛋。母鸡产蛋过程既是一种生殖活动，又是一个生产过程。

1. 卵细胞

鸡的卵细胞是大型的端黄卵。细胞核和原生质位于细胞的动物极，形成一个很小的胚盘，细胞的绝大部分被卵黄填充。雏鸡在出壳前，胚胎孵化的中期，卵巢生殖上皮开始增殖，生成卵原细胞，卵原细胞外面被覆一层上皮包囊，形成卵泡。母鸡接近性成熟时，卵原细胞开始生长发育，卵黄物质在卵细胞内大量贮积，使细胞迅速增大，形成初级卵母细胞，再经过一次成熟分裂，形成次级卵母细胞。

包裹着次级卵母细胞的卵泡迅速生长，卵泡膜压力逐渐增大，直到膜破裂，卵细胞迅速排出并进入输卵管漏斗部。若卵细胞在漏斗部与精子结合而受精，则卵细胞进一步分裂成熟；若未受精，卵细胞则停留在次级卵母细胞阶段。

2. 输卵管

输卵管是一条长而弯曲的管道，其前端靠近卵巢，向后开口于泄殖腔。输卵管是受精和形成蛋清、壳膜、蛋壳的场所。卵巢上成熟卵泡释放出的卵子借助于输卵管平滑肌的蠕动，逐渐向后方移动，经过 25～26 h 形成蛋。输卵管的主要组成部分（图 3-2-15）及其功能如下：

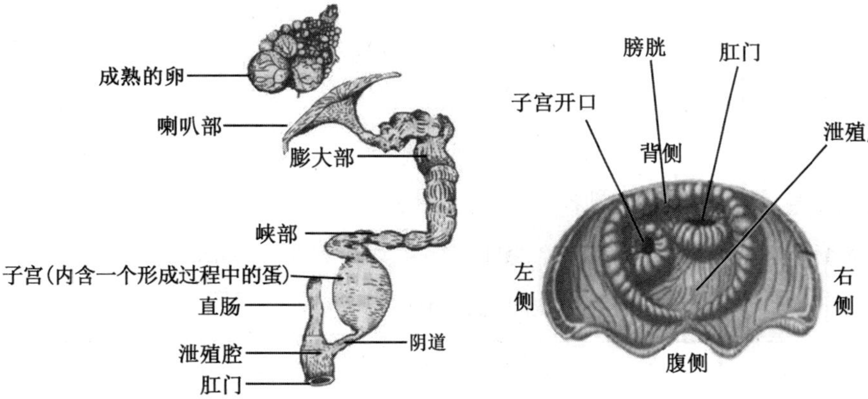

图 3-2-15　母禽的生殖结构

（1）漏斗部　又叫输卵管喇叭部，为接纳卵黄和受精的地方，连接卵黄的卵系带在这里形成。

（2）膨大部　为形成蛋清的地方。膨大部上皮细胞能分泌和贮存蛋白，当卵细胞经过时，它释放出蛋白并将其包裹起来。蛋白层由里到外依次为：卵系带层，内稀蛋白层，中间浓蛋白层和外稀蛋白层。末端肌层发达，形成乳头状射精管，开口于泄殖道内输尿管口的下方。睾丸产生的精子进入并贮存于输精管，并在此成熟。

（3）峡部　为形成壳膜的地方。峡部管状腺分泌角蛋白，它包裹在蛋白外层，形成内壳膜之后，膜外角蛋白遇水膨胀，交织形成网状结构的外壳膜。

（4）壳腺部　相当于哺乳动物的子宫，为形成蛋壳的地方。壳腺分泌大量的水分，可进入蛋白，使蛋白层体积增加；壳腺分泌的碳酸钙和糖蛋白基质被用来形成蛋壳。

蛋壳外面还被覆一层蛋白性的角质层（壳上膜），可阻止微生物侵入。壳腺还可分泌色素，使蛋壳上出现颜色和斑点。蛋形成过程中，一直是锐端向下，临产前转动180°，以钝端向下。产蛋时，壳腺部平滑肌强烈收缩，使蛋几乎不接触阴道和泄殖腔而产出。

二、母禽的生殖生理

（一）生殖生理特点

母禽类的生殖生理特点为：

(1) 卵生动物没有哺乳动物那样的发情期和妊娠期。

(2) 卵较大，而且在母禽输卵管内有受精卵发育需要的营养物质，随后以蛋的形式产出。

(3) 精子运行到漏斗部与卵子结合，在体内开始发育，产出后可在体外适宜条件下保存，遇到适宜发育的条件后再继续发育，直到孵出雏禽。

（二）性成熟、卵发育与排卵

1. 性成熟

母禽性成熟的主要特征为排卵，产蛋。性成熟年龄随家禽的种类、品种、饲养条件、个体发育差异而不同。一些家禽的性成熟年龄如表 3-2-39 所示。

表 3-2-39　家禽的性成熟年龄

品种	蛋用型鸡	肉用型鸡	北京鸭	太湖鹅	火鸡	鹌鹑
性成熟/月龄	5～6	6～9	5～6	7～8	7～8	1.5～2

2. 卵发育

在孵化过程中，雌性原核很快繁殖为卵原细胞，到孵化后期或雏禽出壳后，卵原细胞便停止增殖而进入生长期，并变为初级卵母细胞，以后一直持续到性成熟，于排卵前 1～2 h 才发生核的成熟分裂，成为次级卵母细胞，它需在输卵管内受精后才能进行第二次成熟分裂，形成成熟的卵母细胞和第二极体，第一、第二极体最后被吸收。

3. 卵黄生长

母禽在 2 月龄时开始沉积卵黄。起初卵黄沉积很慢，颜色浅，卵泡为白色。当接近性成熟时，卵黄快速沉积，在 9～10 天内达到成熟大小，在卵黄生长的同时，由卵泡和卵母细胞的分泌形成卵黄膜。

卵黄物质主要是卵黄蛋白和磷脂类，这些物质在肝脏内合成之后，经血液输送到卵泡的颗粒层，而后至卵母细胞中，卵母细胞可能将这些物质重新组合为卵黄颗粒和液体。

卵黄沉积因昼夜交替，新陈代谢速度有差别而分为深、浅两层，白天沉积的为深黄色，称为黄卵黄；夜间沉积的为浅黄色，称为白卵黄。

卵母细胞随卵黄沉积，逐渐移至卵黄表面，在它原来的中心位置及移行通道上，均由白卵黄填充，因而形成卵黄心和卵黄心颈。受精的卵母细胞形成胚盘，肉眼可看见有较大的白色圆点，而且有明区和暗区之分。未受精的卵细胞称为胚珠。

4. 排卵

家禽的排卵是指成熟的卵母细胞由卵巢排出的过程。目前对排卵的机制尚不十分清楚。一般认为卵黄达到成熟时，则从卵泡表面的一条无血管区“卵带区”排出。卵母细胞从发育到排卵，一般需要7～10天。通常在母鸡前一枚蛋产出约30 min后，发生下一次排卵。鸡、火鸡、鸭、鹌鹑等连续产蛋的家禽，在一个产蛋周期中，产蛋和下次排卵的时间近似。对于家禽排卵，垂体前叶分泌的促黄体素（LH）是引起成熟卵泡排卵和黄体分泌孕酮的主要激素，家禽排卵后没有真正的黄体形成，因此将引起家禽排卵的促黄体素（LH）称为排卵诱导素（OLH）。其作用是使卵泡表面的微血管和部分血管萎缩变白，使得卵带区扩大，OLH在排卵前形成高峰，即OLH峰。同时又由于前列腺素的作用，引起卵泡膜强烈收缩，使膜纤维张力增加，在酶的作用下，共同促使卵带破裂排卵。

与哺乳动物不同，家禽排卵后，破裂的卵泡膜皱缩成一个薄壁空囊，附在卵巢上，能分泌激素，但不形成黄体。到排卵后的第6～10天皱缩成残迹，1个月左右消失。

鸡的排卵周期是25～26 h，这种周期能持续几天，然后停一天或几天，再重新开始新的排卵周期。排卵周期的持续与间隙形成产蛋母鸡的连产周期。产蛋率高的母鸡排卵周期短，连产周期长；反之，则相反。

5. 抱窝

抱窝是大多数家禽的孵卵行为。母鸡从抱窝开始，垂体和卵巢功能下降，产蛋停止。母鸡表现出顽强的恋巢，羽毛蓬松，作咯咯声。随着人工选育的结果，一些新品种产蛋鸡的这种行为实际已经消失。

（三）受精与持续受精时间

1. 受精

受精作用是精子和卵子互相结合，互相同化的过程，当精子进入卵子后，激活了卵子，使它继续发育成为一个受精卵。

成熟的卵子从卵巢上排出，落入输卵管的漏斗部。此时，若遇到精子便可受精。母鸡的卵子在输卵管漏斗部停留时间约为15 min，受精过程也只能在这一短暂时间内完成。若卵子未能受精，便随着输卵管的蠕动下行到蛋白分泌部，被蛋白所包围，卵子便失去生命活动而死亡。

在交配或受精后，常有较多的精子能达到受精部位，因为禽类的卵无放射冠、透明带等结构，在受精的过程中缺乏“透明带反应”和有效的“卵黄膜封闭作用”，多精子入卵的现象比较常见，在卵母细胞质中有时可以见到约有十至几十个精子，能溶解卵黄膜并进入卵子内部，但最后只有一个精子的雄原核与卵子的雌原核融合发生受精作用，其余的精子便逐渐被分解。

受精作用虽然只有一个精子完成，但其他精子协同参与穿透卵黄膜也是非常重要的，否则就很难顺利受精。因此，在生产中要保持理想的受精率，必须使母禽输精卵内维持足够数量的有效精子。所以，自然交配的鸡群中要适当调整公母比例，人工授精时输精剂量和输精间隔时间是提高受精率的关键。

不经受精的卵也可以发育的孤雌生殖现象多见于火鸡。孤雌生殖所产生的火鸡均为雄性，其中大约 1/3 的个体可产生正常的精液。用这样的火鸡精液给无亲关系的母火鸡输精，仍可得到健康的两性后代。

2. 继续受精时间

母禽输卵管内的精子大部分贮存在子宫阴道联合处，那里的皱褶称为“精子窝”或“贮精腺”。另外，还有少部分暂存于漏斗部的皱褶中，精子可能在排卵时由皱褶中释放出来，转移到受精部位。

家禽精子能在输卵管内存活相当长的时间，仍具有受精能力。输卵管的这种机能使母鸡在交配或输精后的一个时期内，又连续生产受精蛋的可能。

家禽的受精高峰一般出现在输精或交配后 1 周左右，以后受精率便不能保持同样高的水平。

三、性激素及其作用

母鸡卵巢主要分泌雌激素和孕酮。雌激素的生理作用主要有：

（1）促使输卵管发育，耻骨间距及肛门增大，以利于产卵。

（2）促使蛋白分泌腺增生，并在雄激素和孕酮协同下使其分泌蛋白。

（3）在甲状旁腺素的协同下，促使壳腺部分泌钙盐和形成蛋壳。

（4）控制母鸡羽毛形状和色泽及母鸡的性行为。母鸡产卵后不形成黄体，孕酮只引起排卵。

四、种蛋的构造和形成

种蛋的构造：蛋由蛋壳、气室、蛋壳膜、蛋白、蛋黄、系带和胚珠或胚盘组成（图 3-2-16）。

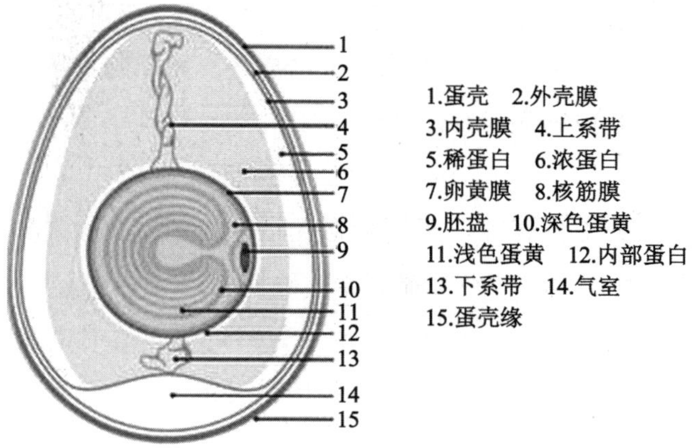

图 3-2-16　种蛋的结构

五、鸡人工授精易发疾病及防治

近年来提倡笼养种鸡，鸡的人工授精技术得到了普遍的应用。一只公鸡每隔一天采精一次，一个星期可配 400～500 只母鸡，这不仅可以大大减少公鸡的饲养费用，提高经济效益，更重要的是能充分利用优良种公鸡，扩大种公鸡的利用率；若将其精液冷冻，在公鸡死后，还可以继续获得它的后代。因此，鸡的人工授精技术正在逐步推广。然而在鸡的人工授精过程中，如果不按操作规程进行科学操作，也可以导致母鸡产生多种疾病，从而影响了种母鸡的经济效益。在生产实践中所见到的鸡人工授精不当所引起的疾病及其防治方法介绍如下：

1. 卵黄性腹膜炎

（1）症状及病理变化　病鸡初期外观无明显异常，主要表现产蛋率下降（至患病后期可能停止产蛋），食欲减退，病鸡喜卧；腹部增大，下垂，触之柔软；鸡冠、颜面、肉髯逐渐灰白，最后因腹腔炎症或继发其他的疾病而死亡。剖开腹腔有腐败臭味，并可见一个或多个卵黄沉落于腹腔中（像煮熟的鸡蛋黄，呈团块状，较硬固），有的发生坏死，引起整个腹腔器官发生炎症，有的腹腔器官严重粘连，腹腔中积有浑浊、脓样的液体。

（2）病因

①输精员在捕捉母鸡进行人工授精时，由于动作粗暴，母鸡受到惊吓后拼命撞笼逃避，以致母鸡卵巢上已成熟的卵细胞排卵，所排出的卵子（卵黄）没能正常地落于漏斗部进入输卵管，而是落到了腹腔中，从而引起腹腔炎症。

②在给母鸡授精时，使母鸡正常的体位发生了改变，特别是使母鸡的正常体位反转，腹部朝上（仰卧），这样造成母鸡卵巢上已成熟的卵细胞直接排入腹腔（因正常的输卵管前端的漏斗是朝向鸡背侧的）。

（3）预防措施

①在给母鸡进行人工授精时，要尽量避免响动。抓鸡时动作一定要轻柔、细致，轻抓轻放，切不可大喊大叫、动作粗暴、生擒硬捉。

②在输精时还要注意母鸡的体位，应始终保持母鸡正常时的体位（背部朝上，腹部朝下的站立姿势），不要随意倾斜，甚至使体位反转。一定要杜绝手握母鸡的两爪倒提母鸡的做法。

③要严格把握授精时间。因为鸡的产蛋时间是在上午至下午 3：00 前，因此正确的人工受精时间应该在下午 3：00 以后进行。此时不仅受精率高，而且对鸡的影响也小。

2. 肝脏破裂出血

（1）症状与病理变化　患鸡在输完精后不久即突然死亡，有的在下午输完精后于第 2 天早晨发现死于笼中。肝脏损伤轻微者表现精神沉郁，闭目呆立或蹲卧；鸡冠、颜面、肉髯逐渐转为苍白、发凉，往往可在数小时内死亡。剖开腹腔，可见有大量的血液或血凝块，肝脏破裂，破裂处附有血凝块。

（2）病因

①在扑捉鸡时，动作粗暴，生抓硬按；或在保定鸡时用力过猛；或在输精中由于母鸡剧烈挣扎而摔落地面；或在给鸡输完精后，不是轻柔地把鸡送回笼中，而是把鸡抛到鸡笼内。上述原因造成肝脏损伤破裂大量出血而死亡。

②营养性因素。饲喂高能饲料导致能量摄入过多，继而出现能量过剩。过多摄入碳水化合物时，过剩的碳水化合物转变为脂肪，引起肝脏脂肪变性，导致肝细胞与血管壁变脆。另外，能量蛋白比过高，日粮中能量蛋白比过高也能促使母鸡发生脂肪肝综合征。这样就使母鸡的肝脏变脆，触碰容易破裂，引起大出血而死亡。

（3）预防措施

①在捉鸡时，动作一定要轻柔，要小心翼翼，轻轻地把鸡从笼中抓出，输完精后再慢慢地送回。在保定母鸡时不要用力过猛，同时也要注意不要使母鸡挣脱发生跌撞

现象，防止母鸡的肝脏和内脏器官受损伤而破裂出血。

②饲喂种母鸡的饲料能量不要过高，以防止鸡脂肪肝综合征的发生，从而减少种母鸡因肝破裂导致大量出血。

3. 应激反应

（1）症状与病理变化　蛋种鸡需要安静的环境，任何突然的变化与刺激都会引起鸡群骚乱，发生“炸群”（全群鸡整体惊叫）。鸡发生应激反应后，交感神经兴奋，儿茶酚胺释放增加，使心跳加快，体内的糖、脂肪、蛋白质的分解加强。血糖升高，出现糖尿和高乳酸血症；血浆内游离脂肪酸和酮体增多；尿氮增多，出现负氮平衡；电解质和酸碱平衡障碍，体重减轻。由于微循环缺血，胃肠道上皮细胞变性、坏死，并且易受胃酸和胃蛋白酶的消化而引起出血、糜烂甚至溃疡。所以不但使鸡的产蛋量下降，还可引起其他疾病或死亡。

（2）病因　在给鸡输精过程中，高声喊叫；在鸡舍内快速跑动，扔接衣物；在捉鸡时动作粗暴造成鸡只高声鸣叫，当整个鸡群听到同伴的惊叫声后，都会立即惊恐万状，齐声惊叫出现“炸群”现象。以上因素都可使鸡群发生应激。

（3）预防措施　输精过程要尽量保持安静，不要大声喧哗、打闹。工作人员所穿的工作服颜色一定要统一，不可随意更换。在捉鸡时动作一定要轻柔，轻抓轻放。在鸡的人工授精过程中为了防止应激反应和不使鸡只发生损伤，让鸡安静可以适量使用镇静药物。其方法是：在开始人工授精前 1 h，在每千克饲料中加入 500 mg 氯丙嗪饲喂。

4. 由于人工授精而传播的疾病

鸡的大肠杆菌病、鸡传染性贫血病、禽流感、鸡病毒性关节炎等均可通过精子和生殖道感染。所以，如果种公鸡患有上述疾病或其他传染病，就会通过人工授精传染给母鸡，使母鸡发生传染病。如果人工授精技术人员在其操作过程中没有严格按操作规程进行无菌操作的话，也能造成母鸡泄殖腔的损伤和一般性的感染，引起母鸡生殖系统的炎症，而影响产蛋。制订育雏计划：根据各场的鸡舍建筑及设备条件、生产规模及工艺流程，制订一个较为缜密的年度进雏计划。具体拟订进雏及雏鸡周转计划、饲料及物质供应计划、防疫计划、财务收支计划及育雏阶段应达到的技术经济指标。

所以要解决此问题必须从以下两点着手：

一是平时要做好对种公鸡的防疫与检疫工作（用疫苗预防接种和环境消毒），加强饲养管理，使种公鸡保持健康和良好的种用状态。

二是人工授精技术人员一定要有“无菌操作的概念”。对采精杯、贮精器、输精器等必须经常清洗、消毒、晾干使用，避免输精器具交叉感染，防止鸡的一些传染病和生殖系统疾病的传播与发生。

【职业素质培养】

职业素质过程评价记录见表 3-2-40。

表 3-2-40　职业素质过程评价记录表

项目	赋分	正表象	负表象	评价标准	过程记录	最后得分
职业品质	10	吃苦耐劳、任劳任怨、责任担当	不积极主动、耍滑、拖沓	出现一次扣1分		
职业道德	10	遵守行规、诚实守信、职业形象好	违背行规、不守信用	出现一次扣1分		
团队协作	20	小组学习、发言及个人意见表达	不互动、不参与、不发言	出现一次扣1分		
学习能力	15	主动学习、学习有计划性、自主学习、能综合分析形成自己的意见	不主动学习、学习没有计划性、不能自主学习	出现一次扣1分		
社会能力	10	善于沟通、交流，能获得预期资讯信息	不与人沟通、交流，不能获得预期资讯信息	出现一次扣1分		
创新能力	5	有创新思维意识，经常有新意见和建议	无创新思维意识，长期无新意见、建议	出现一次扣1分		
信息化能力	10	使用信息技术获得学习资讯能力	没有使用信息技术获得学习资讯能力	出现一次扣1分		
心理健康	10	性格阳光、能有效疏解各种压力	性格灰色、不能有效疏解各种压力	出现一次扣1分		
管理能力	5	适应组织管理环境，能准确角色定位	不能适应组织管理环境，不能准确角色定位	出现一次扣1分		
社会责任	5	环保、同情弱势、关注时政	不环保、不同情弱势、不关注时政	出现一次扣1分		

备注：总分 80 分以上合格。

【岗位考核】

（1）理论知识（相关技术理论，试卷考核）。

（2）学徒岗位关键技能考核。

（3）工作业绩考核。见表 3-2-41。

表 3-2-41 家禽人工输精（考核时间：20 min）

序号	考核内容	评分要素	配分	评分标准	检测结果	扣分	得分	备注
1	准备工作	准备输精管	5	未准备输精管扣 5 分				
2	精液稀释	将精液和稀释液分别装于试管中，放入 30 ℃保温瓶中，使其温度相等或接近后将与精液等量的稀释液沿装有精液的试管壁加入，轻轻转动，使之均匀混合	5	精液和稀释液温度差大于 5 ℃扣 5 分				
			5	稀释比例未符合要求扣 5 分				
			5	将精液倒入稀释液中扣 5 分				
			5	未将稀释液沿试管壁加入扣 5 分				
3	活力和密度检查	1. 活力检查：用平板法在 37 ℃条件下放大 200～400 倍镜检评定精子活力。依据呈直线前进运动的精子比例判断活力，如 80%直线前进运动的精子活力为 0.8。 2. 密度检查：显微镜下观察精子的稠密程度。40 亿/mL 及以上为“密”、20 亿～40 亿/mL 为“中”、20 亿/mL 以下为“稀”	5	显微镜操作失误				
			5	切片制作不正确				
			5	精子活力判定不正确				
			5	精子密度判定不正确				
4	输精操作	输精剂量要适当，排出精液中的气泡，输精时插入深度要适合，输精力度要适度	10	输精剂量未符合要求扣 10 分				
			10	输入精液中含有气泡扣 10 分				
			10	输精时插入深度未符合要求扣 10 分				
			10	输精时对母鸡造成外伤扣 10 分				
5	清理现场	收拾工具、清理场地	10	未收拾工具扣 5 分 未清理场地扣 5 分				
6	安全文明操作	按照国家或企业颁发有关安全规定执行操作		每违反一项规定从总分中扣 5 分 严重违规取消考核				
7	考核时限	在规定时间内完成		超时停止操作考核				
合计			100					

（4）职业素质、职业道德综合评价见表 3-2-42。

表 3-2-42　综合评价表

项目	A	B	C	D
工作态度				
团队协作				
沟通交流				
学习钻研				
认真负责				
诚实守信				

【任务总结】

项目任务

完成 2 000 只母鸡的人工输精任务，成功率不低于 95%。

实训岗位三
鸡疾病防治技术岗位

【学徒环境】

学徒培养对现代化鸡养殖企业比较重要。根据鸡疾病防治技术阶段和岗位任务，企业在鸡病防治方面有技术规范和相应的兽药和器械；要求企业拥有一定现代化养殖装备，且生产管理工艺先进、技术水平较高，在养鸡行业中具有一定示范带动和影响力。

【岗位目标】

面向现代养鸡生产企业，培养拥护党的基本路线，德、智、体、美、劳全面发展，具有良好职业道德和法制观念，具备扎实职业发展基础和基本职业素质，掌握现代家鸡病防治基础知识和综合职业能力，能够在现代化养鸡生产企业，从事鸡疾病防治岗位工作的高级技术技能人才。能独立胜任现代化养鸡企业的疾病防治技术岗位各生产环节组织、管理工作。

【岗位综合目标】

1. 具备与人沟通的良好人际交往素质。
2. 具备良好的心理调适能力。
3. 达到国家高级动物疫病防治员职业标准。
4. 具备独立承担鸡病防治岗位工作管理和计划能力。

【知识目标】

一、职业道德

1. 职业道德基本知识

2. 职业守则

（1）诚实守信，尽职尽责。

（2）尊重科学，科教兴农。

（3）遵纪守法，爱岗敬业。

（4）团结协作，求实奉献。

（5）规范操作，保护生态。

二、基础知识

1. 安全生产知识

（1）水电暖安全应用和环境保护等安全生产知识。

（2）养鸡生产中机械设备使用常识。

2. 专业基础知识

（1）家禽解剖生理知识。

（2）家禽生物化学知识。

（3）家禽病理知识。

（4）家禽环境控制与保护知识。

（5）家禽微生物和免疫学知识。

（6）家禽疫病防治知识。

3. 相关法律、法规知识

（1）《中华人民共和国劳动法》的相关知识。

（2）《中华人民共和国农业法》的相关知识。

（3）《饲料及饲料添加剂管理条例》的相关知识。

（4）《饲料及饲料添加剂使用规范》的相关知识。

（5）《动物防疫法》的相关知识。

（6）《兽药管理条例》的相关知识。

（7）《中华人民共和国环境保护法》的相关知识。

（8）《无公害农产品管理办法》的相关知识。

【技术目标】

（1）鸡疫病流行病学分析技术。

（2）鸡剖检诊断技术。

（3）鸡免疫接种技术。

（4）生物安全与防护技术。

（5）鸡场防疫技术。

（6）鸡病防治技术。

【国家职业目标】

国家高级动物疫病防治员职业标准见表 3-3-1。

表 3-3-1　国家高级动物疫病防治员职业标准

职业功能	工作内容	技能要求	相关知识
一、畜（禽）舍卫生消毒	（一）使用新药	能正确使用新消毒药品	1. 新消毒药的作用机理和使用注意事项； 2. 国家对疫点的划分原则； 3. 终末消毒的必要性
	（二）疫点消毒	能实施疫点的消毒	
二、预防接种	（一）运输、保存疫苗	能避免疫苗在运输与保存过程中失效	1. 常用疫苗不良反应的基本知识和急救措施； 2. 动物免疫失败的原因
	（二）疫苗使用	能正确判定免疫接种后的不良反应	
	（三）紧急预防接种	根据疫情，能选择合适的疫苗对易感动物进行紧急预防接种	
三、采集、运送病料	（一）采集病料	1. 能无菌采集病料；2. 能通过静脉采集畜禽血液，并分离血清	1. 无菌概念的基本知识； 2. 静脉采血的保定方法； 3. 血清的保存条件； 4. 采集、固定病理材料的注意事项
	（二）运送病料	能采集、固定、包装、运送病理切片材料	
四、药品与医疗器械使用	（一）药物保管	能分析药物在保管过程中失效的原因	1. 温（湿）度、酸碱度对仪器设备的影响； 2. 离心机、消毒液机、手提高压灭菌器的工作原理
	（二）器械保管	能对常用仪器进行妥善保管和维护	
	（三）器械使用	能正确使用离心机、消毒液机、手提高压灭菌器等器械	
五、临床观察与给药	（一）临床症状观察	1. 能通过临床典型症状对动物疾病进行初步鉴别；2. 能进行畜禽血、粪、尿的常规检验操作； 3. 能正确使用 X 光机	1. 畜禽主要疾病的临床表现； 2. 血、粪、尿常规检验的基本原理； 3. X 光检查动物的基本知识； 4. 胸腔注射的部位； 5. 普鲁卡因的作用原理； 6. 螨虫的生存环境； 7. 畜禽常见原虫的生活史和寄生部位； 8. 球虫的生活史
	（二）尸体剖检	能通过典型病理剖检变化对动物疫病进行鉴别	
	（三）给药	1. 能掌握药物的配伍禁忌； 2. 能正确实施气管、胸腔注射投药	
	（四）驱虫	1. 能用皮屑溶解法检查螨虫并投药；2. 能做血液涂片法检查畜禽的原虫，并能正确驱虫	
六、患病动物的处理	（一）中毒病的处理	能根据临床症状识别中毒病，并能正确处理	1. 常见中毒病的临床症状表现； 2. 常量元素、微量元素、雌激素对母畜禽的作用机理； 3. 琼脂扩散、凝集实验的原理； 4. 国内外动物疫病防治的先进技术
	（二）产科疾病的处理	1. 能正确处理常见产科病； 2. 能做剖腹取胎术	
	（三）传染病的预防	能做畜禽免疫抗体监测试验	

学徒任务一　免疫方案制订

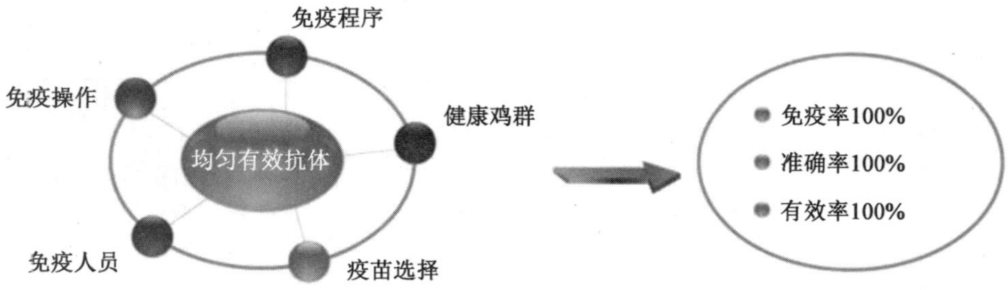

【专业知识准备】

一、鸡主要疫病流行状况

通过鸡的养殖生产人们获得大量肉类食品和鸡蛋等高蛋白营养，这促进了人类健康和农业经济发展，但同时由于目前世界范围内鸡病种类繁多，鸡群饲养存栏数量巨大，这种现状给当前的养鸡和鸡病防治造成十分重大的影响，造成部分鸡场经济收益和鸡健康福利的低下，而且对人类和其他动物的公共卫生安全产生了广泛的影响。

现实鸡养殖生产中，鸡个体免疫状况差异和鸡群疫病防控措施的不同步，鸡群中会有不同层次的免疫水平，促使这些鸡病在流行病学、病理变化以及症状方面会出现非典型化的变化，使病原抗原性、致病性以及组织嗜性都产生不同程度变异，导致鸡疾病出现慢性化和非典型化，从而造成不易诊断也不易治疗。

1. 新城疫（ND）

免疫鸡群非典型新城疫极少发生，在全国范围内已经很难分离到一度呈大流行状况的强毒，仍以散发或地方性流行为主，不同地区或养殖场的发病程度存在差异。当前主要发生于15～30日龄的雏鸡（包括商品肉鸡）和产蛋鸡，以雏鸡的高死亡率和产蛋鸡的产蛋率下降为主要发病特点。我国将研究制订新城疫根除计划，实现从免疫无病到不免疫无病的过渡（图3-3-1和图3-3-2）。

2. 禽流感（AIV）

H9N2亚型禽流感是我国家禽中存在最广泛、传播效力最高、传播速度最快的禽流感，也是目前最难控制的禽流感。造成产蛋鸡生产能力下降10%～60%或绝产；肉鸡和育雏或育成鸡死淘率10%～80%，同时与禽大肠杆菌、禽传染性支气管炎、禽传染性喉气管炎、新城疫协同致病，对家禽的毒力和气溶胶传播能力有增强的趋势。亚洲

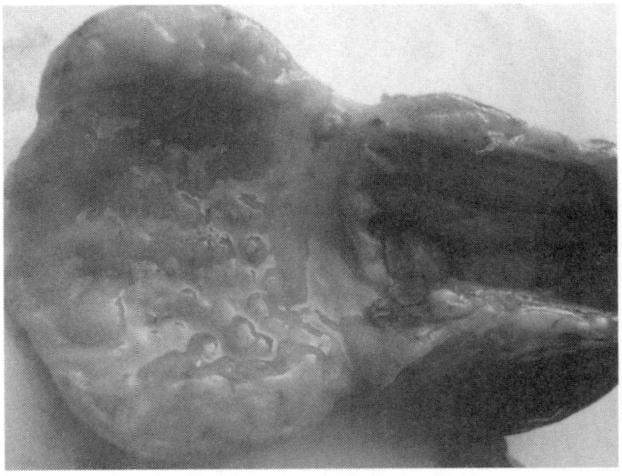

图 3-3-1　鸡新城疫腺胃乳头出血

图 3-3-2　鸡新城疫盲肠扁桃体出血

H5N1 亚型禽流感是迄今为止在全世界流行地区最广、持续时间最长、对养禽业危害最严重的高致病性禽流感。H7N9 亚型禽流感是从对鸡无致病性逐渐变为高致病性的禽流感，是迄今为止感染人类病例最多的禽流感，但它在家禽中并无生存优势。近年来的监测数据显示，鸡群中的低致病性 H7N9 病毒正在消亡。自 2017 年 6 月份以后，在活禽市场和养殖场已经很少能分离到低致病性 H7N9 病毒，有些地区家鸭中出现对鸡和鸭都呈高致病性的 H7N9 毒株，值得引起注意（图 3-3-3 和图 3-3-4）。

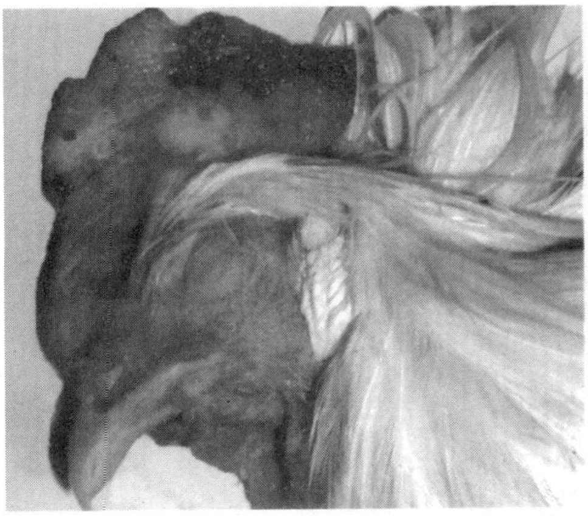

图 3-3-3　鸡禽流感鸡冠肉髯出血坏死

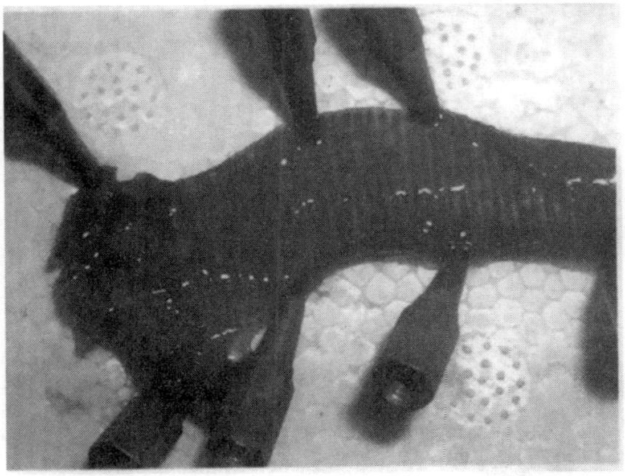

图 3-3-4　喉头、气管黏膜充血、出血

3. 鸡传染性支气管炎（IB）

以地方性流行为主，主要发生于 15～30 日龄雏鸡。并且早期感染对产蛋鸡的影响很大，会造成产蛋峰值不同程度地降低，感染越早产蛋峰值越低，生产中应予以密切关注。初步的免疫效力结果显示，经过筛选的流行株疫苗对 4 个亚群毒株具有广谱的保护性，而 M41 血清型相关疫苗的保护力明显不足（图 3-3-5 和图 3-3-6）。

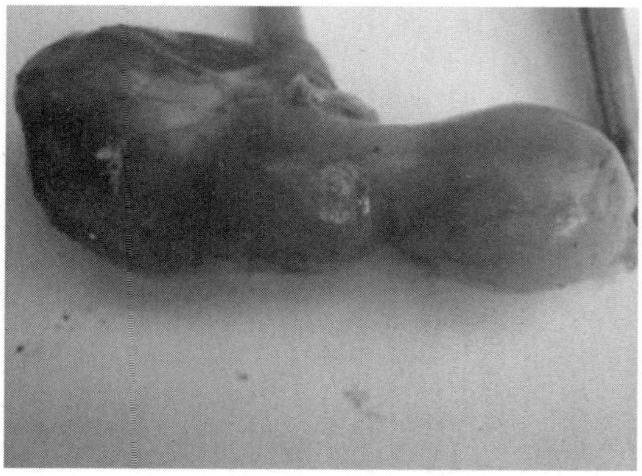

图 3-3-5　鸡传染性支气管炎腺胃肿大

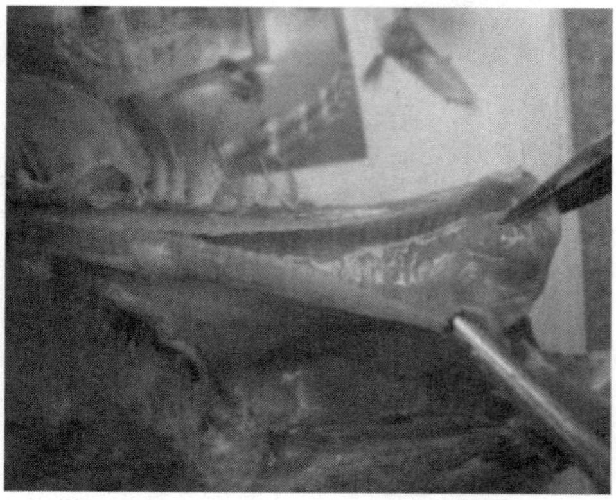

图 3-3-6　鸡传染性支气管炎气管出血

4. 鸡滑液囊支原体（MS）

对鸡致病性较强的两种支原体分别为鸡毒支原体（MS）和鸡滑液囊支原体（MG）；自然感染最早可发生于 1 周龄，急性感染常见于 4～16 周龄，慢性感染可发生于任何年龄；鸡毒支原体是家禽致病性最强、造成经济损失最大的支原体病，会引起慢性呼吸道病、产蛋鸡产蛋减少［10～20 枚/（年・只）］以及种蛋孵化率下降等；该病既可垂直传播，也可水平传播，垂直传播更易发生关节病变，病鸡可表现为关节和爪垫肿胀寻致病鸡跛行，水平传播一般关节病变比例较低或不明显；垂直传播的潜伏期相对较短，最早报道 6 日龄发生传染性滑膜炎的病例，接触感染潜伏期常为 11～21 d；鸡滑液囊支原体的危害与鸡毒支原体感染的危害大致相同（图 3-3-7 和图 3-3-8）。

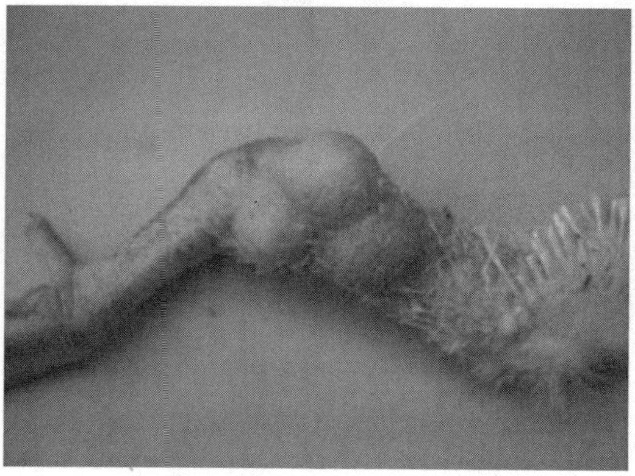

图 3-3-7　鸡滑液囊支原体跗关节肿胀

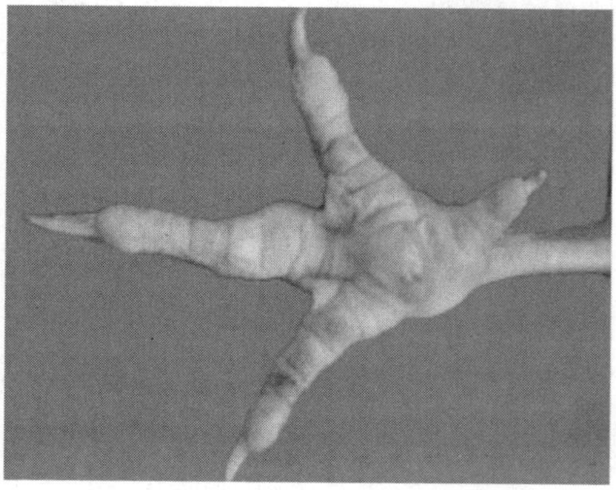

图 3-3-8　鸡滑液囊支原体爪垫肿胀

5. 鸡传染性法氏囊病（IBD）

由于免疫不及时或疫苗选择不当造成免疫失败导致的鸡传染性法氏囊病（IBD）偶有发生，主要见于 15～35 日龄雏鸡，常见于商品肉鸡。防控上应特别注意选择合适的疫苗在恰当的时机进行免疫，同时也要密切关注 IBDV 的变异问题（图 3-3-9 和图 3-3-10）。

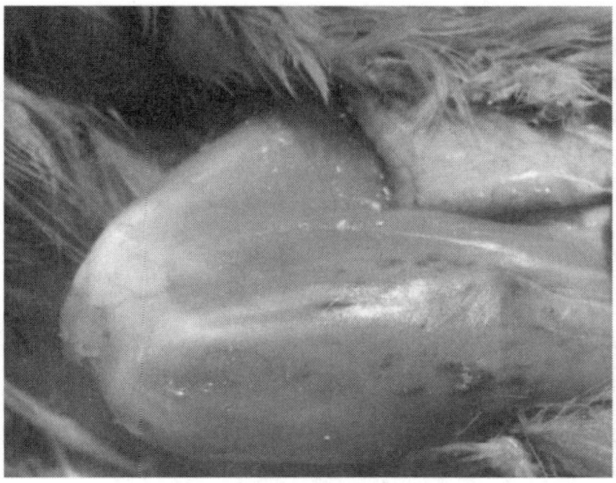

图 3-3-9　鸡传染性法氏囊病腿肌出血

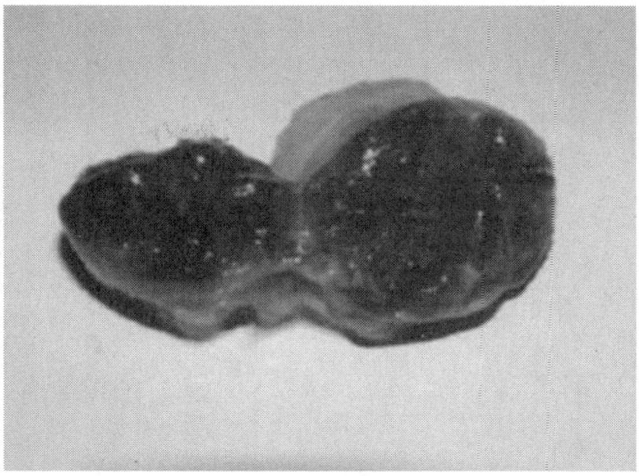

图 3-3-10　鸡传染性法氏囊病法氏囊出血

6. 禽脑脊髓炎（AE）

近两年 AE 感染时有发生，一种情况是疫苗免疫不当或者未进行疫苗免疫的种鸡感染后经垂直传播导致雏鸡发病，另一种情况是部分未免疫的产蛋鸡群感染发生产蛋率下降。防控上以合理实施疫苗免疫并加强疫苗免疫效果监测为主要措施（图 3-3-11 和图 3-3-12）。

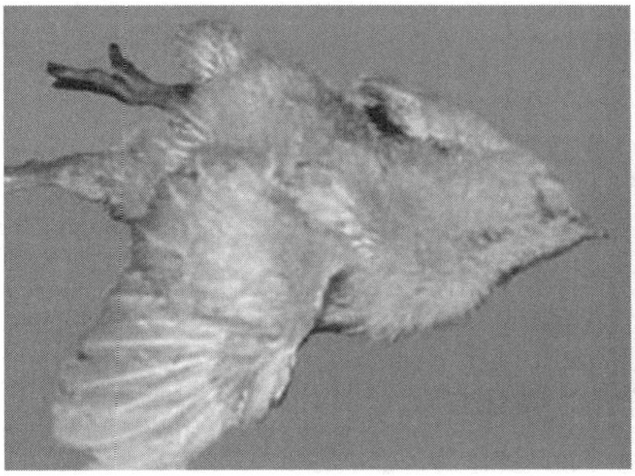

图 3-3-11　禽脑脊髓炎翅腿麻痹、头颈震颤

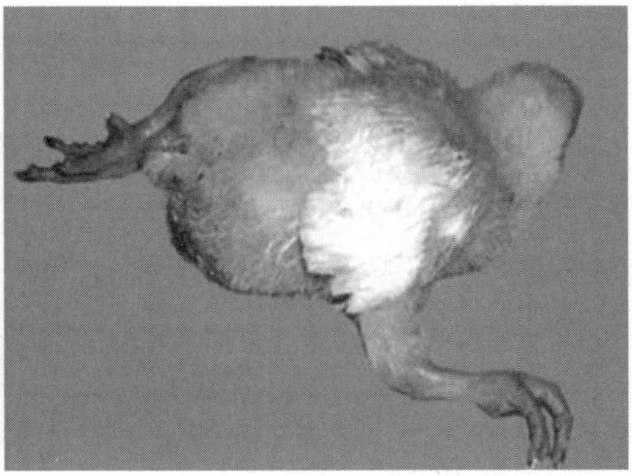

图 3-3-12　禽脑脊髓炎病鸡瘫痪

7. 鸡包涵体肝炎（IBH）

抗体监测和病毒分离结果显示鸡包涵体肝炎（IBH）较为普遍，部分疑似发病鸡群（商品肉鸡）表现为明显的肝脏损伤和一定比例的死亡率，分离的毒株有多个血清型，包括 2 型、4 型等。致病性试验显示部分分离株对敏感鸡具有明显的致病性，Ⅰ群腺病毒给养禽生产带来的影响和在加重其他病原感染中的作用需要在生产中进一步关注（图 3-3-13 和图 3-3-14）。

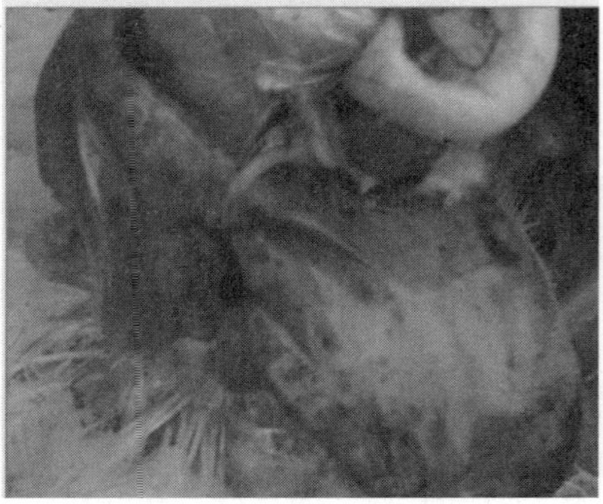

图 3-3-13　鸡包涵体肝炎肝脏出血斑

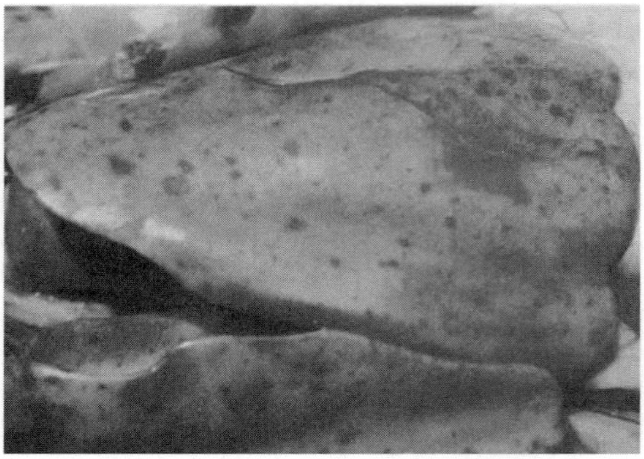

图 3-3-14　鸡包涵体肝炎肝脏褪色

8. 鸡传染性鼻炎（IC）

近两年明显增多，发病鸡以眶下窦肿胀、颜面肿胀、鼻腔有浆液性和黏液性分泌物为主要表现，产蛋率下降明显。近年分离菌株与以前的分离菌株存在明显的差别。防控应以综合性措施为主，除加强饲养管理、避免饲养密度过高、保持良好的卫生和通风外，合理进行疫苗免疫是必要的（图 3-3-15 和图 3-3-16）。

图 3-3-15　鸡传染性鼻炎脸肿胀

图 3-3-16　鸡传染性鼻炎鼻窦肿胀

9. 鸡大肠杆菌（*E. coli*）

鸡大肠杆菌仍然是鸡场最大的潜在威胁，一旦鸡群感染、应激、通风不良等原因抵抗力下降时，大肠杆菌就会继发感染，可继发于其他疾病如鸡白痢、新城疫、传染性支气管炎、传染性喉气管炎、鸡传染性法氏囊病和慢性呼吸道疾病等。药物的不当使用导致耐药性较为普遍，近两年经常遇到确认的大肠杆菌感染却无敏感药物可用的困境，这与养殖场不合理频繁用药有关，应在养禽生产中给以密切关注（图 3-3-17 和图 3-3-18）。

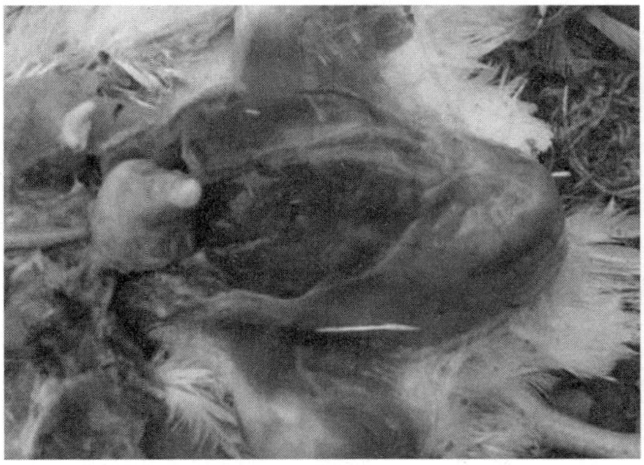

图 3-3-17　鸡大肠杆菌病心包炎

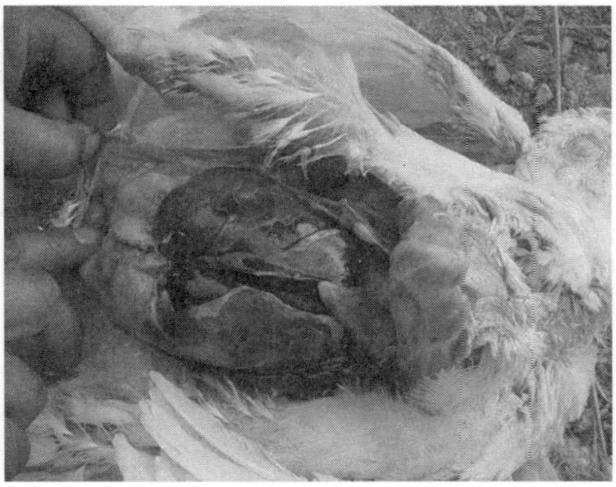

图 3-3-18　鸡大肠杆菌病肝周炎

10. 鸡沙门菌病

鸡沙门菌是鸡场最常见的致病菌，导致鸡群长期下痢、生长发育不良、抗病力弱、饲料利用率低等症状。由于缺乏准确的检测方法，目前沙门菌净化存在一定的困难，其血清型有明显的地域性，以一种疫苗很难覆盖全国范围，该病除了单一感染外，还与鸡大肠杆菌、葡萄球菌、鸡球虫混合感染，抗感染天然益生菌及天然益生素的应用是细菌性疾病防控的有效措施（图 3-3-19 和图 3-3-20）。

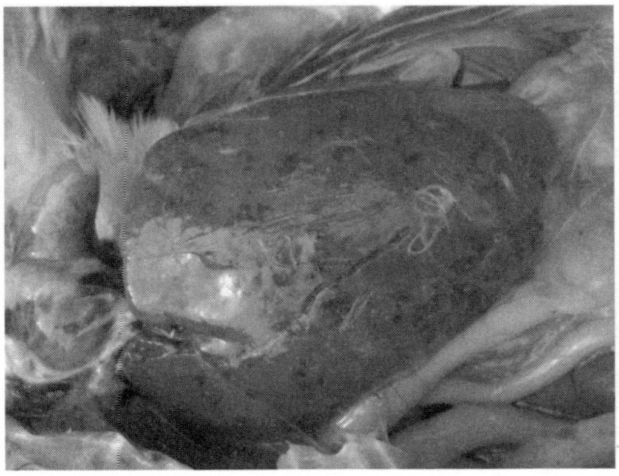

图 3-3-19　鸡沙门菌病肝脏坏死

图 3-3-20　鸡沙门菌病肠血管淤血

11. 安卡拉病（HHS）

心包积液—肝炎综合征（或称安卡拉病）偶有发生，主要危害 3～6 周龄肉鸡，而后备母鸡和蛋鸡只偶尔发生，以心包积聚黄色或淡黄色液体、肝脏肿胀出血为主要特征。防控上应注意尽量减少一些诱发因素（如通风不良、IBDV 等免疫抑制病原感染等），HHS 多发地区可选择进行疫苗免疫（图 3-3-21 和图 3-3-22）。

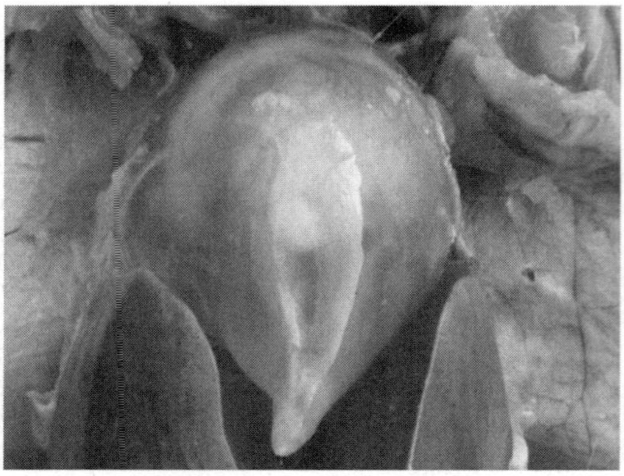

图 3-3-21　鸡安卡拉病心包积液

图 3-3-22　鸡安卡拉病肝脏肿胀出血

二、鸡常用免疫接种方法特点

家禽主要采用皮下注射、肌内注射、滴鼻、点眼、刺种、饮水、气雾免疫等免疫途径。在养鸡生产实践过程中应根据疫苗的特点、佐剂的性质来选择最佳免疫途径，以确保免疫效果。

1. 滴鼻、点眼或滴口法

常用于雏鸡，通过黏膜吸收，刺激机体局部或全身产生抗体，多适用于弱毒活疫苗，是较常用的个体接种法，免疫效果几乎无差别。但点眼比滴鼻操作方便，且快速得多。滴鼻法在有霉形体病等慢性呼吸道传染病的地方，也有引起激发和加重的可能性，应引起注意。可规避母源抗体干扰，形成高效价局部黏膜抗体。

2. 饮水免疫

多适用于弱毒疫苗，使用方便，安全性好，一般使用剂量应为注射量的 2～3 倍。应答作用产生得比较缓慢，免疫力较低，而且不太稳定。如果搅拌不匀，尽管饮水中的疫苗总耗量很大，也会使某些鸡服用剂量不足。在饮水免疫之前，鸡通常需被禁水 3～4 h，在给予配有疫（菌）苗的饮水时，配好的疫苗溶液在 2～3 h 内饮完，否则高温下长时间放置会影响免疫效果。天气炎热时最好不用此法。配苗不能用含氯的自来水，饮水器皿需事先消毒，充分清洗，以免疫苗灭活。可形成高效价局部黏膜抗体。

3. 注射接种

皮下或肌内注射接种疫苗产生作用快，免疫效果明显，适用于油乳剂或氢氧化铝胶佐剂疫苗。对雏鸡一般也都不用肌注免疫，因为注入的疫苗会被血液中的母源抗体中和，对产蛋的母鸡用该法进行免疫，会暂时性地影响产蛋量。另外，在大批注射接种的情况下，需做到接种一只禽换一个针头是不可能的，即存在人为传播疫病的可能性。

4. 翼下刺种法

将疫苗用生理盐水或蒸馏水按一定的倍数稀释，然后用接种针或蘸水笔蘸取疫苗，刺种于鸡翅膀内侧无血管处。主要用于鸡痘的免疫接种。

5. 气雾免疫接种

该方法简便、快捷，且对呼吸道有亲嗜性的疫苗特别有效。与饮水法比较气雾免疫产生作用早，而且强。雾粒的大小很关键，根据禽只日龄的大小，给其相对较大而且均一的雾粒是最适宜的。将雾粒控制在 5～50 μm（通常为 5～20 μm），既可避免因雾粒过小（1 μm 以下）而穿入呼吸道太深引起严重的反应，又可良好地分散药液，使鸡获得坚强的免疫力。若进行喷雾的房间有日光直射，密闭条件差，气温过高（使雾滴迅速干固）则会影响免疫效果。可规避母源抗体干扰，形成高效价局部黏膜抗体。

三、鸡免疫方案制订

1. 正确选择免疫病种

对于常发和受到严重威胁的烈性传染病，如新城疫、鸡马立克病、传染性法氏囊病、传染性支气管炎、减蛋综合征等是必须做重点预防的，而对在有些地区没有或很少发生过的疫病，如传染性喉气管炎和鸡包涵体性肝炎就以不接种疫苗为妥，以免由于免疫接种引入病原。某些疫病虽然常发，但其疫苗的免疫期短、保护力差，且可以通过药物治疗解决，如鸡慢性呼吸道病，也以不接种为宜。

2. 确定适合接种时间

根据母源抗体效价来确定首免时间，母体通过卵黄将抗体传给子体，这种抗体在雏鸡出壳后 3～5 天内达到顶峰，而后迅速下降，半衰期 4.5 天左右，如传染性法氏囊病母源抗体的半衰期是 6 天，新城疫为 4～5 天。高母源抗体 17～21 天即丧失对雏鸡的保护力，低母源抗体 10～14 天即丧失保护力。母源抗体一方面给雏鸡提供保护力，另一方面又对接种的疫苗有干扰作用。这种干扰又因疫病不同而差异很大，其对传染性法氏囊病、新城疫、传染性支气管炎的干扰依次减少，所以对于传染性法氏囊病和新城疫的首免必须注意母源抗体的高低。对呼吸道类传染病首免最好是滴鼻、点眼或气雾免疫，这样既能产生较好的免疫应答，又能避免母源抗体的干扰。如果有条件检测的，于 1 日龄测定传染性法氏囊病母源抗体的效价，阳性率不到 80%的，在 10～14 日龄首免；阳性率在 80%～100%的，则应于 7～10 日龄再采血检测，此时阳性率低于 50%时，在 14～17 日龄首免，若超过 50%，则在 17～21 日龄首免。也可根据以下公式测算：

$$\text{传染性法氏囊病的首免日龄} = [\text{传染性法氏囊病效价（ELISA）的均方根} - 22.36] / 2.82 + 1。$$

新城疫的首免，则当检测新城疫滴度为 $4\log_2$ 左右时即可首免，也可以用以下公式测算：

新城疫首免日龄＝4.5×（1 日龄 HI 抗体的对数值－4）＋5

一般对鸡群抽样时，采取 0.5％的雏鸡样品来测 HI 的均值，平均监测 HI ≤ 1∶16，就应进行免疫。首免时间还须根据本地区疫病威胁情况做适当调整，如果场地污染轻微，消毒彻底，生物安全措施完善，附近鸡场也未有某病发生的或处于某病不易发生的季节，则该病首免宜稍迟，以便避开母源抗体的干扰，反之则宜略提前，以利于促使鸡群尽快产生抗体增强免疫力。

3. 适时调整疫苗类型

鸡群的疫病是在不断变化的，接种疫苗的类型也要根据变化的疫情进行选择，而不应固定不变。

（1）新城疫疫苗选择　新城疫的发生与疫苗选择不当有紧密关系。如用新城疫Ⅱ系苗首免和二免，用新城疫Ⅰ系苗作加强免疫，由于新城疫Ⅱ系苗免疫原性较差，很难突破母源抗体的干扰，产生的抗体滴度偏低，不足以抵抗二免前大量野毒的侵袭，这就是新城疫多暴发于首免和二免之间的原因。用Ⅰ系苗作加强免疫，虽然产生的抗体平均水平高，但由于产生的抗体离散性大，在平均抗体较高的情况下，仍存在相当数量的低抗体个体。低抗体鸡只往往受强毒侵袭而发病，鸡群的血清抗体价出现非免疫性剧变，这就是成年鸡新城疫慢性流行的原因所在。实践证明，在新城疫病毒污染严重的情况下，用 N_{79} 等免疫原性较好的疫苗作首免，比用新城疫Ⅱ系苗效果要好得多，用新城疫灭活油乳苗作加强免疫，能产生高而均匀的抗体，解决新城疫Ⅰ系苗免疫抗体离散性大的问题。用新城疫 IV 系苗和新城疫灭活油乳苗免疫，能很好地控制新城疫的慢性流行。

（2）鸡马立克病疫苗选择　鸡马立克病疫苗的选择要根据污染程度和历年的接种情况而定。如果环境中不存在超强鸡马立克病毒，往年用 HVT 苗效果好的，则可继续使用，相反应改用 HVT＋ ACM^{Tm1} 或用 Z4＋HVT 二价苗，或用 814＋ SB_{-1}＋ HVT 三价苗。上述 3 种疫苗在鸡马立克病毒污染严重或存在超强鸡马立克病毒的环境中使用，能获得良好的预防效果。

（3）传染性法氏囊病苗选择　传染性法氏囊病由于存在变异毒株，用标准株生产的疫苗产生的抗体对变异株只有 30％的保护力，而母源抗体对接种疫苗干扰太大，弱毒苗、中毒苗分别只能突破 1∶100 和 1∶250 的母源抗体保护，而野毒却能突破 1∶500 的母源抗体保护，生产中接种活苗还为时过早时，野毒却能突破母源抗体而使鸡群发病。为了尽量避免母源抗体的干扰，在传染性法氏囊病母源抗体水平较高的雏鸡群或传染性法氏囊病污染较严重的鸡群中，就不宜用弱毒苗作首免，而宜用 NF_8 等中毒疫苗作首免。

4. 正确有效的接种方法

有的疫苗的接种有其固有的方法，而有的则可用多种方法，须经过分析选择适合的接种方法。要根据疫苗种类，选择有效的方法。如对传染性法氏囊病、传染性支气管炎等活苗多采用适当增加剂量的方法进行饮水免疫，然而，新城疫以饮水首免则未必妥当。因为鸡体内新城疫免疫系统分为2个部分，呼吸系统和循环系统。试验证实，当呼吸道抗体水平低，而血清中有中等水平的抗体时，可能发生新城疫；当呼吸道有足够的抗体水平时，而血液内的抗体较少时，仍然可以防止新城疫的发生。这就是有时血液中新城疫抗体滴度较高，却不能防止新城疫的发生，而有时抗体滴度较低却能防止新城疫发生的原因所在。

5. 疫苗干扰现象

由于饲养前期接种疫苗频繁，会给鸡群造成很大应激，同时为了减小劳动强度，有时采取几种疫苗混合接种，如新城疫和传染性法氏囊病、新城疫和传染性支气管炎、传染性法氏囊病和鸡马立克病等进行两两混合同免。有的是可以混用，但有的混合后就会产生互相干扰，影响其免疫效果，甚至造成免疫失败。据试验证实，当免疫传染性支气管炎的每只鸡疫苗量小于免疫新城疫的每只鸡的疫苗量时，抗体不会产生干扰现象，但当免疫传染性支气管炎的疫苗量大于免疫新城疫疫苗量时，则传染性支气管炎就会对新城疫的免疫产生严重干扰。据报道，传染性喉气管炎疫苗、传染性支气管炎野毒都会干扰其他疫苗抗体的产生。除非经过确切试验证实或厂家对疫苗互相干扰已作考虑后所研究的联苗可以混用外，一般以不混用为妥。

6. 免疫增强剂

以增强免疫效果在确定正确的免疫程序和免疫方案后，为了获得最好的免疫效果，还可使用免疫增强剂以增强免疫效果。免疫增强剂的种类很多，用免疫型中草药作为免疫增强剂比较好，因为免疫型中草药不仅可以提高疫苗的免疫效果和增强鸡机体的免疫机能，而且还能促进鸡的生长发育，且没有药物残留。免疫型中草药有补虚药和清热药，补虚药如：党参、黄芪、红花、白术、灵芝、当归、淫羊藿、白芍、仙茅、菟丝子、锁阳、黄精、玄参、北沙参、天门冬等。清热药如：黄连、黄芩、蒲公英、金银花、大青叶、龙胆草、夏枯草、穿心莲等。清热药还具有清热解毒，抗炎抗感染等作用。

7. 免疫检测

通过抗体检测能够确切了解循环抗体水平，对确定免疫时机具有很高的指导意义。通过免疫检测还可以测定免疫后的效果，只有免疫后达到理想的抗体水平才是成功的免疫，不成功的免疫可以根据具体情况确定再次免疫或提前再次免疫。虽然，循环抗体的测定不能完全代表机体的综合免疫力，但是，免疫抗体检测是当前唯一具有实际测定意义的一种科学方法，所以使用免疫检测技术对疫苗免疫具有很高的指导意义。

8. 蛋鸡免疫方案（表 3-3-2）

表 3-3-2　推荐的蛋鸡免疫程序

日龄	疫苗名称	接种方法	备注
1～3	新肾支或肾支	点眼或滴鼻	进口苗 1 倍量
10	法氏囊	滴口	进口苗 1 倍量，国产苗按说明或不超过 1.5 倍
15	克隆 30 或新支 H120	点眼或滴鼻	进口苗 1 倍量，国产苗按说明或不超过 2 倍
15	新支流（H9）油苗	颈部皮下注射	按说明量，加大维生素用量，抗应激
20	法氏囊	滴口	同 15 日龄克隆 30
24	鸡痘	翅翼膜刺种	1～1.5 倍量，刺后 10 天左右检查效果
25	禽流感 H5 油苗	颈部或胸肌注射	同 15 日龄新支流（H9）苗
30	法氏囊	滴口	同 15 日龄克隆 30
35	克隆 30 或新支 H52	点眼或滴鼻	进口苗 1 倍量，国产苗按说明或不超过 3 倍
45	传染性喉气管炎	点眼	1 倍量，免疫前后 3～5 天用抗菌药
60	克隆 30 或四系	点眼或滴鼻	进口苗 1～1.5 倍量，国产苗按说明或不超过 4 倍
60	新流（H9）油苗	胸肌注射	按说明量，加大维生素用量，抗应激
70	禽流感 H5 油苗	颈部或胸肌注射	同 15 日龄新支流（H9）苗
95	传染性喉气管炎	点眼	1 倍量，免疫前后 3～5 天用抗菌药
105	禽流感 H5 油苗	颈部或胸肌注射	同 15 日龄新支流（H9）苗
115	克隆 30 或四系	点眼或滴鼻	进口苗 1～1.5 倍量，国产苗按说明或不超过 4 倍
115	新支减流（H9）油苗	胸肌注射	按说明量，不与禽流感苗同侧注射

9. 肉鸡免疫方案（表 3-3-3）

表 3-3-3　推荐的商品肉鸡免疫程序

日龄	疫苗名称	接种方法
5～7	鸡传染性法氏囊疫苗	饮水或滴口
10～15	新城疫＋传支 H120＋肾传支 28/86 二联三价苗	点眼
18～20	鸡传染性法氏囊疫苗	饮水或滴口
32～35	鸡新城疫 L 系	点眼或饮水

10. 蛋鸡保健药品应用

（1）抗应激　电解多维、拜耳多维或维生素 C，在免疫前后、发病期、断喙、转群使用。平时每周或每 10 天按常量用 2～3 天可提高免疫力、促进发育、改善蛋壳质量。

黄芪多糖、清瘟败毒散等也具有一定的防病抗应激效果。

（2）防治沙门氏菌、大肠杆菌　根据药敏试验选用氟苯尼考、强力霉素、乳酸环丙沙星等西药结合龙胆泻肝散等中药。主要用于鸡1～7日龄；15～20日龄；转群前后3～5天；断喙前后3～5天；免疫传染性喉气管炎疫苗前后3～5天；开产至产蛋率5%左右；产蛋率30%～60%；产蛋率达到90%左右；产蛋期每2个月左右的细菌感染预防和治疗。

（3）抗球虫　根据敏感性选用妥曲珠利、地克珠利等，如有细菌性肠炎感染可配合使用恩诺沙星、阿莫西林等抗菌药。主要用于：7～15日龄早期预防；20～40日龄高发期预防治疗；45日龄转群前后和70日龄前；产蛋前发现有球虫；产蛋期坏死性肠炎和球虫的混合感染。

（4）抗呼吸道病　育雏期7日龄前防霉形体病：磷酸替米考星或阿奇霉素、强力霉素等饮水。防治传染性鼻炎：磺胺六甲氧嘧啶或磷酸替米考星配合中药拌料。防治病毒感染：双黄连、乳酸环丙沙星、阿奇霉素、强力霉素、恩诺沙星等饮水，中药清瘟败毒散等拌料。可采取集中拌料和集中饮水的方式，并注意个别病重的鸡单独治疗。可采用胸腺肽、干扰素等生物制品加强疗效。

（5）调节代谢　五皮散、肾肿解毒药等防治因磺胺药、高蛋白饲料、长期用药、过量用药、饲料品质低下、转群、传染性支气管炎、法氏囊病等引起的肾脏肿胀，具体用量根据鸡群采食、饮水情况和病变严重程度而定，可以煎水服用，要降低饲料蛋白同时用电解多维、拜耳多维等弥补营养失调带来的副作用。龙胆泻肝散可防治沙门菌、大肠杆菌、禽霍乱、弧菌性肝炎、盲肠肝炎、霉变饲料、能量蛋白比失衡等引起的肝肿大、脂肪肝，重在早期预防和配合用药。

（6）增蛋保健　应用纯中药增蛋制剂等配合乳酸环丙沙星、恩诺沙星、氟苯尼考等有治疗输卵管和卵巢炎症和增蛋的作用，根据具体情况与益生素、抗菌和抗病毒药合用疗效更好。

【典型人物案例】

刘秀梵，男，1941年5月19日生，江苏省靖江市团结乡长胜村人。1965年7月毕业于苏北农学院兽医专业。现任扬州大学兽医学院教授、博士生导师，国家重点学科预防兽医学学科带头人，农业部畜禽传染病重点开放实验室主任，第十一届全国政协委员，国务院学位委员会学科评议组成员，农业部教学指导委员会委员，曾任扬州市人大常委会副主任、民盟扬州市委主委、第八届、第九届、第十届全国人大代表。

先后在美国密歇根州立大学研修生物技术，美国农业部禽病和肿瘤学研究所、美国国立卫生研究院作访问教授。1986年，被评为国家有突出贡献中青年专家；1990年，被授予“全国高等学校先进科技工作者”称号；1991年，享受国务院颁发的政府

特殊津贴；1993 年，被评为江苏省优秀学科带头人；1996 年、2000 年，分别被评为“江苏省优秀研究生教师”；1997 年，获香港柏宁顿（中国）教育基金会孺子牛金球奖；2000 年，被评为“江苏省师德模范”，2004 年被评为“全国模范教师”，2005 年获首届“中华农业英才奖”，2006 年获何梁何利基金科学与技术创新奖。

先后承担“863”项目、“973”项目、国家自然科学基金重大项目、国家自然科学基金项目课题以及一批省部级科研项目，并取得众多研究成果。鸡传染性法氏囊病中等毒力活疫苗（NF8 株）的研究获得国家科技进步二等奖，“新城疫检疫规程”2000 年被农业部鉴定为国家标准，先后获农业部科技进步三等奖，江苏省科技进步一、二、三等奖，国家教委科技进步（甲类）三等奖多项。在国内率先将单抗技术应用于动物疫病研究和控制领域，研制出针对重要畜禽病原体的单抗 100 多种，建立了快速诊断检验的新方法；研制出禽流感（H9 亚型）灭活疫苗和鸡马立克病 2＋3 型双价活疫苗等 5 种新疫苗，取得国家新兽药证书，已批准工业化生产并在全国范围内推广应用，占有较大市场份额，产生很好的经济和社会效益。主编我国第一部兽医流行病学教材和专著，在我国禽流感、新城疫等重要动物疫病流行病学研究中，做了一系列基础性工作，为制订相关疫病的有效防制对策提供了重要科学依据。同时，在重要畜禽疫病

的发病机理和免疫机理及新城疫病毒基因组结构等基础研究中有重要发现，在载体和重组疫苗等高新技术研究中取得重要成果，具有重要的学术意义和应用价值。发表学术论文200余篇，其中国际学术刊物发表的SCI收录论文18篇（第一作者和通讯作者16篇）。

承担多门博士生、硕士生专业课程，并取得一批成果。《单克隆抗体在农业上的应用》获第九届中国图书奖；《兽医流行病学原理》获1996年农业优秀教材一等奖；"畜禽传染病教学新体系的建立与实践"获1997年省优秀教学成果二等奖。已培养博士26名和硕士82名，同时培养了一批本学科的中青年学术带头人。

刘秀梵寄语毕业生："科研的道路上没有秘籍，如果要说体会和感悟的话，我相信法国科学家路易·巴斯德说过的那句话：'在观察的领域中，机遇偏爱有准备的头脑。'，为自己的志向打下良好的基础，做一个有准备的人，那么机会来临时，就能'好风凭借力，送我上青云'。"

典型人物事迹感想：

典型人物工匠精神总结凝练：

【任务环境要求】

企业具有完善的动物防疫管理规范和制度，鸡病免疫方案完善可行，有独立的疫苗储藏室，免疫接种器械完备，有专门的鸡病免疫接种工作规范和专业队伍。存栏生产规模1万羽以上的蛋鸡或肉鸡，有雏鸡免疫和青年鸡免疫实践岗位工作任务，在行业企业中具有一定代表性。

【任务目标与质量要求】

学生掌握鸡免疫方案制订的基本原则和主要方法，能够独立分析雏鸡、青年鸡免疫方案的优缺点，能够进行鸡免疫接种用疫苗的选择和使用，掌握鸡病抗体水平检测技术，能独立完成鸡新城疫或禽流感抗体水平检测试验操作。具有较强组织和协调能力，独立处理鸡场面临周边疫情突发，调整本场鸡免疫程序应对突发事件，完成学徒任务。

【工作任务实施】

工作任务实施描述，时间、地点、学习方法见表 3-3-4。

表 3-3-4　工作任务实施表

教学过程设计（教学环节）		任务内容	学习活动方法	学习时间
岗上学习		任务咨询	学徒小组开展	70 天
教学活动 1	岗前培训	岗位技能标准、规范、注意事项	师徒互动（小组讨论）完成任务单	5 天
教学活动 2	岗上技术指导	一般技术指导：本场鸡病流行状况、鸡群抗体水平分析、鸡群免疫程序分析，鸡病预防用疫苗和药品选择	现场技术指导、师徒互动（小组讨论）完成任务单	5 天
		综合能力指导：分析本场鸡群免疫程序；实施鸡群消毒防疫工作；开展病鸡解剖诊断鸡病；协助开展抗体检测工作；开展疫苗保存和使用工作；统计各种鸡病发病统计和药品使用数据统计工作等	现场技术指导、企业综合评价	10 天
教学活动 3	顶岗工作	独立承担鸡免疫程序调整、制订和鸡群抗体检测工作	独立承担岗位工作	50 天

【岗前培训】

岗前培训必选项目：

（1）企业安全生产制度。

（2）鸡病防治岗位相关工作理论、岗位技能培训。

（3）岗位任务工作规程、程序

①消毒前的准备工作：即兽药、器械、鸡群准备，鸡舍温度、湿度测定。

②抗体检测工作：即采血，血样处理，抗体检测，抗体水平分析。

③免疫程序制订：根据鸡群抗体水平变动和周边疫情适时调整免疫程序。

④免疫程序编制记录规范，做好鸡群免疫检测和程序制订数据的记录工作。见表 3-3-5 和表 3-3-6。

表 3-3-5 岗前培训过程记录表

序号	岗前培训内容	培训形式	完成情况	培训师傅	培训日期
1					
2					
3					
4					
5					
6					
7					
8					

表 3-3-6 岗前培训内容考核表

序号	培训内容	考核形式	考核情况记录	考核记录人	等次评定（优、良、中、差）
1					
2					
3					
4					
5					
6					
7					
8					
9					
10					

【岗上技术指导】

一、日常技术指导

（1）能进行病鸡病理剖检。

（2）能依据疫苗选择适合的免疫接种方法。

（3）能分析鸡群抗体水平变动影响因素。

（4）能结合实际制订鸡群免疫程序。

（5）可以选用适合的药品和投药方法进行鸡病防治。

（6）日常消毒和鸡群健康保健。见表 3-3-7 和表 3-3-8。

表 3-3-7 岗上一般技术指导过程记录表

序号	技术指导内容	学习完成情况	指导师傅	指导日期
1				
2				
3				
4				
5				
6				
7				
8				
9				
10				

表 3-3-8 技术指导跟踪（考核）过程记录表

序号	指导内容	改进提升情况	跟踪记录人	记录日期
1				
2				
3				
4				
5				
6				
7				
8				

二、岗位一般技术指导环节工作记录

1. 鸡群流行疾病调查

病鸡剖检见表 3-3-9。

表 3-3-9 病鸡剖检

准备工作	方法和要求
消毒	
病鸡剖检	
病理变化识别	
鸡病鉴别诊断	
鸡病流行调查	

2. 鸡免疫方法选择

（1）鸡群接种疫苗选择见表 3-3-10。

表 3-3-10 鸡群接种疫苗选择

项目	操作方法和要求
主要流行疾病分析	
现有疫苗特点分析	

（2）免疫接种方法选择见表 3-3-11。

表 3-3-11 免疫接种方法选择

项目	操作方法和要求
免疫目的	
免疫途径选择	
免疫效果评价	

3. 鸡免疫方案制订

（1）鸡群抗体检测见表 3-3-12。

表 3-3-12 鸡群抗体检测

项目	操作方法和要求
采血	
血样处理	
抗体检测	
鸡群抗体水平分析	

（2）疫情调查见表 3-3-13。

表 3-3-13 疫情调查

项目	操作方法和要求
历年疫情状况	
周边疫情状况	
疫病流行特点	

（3）免疫方案制订见表 3-3-14。

表 3-3-14 免疫方案制订

项目	操作方法和要求
鸡品种分析	
抗体水平分析	
疫情依据	
疫苗选择	

（4）免疫方案评价见表 3-3-15。

表 3-3-15　免疫方案评价

评价项目	评价方法
鸡群免疫并发症	
鸡群抗体检测水平	
鸡群发病状况	

三、岗位综合能力指导

（1）协助开展鸡舍环境控制设备维护。

（2）协助开展鸡群日常生产管理。

（3）协助开展鸡舍消毒工作。

（4）协助开展免疫接种和疫苗保存管理。

（5）协助对鸡粪及废弃物进行生物学处理。

（6）协助完成鸡群抗体检测实验室维护清理。

（7）协助鸡场饲料和饮水供应管理维护。见表 3-3-16。

表 3-3-16　综合能力指导过程记录表

序号	能力项目	完成数量	完成质量	师傅评价	协岗日期
1					
2					
3					
4					
5					
6					

【顶岗任务】

（1）独立完成 3 个批次不少于 1 000 羽份鸡抗体检测工作任务。见表 3-3-17。

（2）参与或协助完成 1 次鸡群免疫程序制订工作任务。

（3）企业考核。

表 3-3-17　顶岗过程记录表

姓名	顶岗任务目标	工作业绩、指标完成情况	工作态度	考核日期	负责人签字

【知识拓展】

一、鸡体免疫生理与免疫反应

免疫系统大致可被分为两部分，一部分是与生俱来的，另一部分是后天获得的。天然的免疫力是免疫系统中最基本的，是雏鸡孵化出壳即存在并且就具有功能的。天然的免疫力是非特异性的，但却是非常重要的，是抵御外来感染的第一道防线。天然免疫力由皮肤、呼吸道和消化管黏膜及呼吸道纤毛三大部分构成。该系统中的有益菌群通过物理和化学的方法阻止有害细菌的生长。先天性免疫的其他构成因素是机体的物理屏障，它们黏附和清除尘埃、细菌及其他碎片。先天性免疫的另一个组成部分是补体系统（血液循环中的蛋白质和酶吸附细菌，并杀死它们）。先天性免疫的最后一个成分是巨噬细胞，这些重要的细胞在机体内游走，吞噬外来细菌、病毒颗粒、真菌和其他残骸，以及进一步援助免疫应答的发展。先天性免疫对多数潜在的病原体的防御是有效的。先天性免疫较容易产生，但是利用它的成本却很高，且都采用在相同的病原体上。相对生产周期短和高繁殖率的物种，其免疫系统被认为更倾向于先天性免疫。保持机体健康，增强其免疫系统，能够克服疾病的威胁。提供营养水平均衡的日粮、清洁饮水和控制应激状况，让禽类生长在最佳状态的生态环境体系中，可发挥先天性免疫系统作用来预防疾病。

鸡的获得性或特异性免疫系统包括胸腺、法氏囊、骨髓、哈德氏腺、脾脏、盲肠扁桃体等组织，以及淋巴细胞和巨噬细胞等免疫相关细胞，是具有识别、杀灭和清除入侵病原的一种特殊系统。淋巴细胞是主要的免疫功能细胞，起始于淋巴干细胞，后者来源于孵化第 1 周期间的胚胎蛋黄囊。干细胞迁移到胸腺和法氏囊，并在其中分别成熟为 T 细胞和 B 细胞，胸腺和法氏囊被称为中枢淋巴组织，为其他淋巴样结构输送 T 细胞和 B 细胞。

T 细胞和 B 细胞分别在胸腺和法氏囊内处理加工后，种植于其他淋巴样器官内。T 细胞在雏鸡出壳前 2～3 天开始离开胸腺，此后直至性成熟，胸腺不断地释放 T 细胞，而 B 细胞则在大约孵化后的第 15 天开始离开法氏囊。B 细胞的迁移主要发生在雏鸡 9

周龄之前，法氏囊的功能在性成熟前消失。此外T细胞和B细胞也出现在循环血液内，两者分别为血液淋巴细胞总数的70%和30%。

成熟的T细胞发育为一种“抗原识别系统”，具有产生几种在细胞免疫中起重要作用的物质的功能。此外，T细胞对B细胞也有激活作用。当感染发生后，T细胞即对之发生反应，如果免疫应答无法阻止该微生物，分化和产生的记忆性T细胞、特异性效应T细胞和抑制性T细胞等特定类型的T细胞就直接攻击微生物，并提高其他参与免疫功能的细胞（如B细胞和巨噬细胞）的作用，并在必要时杀死感染细胞。

当B细胞在法氏囊内出现时，其表面为种种非特异性抗体所覆盖。成熟的B细胞对某一感染的反应是形成记忆性B细胞和抗体形成细胞（浆细胞），当发生感染时B细胞便开始自我复制，产生特异性抗体，或称为免疫球蛋白，在4～5天后抗体开始产生，3～4周达到高峰。初次反应中出现的抗体是IgG。位于上皮下的浆细胞产生抗体IgA。抗体在血液中循环，通过黏附在病原微生物的表面发挥作用，阻止附着在鸡靶细胞上的有害细菌或病毒，提高补体的效率及巨噬细胞抵抗病原微生物的活力。

鸡可产生三类抗体，第一类是lgM抗体，这是在感染早期出现的抗体，其功能主要是凝集，IgM可与病原形成稳定结构，当许多抗体与病原结合后，就会在病原周围形成一张网络从而防止入侵病原造成鸡体危害。第二类是IgG抗体，这是多数ELISA（酶联免疫吸附试验）测定的抗体。IgG与病原的免疫反应会提高天然免疫系统中补体和巨噬细胞的效率从而使入侵病原迅速被处理掉。第三类是IgA抗体，这是一类所谓的分泌性抗体，这是呼吸道和胃肠道接近表面处的B细胞制造的。对于局限于呼吸道和消化道表面的感染来说，这些抗体是防止病原侵入的主要防线。当鸡场发生传染性支气管炎和新城疫等感染时，在现有的技术条件下，如果能够常规测IgA，而不是测定IgG，就可作为判断鸡是否受到了有效保护的最佳指标。

获得性免疫，在病原体首次出现时的防御是低效的，但在病原体再次出现时却是高效的，且能持续1周左右。获得性免疫系统的开发很昂贵，但使用简便。免疫应答是一系列异常复杂的事件，获得性免疫体系特点就是记忆性，针对特定入侵者的免疫细胞数量增加，为保护鸡的健康，免疫系统不被动用是最为有效的，任何保证鸡受到良好保护的方案，其基础就是有效并得到充分执行的生物安全方案。即使以最好的方法接种了最好的疫苗，如果鸡受到新的另一种病原侵袭，结果仍然会导致鸡体受害。而生产周期长的物种则更依赖于获得性免疫［常规的药物能够抑制病原微生物的产生，但是持久地使用可能危害免疫系统和内脏器官（肝脏和肾脏）］。自然产品包括益生菌或直接饲用微生物，已被证实可以增强免疫力，这些是有益于肠道的细菌，某些维生素、矿物质（如维生素E和硒）、中草药、禽类卵黄抗体，以上物质可对疾病的威胁提供被动免疫。现阶段，在生物安全体系的基础上，必要时应适当注射疫苗，一旦发生疾病，必须快速、准确地诊断和治疗疾病。

鸡体的免疫反应机制只有在鸡体受到某种外源性抗原（如病毒或细菌感染）刺激时才被激活。免疫反应的速度取决于抗原的刺激频度，而免疫反应的程度则取决于鸡体的免疫能力。鸡体的免疫能力本身则又与免疫系统的发育情况、免疫抑制因子的存在与否、感染的程度、营养状况、有无混合感染、有无重叠感染（如疫苗接种）及其他情况有关。

二、鸡体免疫影响因素

1. 母源抗体

当鸡感染了病原微生物，产生抗体，称为“自动免疫性”。小鸡被孵出前，母鸡通过鸡蛋提供母源抗体。目前已证实，对家禽提供母源抗体的新型饲料添加剂能够抑制许多病原微生物，且家禽疫苗接种计划应该同步进行。当母源抗体减弱到一定程度时，鸡的 B 细胞被刺激产生抗体并对病菌产生自动免疫性。如果母源抗体已严重削弱后再接种疫苗，疫苗的效果会减弱。

2. 免疫抑制

在商品生产的情况下，不尽令人满意的免疫反应常见于正处于临诊发病或亚临诊感染的鸡群中。这些感染包括传染性法氏囊病、卵黄吸收不良综合征、呼肠孤病毒感染、腺病毒感染、网状内皮病毒感染、霉菌毒素中毒和球虫病等。一些感染因子除可引起鸡的发病和死亡外，还会由于其对免疫系统的亲嗜性而产生免疫抑制作用。

高温、严寒、高密度饲养、氨气浓度过高和气候波动过大等应激亦可引起免疫反应不理想。有免疫抑制的鸡群会出现典型、持久而复杂的疫苗接种后不良反应，并常导致呼吸道疾病的暴发，因此对免疫接种后反应不能只考虑是否是疫苗本身或疫苗接种技术方面的问题。呼吸道疾病的严重程度与结果常决定于免疫抑制因子的存在与否。

3. 多重感染

为了有效地控制各种鸡的传染性疾病，常常实行各种各样的疫苗接种计划，活毒疫苗接种可激发一种轻度感染，这种感染能引起机体的免疫反应和产生种种特异性抗体，但活毒疫苗接种对于处在潜伏期或亚临诊发病的鸡群，则可能引起一种严重反应，这时鸡群将可能出现对疫苗病毒有特异性的临诊症状，感染过程也将延长。一种疫苗接种计划的成败取决于鸡群的母源抗体水平、免疫能力、间发性感染和应激等诸因素。

混合感染在商品化养鸡中是一种普遍现象。在某些情况下，应激因素可通过抑制鸡体的免疫反应而诱发感染。导致免疫反应不理想的最常见且为人们所接受的原因，包括鸡体免疫系统部分或全部遭到破坏、营养物质消化或吸收不良、滥行免疫接种、混合感染或叠加感染、无免疫能力、慢性感染和某些治疗上的问题。许多特殊的鸡群健康问题常为免疫抑制因子发展的结果。因疾病的暴发，使疫苗计划常被改变，但仍无明显的效果。

4. 养殖环境

鸡群1日龄免疫到接触野外病毒之间时间的长短，对预防免疫抑制疾病非常重要。因为鸡苗一进入鸡舍就要面对野外病毒的挑战，进鸡舍前确保环境的清洁，可以延缓野外毒攻击的时间，而允许疫苗毒在鸡体内产生足够的免疫力。养殖人员十分关注空气质量及其对垫料质量的影响，重视取暖成本和降温成本对养殖效益的消减，但从业者很少考虑到的是通风不良对免疫力的影响。当鸡被迫吸入含高量氨气和灰尘的劣质空气时，鸡的防御屏障就会被破坏。鸡就会因免疫系统受危害而不再能同样有效地排除外界病原侵害。

5. 疫苗因素

疫苗在采购、运输、保存过程中，环境条件（特别是温度和时间限制）不符合要求，会使疫苗效能降低甚至失效。在疫苗接种过程中，工作人员操作不认真、鸡骚动而保定不确实、接种疫苗的部位不当、疫苗使用的剂量少或接种过程中流失等，都会严重影响免疫接种的效果。若所用疫苗和导致鸡发生疫病的病原血清型不相符，给鸡接种异型疫苗有时难使其获得相应免疫保护。疫苗免疫程序不合理也会影响免疫效果，甚至造成免疫失败。在鸡接种疫苗前1周和接种疫苗后2周内，给鸡应用某些抗生素或免疫抑制药物，往往会不同程度破坏疫苗的抗原性或降低鸡免疫力，造成免疫失败。

免疫接种和免疫调节应该作为总的管理方案的一部分，而不可用来代替良好的管理。我们的目标应该是操纵那些可影响天然免疫力的因素从而改善鸡的天然防御能力。不论疫苗还是免疫调节剂，没有任何东西可以代替良好的管理。

【职业素质培养】

在完成岗位任务中完成职业素质培养和培养标准（表3-3-18）。

表3-3-18 职业素质过程评价记录表

项目	赋分	正表象	负表象	评价标准	过程记录	最后得分
职业品质	10	吃苦耐劳、任劳任怨、责任担当	不积极主动、耍滑、拖沓	出现一次扣1分		
职业道德	10	遵守行规、诚实守信、职业形象好	违背行规、不守信用	出现一次扣1分		
团队协作	20	小组学习、发言及个人意见表达	不互动、不参与、不发言	出现一次扣1分		
学习能力	15	主动学习、学习有计划性、自主学习、能综合分析形成自己的意见	不主动学习、学习没有计划性、不能自主学习	出现一次扣1分		

续表3-3-18

项目	赋分	正表象	负表象	评价标准	过程记录	最后得分
社会能力	10	善于沟通、交流，能获得预期资讯信息	不与人沟通、交流，不能获得预期资讯信息	出现一次扣1分		
创新能力	5	有创新思维意识，经常有新意见和建议	无创新思维意识，长期无新意见、建议	出现一次扣1分		
信息化能力	10	使用信息技术获得学习资讯能力	没有使用信息技术获得学习资讯能力	出现一次扣1分		
心理健康	10	性格阳光、能有效疏解各种压力	性格灰色、不能有效疏解各种压力	出现一次扣1分		
管理能力	5	适应组织管理环境，能准确角色定位	不能适应组织管理环境，不能准确角色定位	出现一次扣1分		
社会责任	5	环保、同情弱势、关注时政	不环保、不同情弱势、不关注时政	出现一次扣1分		

备注：总分80分以上合格。

【岗位考核】

采用学校、企业双主题考核。

1. 工作业绩考核（表3-3-19）

表3-3-19 工作业绩考核表

考核环节		考核任务内容	分数比例	得分
考核1	岗前培训	岗位技能标准、规范、注意事项	10%	
考核2	关键岗上技术指导	分析本场鸡群免疫程序；实施鸡群消毒防疫工作；开展病鸡解剖诊断鸡病；协助开展抗体检测工作；开展疫苗保存和使用工作；各种鸡病发病统计和药品使用数据统计工作等	20%	
考核3	顶岗工作	独立承担鸡免疫程序制订、鸡群抗体检测任务	40%	
考核4	职业素质	根据职业素质培养标准考核	30%	

2. 职业素质、职业道德综合评价（表 3-3-20）

表 3-3-20　综合评价表

项目	A	B	C	D
工作态度				
吃苦耐劳				
团队协作				
沟通交流				
学习钻研				
认真负责				
诚实守信				

【任务总结】

项目任务

根据本场生产实际情况，制订免疫方案，并组织实施。

学徒任务二　常见病免疫

【专业知识准备】

一、疫苗保存与管理

生物制品生产厂家每生产一种疫苗，都需要经过长期研究和动物实验验证，所以，疫苗使用方法、接种疫苗注意事项、疫苗免疫接种程序、疫苗免疫效力、疫苗保存和运输的要求等都是有科学依据的，用户必须严格遵照疫苗说明书正确管理和使用疫苗。

在疫苗运输、保存和使用的过程中，切勿使之受热。活疫苗必须低温冷冻限时保存在－15 ℃，灭活疫苗应在 4～8 ℃条件下限时保存（图 3-3-23 和图 3-3-24）。疫苗在使用前必须认真详细检查，查看疫苗瓶有无破损、瓶口是否封严、疫苗保存时间是否超过保质期、标签是否清晰与完整、疫苗相关稀释液的性状是否合格等，并且要记录好疫苗生产厂家及疫苗批号等信息。

防疫人员给鸡接种疫苗时，必须按要求确定适宜接种的鸡。患病鸡应暂缓接种疫苗。幼龄或有母源抗体干扰免疫的鸡，应依照疫苗生产厂家推荐的免疫程序决定何时接种疫苗。所用的注射器、针头、镊子等器械应事先认真消毒。在接种疫苗过程中，所用的消毒剂不可与疫苗接触。疫苗瓶应置于阴凉处，避免随意置于日光下暴晒。疫苗瓶一经开启使用必须当日用完，最好在 2～4 h 内用尽。

图 3-3-23　2～8 ℃低温冰箱

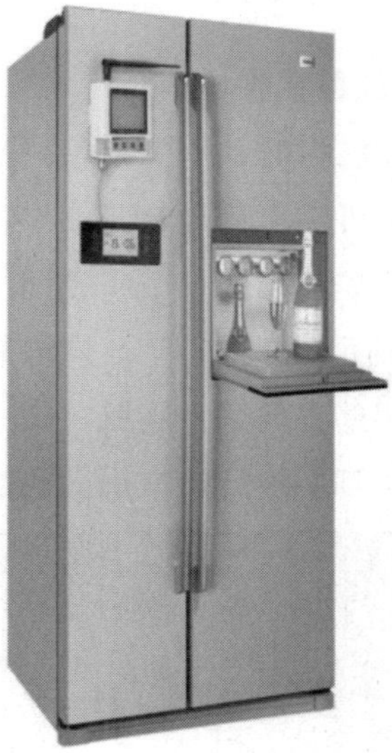

图 3-3-24　实时在线监控冷冻冰箱

二、免疫接种流程

（1）器械消毒：疫苗免疫注射器、针头、滴瓶等要事先清洗，并用沸水煮 15～30 min 消毒，切不可用消毒药消毒，洗涤剂要冲洗干净。

（2）油乳剂灭活苗要放到 40 ℃温水中预温到 25 ℃或提前放到鸡舍中 4～8 h，切不可日晒回温。

（3）将预温的疫苗上下摇动不少于 30 s，免疫中要定时进行摇匀。

（4）调整注射器免疫剂量或滴瓶的免疫剂量，在免疫过程中定时校正。

（5）冻干苗先用 2～4 mL 注射用水或稀释液进行稀释，严禁直接打开瓶盖造成压力骤增使病原失活，同时检测真空度（失真空的疫苗不能使用，个别进口苗除外），饮水免疫时疫苗需在水面下打开瓶盖。按照免疫剂量和免疫数量稀释疫苗（活苗不超过 30 min），油苗连接注射器各部位和换气针，并排净管线中所有空气，保持密闭无漏气现象。

（6）选定免疫部位进行免疫：免疫剂量问题，抗体水平随免疫剂量的增大稍有升高，但差异不显著，导致机体向外界散毒时间延长。

（7）做好免疫记录完整记录。记录疫苗品名、接种日期、疫苗批号、有效期、生产企业、异常记录和接种者签名。如多项免疫同时操作时，应明确清晰地说明标识。接种后应留意观察鸡群 2～3 天，并记录鸡群异常反应。

（8）免疫现场要求根据实际情况避免混乱和漏免现象发生。笼养鸡群每笼超过 4 只情况下必须转笼，不允许原笼内操作，否则极易漏免和重免。

三、免疫接种

1. 注射接种

免疫注射时，一要摇匀，二要预温，如颈部皮下注射，要注射在颈后方 1/3 处皮下，切不可注射到颈部肌肉内，如注射肌肉则会引起鸡缩颈、精神不振、采食下降，消瘦等，如注射靠头部，则引起肿头。胸肌注射时采用 7～9 号短针头（1.27 cm），（8 周龄前活苗选 7 号，8 周龄前油苗和 8 周龄后选 9 号）将针头与注射部位成 15°～30°角，朝背部方向刺入胸肌，切忌垂直射入，以免刺破胸腔损伤内脏。腿部外侧浅层肌肉易伤血管、神经，慎用。注射调试及注射方法见图 3-3-25 至图 3-3-28。

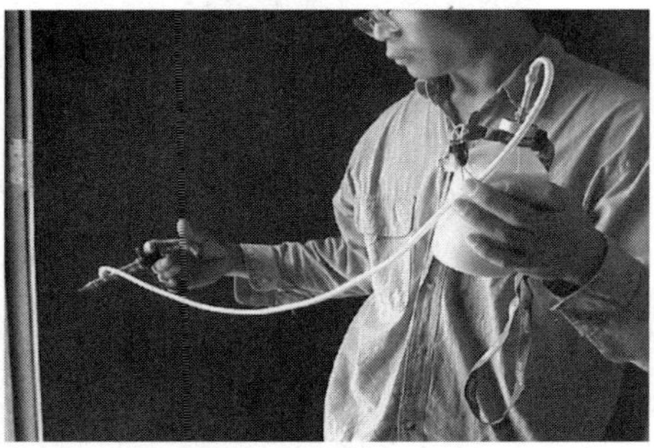

图 3-3-25　连续注射器连接调试

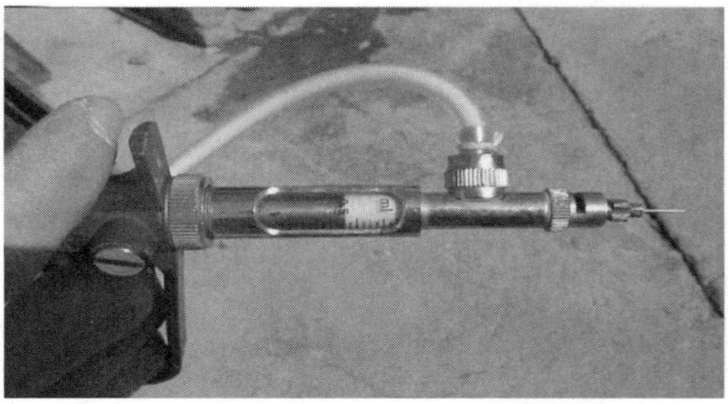

图 3-3-26　连续注射器剂量调节

图 3-3-27　连续注射器颈部皮下注射

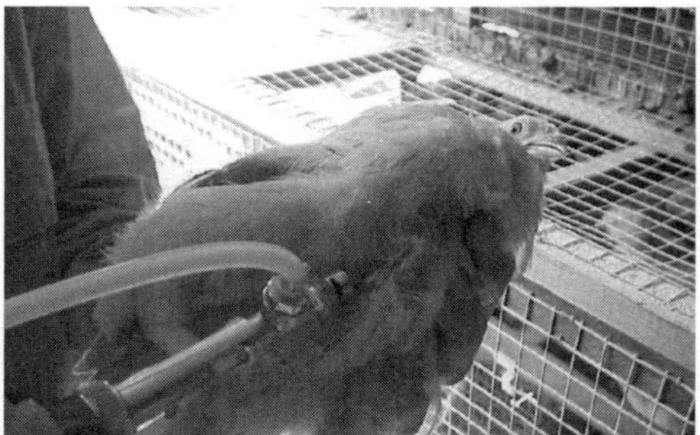

图 3-3-28　连续注射器浅层胸肌注射

（1）注射方法

①腿肌注射：小腿外侧肌肉；

②浅层胸肌注射；

③颈部皮下注射；

④腹股沟皮下注射（也可选翅内肌肉、尾部代替）；

⑤颈部皮下：右手握注射器，左手拇指和食指将颈部下 1/3 处皮肤捏起、右手持注射器向颈后部平行扎入左手拇指和食指提起的皮肤中间，注射正确会感到疫苗充盈，如发现颈部羽毛变湿，说明打漏了应重新补一针；

⑥腹股沟皮下：一人保定鸡只，鸡头向下，腹部向上，另一人自然地把大腿和腹部皮肤捏起，注射在左手拇指和食指提起的皮肤中间；

⑦浅层胸肌：首先掌握准确的注射部位，左手由后向前逆向拨开羽毛按在龙骨两端，龙骨两侧上 1/3 处，即肌肉丰满的地方，针头应与胸骨呈 15°～30°角或平行刺入（视肌肉丰满程度而定）。

（2）注意事项

①经常核对注射器刻度和实际容量的误差；

②经常晃动疫苗瓶力求疫苗均匀，同时防止有空气进入管道；

③注射时将针头推到位打出疫苗后缓缓拔出，以免疫苗漏出；

④注射过程要准确，不宜过深，动作不要粗暴，速度要慢。见图 3-3-29 和图 3-3-30。

图 3-3-29　免疫接种颈部皮下注射不当

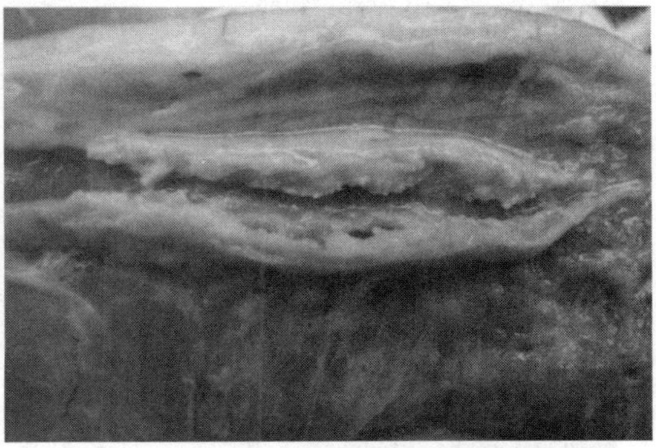

图 3-3-30　免疫接种浅层胸肌注射不当

2. 点眼或滴鼻接种

（1）点眼或滴鼻方法　将疫苗用专用稀释液（蒸馏水或生理盐水）分开，通常稀释液中加着色剂（通常 1 000 份疫苗使用 30 mL 稀释液），用事先测定好的滴嘴，每滴 25～30 μL（图 3-3-31 至图 3-3-34）。自 1～2 cm 的高度滴入鸡的眼睛或鼻孔内，免疫时滴嘴不得接触眼球，以免损伤眼睛，不得接触手、鸡等，以免污染疫苗。滴鼻免疫时，用指头封住一侧鼻孔，以确保疫苗能更好地从另一侧鼻孔吸入。

（2）注意事项

①疫苗现配现用，在使用过程中保持冰浴，要求 1 h 内用完（如是传染性支气管

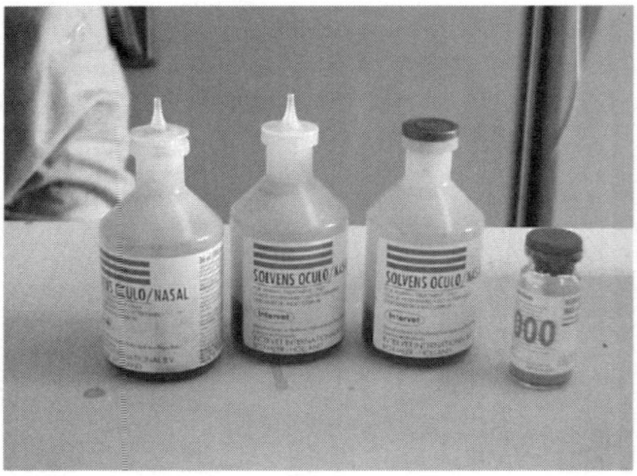

图 3-3-31　滴鼻、点眼用药品和稀释液

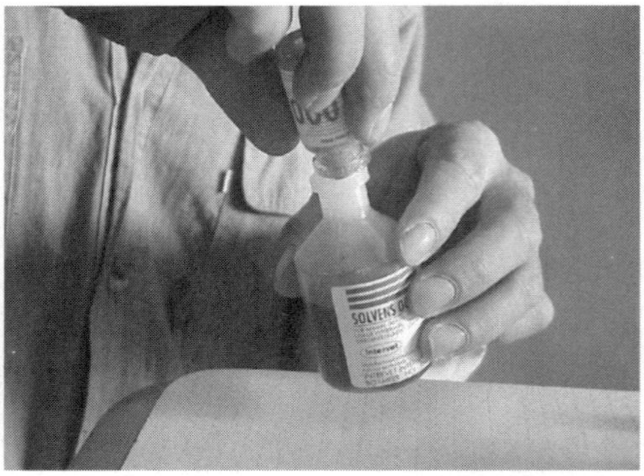

图 3-3-32　滴鼻、点眼用疫苗配制（1）

炎疫苗最好控制在 30 min 内），稀释液要保存在低温室或冰箱中与疫苗基本无温差，避免高温（育雏）、全手紧握疫苗瓶或阳光直射疫苗。

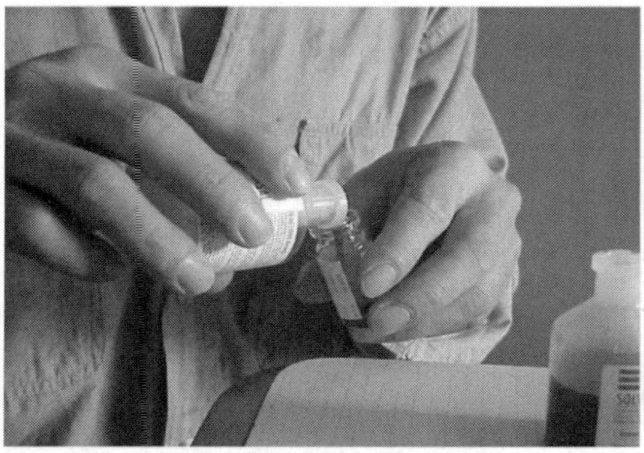

图 3-3-33　滴鼻、点眼用疫苗配制（2）

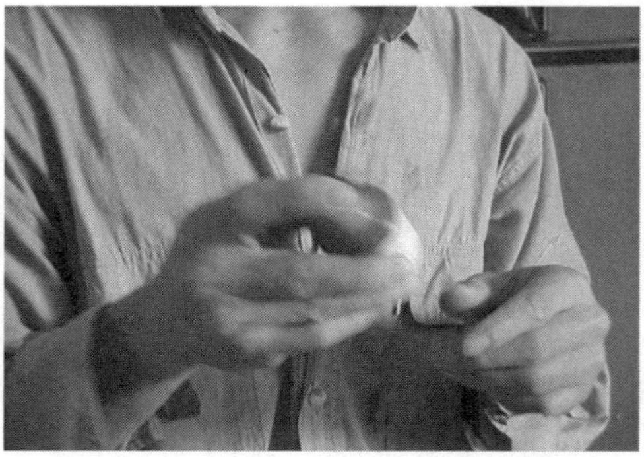

图 3-3-34　滴鼻、点眼用疫苗配制（3）

②滴入时，把鸡头颈提起，呈水平位置，用手堵住另一侧鼻孔，然后将疫苗滴到眼和鼻内，稍等片刻，使疫苗完全吸入鼻或眼内，如疫苗液外溢，则应补滴，滴种过程中，要始终保持滴嘴绝对垂直向下，确保每滴疫苗的接种剂量保持恒定（注意疫苗瓶的角度）（图 3-3-35 至图 3-3-38）。

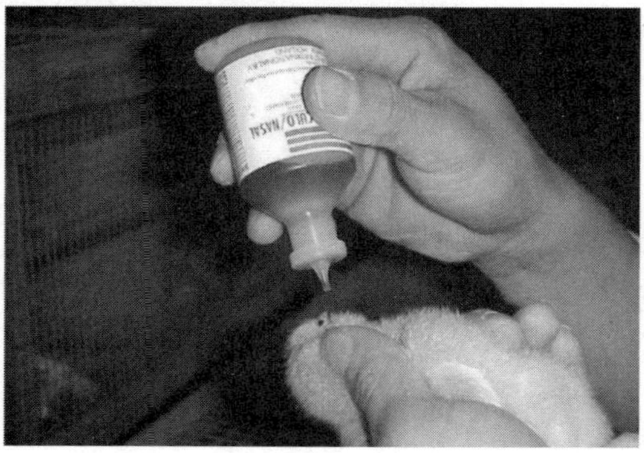

图 3-3-35　疫苗点眼操作（1）

图 3-3-36　疫苗点眼操作（2）

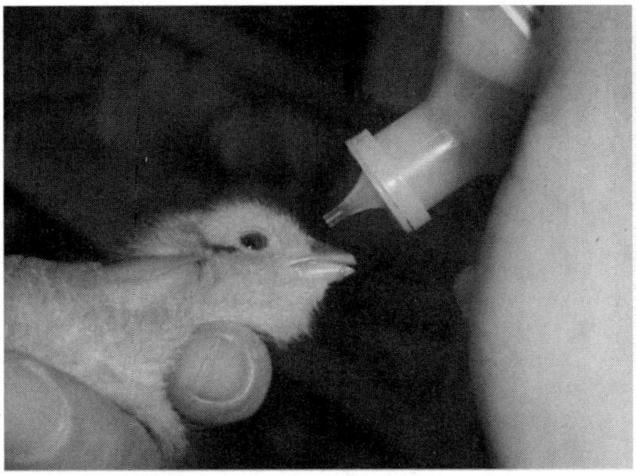

图 3-3-37　疫苗滴鼻操作（1）

图 3-3-38　疫苗滴鼻操作（2）

③对反应较重的疫苗，如鸡传喉苗，使用时可在稀释液中加入 1 000～2 000 U 青霉素或磺胺/mL，或饮水用抗生素可明显缓解副反应。

④免疫后废弃物应焚烧处理，器具等接触物要消毒，注意疫苗排毒期的卫生消毒工作。

⑤为减小应激，建议在晚上或光线较弱的环境下进行。

3. 喷雾免疫

（1）喷雾免疫方法（表 3-3-21）　喷雾时将门窗关闭，停止使用风机，喷雾 20～30 min 后，方可开窗通风，鸡体有略湿的感觉，1 日龄雾滴要大（80～120 μm），喷头距鸡头高度 20～30 cm。1 000 只鸡疫苗液体量 200～300 mL。7 日龄以上雾滴要小（30～50 μm），喷头距鸡头高 80～100 cm，1 000 羽疫苗液体量 300～500 mL（用水量取决于喷雾器类型和型号）（图 3-3-39 和图 3-3-40）。

表 3-3-21　喷雾免疫与气雾免疫的比较

	喷雾免疫	气雾免疫
气雾颗粒	ϕ80～120 μm	ϕ≤50 μm
到达部位	上呼吸道系统	下呼吸道系统
使用日龄	1 日龄	≥7 日龄以上

（2）注意事项

①喷雾免疫时，应在空气不流动的条件下进行，要关闭通风换气设备一段时间后再免疫。开放鸡舍要密闭防风窗帘。

②喷雾时，鸡舍内光线应该暗些，鸡群应激反应小、活动弱。使鸡群相对集中，最好选择凌晨 3～5 点。

③操作人员要保护好自己口鼻眼，以防造成伤害，免疫后，要彻底清洗喷雾设备，内外最好用热水清洗。

图 3-3-39　笼养鸡喷雾免疫

图 3-3-40　平养鸡喷雾免疫

④喷雾免疫的稀释液应用蒸馏水，禁止使用生理盐水，加入 6.2 mL/L 的甘油，雾滴黏附性会更好。

⑤注意鸡舍内环境：气雾免疫时较合适温度是 15～25 ℃，一般不要在低于 4 ℃情况下进行，如果温度高于 25 ℃，雾滴会迅速蒸发而不能进入鸡的呼吸道。在高于 25 ℃环境下，可以先在鸡舍内喷水加湿。天气炎热时气雾免疫应在早晚凉爽时进行，而且舍内相对湿度值在 70%。

⑥气雾免疫使用剂量应加 2～3 倍，雾滴选择根据鸡日龄选择。背负式喷雾器选直径 0.5～C.6 mm 的喷头片，雾滴约 50 μm（表 3-3-22）。

表 3-3-22　雾滴直径及其可见形状

可见形状	雾滴直径大小/μm
细雾	25～40
可见雾滴	50
雾雨状	50～100
小雨	200～400

⑦雾滴行为学：沉降、蒸发、漂流（表 3-3-23）。

简单评鉴：2 m 外手臂汗毛上有 1～2 滴水滴为合理。涂有油脂的玻璃板在 30 cm 处上下移动 2 次，看雾滴大小均匀情况。

表 3-3-23　不同雾滴、不同湿度下蒸发时间

雾滴大小/μm	相对湿度及蒸发时间/h		
	50%	75%	90%
20	0.8	1.7	10
50	5	10	92.5
100	20	41.7	250

4. 饮水免疫

（1）饮水免疫方法　免疫前进行控水，应根据季节不同调整控水时间，天气较热

时停水 1～1.5 h，其他季节 2～3 h，将冻干苗用稀释液稀释，免疫时水中加入 0.2%脱脂奶粉以消除影响免疫因素。夏天饮水免疫最好在早晨进行，这样疫苗不受高温的影响，其他季节可选中午，饮水器必须充足，应保证鸡群同时能饮到疫苗（表 3-3-24）。鸡只的饮水量取决于鸡的日龄，重型鸡和天气炎热季节，饮水量取上限标准（图 3-3-41 和图 3-3-42）。

表 3-3-24　不同日龄鸡的饮水量

疫苗剂量	2～4 周龄鸡饮水量	4 周龄以上鸡饮水量
2 500 羽份	25～50 L	50～100 L
1 000 羽份	10～20 L	20～40 L

注：使用乳头饮水器，要排空水线计算水线容水量等。

图 3-3-41　自动给水系统饮水免疫

图 3-3-42　人工给水系统饮水免疫

（2）注意事项

①饮水免疫前必须将饮水器清洗干净，水线进行冲洗；

②免疫前后 24 h 内禁用一切消毒剂或抗病毒药；

③饮水器具应放阴凉处，避开阳光和热源；

④夏天选清早进行免疫，饮水温度在 18～22 ℃为宜；

⑤免疫视天气情况控水，待 70%～80%鸡只开始寻水时，现配疫苗供水，免疫后 30 min 再喂料和正常供水；

⑥确保免疫鸡只在 2 h 内所有鸡饮下足够的疫苗剂量；

⑦在水中加入 0.2%～0.5%脱脂奶粉或 2%～5%脱脂纯牛奶 20～30 min 后再加入疫苗，用清洁的棒搅拌均匀，应使用清洁且不含氯和铁的自来水或雨水；

⑧用乳头饮水水线时要选择嗜肠道型毒株；

⑨将疫苗分 2/3、1/3 两次供水，防止过多鸡只漏免；

⑩饮水器具不能使用金属器具，已选择塑料或搪瓷材料必须洁净，充足饮水位置和 2～3 cm 的水位深度。

（3）影响因素

①鸡群因素：包括鸡只的免疫能力、耗水量、母源抗体水平、饮水位、所处环境温度和社会等级等；

②疫苗因素：包括病毒在水中稳定性、病毒的侧向扩散、疫苗免疫原性、疫苗对消化道亲嗜性、病毒浓度和免疫接种时间等；

③人为操作因素：包括注射疫苗剂量、断水时间、水质、饮水器类型及卫生、投放疫苗的方法以及供水供料时间等。

5. 点口、喷料免疫（适用于法氏囊、球虫等免疫）

（1）原理　通过经口免疫方法将疫苗食入，在消化道内繁殖，起到免疫效果。球虫在消化道内繁殖，随粪便排出体外，再被小鸡采食，如此 3～4 个循环，就建立起坚强的免疫抵抗力。

（2）方法

滴口法：将球虫疫苗用凉水稀释后倒入滴瓶中，并计算好每一滴中所含球虫疫苗恰好是 1 羽份。在滴口过程中要不断摇动滴瓶以使疫苗均匀，且应在较短时间内滴完（图 3-3-43）。

喷料法：让鸡只自由采食 2 h。该法操作简单，易掌握。自养场目前使用此法，但应注意喷雾及拌料均匀，如不均易造成副反应（图 3-3-44）。具体操作方法：

①每瓶疫苗（1 000 头份 / 瓶）用 1 200 mL 的凉开水稀释。

②稀释后的疫苗悬液倒入干净的农用喷雾器中或加压式喷雾器中。

③每 1 200 mL 疫苗溶液喷料 8 kg，把球虫疫苗均匀地喷在饲料上，来回拌料，喷完后仍需来回拌料，最后用手搅拌饲料，使之均匀。

④将拌有疫苗的料平均分配到每个料盘，让鸡采食，全部吃干净 4～5 h。注意加拌有疫苗料之前不要刻意断料，加料前只需把料盘中的剩料倒干净即可，以免因“抢食”造成每只鸡免疫剂量不均匀。

图 3-3-43　点口免疫操作检查

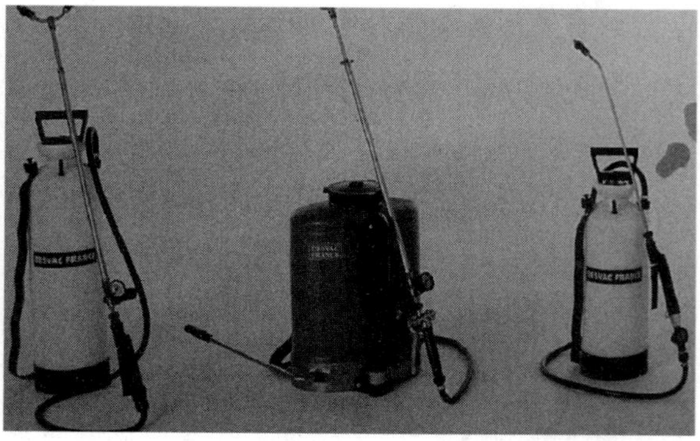

图 3-3-44　喷料免疫器械

饮水法：让鸡自由采食饮水 2 h 后实行控水 2 h。将球虫疫苗稀释在够鸡 1～2 h 饮完的凉开水中，加入悬浮剂。将疫苗定量分装于饮水器中供鸡只自由饮用。

6. 刺种（适用于脑炎、鸡痘、传贫等）

（1）刺种方法　将接种针充分插入疫苗溶液中（通常采用 10 mL 专用稀释液和配套刺种针），待针槽充满液体后，将接种针轻靠内壁，除去附在针上多余液体。轻展鸡翅，将针插入鸡翅翼膜内侧，避开血管。需注意刺种针勿接触鸡的羽毛（以免擦掉疫苗），也勿在刺种针上带一些绒毛（以免浪费疫苗），每接种一瓶疫苗更换一枚刺种针，不要使用不合适的针接种疫苗，针槽勿向下，免疫后 7 天观察接种部位是否出现结痂（图 3-3-45 和图 3-3-46）。

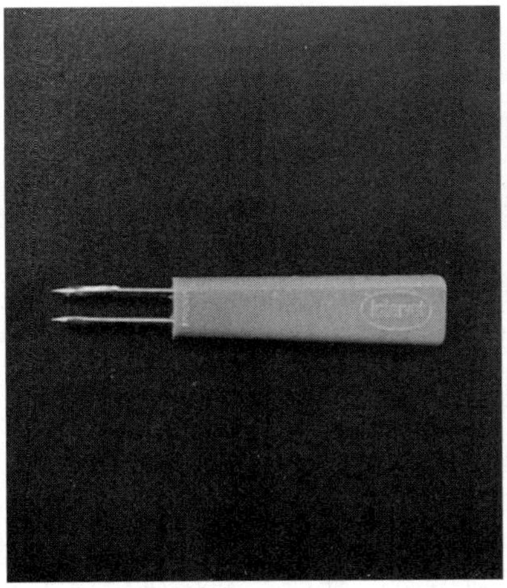

图 3-3-45　刺种免疫针

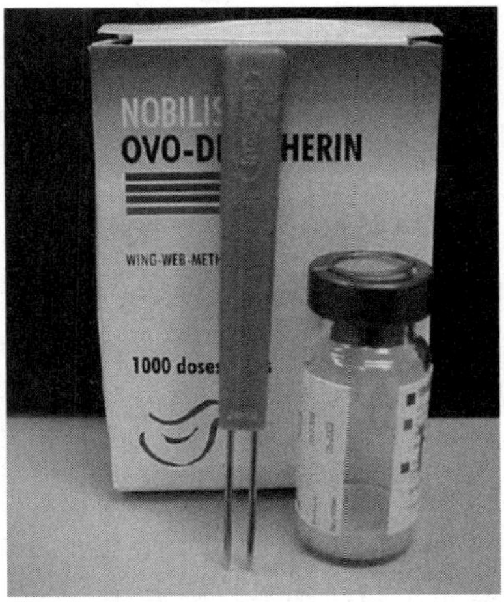

图 3-3-46　刺种免疫用疫苗

（2）注意事项

①疫苗稀释后 在 30 min 内用完，使用中让疫苗处于冰浴水中，避免手握。

②保证刺种部位无羽毛，防止药液粘在羽毛上，造成剂量不足，防止手柄进入疫苗造成污染。

③刺种后及时检查接种部位有无结痂情况，无结痂或结痂较差时及时补免。

④混合好疫苗分装于小瓶中，液面不少于 1 cm 以浸过刺种针细沟，每刺种一次，将刺种针在瓶中蘸一下，并经常检查瓶中疫苗液面深度，随时添加疫苗。

7. 鸡的保定

免疫效果除了免疫方法外，正确保定鸡只是免疫成功的前提条件。为了稳定鸡只，减少应激，保证注射部位准确。

（1）单人操作　4 周龄前的鸡，左手保定，右手操作。颈部皮下注射时，左手拇指和食指将雏鸡颈后中部皮肤捏起，使皮肤和肌肉之间形成空窝，右手持注射器向尾部方向刺入皮肤，然后推入疫苗后拔出针头，手指会感到有疫苗注入的充实感。点眼滴鼻时，用左手将雏鸡握于手掌中，用拇指和食指固定鸡头平放，使一侧眼鼻向上，中指堵住下侧鼻孔，右手持点眼瓶将小拇指置于鸡头部定位。点口则鸡腹部向上用食指在鸡头后部固定，用拇指置于喙下咽喉部轻压结合处使口张开操作。

（2）专人保定专人操作　4 周龄后的鸡，保定人要求一手抓住双翅根部，一手抓住鸡两条腿跗关节以上部位，将鸡胸部展开朝向注射人员，注射人员左手从后向前推开羽毛裸露肌肉，并感知肌肉丰满度，将左手下拇指固定于锁骨处，右手持针注入胸肌最丰满处胸肌前 1/3 的浅层肌肉中。腿肌注射时，保定人员同样保定鸡只将鸡腿部朝向免疫人员，操作者左手握住注射腿部，稍向内部扭转并打开羽毛，然后注射小腿上部后外侧肌肉内。笼养鸡的操作就简单一些，注射人员可以左手握住双腿跗关节处固定，右手持针注射。

【典型人物案例】

黄瑜，研究员，2002 年毕业于中国农业大学动物传染病与预防兽医学专业博士研究生。现任省农科院畜牧兽医研究所禽病研究室主任，硕士生导师。在国内率先开展了鸭疫里默氏菌的基因分型研究，为鸭疫里默氏菌病的防制研究提供更科学的分型依据。在 2001 年于国内外首次正式披露高致病性鸭流感的临床症状和病理变化，为我国提供了鸭流感的临床诊断标准；国内外首次报道鸭新型疱疹病毒的分离与鉴定。

1993 年 7 月，黄瑜硕士毕业于原北京农业大学，放弃了留京工作机会，孤身南下福州，就职于福建省农科院畜牧兽医研究所禽病研究室。彼时，禽病研究室濒临关门，维系艰难。仅仅 3 年时间，该研究室便在黄瑜手中“起死回生”，随后一路逆袭，成为目前国内有一定知名度、拥有较强研发实力的创新团队。投身科研，浑身一股“牛劲”在畜牧兽医研究所，说起黄瑜，人人都说“实验室才是他的家”。二十多年来，他不分工作日还是节假日，一心扑在禽病防控科研和科技服务工作一线。他钻研项目的那股劲，号称“九头牛”也拉不回来。26 年来，黄瑜共发表论文近 230 篇，主编鸭病著作 4 部、参编（译）著作 8 部；除获福建省科技进步一等奖外，还荣获省（市）科技进步二等奖 4 项、三等奖 3 项，获国家新兽药注册疫苗证书 1 项、临床批件 1 项，授权发明专利 11 项，制订行标 1 项、地标 5 项。同时获国家“百千万人才”、享受国务院特贴专家、国家水禽产业技术体系岗位科学家、福建省首批“百千万领军人才”，福建省农科院首批青年学科带头人与拔尖人才等多个荣誉称号。服务生产、急鸭农之所急，黄瑜身上的“牛劲”，不仅仅体现在科研上。他常说，我们科研是为了什么？是为了服务我国禽业，服务以禽业为生的人民！作为福建农林大学、江西农业大学硕士生导师，为社会培养人才也是黄瑜的一项重要工作。每年都有青葱学子来到禽病室拜师学艺；同时也有学成之士步出实验室的大门，用所学知识，继续为养禽业发光发热。除了教授专业知识，黄瑜更注重对学生品性的培养。他常常挂在嘴边的八个字："诚实做人、扎实做事"。而他要求学生做到的，他自己也首先做到。

典型人物事迹感想：

典型人物工匠精神总结凝练：

【任务环境要求】

企业具有完善的动物防疫管理规范和制度，鸡病免疫方案完善可行，有独立的疫苗储藏室，免疫接种器械完备，有专门的鸡病免疫接种工作规范和专业队伍。存栏生产规模 1 万羽以上的蛋鸡或肉鸡，有雏鸡免疫和青年鸡免疫实践岗位工作任务，在行业企业中具有一定代表性。

【任务目标与质量要求】

学生掌握鸡免疫方案制订的基本原则和主要方法，能够独立分析雏鸡、青年鸡免疫方案的优缺点，能够进行鸡免疫接种用疫苗的选择和使用，掌握常用的免疫接种技术，能独立完成鸡群免疫接种工作和组织。具有较强组织和协调能力，独立处理鸡场免疫接种中的突发事件，选择合适疫苗和接种方法完成免疫接种学徒任务。

【工作任务实施】

工作任务实施描述，时间、地点、学习方法见表 3-3-25。

表 3-3-25 工作任务实施表

教学过程设计（教学环节）		任务内容	学习活动方法	学习时间
岗上学习		任务咨询	学徒小组开展	70 天
教学活动 1	岗前培训	岗位技能标准、规范、注意事项	师徒互动（小组讨论）完成任务单	5 天

续表3-3-25

教学过程设计（教学环节）		任务内容	学习活动方法	学习时间
教学活动2	岗上技术指导	一般技术指导：疫苗保存和管理，免疫接种器械管理和使用，免疫接种流程设计，不同免疫接种方法	现场技术指导、师徒互动（小组讨论）完成任务单	5天
		综合能力指导：疫苗保存和使用，免疫接种组织与实施，免疫接种并发症处置，免疫接种效果评价和数据统计等	现场技术指导、企业综合评价	10天
教学活动3	顶岗工作	独立承担疫苗管理使用和鸡群免疫接种组织与实施工作	独立承担岗位工作	50天

【岗前培训】

岗前培训必选项目：

（1）企业安全生产制度。

（2）鸡病防治岗位相关工作理论、岗位技能培训。

（3）岗位任务工作规程、程序

①疫苗管理与使用：即疫苗分类登记建档管理，疫苗保存设备维护。

②免疫接种流程管理：规范设计免疫接种流程，合理组织人员和免疫工作。

③免疫接种：结合鸡群状况，有效开展免疫接种工作，处理并发症。

④免疫接种档案记录建档，做好鸡群免疫接种数据的记录工作。见表3-3-26和表3-3-27。

表3-3-26　岗前培训过程记录表

序号	岗前培训内容	培训形式	完成情况	培训师傅	培训日期
1					
2					
3					
4					
5					
6					
7					
8					
9					
10					

表 3-3-27　岗前培训内容考核表

序号	培训内容	考核形式	考核情况记录	考核记录人	等次评定（优、良、中、差）
1					
2					
3					
4					
5					
6					
7					
8					
9					
10					

【岗上技术指导】

一、日常技术指导

（1）能按照疫苗类型和保存条件合理保存疫苗。

（2）能建立疫苗保存档案和制度。

（3）合理调配和使用疫苗。

（4）能够制订免疫接种流程，并结合实际进行调整。

（5）能够对鸡群健康状况进行检查评价。

（6）免疫接种器械使用和免疫接种实施。见表 3-3-28 和表 3-3-29。

表 3-3-28　岗上一般技术指导过程记录表

序号	技术指导内容	学习完成情况	指导师傅	指导日期
1				
2				
3				
4				
5				
6				
7				
8				
9				
10				

表 3-3-29 技术指导跟踪（考核）过程记录表

序号	指导内容	改进提升情况	跟踪记录人	记录日期
1				
2				
3				
4				
5				
6				
7				
8				

二、岗位一般技术指导环节工作记录

1. 疫苗保存与使用

（1）疫苗保存　见表 3-3-30。

表 3-3-30 疫苗保存

准备工作	方法和要求
疫苗分类保存	
保存设备检查	
疫苗档案建立	

（2）疫苗使用　见表 3-3-31。

表 3-3-31 疫苗使用

准备工作	方法和要求
疫苗剂量准确	
疫苗稀释正确	

2. 免疫接种流程

（1）人员组织　见表 3-3-32。

表 3-3-32 人员组织

项目	操作方法和要求
人员培训与组织	
工作流程设计	

（2）鸡群准备　见表 3-3-33。

表 3-3-33 鸡群准备

项目	操作方法和要求
健康检查	
禁食禁水	
鸡舍环境调控	

（3）免疫接种器具准备　见表 3-3-34。

表 3-3-34 免疫接种器具准备

项目	操作方法和要求
人员防护用品	
接种器械	
疫苗容器回收	

3. 免疫接种

（1）鸡群检查　见表 3-3-35。

表 3-3-35 鸡群检查

观察项目	观察内容
精神状态	
粪便的形状颜色	
呼吸状况	

（2）免疫接种　见表 3-3-36。

表 3-3-36 免疫接种

内容	控制技术
接种器具状况	
免疫剂量	
免疫效果感官评价	

（3）免疫工作评价　见表 3-3-37。

表 3-3-37 免疫工作评价

项目	要求
疫苗用量评价	
免疫容器处理	
鸡群并发症	
工作人员评价	
免疫流程评价	

三、岗位综合能力指导

（1）协助维护和检查鸡舍生产设施设备。

（2）协助维护监控鸡舍环境控制设备。

（3）协助日常检查鸡群健康状况。

（4）协助统计各种生产数据。

（5）协助检查料线、水线设施设备运行和完备状况。

（6）协助鸡群生产性能测定和鸡群调整。

（7）协助工作量统计和人员协调。见表 3-3-38。

表 3-3-38　综合能力指导过程记录表

序号	能力项目	完成数量	完成质量	师傅评价	协岗日期
1					
2					
3					
4					
5					
6					
7					

【顶岗任务】

（1）独立完成 1 批不少于 5 000 只鸡群免疫任务，无免疫并发症。见表 3-3-39。

（2）企业考核。

表 3-3-39　顶岗过程记录表

姓名	顶岗任务目标	工作业绩、指标完成情况	工作态度	考核日期	负责人签字

【知识拓展】

一、常用疫苗种类

1. 常规疫苗

以传统方法应用微生物及其代谢产物等制成。

（1）灭活疫苗　应用细菌或病毒等微生物种毒，以物理或化学方法灭活，使其丧失致病性或毒力，但保持良好的免疫原性，给动物接种这种疫苗，可使其对相应传染病产生免疫抵抗力。灭活苗的突出优点是无毒、性能稳定、使用安全、效果可靠且易于保存和运输。缺点是灭活过程对抗原的免疫原性多少都有些损伤，免疫后在机体内只能发生体液免疫作用，不会发生细胞免疫，免疫的目的只是为了得到有效滴度的抗体，抗体产生周期相对较长。为提升免疫效果，大多需要佐剂进行辅佐免疫，如白油佐剂、铝胶佐剂、蜂胶佐剂等，这些佐剂加入后可有效帮助提升疫苗的免疫效力，但注射后机体应激较大，有时佐剂会在肌肉组织中长期残留，最后形成组织增生和肿胀，影响鸡肉品质。

（2）弱毒疫苗　是用微生物弱毒株制备的，疫苗种毒具有良好的免疫原性，但对原宿主没有致病性，或仅可使其出现轻微的亚临床反应。从自然界筛选的微生物自然弱毒株和自然强毒株经物理、化学方法处理或持续的生物继代弱化毒力后，都可用以制苗。这种疫苗可使接种动物对相应疫病产生更强、更持久的主动免疫力。缺点是脱毒不好，不但起不到免疫作用，反而会增加感染风险，同时活苗使用后本身也存在返毒可能，在安全性上不如灭活疫苗。

（3）多联疫苗　实际是混合疫苗，是用不同微生物的增殖培养物科学组配制成的疫苗。目的是为了达到一苗多免的效果，生产中多联疫苗使用要比单疫苗多，主要原因还是集约化的养殖业发展，疫苗使用越来越多，每免疫一次都需要消耗大量人力和物力，鸡群也会产生较大应激，为了减少免疫次数，达到理想免疫效果推进了联苗使用。常见联苗有二联疫苗、三联疫苗等，如鸡新城疫-传染性支气管炎二联疫苗、鸡新城疫-传染性支气管炎-禽流感三联灭活疫苗等。联苗最大的优势就是可以减少免疫次数，省事省力，鸡群的应激也可降低，使用方便。

（4）单价疫苗　是利用同一种微生物菌（毒）株的增殖培养物，或者一种微生物的某一血清型菌（毒）株增殖培养物制备的疫苗。该疫苗仅对相应单一血清型病原微生物所致的疫病有免疫预防作用，对其他型无预防作用。

（5）多价疫苗　是利用同一种微生物中多个不同血清型菌（毒）株的增殖培养物制备的疫苗。多价疫苗可使接种动物获得比较完全的主动免疫保护，可使其抵抗相应多个血清型的病原微生物感染。

2. 基因工程疫苗

我国目前应用或正在研制的基因工程疫苗主要有亚单位疫苗、活载体疫苗、基因缺失疫苗及核酸疫苗。

（1）亚单位疫苗　是微生物采用物理和化学方法处理，除去其无抗原性物质，提取荚膜、鞭毛或衣壳蛋白等具有免疫原性物质所制备的疫苗。

（2）活载体疫苗　是以动物病毒弱毒或无毒株（如痘苗病毒、疱疹病毒等）为载体，采用基因工程技术，插入其他病毒的抗原基因，创造活病毒载体，再转染病毒细胞而获得的疫苗。

（3）基因缺失疫苗　是应用基因操作技术，将病原细胞或病毒中与病原性相关的抗原物质基因序列除去或失活，使其保持免疫原性，但失去毒力或变为弱毒株而获得的疫苗。

（4）核酸疫苗　其原理是应用一种病毒的抗原性遗传物质，通过载体 DNA 接种动物，使其在动物细胞中合成新的抗原物质，刺激动物产生抵抗相应病原微生物感染的免疫力。

二、免疫接种工作准备

（1）免疫接种人员必须经过培训且达到技术要求。做到操作熟练、规范、准确、责任心强。操作前进行人员消毒，并穿戴洁净的工作服。

（2）对鸡群健康检查。免疫前要了解鸡群的健康状况，凡有异常情况不能进行免疫或延缓免疫（紧急免疫除外），紧急免疫时遵循“先健康、后疑似、再发病”原则。充分考虑到分群、断喙、大风降温等应激因素，免疫前后加强饲养管理，稳定饲养环境。

（3）对疫苗检查。疫苗瓶破碎或瓶塞松动；瓶内有异物或发霉、沉淀分层；药品外包装没有标签或标识缺失；药品过期失效；药品与免疫程序不一致；药品未按规定保存。计算鸡群免疫所需头份，冻干苗现用现配，苗不离冰，30 min 内用完。做好疫苗瓶收纳，用过的疫苗瓶及时进行消毒，焚烧处理。

（4）免疫前后 2～3 天时间可用抗生素或多维，以减少应激反应（尤其鸡传染性喉气管炎前后，应使用呼吸道药）。

（5）免疫应在傍晚或晚上进行，减轻应激，饮水宜选择早上进行。准备足够针头，免疫时每栏更换一次针头，并检查一次器具剂量是否准确。

【职业素质培养】

在完成岗位任务中完成职业素质培养和培养标准（表 3-3-40）。

表 3-3-40　职业素质过程评价记录表

项目	赋分	正表象	负表象	评价标准	过程记录	最后得分
职业品质	10	吃苦耐劳、任劳任怨、责任担当	不积极主动、耍滑、拖沓	出现一次扣1分		
职业道德	10	遵守行规、诚实守信、职业形象好	违背行规、不守信用	出现一次扣1分		
团队协作	20	小组学习、发言及个人意见表达	不互动、不参与、不发言	出现一次扣1分		

续表3-3-40

项目	赋分	正表象	负表象	评价标准	过程记录	最后得分
学习能力	15	主动学习、学习有计划性、自主学习、能综合分析形成自己的意见	不主动学习、学习没有计划性、不能自主学习	出现一次扣1分		
社会能力	10	善于沟通、交流，能获得预期资讯信息	不与人沟通、交流，不能获得预期资讯信息	出现一次扣1分		
创新能力	5	有创新思维意识，经常有新意见和建议	无创新思维意识，长期无新意见、建议	出现一次扣1分		
信息化能力	10	使用信息技术获得学习资讯能力	没有使用信息技术获得学习资讯能力	出现一次扣1分		
心理健康	10	性格阳光、能有效疏解各种压力	性格灰色、不能有效疏解各种压力	出现一次扣1分		
管理能力	5	适应组织管理环境，能准确角色定位	不能适应组织管理环境，不能准确角色定位	出现一次扣1分		
社会责任	5	环保、同情弱势、关注时政	不环保、不同情弱势、不关注时政	出现一次扣1分		

备注：总分80分以上合格。

【岗位考核】

采用学校、企业双主题考核。

1. 工作业绩考核（表3-3-41）

表3-3-41　工作业绩考核

考核环节		考核任务内容	分数比例	得分
考核1	岗前培训	岗位技能标准、规范、注意事项	10%	
考核2	关键岗上技术指导	疫苗保存和使用；免疫接种组织与实施；免疫接种并发症处置；免疫接种效果评价和数据统计	20%	
考核3	顶岗工作	独立承担疫苗管理使用和鸡群免疫接种组织与实施工作	40%	
考核4	职业素质	根据职业素质培养标准考核	30%	

2. 职业素质、职业道德综合评价（表 3-3-42）

表 3-3-42　综合评价表

项目	A	B	C	D
工作态度				
吃苦耐劳				
团队协作				
沟通交流				
学习钻研				
认真负责				
诚实守信				

【任务总结】

____

____

____

____

项目任务

根据本场生产实际情况，制订各常见病免疫方案，并组织实施。

学徒任务三　鸡常见疾病防治

【专业知识准备】

子任务一　禽病诊疗技术

一、禽病临床诊断技术

问、看、听、触诊断法。问，就是向饲养员询问与发病有关的情况。即发病经过，产蛋、采食、饮水变化，发病数量和死亡情况，饲料质量等。问的目的在于发现问题。看，就是通过查看鸡群整体和个体状况从中发现问题。若群体废食则为大病临兆。若一侧或双侧眼睑肿胀、黏合，眼睛突出成“凸眼金鱼”样则为支原体病。若胸腹和两腿内侧皮下浮肿青紫则为葡萄球菌病。若病鸡蹲伏地面或栖架之上，头颈前伸用力张口吸气则为喉气管炎。其他如冠髯苍白、羽毛松乱、排稀便等几乎是所有病鸡都有的共同症状，诊断时不要将此作为诊断的根据。听，就是用耳朵听鸡群的声音变化。如大蛋难产阻塞输卵管下部引起阵痛，常发出尖锐叫声；鸡新城疫常听到“咯咯”叫声。触，就是用手触摸病鸡的一定部位来感觉诊断病之所在。如对一些老龄病鸡或长期冠髯苍白鸡，用手触摸其腹部，常可触到腹腔有肿瘤存在。

（一）一般检查的技术

1. 群体检查

（1）静态检查

①健禽　反应敏锐、机警。卧时头叠放在翅内。站时头高举，常侧视，一肢高收，两眼圆睁、明亮有神、无分泌物。冠髯鲜红、发亮。羽毛丰满、紧贴体表，有光泽。口鼻整洁，呼吸正常。泄殖腔周围及腹下羽毛清洁干燥。

②病禽　精神委顿，缩颈垂翅，离群独居。两眼凝视或闭目似睡，目光呆滞，有分泌物，有的眼睑肿胀。冠髯苍白或发绀。羽毛蓬松、污秽。口、鼻有黏液或脓性分泌物，呼吸困难、咳嗽，有喘息音。泄殖腔周围及腹下羽毛潮湿污秽。有时翅肢麻痹，或呈劈叉姿势，或呈其他异常姿态。

（2）动态检查

①健禽　精力充沛，行动敏捷、活泼，步态稳健。

②病禽　精神委顿，行动迟缓，或跛行、摇晃，或麻痹，常离群掉队。

（3）食态检查　可在饲喂时观察。若已饲喂过，可触摸鸡嗉囊或鸭、鹅食道膨大部。

①健禽　啄食连续，嗉囊饱满、充实，食欲旺盛。

②病禽　啄食异常，嗉囊空虚，或内部坚硬，或充满气体或液体，食欲减退或废绝。叫声异常或无力，反应迟钝或挣扎无力。

2. 个体检查

要仔细检查病禽体或死亡禽体的外部变化，如发病禽的面部、冠和肉垂的色泽，有无外伤、肿胀；眼结膜的色泽，是否肿胀，眼分泌物的数量和性质，瞳孔的变化；鼻孔、口腔有无分泌物和干酪样伪膜；肛门有无炎症、坏死、粪便污染；皮肤有无出血、淤血、溃疡、坏死、肿瘤等病变。

（1）体表羽毛检查　看羽毛是否有光泽，生长是否正常，可提示某些维生素、矿物质等的缺乏症。查看头、颈、羽毛根部、胫部角质层有无虱螨等寄生虫及危害程度如何。

（2）鸡体状况检查　看体重，状态是否正常，体况正常者多为急性感染死亡。猝死综合征多为体重大，发育好的，肉鸡死后则两脚朝天，背部着地；反之，体重过小，体态消瘦，常提示病程较长，如患鸡马立克病、体内严重寄生虫病及营养消耗性疾病。腹部体积增大有波动或坚实感，则提示腹水症，产蛋鸡输卵管积液。

（3）尸僵及皮肤检查　死后搁置时间较长仍不僵硬，提示可能是中毒死亡或败血症。两腿向后伸直，提示可能腹腔有病变。若两腿一前一后，提示可能是鸡马立克病或慢性败血支原体病。皮肤有无红肿、水肿、化脓、痘泡、溃烂等异常症状，可提示葡萄球菌感染或外伤或鸡痘，传染性鼻炎常表现为脸部肿胀，鸭的颈部皮下肿胀则鸭瘟的可能性大。

（4）黏膜系统检查　若眼结膜有出血点，可能是鸭瘟、鸡新成疫；鸡死后倒提从口腔中流出酸臭黏液，提示可能是鸡新城疫；口腔黏膜有鲜血，提示可能是传喉；泄殖腔被粪便污染可能是消化道疾病（大鸡）。

（5）腿脚的检查　正常情况下，跗、趾、跖关节无肿大，骨端棱角分明，骨茎粗细适中。

①关节肿胀，一般提示葡萄球菌病、大肠杆菌病、沙门氏菌病或病毒性关节炎。

②两腿内翻呈“O”形，提示钙、磷缺乏或不平衡和维生素 D 缺乏。两腿外翻呈“X”形，提示缺锰、缺锌或胆碱、生物素、维生素 B_6 等营养缺乏症。一腿外翻，使两腿呈“IL”形，提示滑（脱）腱症，主要为缺锰、缺锌、胆碱、烟酸、叶酸或生物素缺乏。

③胫骨短粗提示缺锰、缺锌。

④趾骨、跖骨变粗，则为骨石化症（骨型淋巴白血病）。

⑤跗关节着地，颈头后仰，呈观星样，提示维生素 B_1 缺乏症。

⑥不论行走还是休息，脚趾均向内弯曲，提示维生素 B_2 缺乏症。

⑦趾关节短粗提示关节痛风。

⑧趾、跖鳞片下出血，高度提示禽流感。

二、家禽剖检技术

1. 尸体剖检程序

剥皮→肌肉检查→切开腹壁→脏器观察→鼻腔、眶下窦→神经系统检查

将禽尸放在药液中使羽毛浸湿，仰面平放，切开腿内侧和腹部之间的皮肤，两腿分别向外侧使髋关节脱臼，使大腿与身体分离，沿腹中线从泄殖腔处将皮肤提起直至下颌，再将皮肤向两侧撕开，使气管、食管、胸肌充分暴露。检查胸腺，如变小则提示有免疫抑制性疾病，如有出血点则提示有病毒感染，然后按以下顺序进行剖检。

（1）剥皮　在两侧腹股沟之间纵向向前切开皮肤和肌膜，在肛门前下方的软腹壁上横向切开皮肤，横向切口的两端与两侧的纵向切口相连，将皮肤向前翻转剥离，充分显露腹肌、胸肌。用力将两腿向外掰开，使髋关节脱位，以充分显露腹部，此时注

意检查胸部及腿部肌肉的发育情况、颜色，有无出血、水肿、充血、淤血、坏死等变化。

（2）肌肉检查　查看肌肉色泽、质地、出血状况。肌肉质地干燥，灰白色条纹提示营养要素缺乏，白肌病。肌肉顺纤维方向条状出血（胸部、腿部），多见于法氏囊病。点状出血或弥漫性出血提示药物中毒或败血症状，有散在出血囊，提示白冠病。

（3）切开腹壁，观察脏器　在两侧肋骨的椎体端用剪刀向前剪断肋骨，继续向前剪断其喙骨和锁骨，将胸骨向前翻转，整个腹腔、胸腔脏器充分显露了。观察各脏器的位置是否正常，有无变形或畸形；各脏器的颜色、出血、渗出、粘连等情况，有无腹水及气味有无异常等。

（4）取出脏器，观察病理变化　用镊子夹住心脏主动脉处向上提，用剪刀剪断心、肝与其他脏器的连接部位。心、肝、脾可分别取出。摘取心、肝时，注意观察气囊的色彩、厚薄。检查心脏冠状沟及心脏内有无出血、肿块、坏死、肿瘤、纤维素等。夹住食管末端用手术剪剪断，将腺胃、肌胃、胰腺、小肠和大肠一同取出，紧靠肠管处将肠系膜剪去，以便剪开肠管。按顺序将腺胃、肌胃、十二指肠、空肠、回肠、盲肠、直肠剪开，观察腺胃乳头有无出血、肿胀、包块、渗出；撕去肌胃角质膜观察肌胃有无出血、溃疡、肿块等变化；观察十二指肠黏膜有无出血，是点状出血还是片状出血，还是弥漫性出血，小肠的淋巴滤泡有无肿胀出血、肠黏膜有无红色胶冻样内容物等；盲肠内容物性状，如充满血液、干酪样物质、肿瘤、溃疡及肉芽肿等。盲肠有无出血、肿胀、溃疡等。剪开直肠，观察直肠黏膜有无出血，注意观察肝脏的大小、色泽、质地有无改变，肝脏表面有无出血点、溃疡坏死点、结节、肿瘤及白色肉芽肿等；胰脏的色泽硬度、出血、肿瘤、肉芽肿等变化。

禽类的肺和肾紧贴在肋间和腹壁脊椎骨的深凹中，可用手术刀剥离下来进行检查，也可在原位检查，注意色泽、大小、出血、坏死、结节、渗出性变化等。

取出卵巢，观察卵巢的发育情况是否正常，有无变性、出血、坏死、萎缩、肿瘤等病理改变。检查卵巢系膜，剪开输卵管，观察黏膜有无出血。

（5）鼻腔和眶下窦检查　从两鼻孔上方横向剪断上喙部，断面可露出鼻腔和鼻甲骨，轻压鼻部可检查鼻腔内有无内容物及其性质。打开口腔，把喉头与气管一并摘出，剪开喉头到气管，观察有无渗出物、出血块及黏膜的病理变化。

（6）神经系统检查　取出脑，观察脑组织的出血、充血、淤血、有无液化或坏死。检查坐骨神经、臂神经的粗细是否均匀，横纹是否清晰，有无肿瘤、水肿、出血等变化。

2. 剖检记录及写法

剖检记录是死亡报告的主要依据，是进行综合分析的原始材料，记录应详细完整。对病变的形态、位置、色彩、硬度、性质、切面的结构变化等要客观地描述说明。记录的主要内容有：

（1）一般检查

①所属单位、畜主。

②畜别、品种、畜号。

③性别、畜龄、毛色、用途。

④死亡日期、检查日期、剖检地点。

（2）临床病历概要（发病日期、临床症状、治疗方法）。

（3）外部检查事项。

（4）内部检查事项。

（5）病理学诊断。根据各器官的病理变化进行综合分析，做出病理学诊断，写出病变名称，从中找出主要病变（列在前面）和次要病变（列在后面）。

（6）结论。根据病理学诊断，结合病畜生前的临床症状，经过分析、判断，找出各病变之间的内在联系，最后对死亡的病畜提出诊断的病名和死亡的原因。

（7）病名。

三、禽病治疗技术

（一）饮水给药法

混水给药是指将药物溶解于水中，让鸡类自由饮用。适用于鸡类因病不能食料，但还能饮水的情况。

易溶于水的药物用水给药效果较佳。而难溶于水的药物如经加热、搅拌或者加助溶剂，使其溶解度能达到预防和治疗效果时，也可用混水给药法。

在水中不易破坏的药物，其药液可以让鸡类全天自由饮用。在水中一定的时间内易被破坏的药物，应要求在一定时间内饮完，方法是在用药前停止给鸡群供水 1～2 h，然后喂药液，但药液量不宜太多，以药物受破坏之前能饮完为宜。准确地掌握药液浓度，才能避免浓度过低无疗效、过高产生中毒反应，从而取得预期的效果。饮水量的大小与鸡种类、饲养方法、饲料、季节及气候等因素紧密相关，如冬天饮水量一般减少，配给药液就不宜过多；而夏天饮水量增多，配给药液必须充足，否则就会造成部分鸡只缺饮，影响药效。

（二）混饲给药

将药物均匀混入饲料中，让鸡吃料时能同时吃进药物。此法简便易行，切实可靠，是适用于长期投药的一种给药方法。有些药物不溶于水而且适口性差，用此法给药更为恰当。

药物与饲料的混合必须均匀，常用的混合方法是将药物均匀混入少量饲料中，然后将混有总药量的部分饲料与大量饲料混合。大批量饲料混药，还需多次逐步递增混合才能达到混合均匀的要求。这样才能保证饲喂时鸡只都能服入大致等量的药物。

饲料中的药物浓度不等于溶液中的药物浓度，因为混水比混料的药物浓度往往要高。例如北里霉素，混料的浓度为 110～330 mg/kg，而混水的浓度却为 250～500 mg/L。但对鸡易产生毒性的药物如呋喃类、磺胺类药，其混水浓度往往比混料浓度低。

药物与饲料混合时，应注意饲料中添加剂与药物的关系：长期应用磺胺类药物则应补给维生素 B_1 和维生素 K；应用氨丙啉时则应减少维生素 B_1。

（三）气雾给药

气雾给药是让鸡只通过呼吸道吸入或作用于皮肤黏膜的一种给药法。鸡只肺泡面积很大，并有丰富的毛细血管，所以应用此法给药时，药物吸收快，作用出现迅速，不仅能起到局部作用，也能经肺部吸收后出现全身作用。某些药物可以透过肺泡屏障，而某些药物吸入后仅能停留在肺泡部位而不易通过肺泡屏障，只起到局部作用。

选择适用气雾给药的药物。对鸡类呼吸道无刺激性，而且又能溶解于其分泌物中的药物，可以采用气雾给药方法，否则不能吸收。对呼吸系统如有刺激性，则易造成炎症。

微粒越细进入肺部越深，但在肺部的保留率越差，大多易从呼气排出，影响药效。微粒较粗，则大部分落在上呼吸道的黏膜表面，未能进入肺部，因而吸收较慢。进入肺部微粒粗细以 0.5～5 μm 为最适合。

要使微粒剂达到肺的深部，应选择吸湿性慢的药物。要使微粒分布到呼吸系统的上部，应选择吸湿性快的药物。因为具有吸湿性的药物粒子在通过湿度很高的呼吸道时，其直径能逐渐增加，影响药物到达肺泡。要确定气雾剂在防治鸡病中的有效剂量，应测定气雾剂吸收后的血药浓度。

（四）外用给药

多用于鸡的体表，以杀灭体外寄生虫或体外微生物；也可用于消毒鸡舍、周围环境和用具等。外用给药常用喷雾、药浴、喷洒、熏蒸等方法。

对体外寄生虫可用喷雾法，将药液喷雾到鸡体、窝巢、栖架上；杀灭体外微生物则常用熏蒸法。

抗寄生虫药和消毒药物对寄生虫或微生物具有杀灭作用，往往对机体有一定的毒性，如应用不当、浓度过高，易引起中毒。因此，在应用易引起毒性反应的药物时，不仅要严格掌握浓度，还要事先准备好解毒药物。如用有机磷杀虫剂时，应准备阿托品等解毒药。

用熏蒸法杀灭体外微生物时，要掌握熏蒸时间。用药后要及时通风，避免对鸡体造成过度刺激，尤其是对雏鸡、幼鸡更要特别注意。

（五）注射法技术

注射法指将药液用注射器直接注入鸡的皮下、肌肉、静脉和气管、嗉囊及食道膨大部的方法。

1. 皮下注射

用大拇指和食指捏住颈中线的皮肤向上提拉，使形成一个囊。入针方向，应自头部插向体部，并确保针头插入皮下，即可按下注射器推管将药液注入皮下。

2. 肌内注射

翼根内侧肌内注射，如为大鸡将一侧翅向外移动，露出翼根内侧肌肉即可注射。如为雏鸡可左手握住鸡体，用食指、中指夹住一侧翅翼，用拇指将头部轻压，右手握注射器注入该部肌肉内。

胸肌注射，注射部位应选择在胸肌中部（即龙骨近旁），针头应沿胸肌方向并与胸肌平面成45°角向斜前端刺入，不可太深，防止刺入胸腔。

腿部肌内注射，因大腿内侧神经、血管丰富，容易刺伤。以选大腿外侧为好，这样可避免伤及血管、神经引起跛行。

3. 静脉注射

将鸡仰卧，拉开一翅，在翅膀中部羽毛较少的肱窝处，可见有一静脉在鸡近身段较粗称翼根静脉，其延伸段较细称翼下静脉，先将肱窝消毒，用左手压住静脉根部，使血管充盈，然后右手将注射针头沿静脉方向刺入，见有血回流，即放开左手，将药液慢慢注入。

4. 气管注射法和嗉囊及食道膨大部注射

多用于寄生虫治疗时的用药。另外，当病鸡张喙困难，而又急于服用时，也可采用嗉囊注射。左手抓住鸡的双翅膀，使其头朝前方，右手持注射器，在鸡的右侧颈部旁，靠近右侧翅膀基部约1 cm处进针，针刺方向可由上向下直刺，也可向前方斜刺，进针0.5～1 cm，即可推入药液。特别是当嗉囊有食物充塞时，则更便于操作。如嗉囊无任何内容物时，可适当饲喂一定时间后，再进行注射。

5. 注意事项

（1）注射法的优点是吸收快而完全，剂量准确，可避免消化液的破坏，但吸收速度以静脉注射吸收最快，肌内注射次之，皮下注射较慢。

（2）用于注射药物的剂型，水剂用量不大，而无刺激时，适于皮下注射；油类药物及有刺激性药物，要求作用快、急救、注射量大或刺激性强的药物，可静脉注射，但危险性也大，可能会迅速出现剧烈不良反应。混悬液、油溶液及肠引起溶血或凝血的物质都不可静脉注射。

（3）要求注射法的操作准确、熟练、轻巧，否则会带来一定的不良后果。皮下注射如针头插得过深，就会插入颈肌至颈椎骨内，而出现事故；肌内注射，要防止刺伤血管、神经或插入肝脏、心脏及体腔内造成死亡；静脉注射技术不熟练，在药物尚未注入而血液就溢出时，则会增加继续注入药物的困难。如药液漏出血管外，可能会引起刺激反应或炎症。

(4) 各种注射用具严格消毒，避免医源性传染。如果使用连续注射器，特别防止空注或注入量不足。

子任务二　禽常见疫病防治技术

一、禽流感

（一）建立诊断

1. 流行病学诊断

流感在家禽中以鸡和火鸡的易感性最高，其次是珍珠鸡、野鸡和孔雀。鸭、鹅、鸽很少感染。传播方式有感染禽和易感禽的直接接触及间接接触两种。本病能否垂直传播，现在还没有充分的证据证实，但当母鸡感染后，鸡蛋的内部和表面可存有病毒。

2. 临床诊断

一般多表现为体温急剧上升，病初可达 42 ℃以上，精神沉郁，活动减少，昏睡，停食。肉髯增厚变硬，向两侧开张，头、冠呈紫红色，两眼突出，形似金鱼眼。眼睑肿胀流泪，眼角有小气泡，眼内有黏性或干酪样分泌物，严重者失明；鸡冠、肉髯出血、发绀、坏死；脚鳞有出血斑，是本病特征性的表现之一。有的病鸡出现咳嗽、打喷嚏，呼吸困难，张口呼吸，突然尖叫，副鼻窦肿大，鼻液增多以及下痢等症状。也有的病鸡出现抽搐，头颈后扭，运动失调、瘫痪等神经症状，鸡群感染后通常发病率很高，但死亡率很不一致，急性者一般 2 天左右死亡。蛋鸡发病后 2～3 天产蛋量即开始下降，至 7～8 天下降幅度最大，持续 1～5 周后又逐步回升，一般一个月才能恢复到正常水平。常出现软壳蛋、劣质蛋，产蛋下降可达 14%～75%不等，且种蛋的孵化率也明显下降。

3. 病理学诊断

最急性死亡的病鸡常无肉眼变化。剖检皮下有黄色胶样浸润、出血，胸、腹部脂肪有紫红色出血斑；心包积水，心外膜有点状或条纹状坏死，心肌软化。消化道变化为腺胃乳头水肿、出血，肌胃角质层下出血，肌胃与腺胃交界处呈带状或环状出血；十二指肠、盲肠、泄殖腔充血、出血；肝、脾、肾瘀血肿大，有白色小块坏死；呼吸道有大量炎性分泌物或黄白色干酪样坏死；胸腺萎缩，有程度不同的点、斑状出血；法氏囊萎缩或呈黄色水肿，有充血、出血；母鸡卵泡萎缩、变形、坏死，发育停止，体腔内往往见不到成熟的卵泡，有的发生卵黄性腹膜炎，公鸡睾丸变性坏死。

4. 实验室诊断

由于本病的临床症状和病理变化差异较大，确诊必须依靠病毒的分离、鉴定和血清学试验。血清学试验包括血凝抑制试验、双向免疫扩散试验等。目前常用的是琼脂扩散试验（AGP），采取发病初期和康复期（发病后14～28天）的血清检测，如果康复期的血清抗体比发病初期升高4倍以上，则可证实禽流感的发生。

（二）防治

该病属法定的禽一类传染病，危害极大，故一旦暴发，确诊后应坚决彻底销毁疫点的禽只及有关物品，执行严格的封锁、隔离、消毒和无害化处理措施。由于该病病毒易于发生变异及各血清型毒株间缺乏交叉免疫性，目前尚无特效的疫苗来预防本病。当怀疑该病病时，应迅速报告当地兽医部门，不得移动，并采取严格的控制措施。平时应加强禽场的防疫管理，禽场门口要设消毒池，谢绝参观，严禁外人进入禽舍，工作人员出入要更换消毒过的胶靴、工作服、用具、器材，车辆要定时消毒。

二、新城疫

（一）建立诊断

1. 流行病学诊断

鸡、火鸡、鸽子、鹌鹑及野鸡对本病都有易感性，以鸡最易感。各种年龄的鸡中以幼雏和中雏易感性最高。鸭、鹅对本病有抵抗力，但可从体内分离到NDV。哺乳动物对本病有很强的抵抗力。但人可感染，表现为结膜炎或类似流感病状。本病的传染源是病鸡以及在流行间歇期的带毒鸡，但对鸟类的带毒作用也不可忽视。

传播途径主要是呼吸道和消化道，鸡蛋也可带毒传播本病，非易感的野禽、外寄生虫、人畜均可机械地传播病原。本病一年四季均可发生，但以春、秋两季较多。近年来免疫鸡群常因免疫失败而发生非典型新城疫。

2. 临床诊断

潜伏期一般为3～5天，根据临诊表现和病程的长短，可分为最急性、急性、亚急性或慢性三种类型。

(1) 最急性型　突然发病，常无特征病状而迅速死亡，多见于疾病流行初期和雏鸡。

(2) 急性型（典型新城疫）　病初体温升高达43～44 ℃，食欲减退或停食，有渴感，精神萎靡，垂头缩颈或翅膀下垂，眼半开或全闭，似昏睡状，鸡冠及肉髯呈暗红色或暗紫色，母鸡停产或产软壳蛋。随后出现比较典型的病状，病鸡咳嗽，呼吸困难，有黏液性鼻漏，伸头张口呼吸，并发出“咯咯”的喘鸣声或尖锐的叫声。嗉囊内充满液状内容物，倒提时常有大量酸臭液体从口角流出。拉稀，粪便呈黄绿色或黄白色，有时混有少量血液，后期排出蛋清样的排泄物。有的病鸡还出现神经病状，如翅、腿麻痹等，最后体温下降，昏迷死亡。病程2～5天，1月龄的小鸡病程较短，病状不明显，病死率高。

（3）亚急性或慢性型（非典型新城疫）　初期病状与急性相似，但同时出现神经病状，患鸡翅腿麻痹，跛行或站立不稳，头颈向后或向一侧扭转，常伏地旋转，反复发作，瘫痪或半瘫痪，10～20天死亡。此型常发生于流行后期的成年鸡，病死率较低。产蛋鸡常表现为产蛋下降。

个别患鸡可以康复，部分不死的病鸡遗留特有的神经病状，表现为腿翅麻痹或头颈歪斜。有的鸡状似健康，但若受刺激或抢食时，突然后仰倒地，全身抽搐就地旋转，数分钟后恢复正常。

由于母源抗体或基础抗体高，接种新城疫疫苗后不能获得坚强免疫力，当有NDV侵入时，免疫鸡群可发生非典型新城疫，仅表现呼吸道和神经病状，其发病率和病死率较低。

鸽感染NDV时，其临诊病状是腹泻、神经病状和呼吸道病状；幼龄鹌鹑感染NDV，表现为神经病状，死亡率较高，成年鹌鹑多为隐性感染；火鸡和珠鸡感染NDV后，一般与鸡相同，但成年火鸡病状不明显或无病状。

3. 病理学诊断

典型新城疫：腺胃黏膜水肿，腺胃黏膜乳头和乳头间有出血点，腺胃黏膜出血，在腺胃与食道、腺胃与肌胃交界处有出血点或出血带。肌胃角质层下黏膜面有出血点或出血斑。肠黏膜淋巴集结充血肿胀和肠黏膜堤状肿胀，死于该病的雏鸡有时全肠黏膜淋巴集结出血糜烂。小肠和盲肠扁桃体肿大、出血和坏死，肠管枣核状肿大及肠管黏膜上有枣核状纤维素性坏死灶。脾脏小点坏死，有时腿内侧肌肉出血。直肠和泄殖腔黏膜充血和出血。喉、气管内有卡他性渗出物，有时有出血灶。在鼻腔、喉头和气管内常积有大量污秽黏液，其黏膜充血及出血。气囊黏膜有充血或出血。肺有时可见淤血或水肿，或有间质性肺炎。心尖、心冠脂肪、心耳外膜常有针尖状出血点。肝、肾、脾无特殊病变；脑膜充血或出血，出现急性非化脓性脑炎变化。产蛋鸡卵泡和输卵管严重充血和出血。卵黄破裂，卵黄流入腹腔。

病理变化常不明显。其检查重点是消化道病变，其病变特征与典型新城疫病变相同，但需要多检查些病死鸡，把所见到的病变凑在一起，再结合临诊症状及流行病学特点才能判定本病。

4. 实验室诊断

病毒分离和鉴定是诊断ND最可靠的方法，常用的是鸡胚接种，HA和HI试验，中和试验及荧光抗体技术。但应注意，从鸡分离出NDV不一定是强毒，还不能证明该鸡群流行ND。因为有的鸡群存在弱毒和中等毒力的NDV，所以分离出NDV还得结合流行病学、病状和病变进行综合判断，必要时对分离的毒株做毒力测定后方能确诊。

5. 鉴别诊断

本病应注意与禽霍乱、传染性支气管炎和禽流感相区别。

禽霍乱可侵害各种家禽，鸭最易感，呈急性败血症经过，病程短，病死率高，慢性的可见肉髯肿胀，关节炎，无神经病状，肝脏有灰白色坏死点，心血涂片和肝触片染色镜检可见两极染色的巴氏杆菌，抗生素治疗有效。

传染性支气管炎主要侵害雏鸡，以呼吸困难和拉稀为主要特征，成年鸡除表现为产蛋率下降外，还出现蛋品质下降，无神经病状和消化道明显病变。病毒分离接种鸡胚，胚胎发育受阻成为侏儒胚。

禽流感又分为高致病性禽流感和低致病性禽流感，前者潜伏期和病程比新城疫（ND）短，没有明显呼吸困难和神经病状，病禽头颈常水肿，嗉囊没有大量积液，皮下水肿和黄色胶冻样浸润，黏膜、浆膜和脂肪出血比 ND 更为明显和广泛。后者常表现为呼吸道病状，成年鸡产蛋率下降，继发或并发其他疾病时，病死率高，与 ND 较难区分，确切鉴别诊断必须依靠病毒分离鉴定和血清学试验。

（二）防治

目前对于本病尚无有效的治疗方法，加之发生后传播迅速、病死率高，往往给鸡群以毁灭性的打击，因此对于养鸡业来说，预防本病乃是防疫工作的重点。

1. 做好平时卫生防疫工作

鸡场要坚持全进全出饲养制度和定期消毒制度。新购进的种鸡做好检疫工作，并隔离饲养观察。为了杜绝野毒侵入，饲养人员吃住在场，谢绝参观。工作人员、饲养用具等进出鸡场必须严格消毒。

2. 做好定期免疫接种工作

首先要制订出适合本地、本场实际情况的免疫程序。现提供以下几种免疫程序供参考（表 3-3-43 和表 3-3-45）。

表 3-3-43　新城疫第一种免疫程序

程序	日龄	疫苗种类	免疫途径
首免	10～14 日龄	Ⅱ系或Ⅳ系弱毒苗	滴鼻或饮水
二免	28～30 日龄	Ⅱ系或Ⅳ系弱毒苗	饮水或气雾
三免	120 日龄	Ⅰ系弱毒苗	肌注

注：适用于安全养鸡场。

表 3-3-44　新城疫第二种免疫程序

程序	日龄	疫苗种类	免疫途径
首免	7～10 日龄	Ⅱ系或Ⅳ系弱毒苗	滴鼻或饮水
二免	28 日龄	Ⅰ系弱毒苗	肌注
		油乳剂灭活苗	皮下注射

注：适用于安全养鸡场。

表 3-3-45　新城疫第三种免疫程序

程序	日龄	疫苗种类	免疫途径
首免	4 日龄	Ⅱ系或Ⅳ系弱毒苗	滴鼻或饮水
二免	28～30 日龄	Ⅰ系弱毒苗	肌注
三免	120 日龄	油乳剂灭活苗	皮下注射
		Ⅰ系弱毒苗	肌注

注：适用于发生疫情养鸡场。

三种免疫程序可根据具体条件适当选择，但以第 2 种、第 3 种为好。

3. 鸡场发生本病的紧急措施

当鸡场发生新城疫时，应严格隔离病鸡，处理好死鸡，彻底消毒。对未发病成年鸡群普遍用新城疫Ⅰ系苗，对 1 月龄以内的雏鸡用Ⅳ系苗，按常规剂量 2～4 倍进行紧急接种，同时注射新城疫油乳剂灭活苗 1 羽份。对于早期病鸡和可疑病鸡，可用新城疫高免血清或卵黄抗体进行防治。

三、传染性法氏囊病

（一）建立诊断

1. 流行病学诊断

自然感染仅发生于鸡，各种品种的鸡都能感染，主要发生于 2～15 周龄的鸡，3～6 周龄的鸡最易感，成年鸡一般呈隐性经过。病鸡是主要传染源，其粪便中含有大量的病毒，可污染饲料、饮水、垫料、用具、人员等，通过直接和间接接触传播。

本病往往突然发生，传播迅速，通常在感染后第 3 天开始死亡，5～7 天达到高峰，以后很快停息，表现为高峰死亡和迅速康复的曲线。本病常与大肠杆菌、新城疫、鸡支原体病混合感染。

2. 临床诊断

本病的发生常以死亡病例突然开始，在 4～5 天的急性期之后，继之持续 3～4 天的消减期。流行多持续 5～9 天，平均 7.5 天。死亡率在头几天内急剧升高，第四天后又迅速下降，呈尖峰式死亡曲线，此为该病重要特征。

病鸡出现减食或拒食、委顿、羽毛蓬乱，体温升高到 43 ℃以上，排出黄白色水样稀粪。病鸡严重脱水呈现眼窝凹陷，脚爪干枯，个别鸡自啄肛门。

发病率一般为 3%～30%，死亡率约为 20%。饲养管理条件差，流行时鸡的年龄越小，则发病率与死亡率越高。

3. 病理学诊断

法氏囊在感染的早期，表现为充血、水肿和肿胀。感染后 2～3 天，其体积可为正常的 2 倍左右，此时法氏囊变圆，浆膜覆盖有淡黄色胶冻样渗出物，表面的纵行条纹显而易见，法氏囊呈奶油黄色，严重病例法氏囊出血，呈紫黑色。切开后，其黏膜皱褶有出血点或出血斑，腔中有脓性分泌物。感染 5 天后，法氏囊开始缩小，第 8 天时可仅为正常的 1/3 左右，此时法氏囊质地变硬，呈深灰色，法氏囊腔内有干酪样物。

此外，感染的病鸡由于失水，骨骼肌变淡；皮下以及胸肌、腿肌和翼肌的外肌束膜上小面积出血，心外膜上、浆膜（特别是肌胃的浆膜）上和黏膜（腺胃、肠道）上出血，肾脏由于尿酸盐潴留而苍白肿胀，呈“花斑肾”，肝表面呈黄色或红黄相间的条纹。

4. 实验室诊断

由 IBDV 变异株感染的鸡，只有通过法氏囊的病理组织学观察和病毒分离才能做出诊断。病毒分离鉴定、血清学试验和易感鸡接种是确诊本病的主要方法。

（1）病毒分离鉴定　取病死鸡的法氏囊和脾，磨碎后无菌处理，经绒毛尿囊腔接种 9～12 日龄鸡胚。感染鸡胚 3～5 天死亡，可见胚胎水肿、出血。用中和试验鉴定分离出 IBDV。

（2）琼脂扩散试验　常用于 IBD 诊断。应用此法还可进行流行病学调查和检测疫苗免疫后的 IBD 抗体，但是不能区分血清型差异，不能查出群特异性抗原。

（3）易感鸡感染试验　取病死鸡的典型病变的法氏囊磨碎制成悬液，经滴鼻和口服感染 21～25 日龄易感鸡，在感染后 48～72 h 出现病状，死后剖检法氏囊有特征性的病变。

（二）防治

鸡感染 IBDV 后，或用疫苗免疫后，都能刺激机体产生免疫应答，体液免疫是该病保护性免疫应答的主要机制。目前发现应用血清Ⅰ型的疫苗毒株，对雏鸡免疫后所产生的免疫应答不能抵抗亚型或变异毒株的感染。为此，防治本病不能仅用疫苗，需采取综合措施。

1. 严格执行卫生措施

病毒在外界环境中极为稳定，能在鸡舍内长期存活。因此，应注意对环境的消毒，特别是育雏室。将有效消毒药对环境、鸡舍、用具、笼具进行喷洒，经 4～6 h 后，进行彻底清扫和冲洗，重复 2～3 次消毒后再引进雏鸡，以防 IBDV 的早期感染。

2. 提高种鸡的母源抗体水平

种鸡群在 18～20 周龄和 40～42 周龄经 2 次接种 IBD 油佐剂灭活苗后，可产生高水平的抗体并传递给子代，使雏鸡获得较整齐和较高母源抗体，在 2～3 周龄内得到较好的保护，防止雏鸡早期感染。

3. 雏鸡的免疫接种

目前我国常用的活苗一是弱毒苗，对法氏囊无任何损害，受母源抗体干扰严重，免疫保护率较低；二是中等毒力疫苗，接种后对法氏囊有轻度损伤，对血清Ⅰ型强毒的保护率高，一般推荐在14～18日龄进行免疫。灭活苗是由鸡胚细胞毒、鸡胚毒、病死鸡的法氏囊组织制备的。变异株病毒制成弱毒疫苗或灭活苗，既可预防变异株引起的感染，又可对血清Ⅰ型IBDV产生保护性免疫应答。

4. 发病时的防制

鸡场一旦暴发本病，要隔离病鸡，用福尔马林、强碱或酚类制剂等消毒药进行彻底消毒。给鸡群充足的饮水，饮水中加5%的糖、0.1%的盐和适量的抗生素。对发病初期的病鸡和假定健康的鸡，全部使用法氏囊病高免血清，每只鸡肌内注射0.4～0.6 mL或者注射1～2 mL高免卵黄液进行治疗。治疗后10天用两倍量的中等毒力活疫苗进行接种。

四、传染性支气管炎

（一）建立诊断

1. 流行病学诊断

本病仅发生于鸡，其他家禽均不感染。各种年龄的鸡都可发病，但雏鸡最为严重。有母源抗体的雏鸡有一定的抵抗力（约4周）。过热、严寒、拥挤、通风不良以及维生素、矿物质和其他营养缺乏以及疫苗接种等均可促进本病的发生。本病的主要传播方式是病鸡从呼吸道排病毒，经空气飞沫传染给易感鸡。此外，通过饲料、饮水等，也可经消化道传染。病鸡康复后可带毒49天，在35天内具有传染性。本病无季节性，传染迅速，几乎在同一时间内有接触史的易感鸡都发病。

2. 临床诊断

（1）雏鸡　表现为精神沉郁、嗜眠、喜蹲伏，食欲减退或不食，常挤在一起或在热源下面，呈特征性呼吸困难，半开嘴而频发喘息，咳嗽，气管啰音，淌鼻涕、流眼泪，眶下窦肿胀，以2周龄以内的雏鸡表现特别明显。6周龄以上的鸡，鼻腔症状退居次要地位。

（2）成年鸡　突然发生，呼吸困难，有啰音，叫声沙哑，打喷嚏，咳嗽，特别是吃食时打呛，一般不见有分泌物。产蛋鸡产蛋量下降，并产软壳蛋、畸形蛋或粗壳蛋。蛋的品质变差，如蛋黄与蛋白分离，蛋白稀薄如水，蛋白黏着在壳膜表面等。部分病鸡经常归巢而不产蛋，即所谓“伪产蛋鸡”，出现生“假蛋”现象（输卵管发炎所致），此种情况见于早在孵出后头几天内受感染的鸡。

本病一般不引起下痢，若被侵害肾脏的毒株感染，可引起肾炎、肠炎，常见急剧下痢。病程一般为1～2周，有的拖至3周，雏鸡死亡率为25%；6周龄以上的鸡，死亡率很低。

3. 病理学诊断

剖检病变为鼻腔、喉头和气管黏膜肿胀、充血、发炎，有浆液性、黏液性或干酪样渗出物。气囊混浊或含有黄色干酪样渗出物。产蛋母鸡腹腔内，可发现液状卵黄物，卵泡充血、出血、变形，有时可见成年鸡卵巢功能旺盛，而输卵管退化。18 日龄以内的幼雏，有的输卵管发育异常，致使成熟期不能产蛋，被侵害肾脏的毒株致病的病例，则肾肿大、苍白，肾小管和输尿管常充满尿酸盐结晶。腺胃型毒株引起腺胃肿胀、胃壁肥厚。

4. 实验室诊断

肾型 IB 一般易做出现场诊断，一般的 IB 和混合感染的 IB 确诊需进行实验室检验。

（1）病毒分离　无菌采取数只急性期的病鸡气管渗出物和肺组织，制成悬浮液，每毫升加青霉素和链霉素各 1 万 IU，置 4 ℃冰箱过夜，以抑制细菌污染。经尿囊腔接种于 10～11 日龄的鸡胚，初代接种的鸡胚，孵化至 19 天，可使少数鸡胚发育受阻，而多数鸡胚能存活，这是本病毒的特征。若在鸡胚中连续传代几次，则可使鸡呈现规律性死亡，并出现特征性的病变。收集尿囊液再经气管内接种易感鸡，如有本病毒存在，则被接种的鸡在 18～36 h 后可出现病状，发生气管啰音。也可将尿囊液经 1%胰蛋白酶 37 ℃作用 4 h，再做血凝及血凝抑制试验进行初步鉴定。

（2）干扰试验　IBV 在鸡胚内可干扰 NDV-B_1 株（即Ⅱ系苗）血凝素的产生，因此可利用这种方法对 IBV 进行诊断：取 9～11 日龄鸡胚 10 枚，分为两组，一组先尿囊接种被检 IBV 鸡胚液；另一组做对照。10～18 h 后两组同时尿囊内接种 NDV-B_1，孵化 36～48 h 后，置鸡胚于 4 ℃ 8 h，取鸡胚液做 HA。如果为 IBV，则试验组鸡胚液有 50%以上 HA 滴度在 1∶20 以下，对照组 90%以上鸡胚液 HA 滴度在 1∶40 以上。

（二）防治

（1）本病尚无特效疗法，发病鸡群要注意保暖、通风换气和鸡舍带鸡消毒，增加多维素饲月量。为了补充钠、钾损失和消除肾脏炎症，可以给予复方口服补液盐，或含有柠檬酸盐或碳酸氢盐的复方制剂。有继发感染可使用抗生素等。

（2）疫苗接种。疫苗接种是预防本病的最好方法，其参考免疫程序如表 3-3-46 所示。

表 3-3-46　鸡传染性支气管炎第一种免疫程序

程序	日龄	疫苗种类	免疫途径	产生时间	免疫期
首免	1～3 日龄	H120 弱毒苗	滴鼻 1 滴/只		
二免	21 日龄后	H52 弱毒苗	滴鼻或饮水	5～8 天	6 个月

疫苗处理方法为：H120 弱毒苗用生理盐水、蒸馏水或冷开水稀释 10 倍；H52 弱毒苗用蒸馏水、清洁冷开水稀释，最好加入 0.5%～1%脱脂奶粉或葡萄糖（表 3-3-47）。

表 3-3-47　鸡传染性支气管炎第一种免疫程序

程序	日龄	疫苗种类	免疫途径
首免	1 日龄	二联苗	滴鼻
二免	20～30 日龄	二联苗	饮水
三免	70～80 日龄	二联苗	饮水

注：1. 二联苗为 H52 与鸡新城疫疫苗Ⅰ系或Ⅱ系联苗。

2. 二联苗中使用鸡新城疫Ⅰ系弱毒苗，其免疫期为 1 年，选用Ⅱ系则为 4 个月。

五、传染性喉气管炎

（一）建立诊断

1. 流行病学诊断

主要侵害鸡，不同年龄的鸡均易感，但以成年鸡的病状最为特征。野鸡、孔雀、火鸡也可感染。病毒存在于气管和上呼吸道分泌物中，通过咳出血液和黏液经呼吸道传播，也可经过眼结膜传播。康复鸡可带毒长达 2 年，接种活苗的鸡可在较长时间排毒，若与易感鸡长时间接触，可使后者感染发病。污染的垫料、饲料和饮水，可成为传播媒介。本病在易感鸡群内传播迅速，感染率可达 90%，病死率为 5%～70%不等。

2. 临床诊断

急性型通常于 4～5 天的潜伏期后，其主要症状表现为鼻漏，呼吸困难，抬头伸颈，喘鸣，咳嗽或摇头时咳出带血的黏液，此为本病之特征性症状。由于喉头、气管和嗉囊中积有渗出液和血液，多在 4～5 天后窒息而死。检查口腔可见喉部黏膜上有淡黄色凝固物附着，不易擦去。病鸡迅速消瘦、鸡冠发紫，有时排绿色稀粪。

较轻型的患鸡，表现为精神沉郁，体重及产蛋量下降。流泪，结膜炎，眶下窦肿胀，持续性鼻漏和结膜炎，呼吸困难，喘鸣间或咳嗽等。该型症状于 7～8 天达到高峰，很少持续 21～27 天及以上。病程随病变的轻重而异，大多数病鸡一般在 10～14 天内症状消除。

3. 病理学诊断

剖检病变见于喉头和气管。急性病例气管、喙、咽腔处充满带血的黏液，喉、气管中有时充满干酪样渗出物，特别是气管的上 1/3 处，病变最明显，而中下段则变化轻微，或者完全没有变化。当炎症向下扩展时，支气管、肺脏和气囊受害，也能上行至眶下窦。轻型病例可见卡他性气管炎和结膜炎。

4. 实验室诊断

在病状、病变不典型时，与传染性支气管炎、鸡支原体感染、禽流感等病不易区别，须进行实验室诊断。

（1）鸡胚接种　以病鸡的喉头、气管黏膜及分泌物，无菌处理后接种 9～11 日龄鸡胚尿囊膜上，4～5天鸡胚死亡，见绒毛尿囊膜增厚，有灰白色坏死斑。

(2) 包涵体检查　取发病后2～3天的喉头黏膜上皮或有灰白色坏死斑的绒毛尿囊膜做包涵体检查，可见细胞核内包涵体。

（二）防治

1. 严格卫生制度

坚持严格隔离、消毒措施是防止本病流行的有效方法。因此，易感鸡不能与病愈鸡接触，新购进鸡群可与大少数易感鸡混合饲养，观察2周易感鸡不发病，此时方可与原来鸡合群。药物治疗仅是防止继发感染和使呼吸困难的病状缓解。

2. 免疫接种

目前有两种疫苗可用于免疫接种。一种是弱毒疫苗，经点眼、滴鼻免疫，一般较安全。另一种是强毒苗，可涂擦于泄殖腔黏膜，4～5天后，黏膜出现水肿和出血性炎症，表示接种有效，但排毒的危险性很大。

六、产蛋下降综合征

（一）建立诊断

1. 流行病学诊断

本病除鸡易感外，自然宿主为鸭、鹅和野鸭。鸡的品种不同对EDS76病毒易感性有差异，产褐色蛋母鸡最易感。本病主要侵害26～32周龄鸡，35周龄以上较少发病。

本病传播方式主要是垂直传播。但水平传播也是很不可忽视，因为从鸡的输卵管、泄殖腔、粪便、肠内容物都能分离到病毒，它可向外排毒经水平传播给易感鸡。当病毒侵入鸡体后，在性成熟前对鸡不表现致病性，在产蛋初期应激反应，致使病毒活化而使产蛋鸡发病。

2. 临床诊断

感染鸡无明显症状，主要表现为突然性群体产蛋下降，比正常下降20%～38%，甚至达50%。病初蛋壳色泽变淡，紧接着产畸形蛋，蛋壳粗糙像沙粒样，蛋壳变薄易破损，软壳蛋增多，占15%以上。对受精率和孵化率没有影响，病程可持续4～10周。

3. 病理学诊断

本病无明显病变，发现卵巢变小、萎缩，子宫和输卵管黏膜出血和卡他性炎症。输卵管腺体水肿，单核细胞浸润，黏膜上皮细胞变性坏死，病变细胞中可见到核内包涵体。

4. 实验室诊断

(1) 从病鸡的输卵管、泄殖腔、肠内容物和粪便取作病料，经无菌处理后，以尿囊腔接种10～12日龄鸭胚（无腺病毒抗体）。病料也可以接种于鸭胚和鸡胚成纤维细胞。分离的病毒发现有血凝现象，再用已知抗EDS76病毒血清，进行HI试验或中和试验、鉴定。

（2）血清学试验　HI试验是最常用的诊断方法之一，如果鸡群HI效价在1∶8以上，证明此鸡群已感染。此外还可采用中和试验、ELISA、荧光抗体和双向免疫扩散试验等方法诊断本病。

（二）防治

严格执行兽医卫生措施，加强鸡场和孵化厅消毒工作，在日粮配合中，注意氨基酸、维生素的平衡。杜绝EDS76病毒传入，本病主要是经胚垂直传播，所以应从非疫区鸡群中引种，引进种鸡要严格隔离饲养，产蛋后经HI试验监测，HI抗体阴性者才能留作种鸡用。用油佐剂灭活苗对鸡免疫接种可起到良好的保护作用。鸡在110～130日龄进行免疫接种，免疫后HI抗体效价可达8～9log2，免疫后7～10天可测到抗体，免疫期10～12个月。以新城疫病毒和EDS76病毒制备二联油佐剂灭活苗，对这两种病有良好保护力。

七、鸡沙门氏菌病

鸡沙门氏菌病包括鸡白痢、禽伤寒和禽副伤寒。

（一）鸡白痢

1. 建立诊断

（1）流行病学诊断　主要侵害2～3周龄雏鸡，发病率和死亡率很高。成年鸡呈慢性或隐性感染，或呈带菌状态。近年来，在一定应激因素的影响下，50～80日龄的中雏也常发病。

（2）临床诊断

①鸡胚及雏鸡感染：母鸡蛋带菌率在33%，卵黄内细菌在孵化时蔓延至整个鸡胚，雏鸡在孵出前后呈败血症死亡，经卵感染的雏鸡多于7日龄死亡，在孵化器或育雏开始时感染的雏鸡多于2～3周龄死亡（出现双峰性死亡曲线）：表现为虚弱、口渴、食欲不振。最易辨认症状是腹泻，灰白色，如石膏团状，污染肛门周围或封住肛门，使排粪困难，有的还有呼吸困难、失明、关节炎等。慢性病雏，发育迟滞。

②成年鸡：多为雏鸡感染的继续，最常见鸡产蛋量降低或停止。少数鸡可见临床发病、腹泻、发热、口渴、发绀，有的因肝脏、卵泡破裂，可能迅速死亡（内出血），或因卵巢炎，腹膜炎而呈“垂腹”现象（也称企鹅姿势），慢性输卵管炎时也可见产蛋困难、产畸形蛋（蛋受精率低下）。

（3）病理学诊断

①雏鸡：肝、脾、肾肿大、充血，肠炎，腹膜炎，心包炎。在肝、脾、肺、心肌、肌胃、盲肠、结肠等处出现坏死灶或结节。卵黄囊和内容物吸收受阻，呈油脂或干酪样。输尿管可因尿酸盐填充而变粗。

②成年鸡：最常见卵子的形、色、质地的改变（有时是唯一的变化），萎陷、呈绿黑色，油脂或干酪样，还可见有心包炎、腹膜炎。

（4）实验室诊断　各年龄鸡的确诊均需进行细菌学检查，成年鸡可用凝集试验进行诊断和检疫。

诊断时应注意与鸡球虫、鸡伤寒、鸡副伤寒相鉴别。关键在于病原体不同，主要依靠细菌学检查。

2. 防治

预防本病的原则是杜绝病原传入，清除群内带菌鸡与慢性病鸡，建立健康的种鸡群。

（1）建立健康鸡群　挑选健康种鸡、种蛋，建立健康鸡群，坚持自繁自养，全进全出，严防病原传入。引进种鸡、种蛋时，一定要来自健康鸡群，种鸡需隔离观察，经检疫确认健康后才可混群。

（2）定期检疫　种鸡群每年要进行定期检疫，检出的阳性鸡立即淘汰，使鸡群逐步净化。一般经2～3次重复检查即可检出全部病鸡。净化后的种鸡应在彻底消毒的环境中饲养，并经常进行定期或不定期消毒，加强种蛋的卫生管理。

（3）种蛋处理　孵化时种蛋应来自健康种鸡群，入孵前应用福尔马林蒸汽对种蛋、孵化器、孵化室等进行彻底消毒。

（4）消毒　新鸡入舍前，应对鸡舍、用具、设备及周围环境进行一次彻底消毒。饲养过程中，定期进行带鸡消毒。特别是育雏阶段，要搞好室内温度、湿度的调控，确定雏鸡合理的饲养密度，注意饲养的全价性。

（5）药物预防　药物预防是控制本病的有效方法。出壳1～2天的雏鸡，可用0.01%高锰酸钾饮水。在发病日龄期间用治疗药物的一半剂量混于饲料和饮水中。为防止长期应用单一的药物预防引起耐药菌株的出现，应将各类药物交替使用。

（6）治疗　药物治疗可减少雏鸡死亡，但不能清除带菌鸡，对蛋鸡可造成产蛋下降。磺胺类药物还可抑制鸡的生长。呋喃唑酮按0.02%～0.04%拌料，一日龄起连用2周；磺胺增效剂与磺胺按1∶5混合，再按0.02%的比例拌料，连用2周；土霉素按0.3%拌料，连用10天；促菌生100 mg/只，拌料10天；庆大霉素1 500 IU/只，饮用5天。用药前最好进行药敏试验，选择最敏感的药物可收到更好的效果。

（二）禽伤寒

1. 建立诊断

（1）流行病学诊断　主要感染成年鸡和育成鸡，火鸡、鸭、珠鸡、孔雀和鹌鹑也可感染，一般呈散发。

（2）临床诊断　潜伏期4～5天，雏鸡和雏鸭感染后病状及病变与鸡白痢相似。在年龄较大的鸡和成年鸡，急性经过者突然停食，精神委顿，羽毛松乱，冠和肉髯呈暗紫色或苍白皱缩，排黄绿色稀粪，体温上升1～3 ℃，一般经5～10天死亡，有的可迅速死亡。病死率10%～50%。亚急性或慢性病例，食欲减退，生长不良，腹泻，病死率低，耐过者长期带菌。

（3）病理学诊断　雏鸡病变与鸡白痢相似。成年鸡最急性型眼观变化不明显。亚急性和慢性型病变具有特征性，肝脏肿大，呈青铜色，表面有粟粒大灰白色坏死灶。卵及腹腔病变与鸡白痢相同。

（4）实验室诊断　确诊需进行细菌学检查，对成年鸡和育成鸡还可用凝集试验检查。

（5）鉴别诊断　应注意与鸡白痢、禽霍乱相区别。鸡白痢主要发生于3周龄以内的雏鸡，成年鸡呈慢性或隐性经过，最后鉴别依靠病原体分离鉴定。禽霍乱有明显全身性出血，肝脾肿大不明显，病程较短，病料涂片镜检可见两极浓染的巴氏杆菌。

2. 防治

参照鸡白痢。

（三）禽副伤寒

1. 建立诊断

（1）流行病学诊断　各种禽类均可感染，以鸡、火鸡和鸭最多见，常在10日龄内严重暴发，死亡率可达20%。1月龄以上的家禽很少死亡，成年鸡呈隐性或慢性经过。

（2）临床诊断　潜伏期12～18 h，2周龄以内的幼禽多呈急性败血症，日龄较大的禽呈亚急性、慢性或隐性经过。

卵内感染或孵化器内感染者，多在1周内发病死亡。有的在啄壳前或啄壳时死亡。多数病例表现嗜睡，垂头闭眼，翅下垂，羽毛蓬乱，怕冷聚堆，食欲减少，饮水增加，呈现白色水样下痢，肛门周围污染严重。病程1～4天。

雏鸭可见颤抖、喘息和眼睑肿胀，常突然死亡。成年鸭感染后主要为水样下痢。

（3）病理学诊断　急性死亡的病雏，一般不见明显病变。病程稍长者可见消瘦、脱水，卵黄凝固。肝、脾充血肿大，有条纹状出血和点状坏死灶。肾和肺出血。心包炎。十二指肠呈出血性炎，盲肠内有干酪样物。

成年鸡慢性感染或带菌时，常无明显病变。少数病鸡可见肝、脾、肾充血肿胀，有出血性或坏死性肠炎、心包炎、腹膜炎，卵泡异常，但不如鸡白痢明显和常见。

（4）实验室诊断　确诊必须进行细菌学检查。采取肝、脾、肺、心、十二指肠等进行病原菌的分离和鉴定。

2. 防治

防治本病主要依靠对孵化场和养鸡场实施严格的卫生消毒和隔离措施，方法参照鸡白痢。由于本菌易产生耐药性，治疗时应进行药敏试验，选择敏感药物用于治疗。但病愈后的家禽长期带菌，不可留作种用。

八、鸡巴氏杆菌病

（一）建立诊断

1. 流行病学诊断

各种家禽和野禽都可感染发病，家禽中鸡、鸭最易感，对养禽业的危害很大。

2. 临床诊断

潜伏期 2～9 天或更长。

（1）最急性型　常见于流行初期，以产蛋高的鸡最常见。病鸡突然发病死亡，或无明显病状，仅见倒地挣扎、拍翅、抽搐，经数分钟或数小时死亡。

（2）急性型　最常见。病鸡主要表现为精神沉郁，羽毛松乱，缩颈闭眼，呆立不动，常剧烈腹泻，排出黄绿色或灰白色稀粪。体温高达 43 ℃以上，食欲减退，饮欲增加，口鼻流黏液，呼吸困难，鸡冠、肉髯蓝紫色，最后衰弱死亡。病程 1～3 天。

（3）慢性型　多见于流行后期，以慢性呼吸道炎症和慢性胃肠炎较多见。病鸡鼻孔流黏液性鼻汁，鼻窦肿大，喉有少许分泌物而影响呼吸。常有腹泻。病鸡肉髯肿大、坏死。可发生关节炎，常见于腿和翼关节。病程 1 月以上，病死率不高。

3. 病理学诊断

（1）最急性型　常无特征性变化，有时仅在心脏冠状沟有少量出血点。

（2）急性型　在皮下组织、腹膜、脂肪、肠系膜、肠浆膜、生殖器官等处有大小不等的出血点。肝肿大，呈红黑色；表面布满灰白色或黄色的坏死点。经常有肠炎变化，以十二指肠出血性炎症最为严重。在胸腔和腹腔内有干酪样渗出物，类似煮熟蛋黄。脾脏不肿大。

（3）慢性型　除上述病变外，鼻腔及上呼吸道内积有黏稠分泌物。腹膜和卵巢出血，可见卵黄破裂，并在腹腔内存留，或在其他器官上附着干酪样卵黄物质，肉髯水肿，关节肿大，切开有炎性渗出物或干酪样坏死。

4. 实验室诊断

采取心血、心包液、肝脏等涂片，经亚甲蓝染色后，镜检可见两极着色的球杆菌。如需进一步鉴定，可进行分离培养和动物试验。

（二）防治

（1）预防　平时加强饲养管理，严格执行卫生消毒制度，定期进行预防接种。发病时，及时封锁病禽舍，淘汰病禽，对假定健康群进行药物预防或紧急接种，病死禽尸体深埋或焚烧，对污染的环境和用具进行彻底消毒。

我国目前普遍使用的禽霍乱氢氧化铝菌苗，保护率较低，免疫期较短（3 个月）。近年研制的禽霍乱油乳剂苗及禽霍乱-鸡新城疫二联油乳剂苗应用效果理想，注射后 14 天产生免疫力，保护率达 75％～80％，免疫期 3～5 月。

禽霍乱参考免疫程序见表3-3-48。

表3-3-48 禽霍乱免疫程序

免疫时间	疫苗种类	免疫途径	免疫期	保护率
2月龄以上鸡	禽霍乱蜂胶菌苗	胸肌接种	6个月	95%

接种后，个别鸡减食或精神不振，24 h左右可恢复。

(2) 治疗　早期应用禽霍乱高免血清治疗效果好。青霉素、链霉素、土霉素、壮观霉素及磺胺类药物均有较好疗效。土霉素按0.2%～0.4%拌饲；壮观霉素按0.4%饮水；喹乙醇按0.2%～0.3 g/kg体重拌饲；磺胺类药物按0.5%拌饲，均有较好疗效。但不同药物在不同禽场，甚至对同一禽场不同次暴发的禽霍乱，其疗效可能不同，因此用药前最好做药敏试验，而后选用最敏感的药物。

九、鸡大肠杆菌病

(一)建立诊断

1. 流行病学诊断

大肠杆菌在自然界分布广泛，常通过呼吸道、消化道引起家禽感染，也可通过污染的蛋壳侵入卵黄囊而引起鸡胚、鸭胚感染死亡。各种年龄的禽都可感染，但幼龄禽易感。当禽群环境卫生和饲养管理不良、气候变化或鸡群存在传染性法氏囊病、包涵体肝炎时，容易引起本病的大群暴发。

2. 临床诊断

由于大肠杆菌侵害的部位不同，在临床上表现的症状也不一样。侵害呼吸道后会出现呼吸困难，黏膜发绀。侵害消化道后会出现腹泻，排绿色或黄绿色稀便。侵害关节后表现为跗关节或指关节肿大，病鸡跛行。侵害眼时，眼前房积脓，有黄白色的渗出物。侵害大脑时，出现神经症状，表现为头颈震颤，弓角反张，呈阵发性。

3. 病理学诊断

因大肠杆菌侵害的部位不同，有不同的病理变化。

(1) 大肠杆菌败血症　病鸡突然死亡，血液凝固不良，呈紫黑色。肝脏肿大，呈紫红色或铜绿色。肠黏膜弥漫性充血、出血。心包腔充满大量淡黄色液体。肾脏体积肿大，呈紫红色。肺脏出血、水肿。

(2) 肝周炎　肝脏肿大，肝脏表面有一层黄白色的纤维蛋白附着。肝脏充血、质地变硬。

(3) 气囊炎　气囊混浊，壁增厚，不透明，气囊内有黏稠的黄色干酪样分泌物。

(4) 纤维素性心包炎　心包膜混浊，增厚，心包腔中有脓性分泌物，心包膜及心外膜上有纤维蛋白附着，呈白色。严重者，心包膜与心外膜粘连。

（5）大肠杆菌性肉芽肿　侵害雏鸡与成年鸡，以心脏、肠系膜、胰脏、肝脏、肠管多发。眼观，在这些器官上可发现粟粒大的肉芽肿结节。

（6）关节炎　多见于跗关节和指关节，表现为关节肿大，关节腔中有纤维蛋白渗出或有混浊的关节液，滑膜肿胀、增厚。

（7）全眼球炎　单侧或双侧眼肿胀，有干酪样渗出物，眼结膜潮红，严重者失明。

（8）输卵管炎　输卵管高度扩张，内积异形蛋样渗出物，表面不光滑，切面呈轮层状，输卵管黏膜充血、增厚。

（9）卵黄性腹膜炎　腹腔中充满淡黄色腥臭的液体和破坏的卵黄，腹腔脏器的表面覆盖一层淡黄色、凝固的纤维素性渗出物。肠袢互相粘连，卵泡变形，呈灰色、褐色或酱色等不正常色泽，有的卵泡皱缩。

（10）鸡胚与幼雏早期死亡　受感染的卵黄囊内容物，从黄绿色黏稠物质变为干酪样物质，或变为黄棕色水样物。也有一些鸡胚在出壳后直至 3 周龄这段时间陆续死亡，除卵黄变化外，多数病雏还有脐炎，生活 4 天以上的鸡雏经常伴发心包炎。被感染的鸡胚或鸡雏也可以不死亡，则常表现为卵黄不吸收与生长不良。

（11）脑炎　幼雏及产蛋鸡多发。脑膜充血、出血，脑实质水肿，脑膜易剥离，脑壳软化。

（二）防治

1. 严格卫生管理制度

大肠杆菌属于条件性致病菌，所以搞好饲养管理，消除发病诱因，及时收集种蛋，经常消毒禽舍及饲养用具，选择敏感药物拌料或饮水是防治本病的有效措施。

2. 免疫接种

有条件的可选择常见血清型菌株或本场分离出的菌株，制成大肠杆菌灭活菌苗，用于鸡群可控制本病的发生。鸡大肠杆菌参考免疫程序见表 3-3-49。

表 3-3-49　鸡大肠杆菌病免疫程序

免疫时间	疫苗种类	免疫途径	用量	免疫期
发病高峰期前 10～15 天	自家灭活苗	肌肉或皮下接种	0.5 mL	3 个月

3. 治疗

常选用抗生素、磺胺及呋喃类药物。为了防止耐药菌株的存在和出现，应以药敏试验结果选择药物。一般用氯霉素按 0.1%～0.2%拌饲，连喂 3 天；四环素族药物按 0.02%～0.06%拌料，连喂 3～4 天；敌菌净按 0.02%饮水；呋喃唑酮按 0.02%～0.04%拌料，连喂 7～10 天。病鸡可直接注射庆大霉素 5 000 IU/羽，卡那霉素 3 000 IU/羽饮水或注射，每日 2 次，连用 3 天。也可用链霉素、壮观霉素等。

十、传染性鼻炎

（一）建立诊断

1. 流行病学诊断

各种年龄的鸡均可发病，3～4 日龄的雏鸡稍有抵抗力。其传播途径主要是经飞沫及尘埃由呼吸道传染，也可以通过污染的饲料和饮水经消化道传染。麻雀也能成为传播媒介。本病多发生于冬、秋两季，鸡群拥挤，不同年龄的鸡混群饲养，通风不良，氨气浓度过大，或鸡舍寒冷潮湿，维生素 A 缺乏，或受寄生虫侵袭等均能促使鸡群严重发病。免疫接种（如鸡痘）也可能成为本病的诱因。

2. 临床诊断

潜伏期短，自然接触感染，常于 1～3 天内出现病状。鼻腔和窦发生炎症者，常仅表现鼻腔流出稀薄清液，后转为浆液黏性分泌物，打喷嚏。如炎症蔓延至呼吸道，则呼吸困难并有啰音。病鸡眼周及脸水肿，眼结膜炎。食欲及饮水减少，或有下痢，体重减轻。仔鸡生长不良，成年母鸡产蛋减少甚至停产，公鸡肉髯常见肿大。通常发病率高而病死率低，在一个鸡场该病一旦发生，往往很难根除。

3. 病理学诊断

主要为鼻腔和窦黏膜充血肿胀，表面覆有大量黏液，窦内有渗出物凝块及干酪样坏死物。常有卡他性结膜炎，结膜充血肿胀，眼内有时有干酪样物质。脸部及肉髯皮下水肿。可能发生气管黏膜炎症、肺炎和气囊炎。成年母鸡的卵泡变性、坏死和萎缩。

4. 实验室诊断

本病和慢性呼吸道病、慢性鸡霍乱、鸡痘以及维生素 A 缺乏症等的病状相类似，仅靠临床诊断本病有一定困难。此外，传染性鼻炎常有并发感染，需通过实验室检查才能做出鉴别诊断。

病原分离鉴定：使用消毒棉拭子 2～3 支，在早期病鸡的窦内、气管或气囊内无菌采取病料，直接于血琼脂平板上画竖线，然后再用葡萄球菌在平板上画横线，置于有 5%CO_2 的缸内，37 ℃培养 24～48 h，可在葡萄球菌菌落边缘长出一种细小的卫星菌落，获得纯培养后，再做鉴定和药敏试验。

动物接种：以病鸡的窦分泌物或上述培养物，接种于 2～3 只健康鸡，可在 24～48 h（最迟在 7 天内）出现传染性鼻炎病状。

血清学诊断：用凝集试验、血凝抑制试验、琼脂扩散试验、间接血凝试验及直接荧光抗体技术来检查和诊断本病。

（二）防治

（1）严格卫生防疫制度　对种鸡群进行监测，在 10～12 周龄各做一次平板凝集试验，以后每隔 3 个月检测一次，淘汰阳性鸡。鸡舍注意通风换气，要进行带鸡消毒，避免密集饲养，在饮水中加入含氯消毒剂，对本病的防治可起到较好的作用。

（2）免疫接种　常发地区可使用多价灭活油佐剂菌苗，于3～5周龄和开产前分2次接种。发病群也可做紧急接种，配合药物治疗，并对饮水和鸡舍带鸡消毒，可以较快地控制本病。

鸡传染性鼻炎参考免疫程序见表3-3-50。

表3-3-50　鸡传染性鼻炎免疫程序

免疫对象	疫苗种类	免疫途径	用量	免疫期
母鸡	灭活苗	肌内注射	0.5 mL	6个月

（3）治疗　本菌对多种抗生素及磺胺药物敏感。常用氯霉素和土霉素，按0.04%～0.1%拌料，5～7天为一疗程。对病鸡可选用庆大霉素、卡那霉素、链霉素等肌内注射。

十一、鸡葡萄球菌病

（一）建立诊断

1. 流行病学诊断

金黄色葡萄球菌在自然界分布很广，所有禽类都可感染，尤其是鸡和火鸡。鸡中以肉鸡最易感，各种日龄的鸡都可感染，但发病以40～60日龄的鸡最多，成年鸡发病较少。创伤是主要的传染途径，但也可以通过消化道和呼吸道传播，雏鸡脐带感染也是常见的途径。

2. 临床诊断

（1）急性败血型　病鸡精神不振或沉郁，两翅下垂，缩颈，眼半闭呈嗜睡状。胸腹部（甚至波及嗉囊周围）、大腿内侧皮下浮肿，潴留数量不等的血样渗出液，外观呈紫色或紫褐色，有波动感，局部羽毛脱落，或用手一摸即可掉脱，有的病鸡可见自然破溃，流出茶色或暗红色液体，周围羽毛被沾污，局部污秽，有的鸡在翅膀背侧及腹面、翅尖、尾、脸、背及腿等不同部位的皮肤出现大小不等的出血、炎性坏死，局部干燥结痂，暗紫色，无毛。早期病例局部皮下湿润，呈暗紫红色，溶血，糜烂。这些症状多发生于中雏，病鸡在2～5天死亡，急性者1～2天死亡。有时在急性病鸡群中也可见到关节炎症状的病鸡。

（2）关节炎型　病鸡可见多个关节肿胀，特别是趾关节，呈紫红或紫黑色，有的见破溃，并结成污黑色痂，病鸡表现跛行。有的鸡出现趾瘤，脚掌肿大。有的趾尖发生坏死，呈黑紫色，较干涩，此型病程多为10余天，有的病鸡趾端坏疽，干脱。关节腔内有浆液或脓性、纤维素性分泌物。

除此之外，还可发生眼球炎、脐炎和肺炎等病变。

3. 实验室诊断

确诊需要结合实验室检查做综合诊断。内容包括采取病料涂片、染色、镜检可直接见到葡萄球菌，做出初步诊断。必要时进行细菌的分离培养与鉴定。

（二）防治

1. 卫生防疫措施

主要是通过加强饲养管理，减少皮肤损伤；定期用0.3%过氧乙酸对鸡舍进行消毒等；也可应用疫苗，但保护期较短。

2. 免疫接种

主要用鸡葡萄球菌多价氢氧化铝灭活苗进行免疫接种。

3. 治疗

多种抗菌药物都有一定效果，但由于耐药菌株的出现，用药前可先做药敏试验。卡那霉素、庆大霉素和红霉素均有一定的治疗效果。

十二、鸡毒支原体感染

（一）建立诊断

1. 流行病学诊断

鸡和火鸡对本病有易感性，4～8周龄鸡和火鸡最敏感，纯种鸡比杂种鸡易感。病鸡和隐性感染鸡是本病的传染源。本病的传播有垂直和水平传播两种方式。病原体可以通过飞沫经呼吸道传播，也可以通过饮水、饲料、用具传播。另外，配种时也可传播。

本病在鸡群中传播较为缓慢，但在新发病的鸡群中传播较快。根据所处的环境因素不同，病的严重程度差异很大，如拥挤，卫生条件差，气候变化，通风不良，饲料中维生素缺乏和不同日龄的鸡混合饲养，均可加剧病的严重性并使死亡率增高。如继发和并发感染时，能使本病更加严重，其中主要有传染性支气管炎病毒、传染性喉气管炎病毒、新城疫病毒、传染性法氏囊病毒、鸡嗜血杆菌和大肠杆菌等。带有MG的雏鸡在用气雾和滴鼻法进行新城疫弱毒疫苗免疫时，能激发本病的发生。本病一年四季均可发生，以寒冷季节流行严重，成年鸡则多表现散发。

2. 临床诊断

潜伏期为4～21天。幼龄鸡发病，症状比较典型，表现为浆液或黏液性鼻液，鼻孔堵塞、频频摇头、喷嚏、咳嗽，还见有窦炎、结膜炎和气囊炎。当炎症蔓延下部呼吸道时，则喘气和咳嗽更为显著，有呼吸道啰音。病鸡食欲不振，生长停滞。后期可因鼻腔和眶下窦中蓄积渗出物而引起眼睑肿胀，症状消失后，发育受到不同程度的抑制。成年鸡很少死亡，幼鸡如无并发症，病死率也低。产蛋鸡感染后，只表现产蛋量下降和孵化率低，孵出的雏鸡活力降低。滑液膜支原体可引起鸡和火鸡发生急性或慢性的关节滑液膜炎，腱滑液膜炎或滑液囊炎。

3. 病理学诊断

单纯感染MG时，可见鼻道、气管、支气管和气囊内含有混浊的黏稠渗出物。气囊壁变厚和混浊，严重者有干酪样渗出物。自然感染的病例多为混合感染，可见呼吸道黏膜水肿，充血、肥厚。窦腔内充满黏液和干酪样渗出物，有时波及肺、鼻窦和腹腔气囊，如有大肠杆菌混合感染时，可见纤维素性肝被膜炎和心包炎，火鸡常见到明显的窦炎。

4. 实验室诊断

根据流行病学、症状和病变，可做出初步诊断，但进一步确诊需进行病原分离鉴定和血清学检查。病原分离时，可取气管或气囊的渗出物制成悬液，直接接种支原体肉汤或琼脂培养基；血清学方法主要以血清平板凝集试验（SPA）最常用，其他还有HI和ELISA。

禽毒支原体病与鸡传染性支气管炎，传染性喉气管炎、传染性鼻炎、曲霉菌病等呼吸道传染病极易混淆，应注意鉴别诊断，详见知识拓展。

（二）防治

1. 卫生防疫措施

平时加强饲养管理，消除引起鸡抵抗力下降的一切因素。感染本病的鸡多为带菌者，很难根除病原，故必须采取措施建立无支原体病的种鸡群。在引种时，必须从无本病鸡场购买。

2. 免疫接种

控制MG感染的疫苗有灭活疫苗和活疫苗两大类。灭活疫苗为油乳剂，可用于幼龄鸡和母鸡。活疫苗主要是F株和温度敏感突变株S6株，据报道其免疫保护效果确实比未免疫的对照鸡病变轻，生产性能好。

3. 治疗

一些抗生素对本病有一定的疗效。目前认为泰乐菌素、壮观霉素、链霉素和红霉素对本病有相当疗效，抗生素治疗时，停药后往往复发，因此应考虑几种药轮换使用。

十三、曲霉菌病

（一）建立诊断

1. 流行病学诊断

由于曲霉菌孢子普遍存在于外界环境中，在春、夏季节，温度和湿度适宜，本菌易于生长繁殖，促进了本病的发生。本病的传播途径主要是经呼吸道和消化道，特别是鸡吸入大量孢子或接触发霉饲料、垫料等而发病。

2. 临床诊断

病雏精神沉郁，食欲消失，闭目偏颈，羽毛蓬乱。突出症状是呼吸困难，张口呼吸，打喷嚏，咳嗽，鼻孔流出浆液性分泌物。有的出现麻痹、跛行等神经症状。有的后期腹泻。一般发病后 2～7 天死亡。成年鸡一般为慢性经过，无明显症状。

3. 病理学诊断

主要病变在呼吸器官。肺出现黄白色或灰黄色小结节、肿块或霉斑，切面坏死。有时气囊、气管黏膜、肝、肌胃、脾等有数量不等的霉斑和霉菌肿块。

4. 实验室诊断

根据本病呼吸症状和肺部病变，结合发病的饲养管理不良因素，可做出初步诊断。实验室检查可取肺病变部霉斑，压片后在低倍显微镜下观察有无霉菌的菌丝和孢子，或进一步做霉菌分离培养和鉴定。

(二)防治

1. 卫生防疫措施

预防本病首先是不使用发霉饲料和垫料。育雏室要注意通风换气、干燥卫生，防止饲料、垫料霉变。鸡饲养用具、种蛋、孵化室和孵化器等都要彻底消毒，防止霉菌的污染。

2. 治疗

发病后用药物对鸡群进行防治。制霉菌素每只雏鸡 5 000 U，每天 2 次内服，连用 2 天，或每千克饲料加制霉菌素 150 万 U，连服数天。克霉唑按 0.02%～0.05%拌料，连喂 5～7 天。也可用 0.05%的硫酸铜液饮水，连用数天，或用碘化钾 5～10 g 加入 1 kg 水中，给鸡饮服。

十四、鸡球虫病

(一)建立诊断

1. 流行病学诊断

各种年龄的鸡均易感，3 月龄以内，尤其是 15～50 日龄的鸡群更为易感。主要通过消化道感染。

2. 临床诊断

(1) 急性型　多见于雏鸡。病初精神委顿，食欲减退，泄殖腔周围的羽毛被液状排泄物粘在一起。以后由于肠上皮细胞的大量破坏和自体中毒加剧，病鸡出现共济失调，翅膀下垂，贫血、鸡冠苍白，粪便呈水样、稀薄，带血。若为柔嫩艾美耳球虫感染则排血便。

(2) 慢性型　多见于 4～6 月龄及以上的鸡。病程较长，持续数周到数月。症状较轻，有间歇性下痢，逐渐消瘦，产蛋减少，很少死亡。

3. 病理学诊断

柔嫩艾美耳球虫引起的病变主要在盲肠，可见一侧或两侧盲肠显著肿大，其中充满暗红色血液或凝固的血块，盲肠黏膜斑点或弥漫性出血，盲肠上皮变厚，有严重的糜烂甚至坏死脱落，与盲肠内容物、血凝块混合凝固，形成坚硬的“肠栓”。

艾美耳球虫损害小肠中段，可见肠壁、肠黏膜上有明显的灰白色斑点状坏死病灶和小出血点相间杂，或呈弥漫性出血；小肠中部向后的肠腔中充满凝固的血液，使肠管在外观上呈淡红色或褐红色。症状较轻者，小肠内容物呈胡萝卜酱色。

4. 实验室诊断

在每年的春末夏初，雏鸡表现有消瘦、贫血和粪便中带血等症状时，应取病鸡的粪便，用饱和盐水浮集法检查，若发现球虫的卵囊，即可确诊。

（二）防治

治疗鸡的球虫病可用下列药物：

（1）氯苯胍　预防按 30～33 mg/kg 浓度混饲，连用 1～2 个月，治疗按 60～66 mg/kg 混饲 3～7 天，后改预防量予以控制。

（2）氯羟吡啶（克球粉，可爱丹）　混饲预防浓度为 125～150 mg/kg，治疗量加倍，连用 5～7 天，育雏期连续给药。

（3）氨丙啉　可混饲或饮水给药。混饲预防浓度为 100～125 mg/kg，连用 2～4 周。应用本药期间，应控制每千克饲料中维生素 B_1 的含量以不超过 10 mg 为宜，以免降低药效。

（4）呋喃唑酮（痢特灵）　可混饲或饮水给药。预防浓度为 100～200 mg/kg 饲料，连用 1 周，停药 2～3 天，如此重复使用；治疗浓度为 300～400 mg/kg 饲料，连用 1 周，停药 1 周，再改用预防量。使用本药必须注意与饲料或饮水混合均匀。

（5）盐霉素　预防按 60～70 mg/kg 饲料混饲连用。

（6）常山酮（速丹）　预防按 3 mg/kg 浓度混饲连用至蛋鸡上笼，治疗用 6 mg/kg 浓度混饲连用 1 周，后改用预防量。

（7）磺胺类药　常用的磺胺药有：

①复方磺胺-5-甲氧嘧啶（SMD-TMD）。按 0.03%拌料，连用 5～7 天。

②磺胺间二甲氧嘧啶（SDM）。预防按 125～250 mg/kg 浓度混饲，16 周龄以下鸡可连续使用；治疗按 1 000～2 000 mg/kg 浓度混饲或按 500～600 mg/kg 饮水，连用 5～6 天，或连用 3 天，停药 2 天，再用 3 天。

防治球虫病时，需要早诊断，早用药。药物的种类需经常更换，以防产生耐药性。在治疗球虫病的同时，补充维生素和应用抗菌药物，能提高疗效，减少死亡。

子任务三　禽常见内科病诊疗技术

一、家禽痛风

家禽痛风是由蛋白质代谢障碍引起的尿酸盐血症，大量尿酸盐沉积于关节、软骨、内脏及其他组织中。临床上以关节肿大、跛行、衰弱、腹泻为特征。该病多见于鸡，也见于火鸡、水禽。

（一）症状观察及病理变化

尿酸盐的沉积部位不同，痛风可分为内脏型痛风和关节型痛风两种类型。

1. 内脏型痛风

精神不振，食欲下降，消瘦，贫血，鸡冠苍白，羽毛松乱。排白色石灰水样稀便，肛门周围羽毛常被粪便污染。母鸡产蛋下降或完全停止，个别鸡突然死亡。病鸭不愿下水，或下水后不愿戏水，雏鸭出水后羽毛不易干。剖检可见肾脏肿大、苍白，有尿酸盐沉积，输尿管高度扩张，内有石灰样沉积物。心、肝、脾、肠系膜表面有白色尿酸盐沉着，形成一层白色的膜。鸭皮下尿酸盐沉积，尤其两翅下最多。有关内脏痛风的最早报道来源于1日龄的雏鸡。蛋鸡中发病率高的是1年龄内的青年鸡，易始发于14周龄。蛋鸡发病时，死亡率每周可达1%，而且无法彻底治愈。肉鸡的发病率高于蛋鸡，肉鸡中如果暴发内脏痛风可导致2%～3%的死亡率。

2. 关节型痛风

脚趾和腿部、翅部关节肿胀，运动迟缓，跛行，站立困难。剖检见关节内白色黏稠的液体，关节面上有白色尿酸盐沉着，有的关节面糜烂或坏死。

因感染传染性支气管炎病毒而导致肾炎和痛风病的典型症状为食欲不振、精神萎靡、脱水和腿病。病理解剖可见单侧或双侧输尿管膨大，黏膜增厚，表面有一个或多个结石，肾脏因此而严重萎缩。这种病变可使一叶或两叶，甚至一侧肾脏完全衰竭，从而另一侧肾脏代偿性增生，但有些病例是两侧肾脏。内脏尿酸盐沉积一般发生在心、肺、前胃、胃、小肠、肝、气囊、肌肉、关节以及肾，在这些内脏器官上肉眼明显可见白色粉末状的尿酸钙盐或钠盐的沉积。

（二）诊断要点

（1）消瘦，白色石灰水样稀便；

（2）关节肿大，跛行；

（3）内脏、关节中有尿酸盐沉着。

（三）治疗技术

（1）降低饲料中蛋白含量。将蛋白含量降至20%以下，2天后逐渐恢复到正常水平。

(2) 增加饲料中维生素A、维生素D的含量，可用鱼肝油每吨料2 000 mL，连喂7天。

(3) 停喂磺胺类及其他一切对肾脏有害的药物。

(4) 加强饲养管理。保持适宜的温度，饲养密度合适，通风良好，卫生清洁，营养全面。

(5) 代谢性碱中毒是鸡痛风病重要的诱发因素，因此日粮中添加一些酸制剂可降低此病的发病率。在未成熟仔鸡日粮中添加高水平的蛋氨酸（0.3%～0.6%）对肾脏有保护作用。日粮中添加一定量的硫酸铵（5.3 g/kg）和氯化铵（10 g/kg）可降低尿的pH，尿结石可溶解在尿酸中成为尿酸盐而排出体外，减少尿结石的发病率。

（四）病因分析

氮在鸡体内的代谢终产物是尿酸，占总尿氮的80%。尿酸通常由肾小管分泌后排泄到尿中。肾小管功能异常会使尿酸中钙和钠盐分泌减少，进一步受损会抑制尿酸的排泄，高尿酸症导致尿酸盐在各种脏器（如心脏、肝脏、肺脏、胃、小肠和腹膜等）表面沉积结晶。

痛风病由多种病因引起，在散养条件下此病最常见。一般来说，肾脏病变引起尿结石，进而导致内脏痛风病。

1. 易感品系

某些品系的鸡易患痛风病，可能是由于肾脏中JM肾单元所占比例较高，JM肾单元通过提高肾小管对水的重吸收能力来提高尿浓度，这样虽然有利于保存体内的水，但也容易形成尿结石。品系间痛风病发病率不同的原因还可能有钙代谢水平的差异、对LBV的抵抗力不同或体内酸碱平衡的差异。

2. 传染性支气管炎病毒（LBV）

能导致肾脏病变的传染性支气管炎病毒如Holle，Gray，Ltallan和Australlan等血清型均能引起鸡痛风或尿结石。这些病毒能引发肾炎，如果肾小管损伤严重，就可能导致痛风。在幼年时期因感染LBV而得痛风病的雏鸡可存活几个月，但最终会死于肾衰竭。

3. 霉菌毒素

能导致肾脏病变的霉菌毒素如赭曲霉素、卵孢霉素和橘青霉素能引发严重的肾损伤和内脏痱风。日粮中卵孢霉素浓度为200 mg/kg时，即可引起内脏痛风或关节痛风。橘青霉素的毒性较小，日粮中浓度达500 mg/kg时才可见肾病变。霉菌毒素使肾小管分泌的尿酸减少，最终导致肾脏和其他内脏器官的尿酸盐沉积。

4. 蛋白质过量

日粮中粗蛋白过量使尿酸产量增加，随着日粮中蛋白质水平从11%提高到40%，血浆中尿酸水平也呈线性增加。摄入的蛋白质过多会导致高血钙症，也就是尿中钙水平提高，原因是硫酸盐和氢离子（含硫氨基酸的代谢产物）可导致肾小管对钙的重吸收能力降低。健康的肾可以把体内代谢产生的尿酸全部排出，但在饲喂高蛋白日粮的鸡群中，引起肾损伤的概率大大增加。饲喂非蛋白氮如肥料和尿素的鸡群更易得内脏痛风，日粮中粗蛋白水平特别高的鸡群也有患关节痛风的报道。

5. 矿物质和微量营养物质

生长鸡日粮中钙含量超过3%时，即便可利用磷含量（0.4%）在正常范围内，其痛风病的发病率也会提高。日粮中过量的钙在小肠被吸收，在血中浓缩（高血钙症），导致代谢性碱毒症。提高阳离子和阴离子的比例，鸡容易患尿结石。在鸡性成熟前给其饲喂产蛋鸡日粮，会引起高血钙症，最终导致内脏痛风。长期饲喂缺乏维生素 A 的日粮会引起肾小管上皮角质化，细胞脱落物和尿酸盐会阻塞肾小管管腔而引起肾脏痛风。另外，日粮中高水平的维生素 D_3 可促进肠道对钙的吸收，进而引起高血钙症和痛风。

如果钠和钾离子的浓度相对于氯离子浓度过高，也容易引发尿结石。在鸡群中，感染 LB 病毒可引起明显的钠和钾离子的损失。日粮中氯化钠过量（>3.8%）即可引起肾脏痛风，原因是肾小球的滤过能力和肾小管的效率下降，血中尿酸浓度增加。日粮中1%的碳酸氢钠即可使尿的 pH 提高，继而引发尿结石。

6. 水

脱水会使血浆和肾小管中尿酸和其他矿物质浓度提高。鸡群运输过程中受到应激（如断喙），或自动供水系统出现故障有可能发生脱水现象。在某些地区，地下水中钙和镁盐含量很高，特别是碳酸氢盐、氯化物和硫酸盐，也就是“硬水区”。鸡饮水硬度最大允许量为1 500 mg/L。有些地区地下水中还普遍含有可能对肾脏造成损害的氟。

预防措施：日粮中钙、磷和粗蛋白的允许量应该满足需要量但不能超过需要量。建议另外添加少量钾盐或更少的钠盐。钙应以粗粒而不是粉末的形式添加，因为粉末状钙易使鸡患高血钙症，而大粒钙能缓慢溶解而使血钙浓度保持稳定。在 LB 的多发地区，建议4日龄进行首免，并稍迟给青年鸡饲喂高钙日粮。另外，应充分混合饲料，特别是钙和维生素 D_3，尿酸剂也可以促进日粮中过量钙的排泄以维持钙的平衡。同时，保证饲料不会被霉菌污染，存放在干燥的地方。对于笼养鸡，要经常检查饮水系统，确保鸡只能喝到水。另外，使用水软化剂可降低水的硬度，从而降低禽痛风病的发病率。

硫胺类药物和离子型抗生素可以作为治疗痛风病的首选药物。另外，嘌呤醇可通过抑制尿酸合成而治愈痛风病，但会进一步加剧对肾脏的损害，所以剂量不得超过25 mg/kg 体重，并要混合均匀。

二、雏鸡脱水

雏鸡因开水和开食时间过迟、体内水分得不到及时补给，轻则造成雏鸡精神不振，体重减轻；重则瘫软，衰竭而死，死亡率在10%左右。

（一）症状观察

雏鸡绒毛干枯发黄、质脆且大量脱落，脚趾干瘪，食欲不振，饮水频繁，消化不良，体瘦弱。脱水的雏鸡因水分散失过快易患感冒，同时体内水分散失又带走部分热量，不利于雏鸡恢复正常体温而增加死亡率。一般来说，直接因为脱水而引起大量死亡的数量很少，大部分鸡少量脱水能恢复正常，有一部分则持续衰退，抵抗力差，饲料利用率低，最后成为弱雏、死雏。

治疗技术：立即降低饲养密度，病鸡滴服5%葡萄糖和0.1%维生素C混合液，连服3天。

（二）预防措施

1. 种蛋贮存时间应当合乎要求

种蛋的贮存时间一般不超过7天，相对湿度为75%～80%，存放时间长，种蛋水分蒸发多，胚盘活力降低，鸡胚发育迟缓，出雏时间延长，雏鸡品质差。

2. 正确收集种蛋

种鸡场在收集种蛋过程中，操作要正确，尤其是受到污染的种蛋，只能进行局部处理，轻轻擦去污染物，不能将整个种蛋用水洗。建议保存时间、贮存条件不符合要求的种蛋最好不要上孵。

3. 孵化器内相对湿度

保持50%～60%，出雏器65%～75%，出雏室要求相对湿度70%～75%，可预防雏鸡脱水，利于胚胎正常发育，能确保正常的孵化率和健雏率。

4. 建立专用的发雏室

规模小的个体孵化场，往往只有孵化器，而没有临时存放雏鸡的温室，雏鸡从出壳后到发雏这段时间仍放在出雏器内，这样做不仅易患传染病，而且出雏器温度高，雏鸡水分散发快，容易造成脱水。

5. 提前准备

作为客户，应当及早与销售单位联系，确定具体发雏接雏时间、数量、品种，以便安排人员、车辆，减少不必要的麻烦，更不能随意改变计划。

6. 做好种蛋、雏鸡的运输工作

无论是种蛋或雏鸡，最好在48 h内能到达目的地。运输工具要有防暑降温设备，防止雏鸡闷热。雏鸡盒（箱）要有通风孔，箱内有隔板，装车时叠盒（箱）不超过6个，箱之间要留有适当空隙。路途近的，中途不应休息，直接到育雏舍；路途远的，中间可停车检查，上下调整雏鸡箱。

雏鸡张嘴，叫声嘈杂，是过热的表现，要注意通风散热，但不可让风直接吹到雏鸡身上。路程超过 48 h 的，应考虑飞机运输。有条件的应用带空调的工具，客户到机场、火车站接种蛋、雏鸡时，办理手续要快，搬运要轻，尤其是夏季天热的时候，不应将种蛋、雏鸡放在阳光下暴晒，如果那样将严重影响孵化率。

7. 应适时饮水

雏鸡到达育雏舍后，应当适时进行饮水。据试验研究，出雏后 24 h 消耗体内水分 8%，48 h 消耗体内水分 15%，时间再长将会危及雏鸡健康，而且将影响鸡的生长速度。及时饮水能促进肠道蠕动，吸收残留卵黄，排出胎粪，增进食欲，利于开食，利于迅速恢复体力。

一般雏鸡到达后，搬进舍内散放，此时注意不能叠放，以免受热。休息 20 min 左右，适应一下鸡舍环境，然后清点鸡数再放进育雏笼或育雏伞下面。饮水 2 h 后开食。要求育雏舍的温度以 32～34 ℃为宜，不允许长时间超过 35 ℃以上，特别是雏鸡经长途运输后直接放入 36 ℃以上的环境中，很容易引起雏鸡大量脱水，给水易导致暴饮。

对脱水严重的雏鸡应适当控制饮水，水温以 15～25 ℃为宜。育雏时的水槽、饮水器应充足，保证所有雏鸡能同时饮到水。同时为了缓解脱水及长途运输的应激，可在饮水中补加水溶性维生素、电解质、葡萄糖及抗生素等，这些都有利于提高雏鸡的成活率。

三、肉鸡猝死综合征

本病又叫急性死亡综合征、翻筋斗病，以肉仔鸡发病较多，肉种鸡、蛋鸡、火鸡也有发生。

（一）症状观察

一般病鸡无明显征兆，在采食、饮水或活动中突然发病，平衡失调，倒地、蹦跳、剧烈扑动翅膀，发出尖叫，1～2 min 后死亡。死后大多呈侧仰卧状态，腹部朝上。

病死鸡大多体型肥胖，嗉囊和肌胃内充满采食不久的饲料。特征性剖解变化见于肺脏，肺明显淤血肿大，呈暗红色；血中磷和钾的浓度皆显著低于正常值。

（二）诊断要点

该病诊断过程中，首先应与中毒、传染病相区别。猝死鸡皮肤多为白色，而中毒鸡多呈青色，猝死鸡死亡很快，短者数秒至几分钟，传染病鸡死亡时间一般为 1～3 天，病程最短也在数小时以上；猝死鸡粪便正常，而传染病鸡粪便多有异常，如法氏囊病排蛋清样粪便，鸡新城疫排绿色稀粪，白痢病鸡排石灰乳样粪便等。

（三）病因分析

该病多与饲养管理因素（营养、光照、防疫、饲养、密度、应激反应等）有关。肉用青年鸡，特别是仔鸡阶段，由于生长速度快，而自身的一些系统功能（如心血管功能、呼吸系统、消化系统等发育尚不完善）跟不上其发育速度，导致过快增长与系统功能不完善之间的矛盾；另外，饲料中蛋白质、脂肪含量过高，维生素与矿物质配比不合理也是重要因素之一。青年鸡由于采食量大，超量营养摄入体内造成营养过剩，呼吸加快，心脏负担加重，相应的需氧量增加，严重造成快速生长与系统功能不完善的不良后果而发生猝死现象。

（四）预防措施

本病发病突然、死亡快，并无有效治疗办法。

主要注意以下几个方面：

(1) 减少各种应激因素。

(2) 限制饲喂。

(3) 在本病易发日龄，每吨饲料中添加 1 kg 氯化胆碱，1 万 IU 的维生素 E，12 mg 的维生素 B_1 和维生素 B_{12}，3.6 kg 的碳酸氢钾及适量维生素 A、维生素 D_3，可降低发病率。

(4) 降低饲料中植物性蛋白质，如豆饼的比例，适量增加动物性蛋白质饲料的比例。

四、肉鸡腹水综合征

肉鸡腹水综合征是主要发生于幼龄肉用仔鸡的一种常见病。由于该病的特征性症状——腹水是在心和肝脏等内脏实质器官的病理性病变的基础上发生的，为了能够恰当地反映该病的病理本质，一般将之称为腹水综合征。该病的发病率和死亡率近年来呈上升趋势，给养鸡业带来的危害日益严重。

（一）症状观察

病鸡精神沉郁，羽毛蓬乱，饮水和采食量减少，生长迟缓，冠和肉髯发绀。病情严重者可见皮肤发红，呼吸速度加快，运动耐受力下降。该病特征性症状是病鸡腹围明显增大，腹部膨胀下垂，腹部皮肤变得发亮或发紫，行动迟缓呈鸟步样，有的站立不稳以腹着地如企鹅状。该病发展往往很快，病鸡常在腹水出现后 1～3 天内死亡。

（二）主要病变

腹腔内有 100～500 mL 甚至更多的淡黄或淡红黄色半透明腹水，内有半透明胶冻样凝块；肝淤血肿大，呈暗紫色，表面覆盖一层灰白色或黄色的纤维素膜，质地较硬；心包膜混浊增厚，心包液显著增多，心脏体积增大，右心室明显肥大扩张，心肌松弛；肾肿大淤血；肠道黏膜严重淤血，肠壁增厚；胸肌、腰肌不同程度淤血；皮下水肿；脾肿大，色灰暗；肺呈粉红色或紫红色，气囊混浊；盲肠扁桃体出血；法氏囊黏膜泛红；喉头气管内有黏液。

（三）治疗技术

病的鸡群用下列中药方剂治疗：大戟 150g、芫花 150 g、甘遂（醋制）150 g、茯苓 200 g、猪苓 200 g、泽泻 350 g、车前子 150 g、白术 200 g，一剂煎水两遍合并为 5～7 付供 4C0～500 只鸡自由饮用。

（四）病因分析

肉鸡腹水综合征的发生不是单一因素所致，总结众多学者的研究结果，认为引发该病的原因大致包括：遗传因素、饲养环境、营养因素等。

（1）遗传因素　长期以来，肉鸡的品种往往只注重快速生长性能方面的选育，而没有相应地改善其心肺功能，致使其快速生长而不能很好地适应机体本身的代谢要求。快速生长、机体代谢旺盛（需氧量增加）、心肺衰竭是引发该病的最主要因素。在缺氧因素作用下，肺首先受到损害，肺毛细血管壁增厚，管腔狭窄，因而肺动脉血压升高，使右心室将血液泵出，通过肺部的负担加重，继而发生右心肥大和衰竭。右心的功能衰竭，导致全身血液回流受阻而淤积于外周血管内，导致腹腔器官淤血。最后血中液体随着血压的升高而从血管中渗出并积存于腹腔，形成腹水，这是目前被众多学者认可的腹水综合征的发病机理。

（2）饲养环境　寒冷冬季，因保暖的需要，一方面紧闭门窗，另一方面鸡舍内煤炉排气管密封不良，造成通风不畅，舍内一氧化碳、二氧化碳和尘埃的浓度明显升高，而氧浓度下降，形成一种缺氧的环境。另外，因气候寒冷，鸡体基础代谢旺盛，需氧量增加，在此环境下，更加重了缺氧的程度，最终诱发腹水综合征。

（3）营养因素　日粮中蛋白质及能量水平较高，生长速度过快，机体代谢过程缺氧严重。来自发病鸡场的材料报道，饲喂颗粒料的鸡场腹水综合征发病率明显高于饲喂粉料的鸡场。

（4）其他原因　某些营养物质缺乏或过剩，如硒和维生素 E 缺乏、食盐中毒、呋喃唑酮中毒、莫能霉素中毒以及呼吸道疾病和大肠杆菌病等都能引起腹水综合征。

（五）预防措施

（1）注意舍内清洁卫生和通风换气，彻底清除舍内堆积的鸡粪，及时排出舍内废气，以降低有害气体浓度。

（2）应当控制肉鸡快速生长期的生长速度。来自山东低海拔腹水综合征高发区的肉鸡早期限饲试验证明：从 2 周龄开始，在夜间降低光照强度，吊起料桶，饲料量减少 10%，维持 2 周后恢复正常饲养，可以明显减少腹水综合征的发病率和死亡率，并且恢复正常饲养后，采食量增加，饲料利用率提高，增重加快，至出栏时体重比正常饲养鸡有所增加。

五、禽啄食癖

禽啄食癖简称禽啄癖，是在人工饲养下禽对人为不完善的群体环境不适或营养物质缺乏所致的一种用喙啄食肛门、冠、肉垂、脚趾、羽毛、肌肉、蛋等而造成这些部位组织损伤或蛋破损的特殊异嗜或恶癖。

（一）症状观察

轻者啄伤翅膀、头部、背部、尾部、腿部、趾部或啄食蛋，造成流血，产蛋率下降及蛋的破损，影响生长发育，损伤商品外形；重者啄穿腹腔，拉出内脏，甚至将肌肉吃光造成动物死亡。

（二）病因分析

（1）饲养密度过大　当饲养密度过大而造成拥挤时，由于鸡只之间紧密接触，将会逐渐产生厌倦情绪，加之舍内空气污浊，鸡只烦躁不安而引起啄食癖。此外，由于饲养密度过大，每只鸡占有的食槽位置和饮水位置相对减少，从而引起争抢饲料、饮水而打斗，进而引起啄食癖。

（2）舍内温度过高、湿度过大、通风不良　当舍内温度过高、湿度过大、通风不良时，可引起鸡体散热障碍，产热大于散热，造成过热，鸡只烦躁不安，从而引起啄食癖。

（3）光照过强、光色不适　黄色或白色的强光，或是连续的长时间光照，对鸡都是一种较强的刺激，可使鸡兴奋和好斗，引起啄食癖。据资料记载，当鸡舍用不同颜色光照射时，啄食癖的发生率分别是：黄色光为52%，青色光为21.5%，白炽光为15%，而红色光或绿色光则不发病。

（4）饲养设备结构不合理或质量不良　使用结构不合理或质量不良的饲养设备时，也常常会引起啄食癖，如用网孔较大的隔板鸡笼饲养蛋鸡，可造成相邻鸡笼的鸡相互将头伸进对方笼内啄食对方的头部和肛门；使用粗糙的饲槽、水槽、鸡笼和网上平养所用的铁丝网，均会引起鸡皮肤损伤、出血，进而激发啄食癖的发生。

（5）不合理的混养　将不同种类、不同品种或不同颜色、不同年龄、不同特征的鸡混养时，则因为打乱鸡群的正常啄食规律或引起鸡的好奇，而易发生啄食癖。当大鸡与小鸡混养，则大鸡欺凌弱小鸡而引起啄食癖；当白色鸡与褐色鸡混养时，则因白色鸡好斗，常常出现互相啄斗而发生啄癖；当脚上有丛毛的鸡、有冠毛的鸡与没有这些特征的鸡混养时，则因好奇而引发啄食癖；当羽毛长得慢的鸡与羽毛长得快的鸡混养时，由于羽毛长得慢的鸡绒毛长期暴露于外面，而常常被其他鸡啄食其绒毛而引起啄食癖。

（6）受伤　当跛脚等受伤鸡或死鸡没有及时移出鸡群时，在鸡的接触过程中由于好奇，未受伤的健康鸡会啄食跛脚的受伤鸡和死鸡，一旦啄食开始，将很快形成啄食的恶癖。

（7）环境改变　当环境急剧改变或管理的改变时，也可引起啄食癖，如将育成鸡换到一个新的地方，由小的食槽和饮水器改变为大型的食槽和饮水器时，由于鸡对环境和设备的不适应，常常引起啄食癖。

（8）日粮不平衡　日粮中能量太高和粗纤维太少，可造成鸡过度地活动和好斗。日粮中缺乏蛋白质或氨基酸不平衡时，特别是缺乏含硫氨基酸时，容易造成啄食羽毛的恶癖。日粮中矿物质（常量元素与微量元素）和维生素缺乏时，常发生鸡啄食鸡蛋和啄食羽毛的恶癖。

（9）疾病感染　当患鸡白痢、球虫病以及体外寄生虫病（如螨病、羽虱病等）时，也常常引起啄食癖。此外，未能适时断喙是发生啄食癖后造成啄伤程度加重的主要原因。

（三）防治措施

防治首先将被啄伤的鸡及时隔离，并进行相应的治疗，如在啄伤流血部位涂擦颜色较暗、带有气味的药物（如龙胆紫液、碘酊、克辽林等）。对于其他凡是符合断喙者，应及时断喙，若不能施行断喙者，应配戴眼罩或头罩，这样可以减少啄食癖的继续蔓延。若无眼罩或头罩时，可将啄食癖严重的鸡隔离，单独圈养。

啄食癖的综合性预防措施。鸡舍应保持卫生，地面干燥，通风良好。饲养密度应适当。光照不能太强或长时间的连续照射，可适当配置红色灯泡或绿色灯泡。所使用的饲养设备应质量良好，配置的饲槽和饮水器的数量应合理、可满足鸡群的需要。不同种类、品种、年龄、羽色和特征的家禽应分开饲养。供给合理的全价日粮。搞好禽病的防治工作，当鸡群中发现跛脚鸡、受伤鸡或病死鸡时，应及时隔离和取出处理。适时断喙是减少啄食癖发生和减轻啄食癖所造成损伤的有效预防措施。一般 1～6 周龄进行断喙比较好，最晚不宜超过 14 周。如果早于 1 周龄断喙，由于喙的生长，很可能需要做第 2 次断喙；在 6 周后断喙，又会影响鸡的生长，并且有时还会影响性成熟和产蛋量。一般断去双喙的 1/3～1/2，上下喙对齐（直切）或上喙比下喙略短（上喙斜切，下喙直切）。

【典型人物案例】

崔治中：博士，教授，博士生导师，山东农业大学“1512”第一层次人员。1988 年于美国密歇根州立大学畜牧系获博士学位，现任山东农业大学兽医学博士后流动站、预防兽医学博士点负责人。1997 年国家人事部授予中青年有突出贡献专家，1994 年享受国务院政府特殊津贴。2002 年获教育部和国务院学位委员会颁发的“全国百篇优秀博士学位论文指导教师”。2004 年因在防治禽流感的工作中表现突出获山东省人民政府一等功。2010 年获得山东省科技进步一等奖。现兼任中国畜牧兽医学会禽病分会副理事长，山东省兽医专家组组长，山东省畜牧兽医学会理事长，《病毒学报》副总编辑等。主讲博士研究生《动物分子病毒学》《兽医学进展》等课程。2000 年来先后主持国家自然科学基金重点项目、面上项目及国家科技部“十一五”科技支撑项目、农业部公益性行业专项、山东省科技攻关重大专项以及国际合作项目等二十余项。所领导的课题组发表 SCI 及国内核心期刊论文近百篇，已提交国家发明专利 7 项，其中 3 项已获得授权，主编高等农林院校“十五”“十

一五”规划教材《兽医免疫学》《兽医免疫学实验指导》及专著《禽病诊治彩色图谱》等。崔治中在科学道路上不懈攀登，以卓越成绩赢得学术界的赞誉和尊敬，也为生产做出重大贡献。

典型人物事迹感想：

典型人物工匠精神总结凝练：

【任务环境要求】

家禽存栏生产规模1万羽以上，企业具有完善的动物常见病预防制度和防治措施，且有专门的鸡病防治专业队伍技术支持。

【任务目标与质量要求】

学生掌握常见病预防、诊断和治疗的基本原则和主要方法，能够独立从事常见病诊断和治疗工作。具有较强组织和协调、沟通能力，独立处理鸡场常见病的突发事件。

【工作任务实施】

工作任务实施描述，时间、地点、学习方法见表3-3-51。

表3-3-51　工作任务实施单

教学过程设计（教学环节）		任务内容	学习活动方法	学习时间
岗上学习		任务咨询	学徒小组开展	120天
教学活动1	岗前培训	岗位技能标准、规范、注意事项	师徒互动（小组讨论）完成任务单	10天
教学活动2	岗上技术指导	一般技术指导：常见病诊断	现场技术指导、师徒互动（小组讨论）完成任务单	30天
		综合能力指导：常见病预防、治疗	现场技术指导、企业综合评价	30天
教学活动3	顶岗工作	独立处理鸡场常见病的突发事件	独立承担岗位工作	50天

【岗前培训】

岗前培训必选项目：

（1）企业安全生产制度。

（2）鸡常见病防制岗位相关知识理论、岗位操作技能培训。

（3）常见病规程、程序、要点、注意事项等理论知识。见表 3-3-52 和表 3-3-53。

表 3-3-52　岗前培训过程记录表

序号	岗前培训内容	培训形式	完成情况	培训师傅	培训日期
1					
2					
3					
4					
5					

表 3-3-53　岗前培训内容考核表

序号	培训内容	考核形式	考核情况记录	考核记录人	等次评定（优、良、中、差）
1					
2					
3					
4					
5					
6					
7					
8					
9					
10					

【岗上技术指导】

一、日常技术指导

（1）常见病预防措施。

（2）常见病诊断检查程序及方法。

（3）常见病治疗。见表3-3-54和表3-3-55。

表3-3-54　岗上一般技术指导过程记录表

序号	技术指导内容	学习完成情况	指导师傅	指导日期
1				
2				
3				
4				
5				
6				
7				
8				
9				
10				

表3-3-55　技术指导跟踪（考核）过程记录表

序号	指导内容	改进提升情况	跟踪记录人	记录日期
1				
2				
3				
4				
5				
6				
7				
8				

常见诊断记录表见表 3-3-56。

表 3-3-56 鸡场疫病流行病学诊断表

序号：　　　　　　　　　　　　　　　　　　　填表日期：　　年　　月　　日

<table>
<tr><td colspan="2">场/户/养殖小区名称</td><td colspan="6"></td></tr>
<tr><td colspan="2">畜主/负责人姓名</td><td colspan="2"></td><td>联系电话</td><td></td><td>邮编</td><td></td></tr>
<tr><td>地 址</td><td colspan="7"></td></tr>
<tr><td>禽场基本状况</td><td colspan="7">1. 地理特点：□山地　□丘陵　□平原　□盆地　□高原
2. 近期气候是否异常：□否　□是：________
3. 交通情况：距交通干线距离：____km；与居民区距离：____km；距最近畜禽群：____km
4. 场区面积：____；禽舍栋数：____；每栋禽舍面积：____
5. 周边有无河流、湖泊：□无　□有：________
6. 周围是否有野生动物（野禽等）□否　□是：________
7. 禽品种构成：□种禽　□商品禽 □混合
8. 饲养量：年末存栏数：________；年出栏数：________
9. 饲养方式：□全进全出　□连续饲养　混群前是否隔离：□是 □否
10. 混养情况：□否　□是：　□鸡与水禽　□禽与猪　□其他：____
11. 禽场有无与野鸟隔离设施设备：□否　□是：________
12. 防疫设施：□进场洗澡更衣　□进生产区换胶靴　□场舍门口有消毒池
□定期全场消毒　□供料道与出粪道分开　□有防鼠和蚊虫设施
13. 有无排污设施：□无　□有　　有无病死动物无害化处理设施：□有　□无
14. 禽产品主要销售途径：□商贩上门收购　□农贸市场销售　□公司收购
15. 饲养人员居住情况：□驻场　□不驻场：家里是否饲养畜禽 □否　□是</td></tr>
<tr><td rowspan="8">禽场/运输途中发病情况</td><td>发病禽种类</td><td colspan="3"></td><td>发病时间</td><td colspan="2"></td></tr>
<tr><td>发病日龄</td><td colspan="6"></td></tr>
<tr><td>病　程</td><td colspan="6"></td></tr>
<tr><td>流行病学统计</td><td colspan="6">发病数：____只；发病率：____%；
死亡数：____只；死亡率：____%；</td></tr>
<tr><td rowspan="2">运输情况</td><td>运输工具</td><td colspan="2"></td><td>起运时间</td><td colspan="2"></td></tr>
<tr><td>起运地点</td><td colspan="5"></td></tr>
<tr><td rowspan="2">消毒情况</td><td colspan="6">禽场：消毒时间：____；消毒次数：____；消毒剂：____</td></tr>
<tr><td colspan="6">运载工具：消毒时间：____；消毒次数：____；消毒剂：____</td></tr>
<tr><td>疫病史</td><td colspan="7">是否发生过类似情况：是□　否□；发生的时间：____；诊断结论：____</td></tr>
</table>

续表 3-3-56

<table>
<tr><td>周边有无疫情</td><td colspan="3">□无　□有　□本村　□本镇　□本市/县；发生的时间：______
周边是否有人员感染：□否　□是　□本村　□本镇　□本市/县；感染发现时间：______</td></tr>
<tr><td rowspan="10">免疫情况</td><td>疫苗名称及批号</td><td>生产厂家及生产日期</td><td>免疫时间</td></tr>
<tr><td></td><td></td><td></td></tr>
<tr><td></td><td></td><td></td></tr>
<tr><td></td><td></td><td></td></tr>
<tr><td></td><td></td><td></td></tr>
<tr><td></td><td></td><td></td></tr>
<tr><td></td><td></td><td></td></tr>
<tr><td></td><td></td><td></td></tr>
<tr><td colspan="3">免疫程序：</td></tr>
<tr><td colspan="3">是否开展免疫效果检测：□否　□是
免疫监测结果：</td></tr>
<tr><td>最近一次购入禽情况</td><td colspan="3">来　源：□种禽场　□交易市场　□禽贩子
购　进：时间：______　数量：______　来源地名：______
混群前是否进行隔离：□否　□是　有无异常：□无　□有：______</td></tr>
<tr><td>最近一次购入禽饲料及其原料情况</td><td colspan="3">来源：□交易市场　□种禽场　□饲料贩子　□其他：______
购进：时间：______　数量：______　来源地名：______</td></tr>
<tr><td>发病前一个月至今禽及产品流向</td><td colspan="3">名称：______　地点：______　数量：______　时间：______
名称：______　地点：______　数量：______　时间：______</td></tr>
<tr><td>发病后采取的主要措施及效果</td><td colspan="3"></td></tr>
<tr><td>发病原因初步调查结果及分析</td><td colspan="3"></td></tr>
<tr><td>疫源初步调查结果及分析</td><td colspan="3"></td></tr>
<tr><td>疫病的初步诊断结果</td><td colspan="3"></td></tr>
<tr><td>调查人</td><td colspan="3">姓名：______　联系电话：______
单位：______</td></tr>
<tr><td colspan="4">备注：必要时，可以附加文字材料进行补充说明。</td></tr>
<tr><td colspan="4">要求：
1. 调查的采用方法正确、调查结果准确、团队合作好、分工明确。
2. 在调查过程中，校内专任教师和校外兼职教师进行监督、检查和评价。
3. 调查结束后，小组成员间进行自评和互评。</td></tr>
</table>

鸡场疫病临床诊断见表 3-3-57。

表 3-3-57　鸡场疫病临床诊断表

<table>
<tr><th colspan="2">检查项目</th><th>主要症状描述</th></tr>
<tr><td rowspan="3">全身状态检查</td><td>精神状态</td><td></td></tr>
<tr><td>营养状况</td><td></td></tr>
<tr><td>姿势与步态</td><td></td></tr>
<tr><td rowspan="4">被毛及皮肤的检查</td><td>鸡冠的检查</td><td></td></tr>
<tr><td>被毛的检查</td><td></td></tr>
<tr><td>皮肤的检查</td><td></td></tr>
<tr><td>皮下组织的检查</td><td></td></tr>
<tr><td>体温</td><td>体温的测定</td><td></td></tr>
<tr><td rowspan="3">呼吸系统的检查</td><td>呼吸困难</td><td></td></tr>
<tr><td>鼻液的检查</td><td></td></tr>
<tr><td>咳嗽的检查</td><td></td></tr>
<tr><td rowspan="5">消化系统的检查</td><td>饮欲和食欲的检查</td><td></td></tr>
<tr><td>口腔的检查</td><td></td></tr>
<tr><td>嗉囊的检查</td><td></td></tr>
<tr><td>泄殖腔的检查</td><td></td></tr>
<tr><td>粪便的检查</td><td></td></tr>
<tr><td colspan="2">发病后采取的主要措施及效果</td><td></td></tr>
<tr><td colspan="2">发病原因初步调查结果及分析</td><td></td></tr>
<tr><td colspan="2">疫病的进一步诊断结果</td><td></td></tr>
<tr><td>调查人</td><td colspan="2">姓名：____________　联系电话：__________
单位：________________________</td></tr>
<tr><td colspan="3">备注：必要时，可以附加文字材料进行补充说明。</td></tr>
<tr><td colspan="3">要求：
1. 临床检查的方法正确、症状描述准确、临床诊断结果明确、团队合作好、分工明确。
2. 在调查过程中，校内专任教师和校外兼职教师进行监督、检查和评价。
3. 调查结束后，小组成员间进行自评和互评。</td></tr>
</table>

（4）病理学诊断。根据临床的进一步诊断结果，对发病鸡只进行解剖，根据解剖的病理变化进行病理学诊断，其主要内容见表 3-3-58。

表 3-3-58　鸡场疫病病理学诊断表

检查项目	解剖病变详细描述
舌	
咽	
喉	
上腭裂	
鼻腔	
黏膜	
胸腺	
食管	
气管	
迷走神经	
腿肌	
胸肌	
腹水	
气囊	
心脏	
肺脏	
肝	
脾	
肾	
胰脏	
卵巢	
输卵管	
肌胃	
腺胃	
肠	
坐骨神经	
法氏囊	
脑	
疫病的进一步诊断结果	
调查人	姓名：____________　联系电话：________ 单位：________________
备注：必要时，可以附加文字材料进行补充说明。	
要求： 1. 病理学检查的方法正确、病理学变化描述准确、病理学诊断结果明确、团队合作好、分工明确。 2. 在调查过程中，校内专任教师和校外兼职教师进行监督、检查和评价。 3. 调查结束后，小组成员间进行自评和互评。	

鸡场疫病病料送检单见表 3-3-59。

表 3-3-59　鸡场疫病病料送检单　　　　第　号

<table>
<tr><td>送检单位</td><td></td><td>地址</td><td></td><td>检验单位</td><td></td><td>材料收到日期</td><td>年　月
日　时</td></tr>
<tr><td>病畜种类</td><td></td><td>发病日期</td><td>年　月
日　时</td><td>检验人</td><td></td><td>结果通知日期</td><td>年　月
日　时</td></tr>
<tr><td>死亡时间</td><td>年　月
日　时</td><td>送检日期</td><td></td><td rowspan="5">检验名称</td><td>微生物学检查</td><td>血清学检查</td><td>病理组织学检查</td></tr>
<tr><td>取材时间</td><td>年　月
日　时</td><td>取材人</td><td></td><td></td><td></td><td></td></tr>
<tr><td>疫病流行情况</td><td colspan="3"></td><td></td><td></td><td></td></tr>
<tr><td>主要临诊病状</td><td colspan="3"></td><td></td><td></td><td></td></tr>
<tr><td>主要剖检变化</td><td colspan="3"></td><td rowspan="2">检验结果</td><td colspan="3" rowspan="2"></td></tr>
<tr><td>曾经何种治疗</td><td colspan="3"></td></tr>
<tr><td>病料序号名称</td><td></td><td>病料处理方法</td><td></td><td rowspan="2">诊断和处理意见</td><td colspan="3" rowspan="2"></td></tr>
<tr><td>送检目的</td><td colspan="3"></td></tr>
</table>

备注：必要时，可以附加文字材料进行补充说明。

要求：

1. 病料采取部位的正确、方法正确、按照操作规程进行操作、病料送检单填写准确、团队合作好、分工明确。
2. 在调查过程中，校内专任教师和校外兼职教师进行监督、检查和评价。
3. 调查结束后，小组成员间进行自评和互评。

鸡场的防治措施见表 3-3-60。

表 3-3-60 鸡场的防治措施____________________

<table>
<tr><td>场/户/养殖小区名称</td><td colspan="5"></td></tr>
<tr><td>畜主/负责人姓名</td><td></td><td>联系电话</td><td></td><td>邮编</td><td></td></tr>
<tr><td>地 址</td><td colspan="5"></td></tr>
<tr><td>发生疫病名称</td><td colspan="5"></td></tr>
<tr><td>采取的措施</td><td colspan="5">实施过程描述</td></tr>
<tr><td>卫生防疫措施</td><td colspan="5">主要采用疫病发生时的消毒方法，其主要程序如下：
<table>
<tr><td>消毒项目</td><td>选用的消毒方法</td><td>选用的消毒药品</td><td>基本要求</td><td>注意事项</td><td>备注</td></tr>
<tr><td></td><td></td><td></td><td></td><td></td><td></td></tr>
<tr><td></td><td></td><td></td><td></td><td></td><td></td></tr>
<tr><td></td><td></td><td></td><td></td><td></td><td></td></tr>
<tr><td></td><td></td><td></td><td></td><td></td><td></td></tr>
<tr><td></td><td></td><td></td><td></td><td></td><td></td></tr>
</table></td></tr>
<tr><td>免疫接种</td><td colspan="5">是否需要进行免疫接种，其主要免疫程序如下：
<table>
<tr><td>日龄</td><td>预防疫病</td><td>疫苗</td><td>接种方法</td><td>剂量</td><td>备注</td></tr>
<tr><td></td><td></td><td></td><td></td><td></td><td></td></tr>
<tr><td></td><td></td><td></td><td></td><td></td><td></td></tr>
<tr><td></td><td></td><td></td><td></td><td></td><td></td></tr>
<tr><td></td><td></td><td></td><td></td><td></td><td></td></tr>
<tr><td></td><td></td><td></td><td></td><td></td><td></td></tr>
</table></td></tr>
<tr><td>药物治疗</td><td colspan="5">是否能够进行药物治疗和预防，若可以，其主要选用药物和使用方法如下：
<table>
<tr><td>选用药物</td><td>剂型</td><td>主要用途</td><td>使用方法</td><td>备注</td></tr>
<tr><td></td><td></td><td></td><td></td><td></td></tr>
<tr><td></td><td></td><td></td><td></td><td></td></tr>
<tr><td></td><td></td><td></td><td></td><td></td></tr>
<tr><td></td><td></td><td></td><td></td><td></td></tr>
<tr><td></td><td></td><td></td><td></td><td></td></tr>
</table></td></tr>
<tr><td>其他</td><td colspan="5">若采用了其他措施，请描述如下：</td></tr>
<tr><td>措施采取后的效果</td><td colspan="5">综合防治措施采取后效果如何，请描述如下：</td></tr>
<tr><td>措施制订人</td><td colspan="5">姓名：____________________ 联系电话：__________
单位：______________________________</td></tr>
<tr><td colspan="6">备注：必要时，可以附加文字材料进行补充说明。</td></tr>
<tr><td colspan="6">要求：
1. 防制措施制订合理、效果好、团队合作好、分工明确。
2. 在调查过程中，校内专任教师和校外兼职教师进行监督、检查和评价。
3. 调查结束后，小组成员间进行自评和互评。</td></tr>
</table>

二、岗位综合能力指导

常见病预防、诊断、治疗：综合能力指导过程记录见表 3-3-61。

表 3-3-61　综合能力指导过程记录表

序号	能力项目	完成数量	完成质量	师傅评价	协岗日期
1					
2					
3					
4					
5					
6					
7					

【顶岗任务】

（1）独立完成 1 批不少于 5 000 只常见病预防工作。见表 3-3-62。

（2）企业考核。

表 3-3-62　顶岗过程记录表

姓名	顶岗任务目标	工作业绩、指标完成情况	工作态度	考核日期	负责人签字

【知识拓展】

一、鸡病的鉴别诊断

（1）常见鸡的消化道传染病的鉴别诊断见表 3-3-63。

表 3-3-63　常见鸡的消化道传染病的鉴别诊断

病 名	病 原	易发年龄	腹泻特征	病变特征	实验室检查
雏白痢	鸡白痢沙门氏杆菌	1～3 周龄雏鸡多发	白色糊状稀便	肝肿大、土黄色，胆囊肿大，脾肿大。卵黄吸收不良。心肌、肝、肌胃、脾和肠道有白色坏死结节。	成鸡和种鸡做全血平板凝集试验。雏鸡分离病原。

续表3-3-63

病名	病原	易发年龄	腹泻特征	病变特征	实验室检查
副伤寒	沙门氏杆菌	1～2月龄雏鸡多发	水样腹泻	出血性肠炎，盲肠有干酪样物。肝、脾有坏死灶。	分离病原
鸡伤寒	鸡伤寒沙门氏杆菌	成年鸡多发	黄绿色稀便	脾、肝肿大、淤血，呈青铜色，有坏死灶。	分离病原
大肠杆菌病	埃希氏大肠杆菌	4月龄以内鸡易发	绿白色稀便	心包炎、肝周炎、气囊炎、肠炎和腹膜炎。	分离病原
球虫病	艾美耳属球虫	20～50日龄雏鸡多发	血便或红棕色稀便	盲肠内有血液块及坏死渗出物，小肠有出血。	涂片检查球虫卵
法氏囊病	双股RNA病毒	20～60日龄雏鸡多发	白色水样稀便	法氏囊肿大、充血、出血和水肿，后期萎缩。肌肉出血，花斑肾，腺胃与肌胃交界处有出血带。	琼脂扩散试验及分离病毒
盲肠肝炎	火鸡组织滴虫	2～3月龄雏鸡多发	绿色或带血的稀便	盲肠粗大增厚，呈香肠状。肝表面有圆形坏死。	镜下检查组织滴虫
新城疫	副黏病毒	各种年龄鸡均可发病	绿色稀便	腺胃、肌胃、肠道有出血斑点。肠道有枣核样溃疡，盲肠扁桃体肿大和出血。	血凝和血凝抑制试验，分离病毒。
禽霍乱	多杀性巴氏杆菌	成鸡，特别是产蛋鸡多发	灰白色或黄绿色稀便	肝有小点坏死灶，十二指肠严重出血，产蛋鸡子宫内常见有完整的鸡蛋。	肝、脾涂片镜检病菌，并分离病原。

（2）常见鸡的呼吸道传染病的鉴别诊断见表3-3-64。

表3-3-64　常见鸡的呼吸道传染病的鉴别诊断

病名	病原	流行特点	临诊症状	病变特征	实验室检查
传染性支气管炎	冠状病毒	各种年龄鸡均可感染，雏鸡死亡率高。	呼吸困难，有啰音，流鼻液。产蛋下降，畸形蛋。排白色稀便。	鼻、气管、支气管炎症，肺水肿，气囊炎。肾支型肾肿大，尿酸盐沉积。	中和试验，分离病毒。
传染性鼻炎	副鸡嗜血杆菌	1月龄以上的鸡多发，呈急性经过，无继发感染时死亡率不高。	打喷嚏，流鼻液，颜面浮肿，眼睑和肉髯水肿，结膜炎症。	鼻腔和鼻窦充血、肿胀，有黏液脓性分泌物，眼结膜囊内有干酪样物。	凝集试验，分离培养嗜血杆菌。
传染性喉气管炎	疱疹病毒	成年鸡发病较多，传播快，发病率高。	呼吸急促，有啰音，咳出带血黏液。产蛋下降。	喉头出血，有大量渗出物。气管内有血样渗出物，有时有伪膜，伪膜易剥离。	琼脂扩散试验、中和试验，核内有包涵体，可分离出病毒。

续表3-3-64

病名	病原	流行特点	临诊症状	病变特征	实验室检查
慢性呼吸道病	败血霉形体	4～8周龄雏鸡多发，病程较长。	鼻流黏性或浆性液体，有喘鸣音，眼睑肿胀。	鼻黏膜增厚，有干酪样物。眼结膜发炎。窦内充血、水肿，有渗出物。气囊内有干酪样渗出物。	全血平板凝集反应，血凝抑制试验，分离培养霉形体。
曲霉菌病	烟曲霉等	雏鸡易感，经霉变饲料和垫料感染。	呼吸困难，鼻眼发炎，肉髯发绀，发育不良。	肺和气囊有黄白色粟粒大小结节，气管上有时也有小结节。	取霉斑结节压片镜检曲霉菌。
黏膜型鸡痘	鸡痘病毒	各种年龄均可感染，但雏鸡发病率和死亡率高。	口腔、咽喉、气管或食道有斑，呼吸困难，吞咽困难。	喉和气管黏膜初期见有湿润隆起，以后见有干酪样假膜，假膜不易剥离。	琼脂扩散试验，分离病毒。

(3)常见鸡的神经症状疾病的鉴别诊断见表3-3-65。

表3-3-65　常见鸡的神经症状疾病的鉴别诊断

病名	病因	发病特点	临诊症状	剖检变化	实验室检查
脑脊髓炎	肠道病毒	1～3周龄雏鸡易感，成年鸡为隐。	两腿不能站立，运动失调，头和颈阵发性震动。	腺胃、肌胃的肌层和胰脏中有白色小病灶。	中和试验，分离病毒。
鸡马立克病	疱疹病毒	2周龄以内的雏鸡易感，2～4月龄鸡出现病状。	一肢或二肢麻痹，翅下垂，步态不稳，有时呈劈叉姿势。	坐骨神经肿大2～3倍，内脏型各个脏器有肿瘤结节。	琼脂扩散试验，分离病毒。
维生素B_1和维生素B_2缺乏症	饲料内缺乏或肠道内合成不足，或抗硫胺素酶存在。	饲料中缺乏维生素时多见于2～4周龄雏鸡。	头颈向后牵引，足趾向内卷曲，飞节着地，行走困难，呈观星姿势，颈肌痉挛。	维生素B_1缺乏症可见十二指肠溃疡，皮下水肿，肾上腺肥大，右心扩张，生殖器官萎缩，多发性神经炎。维生素B_2缺乏症可见胃肠黏膜萎缩，胃肠壁变薄，肠内有多量泡沫状内容物，坐骨神经和股神经显著肿胀变软。	检验饲料中维生素B_1和维生素B_2的含量或药物是否失效。
呋喃类药物和食盐中毒	常因用量过多或混合不均匀引起。	雏鸡对本病十分敏感，易引起中毒。服中毒量后数小时发病，突然死亡。	精神沉郁，有的摇头、转圈、惊厥、抽搐、角弓反张、昏迷死亡。食盐中毒还见有拼命饮水和水泻症状。	胃黏膜充血、出血和黏膜脱落。心、肝肿大变性。	了解药物的用量、用法，并检验饲料中的药物含量。
鸡新城疫	副黏病毒	各种年龄鸡均可发病。	神经症状表现为扭头、腿翅麻痹、转圈、倒退、站立不稳、共济失调等。	腺胃、肌胃、肠道有出血斑点。肠道有枣核样溃疡，盲肠扁桃体肿大和出血。肝、脾、肾一般无明显病变。	血凝和血凝抑制试验，分离病毒。

二、鸡常用的抗菌药和抗球虫药

鸡常用的抗菌药和抗球虫药见表 3-3-66。

表 3-3-66 鸡常用的抗菌药和抗球虫药

药物名称	剂型和规格	作用和用途	用量和用法	注意事项
青霉素 G 钠(或钾)	注射剂：每支 20 万、40 万、80 万、100 万 IU	主要作用于革兰氏阳性细菌，具有强大的抑杀作用。常用于葡萄球菌病、链球菌病、螺旋体病、鸡丹毒、坏死性肠炎和禽霍乱等。对球虫也有一定疗效。	肌内注射每只成鸡 2 万～5 万 IU，每天 3 次。内服每只雏鸡每次 2 000 IU，饮水或拌料，2 h 内喂完。	本品不宜同磺胺类、四环素、大环内酯类及高锰酸钾、碘酊、重金属盐混合使用。
硫酸链霉素	注射剂：每支 0.5 g、2 g。 片剂：每片 0.1 g	作用于革兰氏阴性细菌和结核杆菌，常用于禽霍乱、鸡伤寒、鸡霉形体病、鸡大肠杆菌病、鸡传染性鼻炎、鸡结核、弧菌性肠炎等。	肌内注射每只成鸡 0.05～0.2 g，每天 2 次。内服每千克体重 1 万～2 万单位，每天 2 次。	本品不能与红霉素、新生霉素、磺胺嘧啶钠等合用。
红霉素	注射剂：每支 0.25 g、0.3 g。 片剂：每片 0.1 g、0.125 g、0.2 g、0.25 g	作用类似青霉素，对霉形体有一定作用。主要用于防治耐青霉素 G 的金黄色葡萄球菌感染，可防治慢性呼吸道病、传染性鼻炎、链球菌病、丹毒病和坏死性肠炎等。	注射每只育成鸡 50 mg，1 日龄雏鸡 5 mg，每天 2 次。混料浓度为 0.01%～0.02%，混水浓度为 0.007%～0.014%。	本品忌与酸类或酸性药物配伍。
土霉素	注射剂：每支 0.125 g、0.25 g、0.5 g。 片剂：每片 0.025 g、0.1 g、0.125 g、0.25 g	为广谱抗菌药，对革兰氏阳性和阴性菌都有作用。对某些立克次氏体、螺旋体、大型病毒及原虫有抑制作用。常用于鸡白痢、鸡伤寒、禽霍乱、慢性呼吸道病、传染性鼻炎、球虫病、螺旋体病、大肠杆菌病等。	注射每千克体重 25～40 mg，肌内注射。内服按 0.05%～0.1%混入饲料中。	本品忌与碱性药物配伍。
强力霉素(脱氧土霉素)	片剂：每片 0.05 g、0.1 g。 粉剂：每支 0.1 g、0.2 g	作用同土霉素，但效力比土霉素强 2～10 倍。常用于防治慢性呼吸道病、大肠杆菌病、鸡白痢、鸡伤寒、禽霍乱等。	内服拌料浓度为 0.008%～0.015%，混水浓度为 0.005%～0.01%。	
庆大霉素	注射剂：2 万 U、4 万 U、8 万 U	为广谱抗菌药，对革兰氏阳性和阴性菌均有效，对鸡大肠杆菌病、鸡沙门氏杆菌病、慢性呼吸道病等效果较好。	肌内注射，每只成年鸡 3 000～5 000 U，每天 2 次。新型庆大霉素饮水剂，每只 3 000～5 000 U，连用 3～5 天。	本品对肾脏毒害作用较大，内服在肠道难吸收。

续表3-3-66

药物名称	剂型和规格	作用和用途	用量和用法	注意事项
卡那霉素	注射剂:每支0.5 g。 片剂:每片0.25 g	为广谱抗菌药,对革兰氏阴性菌如大肠杆菌、沙门氏杆菌、巴氏杆菌等有强大的抗菌作用。对金黄色葡萄球菌及结核杆菌也有作用。常用于防治禽霍乱、鸡白痢、慢性呼吸道病等。	肌内注射,每千克体重10~30 mg。混料浓度为每千克饲料150~450 mg,混水为每千克加水90~260 mg。	内服在肠道内难吸收。
新霉素	片剂:每片1 g	新霉素的作用与卡那霉素相当,对葡萄球菌、大肠杆菌、沙门氏杆菌、亚利桑那菌有较强的抗菌作用。主要用于细菌性肠炎和呼吸道感染等。	混料浓度为0.007%~0.014%,混水浓度为0.003%~0.007%。气雾剂量,每立方米100万U。	
泰乐菌素	粉剂	对革兰氏阳性菌和部分阴性菌、螺旋体等有抗菌作用。本品对鸡的霉形体有特效,常用于防治慢性呼吸道病、坏死性肠炎等。	混水浓度为0.05%~0.08%,混料浓度为0.2%~0.5%,连用3~5天。	
北里霉素	粉剂。 片剂:每片25 mg。 注射剂:每支0.2 g	本品为广谱抗生素,对革兰氏阳性菌和部分阴性菌、钩端螺旋体、立克次氏体、霉形体及衣原体有效,特别是对霉形体的作用强大,常用于防治鸡慢性呼吸道病。	混水浓度为0.05%,混料浓度为0.03%~0.05%,连用4~7天。肌内注射,每千克体重20~25 mg,每天1次。	
螺旋霉素	粉剂	螺旋霉素的抗菌作用与红霉素相似,但比红霉素的效力差,对革兰氏阳性菌和部分革兰氏阴性菌和葡萄球菌、链球菌、大肠杆菌等有抗菌作用。对霉形体、钩端螺旋体等也有效果。常用于鸡慢性呼吸道病、呼吸道感染及各种肠炎。	混水浓度为0.04%,内服为每千克体重50~100 mg。	
氨苄青霉素(安比西林)	片剂:每片0.25 g	本品为广谱青霉素,对革兰氏阳性和阴性细菌均有杀灭作用,对多数革兰氏阴性菌有较强的作用。本品对大肠杆菌、巴氏杆菌、链球菌感染有效。可用于鸡消化道、呼吸道疾病及败血症的治疗。	每千克体重5~20 mg,每天2~4次。	注意事项同青霉素G。

续表3-3-66

药物名称	剂型和规格	作用和用途	用量和用法	注意事项
制霉菌素	片剂：每片 10 万、25 万、50 万 U	为广谱抗真菌药，对烟曲霉菌、白色念珠菌、麦格氏毛癣菌等有效。常用于治疗雏鸡曲霉菌病、鸡念珠菌病及冠癣病。	每千克饲料加入 50 万～100 万 U，连用 3～5 天。或每只雏鸡口服 5 000 U，每天 2 次，连用 3～5 天。	
磺胺嘧啶（SD）	注射剂：每支 10 mL（1 g）、50 mL（5 g）、100 mL(10 g)。片剂：每片 0.5 g。粉剂	对大多数革兰氏阳性菌和部分阴性菌有作用，属中效磺胺。可用于防治鸡白痢、鸡伤寒、鸡副伤寒、禽巴氏杆菌病、传染性鼻炎等疾病。	混料浓度为 0.2%～0.4%，混水浓度为 0.1%～2%，连用 3 天。肌内注射，用 10%的针剂每千克体重 1 mg，每天 2 次。	磺胺嘧啶的液体型遇庆大霉素、卡那霉素、土霉素、链霉素、四环素及复方维生素等会出现混浊沉淀。
磺胺二甲基嘧啶（SM_2）	注射剂：每支 2 mL 0.4 g、10 mL 1 g。片剂：每片 0.5 g	作用同磺胺嘧啶。也可用于防治球虫病。	混料浓度为 0.2%～0.4%，混水浓度为 0.1%～0.2%，连用 3 天。注射剂量为每千克体重 0.07 g。	本品对雏鸡毒性较大，因此喂药时间不宜过长。
磺胺-5-甲氧嘧啶（SMD）	粉剂	本品作用同磺胺嘧啶。但在抗菌力、排泄、吸收方面优于磺胺嘧啶。	混料浓度为 0.05%～0.1%，混水浓度为 0.025%～0.05%，连用 3～5 天。	
磺胺喹噁啉（SQ）	粉剂	本品作用与磺胺嘧啶相似，但效果较好。常用于防治禽霍乱、鸡白痢、鸡伤寒、副伤寒、鸡大肠杆菌病、球虫病、卡氏白细胞原虫病。	混料浓度为 0.05%～0.1%，混水浓度为 0.025%～0.05%，用药 2 天，停 2 天，再用 3 天。	磺胺喹噁啉对产蛋鸡产蛋量有影响，用药时间不应过长。
磺胺甲基异噁唑（新诺明、SMZ）	片剂：每片 0.5 g。注射剂：每支 5 mL 2 g	抗菌作用较其他各种磺胺药物强，为磺胺药之首，与抗菌增效剂 TMP 合用后，其抗菌作用可增强数 10 倍。可用于急慢性呼吸道感染、禽霍乱、鸡沙门氏杆菌病和大肠杆菌病等。	混料浓度为 0.1%～0.2%，混水浓度为 0.06%～0.12%。肌内注射每千克体重 0.02～0.03 g，连用 3 天。	本品大量使用时应配用等量的碳酸氢钠，防止血尿和结晶尿。
磺胺-6-甲氧嘧啶（制菌磺、SMM）	片剂：每片 0.5 g。粉剂	本品为较新的磺胺药，与新诺明作用相同。内服吸收良好，适合于全身感染的治疗。常用于呼吸道和消化道细菌性感染，也可用于鸡球虫的防治。	混料浓度为 0.1%～0.2%，混水浓度为 0.06%～0.12%。	

续表3-3-66

药物名称	剂型和规格	作用和用途	用量和用法	注意事项
二甲氧苄氨嘧啶（敌菌净、DVD）	粉剂	本品的抗菌作用与三甲氧苄氨磺胺相同。对磺胺药及抗生素具有明显的增效作用。常用于鸡球虫病、鸡白痢、鸡伤寒、副伤寒、大肠杆菌病及其他肠道菌感染等。	混料浓度为0.015%～0.02%。	
呋喃唑酮（痢特灵）	片剂：每片0.1 g。粉剂	为广谱抗菌药，主要用于肠道感染，如雏鸡白痢、鸡伤寒、鸡副伤寒、火鸡黑头病及球虫病等。	混料浓度为0.02%～0.04%。	雏鸡对本品较敏感，剂量过大或药物混合不均匀可发生中毒。
氟哌酸（诺氟沙星）	片剂：每片400 mg。粉剂	为广谱抗菌药。对革兰氏阴性菌作用强大。对耐庆大霉素、甲氧苄氨嘧啶等菌株有良好的抗菌作用。可用于防治大肠杆菌病、沙门氏杆菌病、禽霍乱、绿脓杆菌病和葡萄球菌病等。	混料浓度为0.005%～0.01%。	
恩诺沙星	粉剂。注射剂	为广谱抗菌药。其抗菌活性与环丙沙星和诺氟沙星基本一致，但在抗霉形体方面优于以前使用的抗菌药。可用于鸡沙门氏杆菌病、大肠杆菌病、禽霍乱和鸡霉形体病等。	混水浓度为0.005%，肌内注射每千克体重用0.5%的注射液1 mL。	
喹乙醇（喹乙胺醇）	粉剂	对革兰氏阳性和阴性菌均有抑制作用。对巴氏杆菌、大肠杆菌、沙门氏杆菌及变形杆菌特别敏感。最常用于防治禽霍乱，同时可用作生长饲料添加剂。	用于治疗时的混料浓度为0.01%～0.02%，用于预防时为0.005%～0.006%，用于促进生长时为0.0025%～0.003%。	本品对鸡较敏感，因此剂量不能过大，拌料必须均匀。
克球粉（可爱丹）	粉剂：每桶25 kg。预混剂：每袋50 g、100 g、500 g	本品对多种鸡的球虫有抑制作用，特别对柔嫩艾美耳球虫的作用最强，对堆型和布氏艾美耳球虫的作用稍弱。	混料浓度治疗量为0.025%，预防量为0.0125%。	本品对种用肉鸡和蛋鸡不宜使用。
氯苯胍（罗本尼丁）	片剂：每片10 mL	对鸡和鸭的各种球虫均有良好的防治效果。	混料治疗浓度为0.006%～0.0066%，预防浓度为0.003%～0.0033%。	肉鸡上市前5天停药。产蛋鸡禁用。

续表3-3-66

药物名称	剂型和规格	作用和用途	用量和用法	注意事项
球痢灵（硝苯酰胺）	料剂	对鸡的多种艾美耳球虫有抑制作用，特别对毒害艾美耳球虫作用最强，但对堆型和巨型艾美尔球虫作用较差。可用于治疗暴发性球虫病。	混料治疗浓度为0.015%～0.03%，预防浓度为0.004%～0.0125%，连用3～5天。	适用于蛋鸡和肉鸡使用。
盐霉素（优素精）	粉剂：每袋50 g、100 g	对鸡的多种球虫有效，对巨型和布氏艾美耳球虫的作用较弱，同时兼有提高饲料报酬和促进生长发育的效果。	混料浓度为0.006%～0.007%。优素精含盐霉素10%，故混料浓度为0.06%～0.07%。	剂量过大容易中毒。
莫能霉素（莫能星）	粉剂	对鸡的各种球虫均有抑制作用，但对柔嫩和堆型艾美耳球虫作用较弱。	混料浓度为0.008%～0.0125%。可长期使用。	屠宰前3天停药。产蛋鸡禁用。
氨丙啉（安宝乐）	粉剂	对柔嫩和堆型艾美耳球虫作用最强，对毒害、布氏和巨型艾美耳球虫作用较弱。	混料浓度治疗量为0.025%～0.05%，预防量为0.004%～0.0125，连用2周。	本品是维生素B_1的拮抗药。本品的复合制剂鸡宝20，用于防治鸡各种球虫、白痢及一般细菌性感染，有良好效果。

【职业素质培养】

在完成岗位任务中完成职业素质培养和培养标准（表3-3-67）

表3-3-67 职业素质过程评价记录表

项目	赋分	正表象	负表象	评价标准	过程记录	最后得分
职业品质	10	吃苦耐劳、任劳任怨、责任担当	不积极主动、耍滑、拖沓	出现一次扣1分		
职业道德	10	遵守行规、诚实守信、职业形象好	违背行规、不守信用	出现一次扣1分		
团队协作	20	小组学习、发言及个人意见表达	不互动、不参与、不发言	出现一次扣1分		

续表3-3-67

项目	赋分	正表象	负表象	评价标准	过程记录	最后得分
学习能力	15	主动学习、学习有计划性、自主学习、能综合分析形成自己的意见	不主动学习、学习没有计划性、不能自主学习	出现一次扣1分		
社会能力	10	善于沟通、交流，能获得预期资讯信息	不与人沟通、交流，不能获得预期资讯信息	出现一次扣1分		
创新能力	5	有创新思维意识，经常有新思想和建议	无创新思维意识，长期无新意见、建议	出现一次扣1分		
信息化能力	10	使用信息技术获得学习资讯能力	没有使用信息技术获得学习资讯能力	出现一次扣1分		
心理健康	10	性格阳光、能有效疏解各种压力	性格灰色、不能有效疏解各种压力	出现一次扣1分		
管理能力	5	适应组织管理环境，能准确角色定位	不能适应组织管理环境，不能准确角色定位	出现一次扣1分		
社会责任	5	环保、同情弱势、关注时政	不环保、不同情弱势、不关注时政	出现一次扣1分		

备注：总分80分以上合格。

【岗位考核】

采用学校、企业双主题考核

1. 工作业绩考核（表3-3-68）

表3-3-68　工作业绩考核表

考核环节		考核任务内容	分数比例	得分
考核1	岗前培训	岗位技能标准、规范、注意事项	10%	
考核2	关键岗上技术指导	常见病预防措施、诊断方法	20%	
考核3	顶岗工作	常见病预防方案，并组织实施，无疾病发生	40%	
考核4	职业素质	根据职业素质培养标准	30%	

2. 职业素质、职业道德综合评价（表 3-3-69）

表 3-3-69 综合评价表

项目	A	B	C	D
工作态度				
吃苦耐劳				
团队协作				
沟通交流				
学习钻研				
认真负责				
诚实守信				

【任务总结】

根据本场生产实际情况，制订各常见病预防方案、诊断和治疗方法，并组织实施。

附件：

畜牧兽医学徒制“双导师”制度

为确保畜牧兽医专业学徒制学生培养质量，学徒期间岗前培训、岗上技术指导、顶岗期间推行“双导师”管理，即学校专业指导老师，企业师傅。双导师分工负责，指导完成学生培养，提高职业综合能力，实现高质量对口就业。

学校指导教师岗位职责

（1）对学生进行业务指导和组织管理，与学校指导教师、企业指导教师、学生进行沟通、交流，掌握学生的思想和工作动态。

（2）要帮助学生落实企业师傅，并与企业师傅建立联系。

（3）指导教师要对学生在企业顶岗实习全程通过电话、书信、E-mail、走访等形式进行专业技术指导、职业综合能力培养指导、就业指导。

（4）指导教师要帮助学生做好毕业论文选题工作和制订进程计划。学生选定题目后，教师要向学生介绍毕业论文题目的意义和要求，要指导学生进行调查（包括查阅资料）、研究、写作。指导教师要及时检查学生毕业论文进度和工作质量，定期与学生联系，解答学生提出的有关问题。

（5）指导教师应指导学生完成毕业论文，给出成绩并帮助做好答辩准备工作。

（6）指导教师要严格要求学生，重视培养学生独立工作的能力、分析问题、解决问题能力和创新能力。

（7）负责所指导的学生顶岗实习的过程考核。

（8）指导、帮助学生实现就业。

企业师傅岗位职责

（1）在企业期间负责指导学生岗位实践操作，完成学徒岗位学习，胜任岗位要求。

（2）与学校指导教师配合对学生进行业务指导和组织管理，与学校指导教师、企业指导教师、学生进行沟通、交流，掌握学生的思想和工作动态。

（3）采取现场授课方式进行专业技术指导、职业综合能力培养指导、就业指导。

（4）指导教师要帮助学生做好毕业论文选题工作和制订进程计划。学生选定题目后，教师要向学生介绍毕业论文题目的意义和要求进行生产指导。

（5）按照要求每周在学生顶岗实习手册上签订评定意见，评定学生在企业学习情况。

（6）对学生顶岗实习全过程进行评定。

（7）指导、帮助学生在企业就业。

（8）对学生进行安全教育，在生产中进行安全指导。

（9）负责学生在企业其他事宜。

牧兽医专业（禽生产与疾病防治方向）学徒选拔标准

学徒选拔的基本原则

坚持“公平、公正、公开”的原则，做到选拔条件与考核内容公开、选拔经过公开、选拔结果公开，选拔优秀学徒入厂实践。

参考文献

[1] 宁中华．养禽技术．北京：中央广播电视大学出版社，2017.

[2] 赵聘．家禽生产技术．北京：中国农业大学出版社，2011.

[3] 吴春琴．家禽生产实训教程．北京：中国农业科学技术出版社，2013.

[4] 李凤玲．动物繁殖技术．北京：北京师范大学出版社，2018.

[5] 张长兴．畜禽繁殖技术．北京：中国农业大学出版社，2011.

[6] 林建坤．养禽与禽病防治. 2 版．北京：中国农业出版社，2016.

[7] 欧阳叙向．家畜遗传育种. 2 版．北京：中国农业出版社，2013.

[8] 徐建义．禽病防治. 2 版．北京：中国农业出版社，2012.

[9] 周其虎．动物解剖生理. 2 版．北京：中国农业出版社，2015.

[10] 石冬梅．动物普通病防治．北京：中国农业大学出版社，2011.

[11] 关文怡．动物常见病防治．北京：中央广播电视大学出版社，2017.

[12] 俞美子．畜牧场规划与设计. 2 版．北京：化学工业出版社，2016.

[13] 顾洪娟．畜牧兽医行政执法与管理. 2 版．北京：化学工业出版社，2015.

[14] 宋连喜．畜禽繁育. 2 版．北京：化学工业出版社，2016.

[15] 潘琦．畜禽生产技术实训教程. 2 版．北京：化学工业出版社，2017.

[16] 陈宏智．动物病理. 2 版．北京：化学工业出版社，2016.

[17] 刘振湘．动物传染病防治技术. 2 版．北京：化学工业出版社，2016.

[18] 毕玉霞．动物防疫与检疫技术. 2 版．北京：化学工业出版社，2017.

[19] 石冬梅．动物内科病. 2 版．北京：化学工业出版社，2016.

[20] 褚秀玲．动物普通病. 2 版．北京：化学工业出版社，2016.

[21] 刘太宇．畜禽生产技术实训教程—家禽生产岗位技能实训分册．北京：中国农业大学出版社，2014.

[22] 邱文然．禽生产．西安：西安交通大学出版社，2016.

[23] 王玉梅．畜牧场环境控制与规划．北京：北京师范大学出版社，2020.

[24] 徐作仁．动物疾病诊断技术．北京：北京师范大学出版社，2009.

[25] 史延平，赵月平．家禽生产技术．北京：化学工业出版社，2009.

[26] 杨宁．家禽生产学．2 版．北京：中国农业出版社，2012.

[27] 黄炎坤，吴键．家禽生产．郑州：河南科学技术出版社，2007.

[28] 陈金雄，畜禽生产技术．北京：化学工业出版社，2012.

[29] 丁国志．禽生产．北京：中国农业出版社，2011.

[30] 程会昌．动物生理学．洛阳：河南科学技术出版社，2015.